湖北省学术著作出版专项资金资助项目

▪ 全球水安全研究译丛 ▪

Groundwater around the World
A Geographic Synopsis

全球地下水概况

[法]Jean Margat, [荷] Jac van der Gun／著
赵鑫 童军 陈磊 冯茂 孙滔滔／译

长江出版社

图书在版编目(CIP)数据

全球地下水概况/(法)让·马尔佳,(荷)雅克·范德·贡著;赵鑫等译. —武汉:长江出版社,2017.5

(全球水安全研究译丛)

ISBN 978-7-5492-5153-7

Ⅰ.①全… Ⅱ.①让… ②雅… ③赵… Ⅲ.①地下水—概况—世界 Ⅳ.①P641.13

中国版本图书馆 CIP 数据核字(2017)第 138832 号

全球地下水概况　　(法)让·马尔佳(荷)雅克·范德·贡 著 赵鑫 等译

责任编辑:郭利娜

装帧设计:刘斯佳

出版发行:长江出版社

地　　址:武汉市解放大道 1863 号　　**邮　　编**:430010

网　　址:http://www.cjpress.com.cn

电　　话:(027)82926557(总编室)

(027)82926806(市场营销部)

经　　销:各地新华书店

印　　刷:武汉精一佳印刷有限公司

规　　格:787mm×1092mm　1/16　21.5 印张　460 千字

版　　次:2017 年 5 月第 1 版　2019 年 11 月第 1 次印刷

ISBN 978-7-5492-5153-7

定　　价:118.00 元

▪全球水安全研究译丛▪

译丛序言

水安全是指一个国家或地区可以保质保量、及时持续、稳定可靠、经济合理地获取所需的水资源、水资源性产品及维护良好生态环境的状态或能力。水安全是水资源、水环境、水生态、水工程和供水安全五个方面的综合效应。

在全球气候变化的背景下，水安全问题已成为当今世界的主要问题之一。国际社会持续对水资源及高耗水产品的分配等问题展开研究和讨论，以免因水战争、水恐怖主义及其他诸如此类的问题而威胁到世界稳定。

据联合国统计，全球有43个国家的近7亿人口经常面临“用水压力”和水资源短缺，约1/6的人无清洁饮用水，1/3的人生活用水困难，全球缺水地区每年有超过2000万的人口被迫远离家园。在不久的将来，水资源可能会成为国家生死存亡的战略资源，因争夺水资源爆发战争和冲突的可能性不断增大。

中国水资源总量2.8万亿m^3，居世界第6位，但人均水资源占有量只有2300m^3左右，约为世界人均水量的1/4，在世界排名100位以外，被联合国列为13个贫水国家之一；多年来，中国水资源品质不断下降，水环境持续恶化，大范围地表水、地下水被污染，直接影响了饮用水源水质；洪灾水患问题和工程性缺水仍然存在；人类活动影响自然水系的完整性和连通性、水库遭受过度养殖、河湖生态需水严重不足；涉水事件、水事纠纷增多；这些水安全问题严重威胁了人民的生命健康，也影响区域稳定。

党和政府高度重视水安全问题。2014年4月，习近平总书记发表了关于保障水安全的重要讲话，讲话站在党和国家事业发展全局的战略高度，深刻分析了当前我国水安全新老问题交织的严峻形势，系统阐释了保障国家水安全的总体要求，明确提出了新时期治水思路，为我国强化水治理、保障水安全指明了方向。

他山之石，可以攻玉。欧美发达国家在水安全管理、保障饮用水安全上积累了丰富的经验,对突发性饮用水污染事件有相对成熟的应对机制,值得我国借鉴与学习。为学习和推广全球在水安全方面的研究成果和先进理念,长江水利委员会长江科学院与长江出版社组织翻译编辑出版《全球水安全研究译丛》,本套丛书选取全球关于水安全研究的最前沿学术著作和国际学术组织研究成果汇编等翻译而成,共10册,分别为:①《水与人类的未来:重新审视水安全》;②《水安全:水—食物—能源—气候的关系》;③《与水共生:动态世界中的水质目标》;④《联合国世界水资源发展报告3:变化世界中的水资源》;⑤《水资源:共享共责》;⑥《工程师、规划者与管理者饮用水安全读本》;⑦《全球地下水概况》;⑧《环境流:新千年拯救河流的新手段》;⑨《植物修复:水生植物在环境净化中的作用》;⑩《气候变化对淡水生态系统的影响》。丛书力求从多角度解析目前存在的水安全问题以及解决之道,从而为推动我国水安全的研究提供有益借鉴。

本套丛书的译者主要为相关专业领域的研究人员,分别来自长江科学院流域水环境研究所、长江科学院生态修复技术中心、长江科学院土工研究所、长江勘测规划设计研究院以及深圳市环境科学研究院国家环境保护饮用水水源地管理技术重点实验室。

本套丛书入选了“十三五”国家重点出版物出版规划,丛书的出版得到了湖北省学术著作出版专项资金资助,在此特致谢忱。

该套丛书可供水利、环境等行业管理部门、研究单位、设计单位以及高等院校参考。

由于译者水平有限,文中谬误之处在所难免,敬请读者不吝指正。

《全球水安全研究译丛》编委会

2017年10月22日

译者序

地下水,从字面理解,即地表之下的水。广义上,地下水是指以各种形式赋存于地表以下岩石空隙中的水;狭义上是指地下水面以下饱和含水层中的水。地下水占地球液态淡水总量的98%~99%,解决世界上约一半人口每天的日常饮水,关系着全世界一半以上的灌溉作物的生长,维系着湿地和河流,为土壤提供稳定性,并防止海水入侵。在整个水资源系统中,地下水是极其重要的组成部分,直接关系着水安全问题。

在当今,地下水依然是一种被人类知之甚少和存有误解的资源。地下水资源量往往被错误地估算而且很难管理,要么被过度开发和浪费,要么被低估或者待开发。而20世纪的很多开发活动由于没有经过详细的计划以及缺乏合作,使得开发和污染对各地区的地下水资源都产生了前所未有的压力。本书出版的主要目的是对全球地下水资源及其利用现状进行概述,进而重点研究地下水的存在形式、运动方式和潜力的巨大的多样性,供科学工作者和工程技术人员学习的同时,为普通大众提供地下水或水文学知识的科普教育。

本书涵盖的主题与联合国教科文组织(UNESCO)国际水文计划(IHP)第七阶段的主旨"对水资源的依赖性——压力中的系统与社会反馈"具有很强的相关性。全书共8章,第1章介绍了地下水的基本概念以及目前人们普遍存在的对地下水的一些误解;第2—3章介绍了地下水资源量及全球分布情况等;第4—5章阐述了地下水的开采和有效利用等;第6—7章介绍了地下水资源的管理需求和管理方法;第8章对地下水知识、作用和发展趋势、管理等再次进行了梳理和总结。附录部分则提供了详细的相关术语、统计表、概述、网站、著作、图件等信息资料,读者可按需阅读。

本书的两位作者Jean Margat和Jac van der Gun都是资深的地下水研究专家,长期担任众多国际组织的咨询专家和国际项目的负责人,这本书也是两位专家长期工作的经验积累和总结。

参与本书翻译工作的有:赵鑫、童军、陈磊、冯茂、孙滔滔。其中赵鑫于2011年1月至2016年4月就职于长江科学院,2016年4月至今就职于深圳市环境科学研究院;童军就职于长江科学院;陈磊就职于北京师范大学环境学院;冯茂为北京师范大学环境学院在读博士生;孙滔滔就职于深圳市环境科学研究院。本书翻译工作分工如下:前言、致谢、缩略词、关于作者以及第1章、第2章2.1节由孙滔滔翻译;第2章2.2节至第4章由童军翻译;第5章由陈磊、冯茂、赵鑫翻译;第6章由冯茂、陈磊、赵鑫翻译;第7—8章和附录由赵鑫翻译;全书统稿由赵鑫完成。在本书的翻译过程中得到了深圳市环境科学研究院彭盛华教授级高级工程师和南方科技大学史江红教授、郭伟副教授的大力支持,另外还有其他一些未具名的人员为本书的翻译和出版提供了大量的帮助,在此一并向他们表示诚挚的谢意!

由于本书作者来源于不同的国家和专业背景,这给翻译增添了一定的难度。加之时间仓促和译者水平有限,译稿中难免出现疏漏错误之处,敬请读者批评指正。

译 者

2019年10月于深圳

序言

地下水，顾名思义，地表之下的水。这是一个非常引人入胜的主题。降雨时，我们看到水在地面消失，而后又出现在别的地方，形成或汇入河流。中间发生的事情我们观察不到，只能靠推测。幸运的是，敏锐的观察和科学的分析为我们提供了洞察地下水世界的机会。本书生动地说明了这点。值得一提的是，本书突出地展现了世界各地地下水的千姿百态：其外观和行为，在水文循环中扮演的角色，在生态系统和人类生活中的状态，对其利用和使用的方式，对其进行适当和可持续管理的挑战。不可见的地下水仍然是水文循环中最难预测和最有趣的部分。

地下水的不可见性也导致了它在总体上受到的关注程度十分有限。可以说是“眼不见为净”。但是地下水对我们来说有多重要呢？世界上约一半的人口每天都要饮用地下水；地下水对农业也非常重要，它关系到全世界一半以上的灌溉作物的生长；它还维系着湿地和河流，为土壤提供稳定性，并防止海水入侵。同时，伴随着人口增长、气候变化、人类活动等对地下水枯竭和污染的广泛影响，地下水面临的压力也与日俱增。因此，恰如本书所表述的，我们有足够的理由重视地下水资源的状况。

为什么是“全世界的地下水”呢？为什么要用全球性的视角来看被习惯性描述为地方性资源的地下水呢？我们认为有如下几个原因。首先，地下水系统可以跨越国界，连续覆盖成百上千万平方千米的地区，并对广大地区的社会经济产生重大影响。即使地下水相对地区化，但是对其的使用和保护最终会有全球性的影响：在现代世界，商品的流通也代表着支撑商品生产的地下水资源的流通。其次，比较地球上不同的地下水系统可能有助于深入了解任意特定地下水系统的知识：引起我们对当地地下水系统中最典型和最相关的知识的注意，并提供对其进行利用和管理的优化建议。最后，全球性的视角让我们能够全面了解涉及地下水的机会、威胁和问题，从而有助于确定发展和管理行动的优先事项。

在全球范围内评估地下水资源是一个非常费时和费力的过程。评估所需的数据可能不存在，难以访问，相互矛盾，不可靠，难以甚至无法进行检查。目前的全球地下水状态监测是远远不够的。与地表水相比,地下水在遥感技术方面的受益程度非常有限。因此,对在全球水文模型中采用的地下水系统进行了很大程度的简化,而且其中地下水特征还包含了许多粗略的假设和未经确认的估计。然而,本书的两位作者并没有因为这些不利的因素而拖延。出于对地下水研究的热爱,以及他们合计 100 多年的专业经验,他们耐心细致地收集、处理、审查、分析和比较了大量的信息,以期通过融合证据来获取世界地下水诸多方面的合理信息。他们在本书中对地下水的描述,不仅其他水文地质学家和地下水专家可以理解,更多的潜在读者群也能理解。

本书涵盖的主题对联合国教科文组织国际水文计划第七阶段的主旨无疑具有相关性和必要性。第七阶段的主旨标题为“对水资源的依赖性——压力中的系统与社会反馈”(IHP-VII,2008—2013)。这反映了国际地下水资源评估中心(IGRAC)的目标是其全球地下水信息系统中可以包含更多的细节。以上是联合国教科文组织国际水文计划和国际地下水资源评估中心鼓励作者们筹备这本书,并对他们的所需给予支持的原因。

全世界对地下水治理急剧增长的关注表明,我们需要一本这样的书。对我们地下水资源的良好治理,需要所有相关利益方的积极参与,其中包括授权的政府机构、地下水的最终用户,以及重视地下水相关的生态系统的人们。相关人员具有不同的专业背景知识,但是关于地下水的基本共识,及其提供的机会和问题是有效沟通的先决条件,这些将带来富有成效的决策和行动。本书在广泛的水文和社会背景下,通过众多地图、表格和案例系统地介绍了地下水,为我们提供了一本易了解的入门书,一个独特的面向地理的参考。我们热烈地将其推荐给任何对地下水感兴趣的人。

Alice Aureli
联合国教科文组织水科学司
国际水文计划地下水资源和含水层系统科
Neno Kukuric
国际地下水资源评估中心主任

致谢

由 Jean Margat 编写的《全球地下水概况》于 2008 年由联合国教科文组织与地质和矿业研究局联合出版。作者在联合国教科文组织水科学司的倡议下进行了这项工作。他得到了该司的支持和建议，特别是 Alice Aureli 和 José Luis Martín，以及法国地质和矿业研究局 (BRGM)EAU 服务部的 Didier Pennequin 和 Dominique Poitrinal 支持良多。在 Vincent Mardhel、Annabel Gravier 和 Jean-Jacques Séguin 的协助下，Guérin Nicolas 在地质和矿业研究局开发了全球数据库，并制作了地图。本书还受益于国际地下水资源评估中心提供的资料，以及 Vazken Andreassian、Emilio Custodio 和 Wilhelm Struckmeier 提出的有用的、宝贵的意见和建议。

在本书出版和传播之后，联合国教科文组织水科学司很快考虑出一个英文版，以便在全世界范围内获得更广泛的读者群体。Alice Aureli 和 José Luis Martín 邀请并鼓励 Jac van der Gun 筹备了英文版事宜。由于在这项工作开始之前又过去了几年，工作人员决定不仅仅翻译书籍，还要抓住机会来更新和扩展所提供的信息，并添加有用的新的元素。所有这一切都是在与资深作者进行密切协商和合作的情况下进行的，最终呈现的成果就是本书。

因此，本书其实是用另一种语言对原书进行明显修订的第 2 版。它利用原版的同时得到了一些来自个人和机构的额外支持和贡献。特别是联合国教科文组织国际地下水资源评估中心 (UNESCO-IGRAC)负责制作了一套全新的专题世界地图(由 Lena Heinrich 精心完成)，因为考虑到随着时间变化，书中地图必须进行相应变更。其他同事也在被咨询的时候就特定问题或主题提供他们的建议。这些同事包括 Stefano Burchi，Jake Burke，John Chilton，Steven Foster，Todd Jarvis，Leonard Konikow，Jan Nonner，Mario Sophocleus 和 Raya Stephan。还有一些同事对本书做出了特别贡献，他们阅读了全部或者部分草稿，并提出了有用的改进意见或建议。这些同事包括 Emilio Custodio，Lena Heinrich，Wilhelm Struckmeier 和 Frank van Weert。在本书进行相应修改后，Claire Taylor 进行了语言编辑工作，并对英语修正和润色提出了宝贵意见。联合国教科文组织水科学司的 Alice Aureli 和 José Luis Martín 在整个项目中得到了持续和宝贵的支持。最后，如果没有全球范围内的许多人(大部分人都未具名)的努力，本书不可能完成出版。他们参与了地下水相关数据的收集、处理、解译，并通过数据库、报告或出版物分享了这些数据和信息。

对所有这些人员和机构，我们表示诚挚的感谢。

Jean Margat

Jac van der Gun

缩略词

AAC	Association Africaine de Cartographie,非洲制图协会
ACSAD	Arab Center for the Studies of Arid Zones and Dry Lands,阿拉伯干旱地区和旱地研究中心
ALHSUD	Asociación Latinoamericano de Hidrología Subterránea parael Desarrollo, 拉丁美洲地下水水文发展协会
AMOR	Aquifer management organization,含水层管理组织
AQUASTAT	FAO's Global Information System on Water and Agriculture, 联合国粮食和农业组织全球水和农业信息系统
ASCE	American Society of Civil Engineers,美国土木工程师学会
BGR	Bundesanstalt für Geowissenschaften und Rohstoffe,德国联邦地球科学与自然资源研究所
BGS	British Geological Survey,英国地质调查局
BRGM	Bureau de Recherches Géologiques et Minières,法国地质和矿业研究局
CBLT	Commission du Bassin du Lac Tchad,乍得湖流域委员会
CEDARE	Centre for Environment and Development in the Arab Region and Europe,阿拉伯和欧洲环境与发展中心
CEE	Central and Eastern Europe,中欧和东欧
CCS	Carbon Capture and Sequestration,碳捕集和封存
CGMW	Commission for the Geological Map of the World,世界地质图委员会
CGWB	Central Ground Water Board (India),中央地下水委员会(印度)
CIHEAM	Centre International de Hautes Etudes Agronomiques Méditerranéennes,国际地中海高级农艺研究中心
CME	Conseil Mondial de l'Eau (WWC),世界水理事会
COTAS	Comunidades de Usuarios de Aguas Subterráneas,墨西哥地下水用户社区
DDT	Dichlorodiphenyltrichloroethane (insecticide),二氯二苯基三氯乙烷(杀虫剂)
DPSIR	Framework of analysis interrelating driving forces,pressures,state,impacts and responses,分析相互关联的驱动力—压力—状态—影响—响应的框架
ECE	Economic Commission for Europe,欧洲经济委员会
EDC	Endocrine disruptive compound,内分泌干扰性化学物质
EMWIS	Euro-Mediterranean Information System on know-how in the Water sector,地中海水信息系统
EPA	Environmental Protection Agency,USA,美国环保署
ERWR	External Renewable Water Resources,外部可再生水资源
ESCAP	Economic and Social Commission for Asia and the Pacific,亚洲及太平洋经济社会委员会
ESCWA	United Nations Economic and Social Commission for Western Asia,联合国西亚经济社会委员会
EU	European Union,欧洲联盟

EUROSTAT	European Union Directorate responsible for detailed statisticson EU member and candidate countries,欧盟统计局,负责欧盟成员国和候选国家详细统计的欧盟理事会
FAO	Food and Agricultural Organization of the United Nations,联合国粮食及农业组织
GDS	Groundwater Development Stress indicator,地下水开发应力指标
GEF	Global Environmental Facility,全球环境基金
GEI	Groundwater Exploitation Index,地下水开采指数
GGIS	Global Groundwater Information System,全球地下水信息系统
GRAPES	Groundwater and River Resources Action Programme on a European Scale,欧洲规模的地下水和河流资源行动计划
GRAPHIC	Groundwater Resources Assessment under the Pressures of Humanity and Climate Change,人类活动和气候变化压力下的地下水资源评估
GWA	Gender and Water Alliance,性别与水联盟
GWES	Groundwater for Emergency Situations,应急地下水
GWP	Global Water Partnership,全球水伙伴关系
GW-MATE	Groundwater Management Team,地下水管理咨询小组
IAEA	International Atomic Energy Agency,国际原子能机构
IAH	International Association of Hydrogeologists,国际水文地质学家协会
IAHS	International Association of Hydrological Sciences,国际水文科学协会
IAS	Iullemeden Aquifer System,伊莱梅登含水层系统
IAHR	International Association of Hydro-Environment Engineering and Research, 国际水文环境工程与研究协会
IBRD	International Bank for Reconstruction and Development,国际复兴开发银行
ICID	International Commission on Irrigation and Drainage,国际灌溉和排水委员会
ICQHS	International Center on Qanats and Historic Hydraulic Structures, 国际暗渠与历史性的水文结构中心
IFEN	Institut Français de l'Environnement,法国环境研究所
IGME	Instituto Geológico y Minero de España,西班牙地质和矿业学院
IGRAC	International Groundwater Resources Assessment Centre,国际地下水资源评估中心
IHD	UNESCO's International Hydrological Decade,教科文组织国际水文发展十年计划
IHP	International Hydrological Programme,国际水文计划
INBO	International Network of Basin Organizations,国际流域组织网络
INSEE	Institut National de la Statistique et des études économiques,法国统计及经济研究所
INWEB	International Network of Water-Environment Centres for the Balkans,巴尔干水环境中心的国际网络
IPCC	Intergovernmental Panel on Climate Change,政府间气候变化专门委员会
IRWR	Internal Renewable Water Resources,内部可再生水资源

ISARM	Internationally Shared Aquifer Resources Management,国际共有地下水资源管理
ISMAR	International Symposium on Managed Aquifer Recharge,含水层补给管理国际会议
ISO	International Organization for Standardization,国际标准化组织
ITGE	Instituto Tecnológico Geominero de España,西班牙 Geominero 技术研究所
IUGS	International Union of Geological Sciences,国际地质科学联合会
IWMI	International Water Management Institute,国际水管理研究所
IWRA	International Water Resources Association,国际水资源协会
IWRM	Integrated Water Resources Management,水资源综合管理
IWRS	Indian Water Resources Society,印度水资源学会
IYPE	International Year of Planet Earth,国际地球年
MAP	UNEP's Mediterranean Action Plan,联合国环境署地中海行动计划
MAR	Managed Aquifer Recharge,可管理的含水层补给
MOPU	Ministerio de Obras Públicas y Urbanismo,西班牙公共工程和城市事务部
MRMWR	Ministry of Rural Municipalities and Water Resources, Oman,阿曼农村水利部
NAS	Nubian Aquifer System,努比亚含水层系统
NWSAS	North Western Sahara Aquifer System,西北撒哈拉含水层系统
OACT	Organisation Africaine de Cartographie et de Télédétection,非洲制图和遥感组织
OEA	Organisación de los Estados Americanos,美洲国家组织
OAS	Organization of American States,美洲国家组织
OECD	Organisation for Economic Co-operation and Development OSS Observatoire du Sahara et du Sahel,经济合作与发展组织
PAM	Plan d'Action pour la Mediterranée du PNEU,地中海行动计划
PAN	Pesticide Action Network Europe,欧洲农药行动网
PCR-GLOBWB	Global Water Balance Model,全球水平衡模型
PHI	Programme Hydrologique International,国际水文计划
Plan Bleu	Mechanism for environmental regional cooperation between the 21 states bordering on the Mediterranean,与地中海接壤的国家之间的环境区域合作机制
PNUD	Programme des Nations Unies pour le Développement,联合国开发计划署
PNEU	Programme des Nations Unies pour l'Environment,联合国环境规划署
PPCPs	Pharmaceuticals and personal care products,医药品与个人护理品
PWN	Provinciale Waterleiding Maatschappij Noord-Holland,北荷兰省供水公司
RIVM	Rijksinstituut voor Volksgezondheid en Milieu,荷兰国家公共卫生及环境研究院
RIZA	Rijksinstituut voor Integraal Zoetwaterbeheer en Afvalwaterbehandeling,荷兰内陆水管理和废水处理研究所

SADC	Southern African Development Community,南部非洲发展共同体
SEMIDE	Système Euro-Méditerranéen d'Information sur les savoir-fairedans le Domaine de l'Eau,欧洲—地中海信息系统
SOFRETEN	Société Française d'Etudes et d'Engineering,法国社会的研究和工程
TDS	Total dissolved solids,溶解性总固体
TNO	Nederlandse Organisatie voor Toegepast Natuurwetenschappelijk Onderzoek, 荷兰应用科学研究组织
TRWR	Total Renewable Water Resources,总可再生水资源
UN	United Nations,联合国
UNDESA	United Nations Department of Economic and Social Affairs,联合国经济和社会事务部
UNDP	United Nations Development Programme,联合国开发计划署
UNDTCD	United Nations Division of Technical Cooperation for Development,联合国技术合作促进发展部 UN-DTCD,UNDESA 的前身
UN-ECAFE	United Nations Economic Commission for Asia and the Far East,联合国亚洲及远东经济委员会
UN-ECE	United Nations Economic Commission for Europe,联合国欧洲经济委员会(UNECE)
UNEP	United Nations Environmental Programme,联合国环境规划署
UN-ESCAP	United Nations Economic and Social Commission for Asia and the Pacific,联合国亚洲及太平洋经济社会委员会
UNESCO	United Nations Educational,Scientific and Cultural Organization,联合国教科文组织
UNESCO-IGRAC	International Groundwater Resources Assessment Centre,国际地下水资源评估中心
UN-ILC	United Nations International Law Commission,联合国国际法委员会
USGS	United States Geological Survey,美国地质调查局
USWRC	United States Water Resources Council,美国水资源管理委员会
VLOM	Village Level Operation and Maintenance,村级使用和维护
WaterGap GHM	WaterGap Global Hydrological Model,Water Gap 全球水文模型
WFD	Water Framework Directive of the European Union,欧盟水框架指令
WHYMAP	World-wide Hydrogeological Mapping and Assessment Programme,世界范围水文地质编图及评价计划
WHO	World Health Organization,世界卫生组织
WMO	World Meteorological Organization,世界气象组织
WRI	Water Resources Institute,Washington,华盛顿水资源研究所
WWAP	World Water Assessment Programme,世界水评估计划
WWC	World Water Council,世界水理事会
WWDR	World Water Development Report,世界水资源发展报告

关于作者

Jean Margat,水文地质学家。职业生涯起始于摩洛哥的地质调查机构,在那里工作了15年,随后搬到了法国奥尔良地质和矿业研究局(BRGM),工作了差不多25年。在那里他发起、实施并监督了地下水调查工作。在此期间,他同时担任了水资源总干事的个人顾问。他将他的专业经验带到了法国和国外的许多地区,其中最重要的是干旱地区,特别是非洲和中东干旱地区。

除了承担BRGM的专业工作之外,Jean Margat还是国际水文地质学家协会(IAH)的副主席,并随后担任了该协会的法国分会主席。

不久前,他仍是地中海蓝色计划的副主席,至今也还一直被联合国粮农组织、联合国教科文组织、世界银行和联合国开发计划署等国际组织作为专家咨询问题。

他出版了大量著作,主题涵盖水资源评估与管理、测算、水资源经济学等方面。2008年,他获得由国际水文科学协会、联合国教科文组织和世界气象组织联合颁发的国际水文奖。

Jac van der Gun,地下水水文学家。于瓦赫宁根大学毕业后,他在荷兰的供水公司工作了1年,随后在玻利维亚工作了4年,并参加了联合国技术合作促进发展部发起的水资源评估活动。之后,他加入了荷兰研发组织TNO(应用科学研究)的应用地球科学研究所,直到退休。

在TNO,Jac van der Gun参加了荷兰的地下水调查工作,并在几年后逐步全面接管了该计划。不久后他还参与了研究所的国际水资源评估和管理项目,担任了也门和巴拉圭水资源评估项目的常务经理,并为各类国际和国家组织在亚洲、拉丁美洲、非洲和欧洲提供了许多短期服务,包括提供科学技术投入、监督项目、制定或评估项目和计划等。他还在教科文组织水教育研究所就地下水演讲了30多年。

Jac van der Gun积极地参与了国际地下水资源评估中心(IGRAC)的建立,并于2003年成为其第一任董事。他现在主要作为联合国教科文组织和国际地下水资源评估中心顾问,参与国际组织的几个地下水相关项目。

目录
Contents

第1章

绪论

水不仅覆盖着地球表面积的3/4,同时在地下很深的范围内也是无处不在并持续运动着。地下水——我们大多指的是地下的水①,是水圈中一个无形的组成部分,代表着水循环的隐藏部分。普通大众并非未意识到地下水的存在,但通常对其知之甚少。

从很久以前开始,世界各地的人们已经开始发现并开发利用地下水,或者设法通过抽干地下水以方便进行采矿活动和其他土地利用。随着时间推移,人们已经发明了多种多样的技术,通过利用不同形式的能源(从重力、人力和牲畜到风能、矿物燃料、电力和太阳能水泵)来获取和利用地下水。现在,人类每年从地下抽取的地下水的体积是石油的200多倍。地下水在世界上的许多国家被广泛应用。它往往是饮用水的主要来源(供给世界一半的人口),同时其对干旱和半干旱地区的灌溉也起着巨大的作用,其对该地区的食物保障也具有重大的贡献。因此,它是水利经济的一个重要组成部分。然而,很长一段时间内人们对于地下水的来源以及流向的认识一直存在普遍的误解。同时,也一直缺乏对地下水在水循环中的地位和角色的适当和准确的认识。地下水还成了很多神话故事的主题,而不是科学知识。即使在今天,它依然是一种被知之甚少的资源。太多简单而且往往是错误的思想使得世界上地下水的多样性和复杂性没有得到客观公正的认识。在很长一段时间内,对地下水基本理论的误读将仍然存在,如专栏1.1所示。这表明了除非该领域的专业人士认识到这一点,否则那些对于地下水概念的理解缺陷可能仍然存在。

地下水是全球水循环中的一部分,它不是独立的。尽管如此,要想真正了解地下水还需要一些特殊的方法和一定的努力,毕竟相对于使用地下水的人来说,真正理解地下水的人不过是少数。地下水资源量往往被错误地估算而且很难管理,甚至被过度开发和浪费,除此之外,地下水资源往往被低估或者待开发。在全球各地我们可以发现这些情况正在呈多元化发展。

① 严格来说,位于地表之下的水可划分为饱合带水和非饱合带水。后者位于地下水水位线之上,量比饱和带水小得多。

20世纪，由于很多的开发活动没有经过详细的规划以及缺乏合作，使得开发和污染对各地区的地下水资源都产生了前所未有的压力——无论是发达国家还是发展中国家。在某些地区人们似乎仍然没有意识到地下水资源的潜在利益，因此基本没有或很少开发使用地下水。

专栏 1.1　　地下水从何而来?

人们对地下水运动方式的认知的缺乏是水循环的科学概念出现如此晚的原因之一。人们对地下水的认识往往主要基于想象力，甚至是神话故事，而不是科学观测。

从远古时代到17世纪，从亚里士多德到笛卡尔，当时人们普遍对地下水的运动方式感到奇怪，地下水的运动方向总是与我们当时的认识是相反的，因为从海底到高山，泉水总是从地底流向地面。这种运动在当时被认为是通过某种神秘的通道进行的(在它的运动过程中盐分会莫名其妙地消失……)，就像Kircher神父于1665年所画的一样(图1.1)。

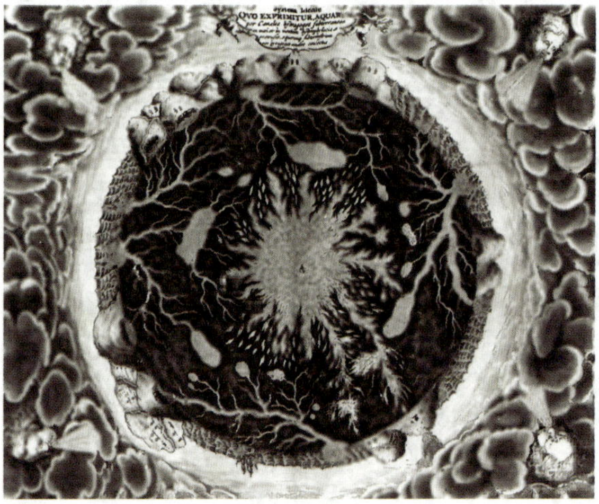

图 1.1　地下水资源循环图(Kircher，1665)

只有少数有智慧的人，特别像是希腊哲学家阿那克萨戈拉(公元前5世纪)、罗马建筑师维特鲁威(公元前1世纪)，以及达·芬奇(16世纪)，通过直觉，将地下水的起源归因于雨水的渗透。

我们目前对陆地水系中地下部分的认识，已经可以建立在总体上与实地观测相一致的地下水运动方向。这些经过修正的观点被放在图片中以阐明水文循环的概念，同时也可以对普通大众进行相应的科普教育(第2章，图2.3)。有关地下水来龙去脉的知识已成为水文地质科学重要的支柱之一。然而，地下水在全球和国家尺度上的水循环中所起的重要作用只在近几十年中才逐步受到重视。

本书是关于全球地下水地理学知识的,主要是从地理学的角度来研究地下水,但是在某种程度上也会涉及一些相关的经济和管理方面的知识。本书不仅可以供科学工作者和工程技术人员学习,同时可以用于对普通大众进行地下水或水文学知识教育,像 Zektser 和 Everett 写的《世界地下水资源及其利用》(2004)一样。本书的主要目的是对全球地下水资源及其利用现状进行概述,进而重点研究地下水的存在形式、运动方式和潜力的丰富的多样性,因为不同的研究、开发和管理方式都会导致地下水的这些属性产生差异。本书的主要目的不是介绍地下水的共有属性及其理论, 因为这些知识可以在形形色色的教科书或者有关地下水的网站上查阅。相关资料见附录 6.1。

本书主要是针对水资源管理者、负责管理地下水的工作人员、水文地质学家、水文学家、地理学家、工程师、水资源相关的专业人士,以及学生、教师、传播学专业人士和世界各地对地下水感兴趣的人所编写的。对于那些对水文地质学中的术语以及相关定理不太了解的读者,请参阅附录 1 中的术语表。

注 意 事 项

本书包含有大量国家、洲及全球尺度的数据,其中大部分数据来源于国家和国际数据库或其他出版物。在收集整理这些数据的过程中对其进行质量评估是极其困难的, 甚至是不可行的。数据质量无疑是具有高度不确定性的。鉴于各国甚至同一国家内在数据的采集方式上具有巨大差异,同时某些区域的面积比例在不断变化中,对于这些区域想获得真实的数据资料是不可能的,所以只能获得一些粗略估算的数据。同时,相同的统计数据在不同的数据库中会有不同的数值也是很正常的。基于不同的源数据,本书也会产生不同的统计数据版本,只要这些数据是可信的。读者应当注意到单个数据可能存在的不足,进而将注意力主要放在整个数据定义的全球性和地区性的差异或模式上。

运用地图来展示这种全球性的差异和不同模式是非常有效的。因此,在后续章节中会包含有大量的地图。这些地图一般是基于国家(按传统的行政区域划分)尺度的统计数据,用来使这些统计数据表格可视化。但是,由于各国面积和人口的差异,使得这些统计地图会影响全球状况的反映效果,同时不可避免地对本书想要表达的信息产生一定的误解。在一些地图中,通过以每平方千米或每个居民(人均)为单位来显示变量,消除了国土面积和人口规模的影响。一些非基于国家尺度的统计地图也可以相应地减少上述中的不便。

使用主要以国家尺度的统计数据制作的全球统计图在反映国家内部地区性的某些类型丰富程度巨大的差异上能力不足。

第2章

全球水循环中的地下水

- 地壳内部淡水和咸水的数量
- 地下淡水通量及其地理分布
- 全球水循环中的地下水：地下水的补给和排放
- 与地表水的关联
- 干旱及半干旱地区的地下水

2.1 地表之下的水

水无疑是地壳内部分布最为广泛的流体。在绝大多数多孔渗透性或裂隙岩体环境中都有含水层①的存在，甚至在很多低渗透性岩层，如黏土层，在一定深度处(一般几千米，偶尔超过10km)仍然含有水。但是这些水的体积及其包含的溶解质差异非常大：每公顷土地以下的不可见水量变化范围可以从几千立方米到几百万立方米。因此，想要计算某一地区或国家的地下水总量是非常困难的，尤其是全球地下水储量。

为了比较地下水与地表水总量之间的差异以及摸清地下水的分布状况(图2.1)，大量的研究者一直在尝试计算地球上地下水的总量(表2.1)。地球上液态淡水绝大部分为地下水，据估算，地球上地下淡水总量为800万~1000万 km^3，占地球液态淡水总量的98%~99%(图2.2)。相比之下，全球湖泊淡水不到地下淡水总量的1%。然而，地壳中所含的淡水总量仅占包括海洋在内的水圈总水量的1%。地下水储量的估算在区域尺度上是比较合适的，尤其是涉及较大的含水层区域(见第3章)，而在国家尺度上的估算则较少。表2.2中给出了部分国家尺度地下水总储量估算。

---

① 含有地下水的相对渗透性多孔或裂隙岩石的连续体称为含水层，而渗透性较差的地下水填充体则称为隔水层，具体取决于地下水渗透速率，由于具有较高的渗透率利于水流动。含水层是大部分地下水流动发生的区域，然而潜水层可以容纳大量的地下水并通过与含水层共享的大面积接触进行水流交换。

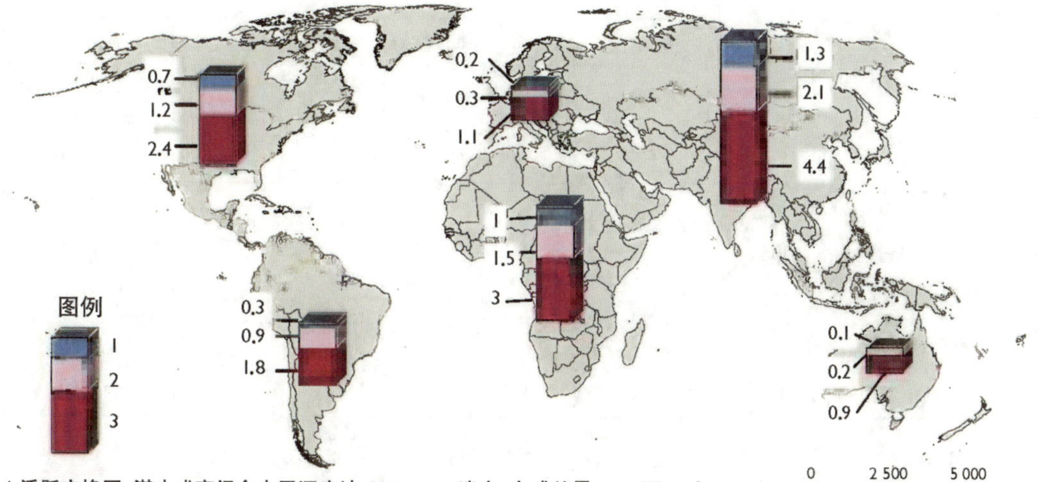

1.活跃交换区，潜水或密闭含水层深度达 100m——淡水(全球总量：360 万 km³)

2.中等活跃交换区，最常见的是含水层，深度为 100~200m，主要是淡水(全球总量：620 万 km³)

3.低等活跃交换区，深度达 2000m，主要是盐水(全球总量：1360 万 km³)

图 2.1　各洲存储的地下水数量级

数据来源：Korzun(1974)；Shiklomanov(1990)；Shiklomanov 和 Rodda(2003)

表 2.1　　全球地下水量(不同来源估算值)

来源	存储量(km^3)			流量
	淡水	咸水或微咸水	总量	年均地下水通量(km^3/a)
Nace，1964，1968	8336[1]			
USGS/Nace，1967	8350			
L'Vovich，1967，1974(英文版本 1979)	4000[2]		60000[3]	12000
Korzun，1974/USSRCom. UNESCO'sIHD，1974	10530[4]	12870	23400[5]	13320[6]
UNESCO，1978				13200
UNESCO，1990 和 Shiklomanov，1992，2003	9800	13600	23400[5]	
Baumgarter &Reichel，1975	8062[7]			
Mather，1984	8800			
Bureau des Longitudes(法国)，1984	8600[8]			
美国国家科学研究委员会，1986			15300	
UNESCO，1988	8500			
世界资源研究所，1991	8200			

续表

来源	存储量(km³)			流动量
	淡水	咸水或微咸水	总量	平均地下水通量(km³/a)
Döll 等,2002				14000[9]
FAO,2003				11284[10]
Döll and Flörke,2005				12882[11]
Döll and Fiedler,2008				12700[11]
Wada 等,2010				15200[12]
AQUASTAT,2011				11968[13]

注:1.基于 2×10^6 立方英里转换而来,其中 50%深度不到 800m,50%深度大于 800m。

2.活跃水交换区的地下水,其中包含 85%的土壤水分。

3.根据 Vernadsky 和 Makarenko 的研究。

4.包括 $1.65\times10^{13}m^3$ 的土壤水分和 $3\times10^{14}m^3$ 的地下多年冻土冰。

5.不包括南极洲:约 $2.00\times10^{15}m^3$ 的淡水冰。

6. 流入河流的地下水——年度自然更新的地下水资源:通过水文分离计算,不包括估计 2200km³/a 直接流入海洋的水。

7.包括土壤含水量 $6.13\times10^{13}m^3$;$3.55\times10^6km^3$ 对应深度小于 800m。

8.深度达 4000m,其中 $4\times10^6km^3$ 对应深度小于 800m。

9.用 GAP—2 模型计算的地下水补给量。

10.国内产生的地下水数据总和(联合国粮农组织数据库编制的国家资料库,2003)。

11.用 WGHM 模型计算的地下水补给,网格宽度为 0.5°,1961—1990 年平均值。

12.用 PCR-GLOBWB 模型计算的地下水补给,网格宽度为 0.5°,1961—1990 年平均值。

13.国内产生的地下水数据总和(AQUASTAT 根据最新国家数据汇编)。3.35%的陆地缺少数据;已做修正。

表 2.2　　部分国家地下水总储量计算值

国家	地下水总储量(km³)	备注	来源
沙特阿拉伯	2285	深达 300m	Abdurrahman,2002
澳大利亚	20000	大自流盆地	Habermehl,1980,2001
巴西	11161		Reboucas,1988
埃及	250000	努比亚砂岩含水层系统	Khater,2005
法国	2000		BRGM,1986
利比亚	35000	苏尔特、库夫拉和穆祖克盆地	ElGheriani,2002
美国	225040	其中浅层含水层 50%,深层含水层 50%	USGS 2975

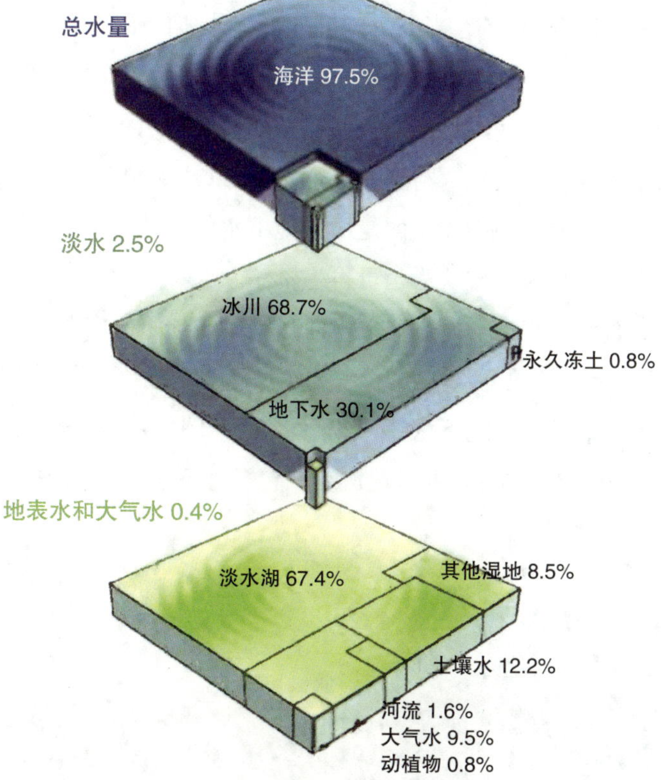

图 2.2　全世界水的全球分布

来源：WWAP(2006)，根据数据 Shiklomanov 和 Rodda(2003)，全球淡水量为 3520 万 km^3。

对于这些天文数字，仅仅其数量级是有意义的，其作用主要体现在学术价值上，而我们也应注意不能被这些数字误导。事实上，和大部分的矿产资源不一样，地下水资源在大多数情况下属于可再生资源。通过利用现代水循环理论中的地下水动力学，可以持续开发利用地下水资源。这些体积巨大的地下水储量中有较少一部分是动态的，这也就意味着：地下水储量或多或少会有规律地得到补给①，同时其充足的流动性使其可以发挥天然调节和缓冲的作用。尽管这部分动态储备地下水只占地下水总量(储量或存量)的百分之几，但其体积还是相当可观的。这些动态地下水资源中的绝大部分位于潜水含水层②中。在这类含水层中的地下水季节性或多年变化总量的数量级为 10 万亿 m^3。

① 地下水补给、更新或补充是指水流入地下水系统。

② 潜水层或称“潜水含水层”，是埋藏于地表以下第一个稳定隔水层上的地下水，通过土壤孔隙直接与大气接触。这种条件有利于含水层积极参与水循环。承压水的上边界则与之相反，它分布在不透水的地层(封闭层)的底部，防止含水层与大气层和地表水体直接相互作用。

尽管某些其他文献[①]可能会带来一些误导作用，但地壳中水资源量绝对不能当做唯一的依据来估算地下水资源总量。当以全球尺度来统计某自然资源量时，两种关键变量通常被用来描述其特征：现存量（当下数量、储量）和流量（增长率、更新率）。其中，后者可以保证该资源持续性开发利用而不致该类资源在长期开发利用中耗尽，而前者相当于缓冲池一样随着流入量的变化而变化。与地表水、大气水以及水圈中其他绝大部分水资源相比，地下水的现存量/流量的比例较高。但是由于地下水的流动部分参与了地球水循环，因此，在大多数情况下地下水通常被认为是可再生资源。

对于大部分含水层来说，通过地下水流量来刻画地下水资源现存量比通过地下水现存量更可靠。而“化石类地下水”[“化石水”或“原生水”是指地质时期形成的，在当前气候条件下没有得到有效补充的地下水体（第4章）]是个例外：该种水资源通常像矿产资源一样通过体积来表述，但是这种非可再生资源只包括地下水现存量中可提取的部分（见第4章）。

2.2 多少地下水参与水循环

2.2.1 研究现状

图2.3为水循环原理图，图中展示了地下水在水循环中的相关细节。当前，各种出版物上有大量基于景观构造的水循环原理图，但通常强调地下水出流入海的情况，尽管从全球尺度来看，这种地下水出流并非地下水最为重要的一种形式，我们在2.3节中将会对此进行详述。此外，这种图很难展示含水层与地下水径流之间的关系，因为其很难将某区域的水循环与其局部特征结合到一张图上。图2.3分别展示了两者。水循环中与地下水相关的重要方面通过一些剖面图来展示。

地下水并不是停滞不动的，尽管与地表径流相比，其流速非常缓慢。在特定的含水层条件下，地下水运移1km所耗费的时间可以从1天到5个世纪，甚至更多。然而，大量的水缓慢通过含水层时会产生与径流相同的通量，但是径流的流速相对较快，而地下水通过的剖面与流向相垂直且面积较小。在本章中，我们用“流量”来表示通过含水层（多种含水

① 例如，Allègre（1993）写道：“大部分的水资源是地下水：是地表水的5000倍到近万倍。”Diop和Recacewicz（2003）对该结论进行了重申。Zaporozec（2002）也指出：“地下水约占地球淡水资源的98%。”Shiklomanov和Rodda（2003）将各洲计算的地下水储量列为“资源”。而欧洲—地中海信息系统也在2005年6月的公报强调：“地下水约占地球上可用水资源的97%。”

层和弱透水层组成的系统,通常称为含水层系)的总流量。由于通量是经过特定断面的通过速率,因此根据含水层内不同的断面,通量值也会不同。为了解决这个问题,本书定义通量为基于时间序列的平均值的宏观变量,其值等于含水层长期补给与排泄的平均值,在自然条件下两者通常会相互抵消而达到平衡。

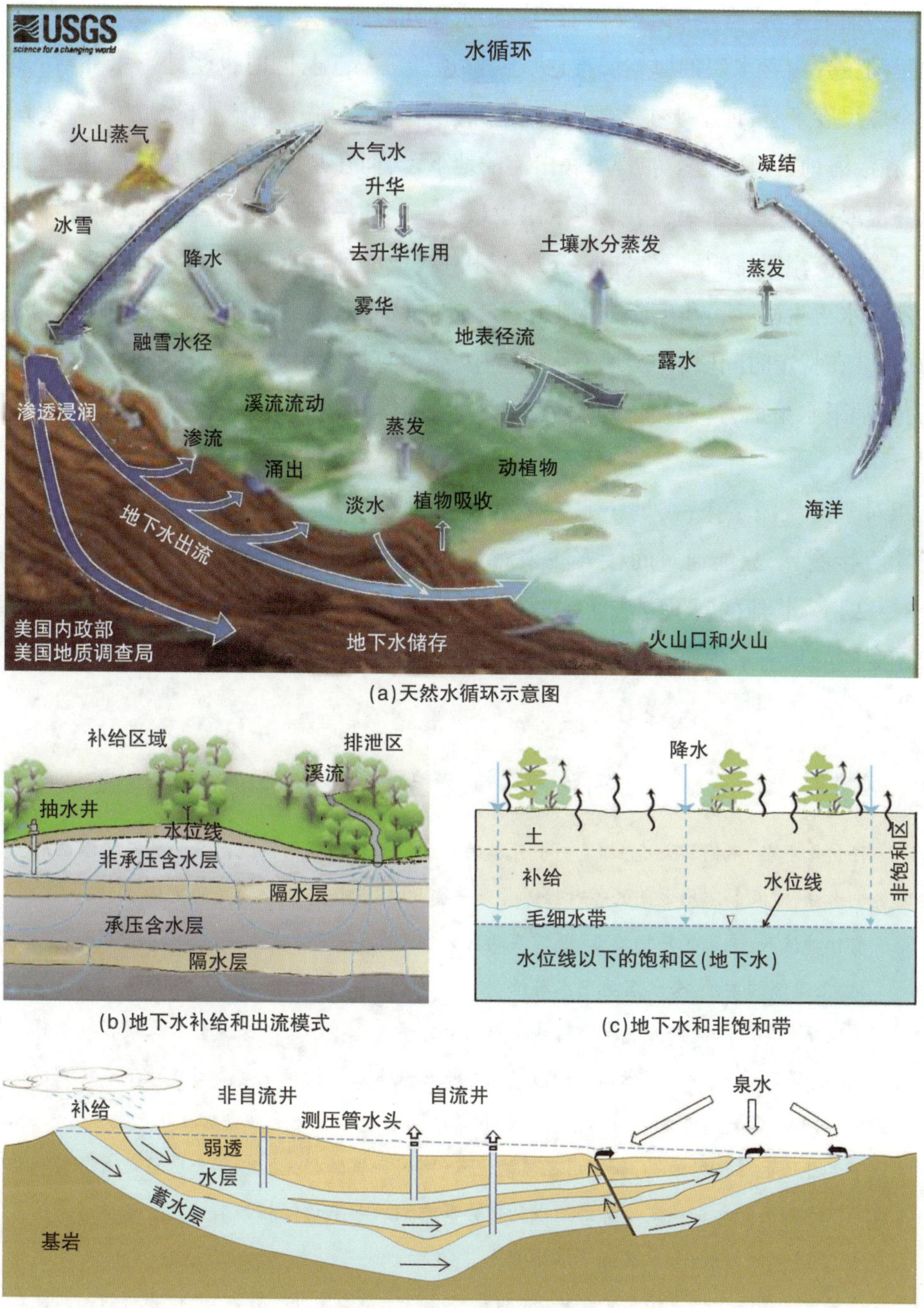

(a)天然水循环示意图

(b)地下水补给和出流模式

(c)地下水和非饱和带

(d)地下水出流(泉水和自流井)

图 2.3　水循环以及与地下水相关的过程特征

同地表水一样,地下水也是在空间结构系统中运动的。对于地表水来说,这些系统是由汇水区域及河流流域组成的,而地下水则是在含水层中流动。相对于汇水区域来说,含水系的可视性更差:其横向延伸度、体积、空间三维结构以及边界主要依靠地质信息资料来推断。

从字面上来看,含水层不仅相当于一个水库同时也是水的传输通道。地下水在含水层中的运动主要由含水层的原始属性(大小、渗透性等)支配,同时也受地下水补给的影响,而从全球尺度来看,地下水主要通过降雨渗透产生。绝大部分地下水流动的终点为泉水和溪流,在沿海地区可能更多的是海底出流的地下水,而在某些气候干旱、过度开发的地区,由水井提取地下水已经变成了地下水出流最为主要的一种形式。但是从全球尺度来看,与通过泉水、溪流出流的地下水相比,通过水井提取的地下水只占地下水出流的很小一部分。地下水再生(补给)和出流成为地下水与水循环中其他组成部分之间双向交换的纽带(图 2.3)。在特定时间段、特定地下水系统中,要测算地下水的入流、出流以及地下水储量的变化(地下水平衡)首先要正确理解、明晰地下水与水循环中其他组成部分之间的相互作用。

相对于河流流量来说,地下水流量变化相对较小,但是与河流径流不同,地下水流量不能直接测算,只能通过间接方法来测算。例如,通过流入或流出含水层的水量来测算(专栏 2.1)。其他的常见方法通常是基于观测的水力梯度以及渗透系数来测算,或者基于长期观测的地下水水位变化来测算。而数学仿真模型则综合利用了上述方法。

专栏 2.1 **如何计算含水层中地下水总流量**

任何含水层,不论其大小,都是一个开放的系统。含水层不断得到水分补给而排水区则不断丧失水分,流入和流出之间的暂时性差异是平衡的,类似银行账户收支的变化。

要估计流入、流出的平均流量,通常有两种方法:

- 上流侧的方法:含水层地下水补给

单位面积单位时间内大气渗水对地下水的补充量是基于水文气象变量和土壤特性估算出的。估算必须覆盖一个足够长的时间跨度,在非承压含水层的情况下需要考虑地下水观测水位的变化,同时还需要弄清楚河川水分补给究竟是从临近含水层还是上覆层灌溉土壤中流入。其他地下水补给也要进行估算,如河川径流的流入(河川径流的损失)、相邻含水层或上覆层灌溉土壤的下渗损失。所有确定为补给组成的部分和它们的年平均值相加来估算含水层总流量。

- 下流侧的方法:含水层地下水排泄

这种方法是基于现有的水文数据(特别是河川径流和山泉补给数据)进行分析的。这包括河流基本径流的识别，如界定河川径流源自地下水中的份额。所有确定为地下水流出部分的组成及它们的年平均值都要加起来估计含水层总通量。

在相当长的一段时间里，这是最常用的计算方法，但是该法要求有大量的较难获取的水文资料(时间、空间上的)，否则就不得不依靠粗糙的外推法来进行估算。此外，当其他含水层的潜在出流不可忽略时，如果仅仅基于河川径流估算，地下水流量就有可能被低估了。

地下水排泄包括没有出口的进入海洋或湖泊的无形排泄，及向相邻含水层的排泄、蒸发蒸腾，除此之外，还有由人类活动(抽水和灌溉)引起的排泄量。在这种情况下，不是所有的地下水出流都为河流所收集。

在自然条件下，在足够长的时间内，原则上如果把所有的输入和输出都考虑在内的话，上流测法和下流测法的计算结果应该是一致的。然而实际上后者并非总能计算正确。

由于气候、地形条件以及数据可用性的差异，这两种方法对于世界不同区域来说并非普遍适用的：有时这种方法合适，有时那种方法更合适。这些差异都可能影响结果。

针对某一特定区域的地下水资源来说，其研究、开发以及管理不应孤立于该区域的整体水资源环境。因此，当我们关注地下水通量之前，应首先注意到图 2.4、图 2.5 的内容。

图2.4 展示了全球年平均降水量的巨大差异，这种差异也反映在图 2.5 可再生水资源(包括地表水和地下水，亦称“蓝水”)的全球分布差异上。图 2.5 显示的是各国可再生地下水总量，但在展现细节上较差。全球降水总量仅有 22%可以转换为“蓝水”，超过 3/4 的全球降水能转换为土壤水，并最终通过蒸发和蒸腾作用传输到大气中。后者支撑着全球的植被与作物的生长。

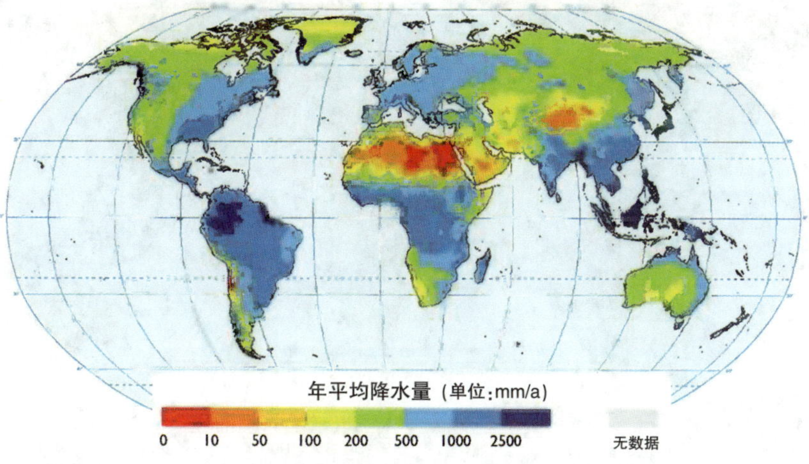

图 2.4　1961—1990 年平均降水量

来源：WHYMAP(2008)的插图，根据 BGR 基于位于奥芬巴赫的全球降水和气候中心提供的平均网格降水量制作

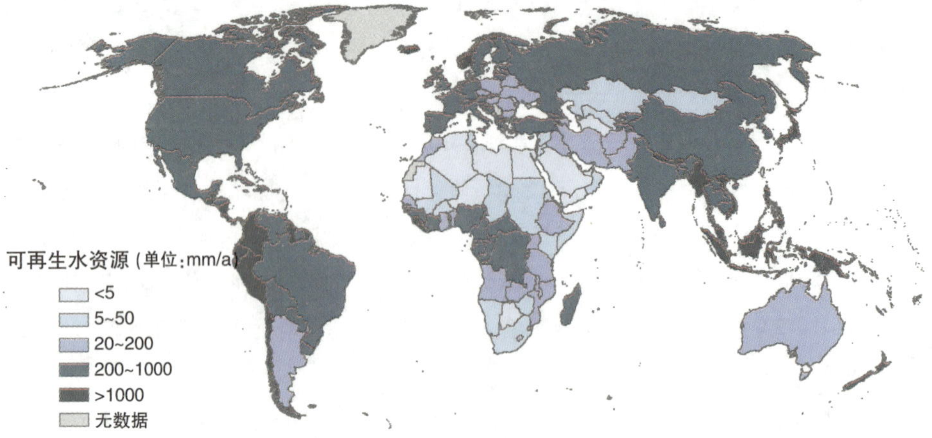

图 2.5 根据单位面积年平均内部可再生水资源分类(AQUASTAT)

数据来源:AQUASTAT(2011)

2.2.2 全球地下水流量的变化

应用表 2.1 中列出的任一方法，可以绘制出形象描述地下水流量在地貌上分布变化的图像。因此,估计地下水流入或流出可以表达为单位面积上流过相应的地下水系统或流域的流量,进一步平滑和概化地图即可达到预想的规模和分辨率。图 2.6 和图2.7 为利用该方法得到的世界范围内的小尺度地图。图 2.6 运用的是上流侧方法和全球水文模型 WaterGAP 网格单元生成的年平均分散地下水补给 (Doll 等,2002,2005,2008)。图 2.7 是

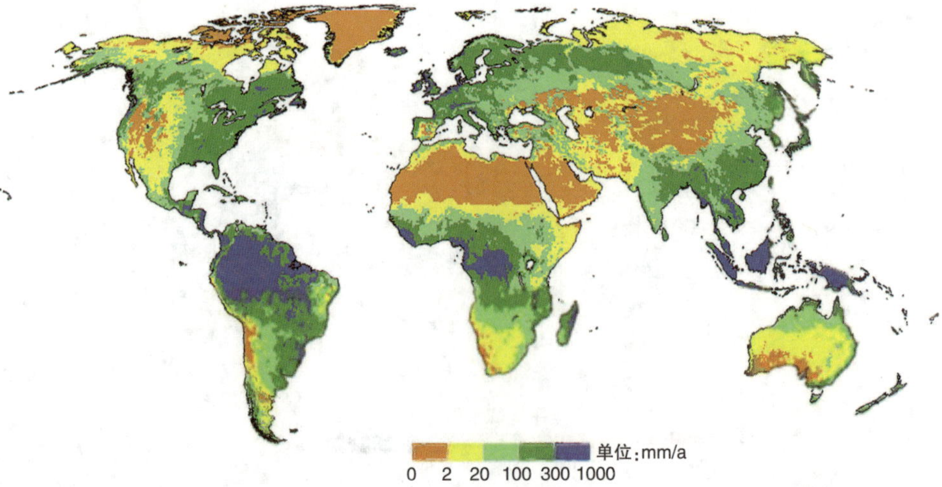

图 2.6 1961—1990 年全球年平均分散地下水补给(根据 0.5°的网格单元计算得到)

来源:Döll & Fiedler (2008)

l′vovich(1974)给出的是基于下流侧方法得到的年平均地下水流量。Dzhamalov 和 Zektser(1999)将"长时序地下水径流平均值"显示在具有更详细尺度的水文地质条件和地下水流动世界图集上(1999)。世界各地的地下水流量密度的变化范围是非常大的:图 2.6 和图 2.7 中分辨率至少有 3 个数量级的差异,从小于 1000m³/km² 到超过 100 万m³/km²。

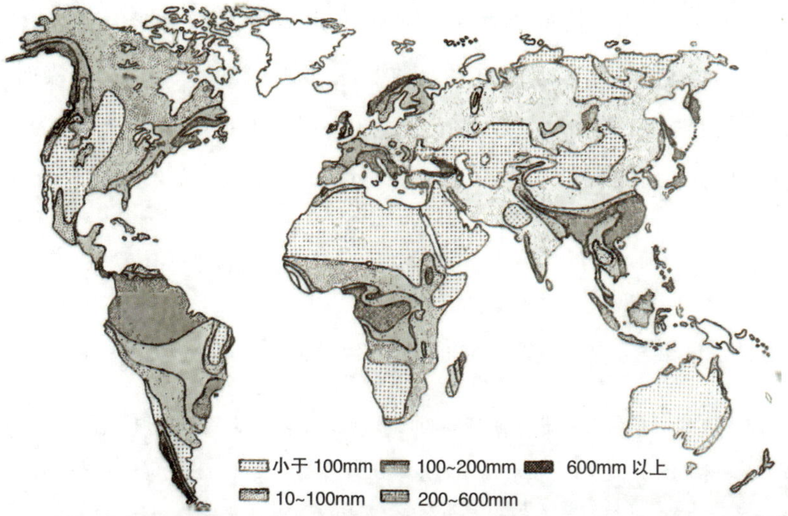

图 2.7　年平均地下水流量

来源:根据 l′vovich(1974)和世界资源研究所(WRI)(1991)

各大洲地下水流量分布情况见表 2.3。

表 2.3　各大洲地下水流量分布情况

各大洲	地下水出流		
	(a)来源:L′vovich(1974)		(b) 来源:IHD-USSR(1974)
	年平均深度(mm/a)	年平均流量(km³/a)	年平均流量(km³/a)
欧洲	109	1065	1120
亚洲	76	3410	3750
非洲	48	1465	1600
北美洲	84	1740	2160
南美洲	210	3740	4120
大洋洲	54	465	757
总计	90	11885	13325

来源:依据 L ′Vovich(1974)和联合国教科文组织苏联委员会编写的《国际水文十年》(1974)。

注:(a)和(b)的区别主要是:(b)中的估算包括了地下水入海出流量。

尽管使用了不同的分辨率和数据集，两幅图都展现出与世界长时序降水模式强烈相关的类似模式。两幅图中仍存在非系统性差异，但是这种差异是由于应用方法上的缺陷造成的（如忽略了某些流入或流出组成，见专栏 2.1），而不是使用数据的局限性造成的。

2.2.3 国家或流域的地下水流量

L 'Vovich（1974）最先尝试估算各个国家地下水流量并不定期更新，然而数据库还远非均匀分布。自 1993 年以来，通过系统收集很多国家的水资源统计数据，并定期更新汇总于联合国粮食与农业组织（FAO）的 AQUASTAT 水资源数据库中。为了减少有关水资源变量的确切含义的混乱，AQUASTAT 给出了定义，并在专栏 2.2 中做了简要阐述。

专栏 2.2 联合国粮农组织的 AQUASTAT 中用到的可再生水资源专业术语

在 AQUASTAT，可再生水资源被定义为河流（地表水）的长期年平均流量及由下渗产生的含水层（地下水）补给。它们是在水循环的基础上计算的。应该指出的是，这一定义将可再生水资源减少为只有“蓝水”（河流和含水层中的水，即传统意义上的水资源供应），不包括“绿水”（土壤中截留降雨和因蒸腾或蒸发回到大气中的水分），也不包括任何非常规水资源（如废水、再生水）。

没有人类影响条件下的天然再生水资源和考虑人类影响条件下的实际再生水资源两者之间是存在区别的。内部可再生水资源（IRWR）与外部可再生水资源（ERWR）两者间也是有区别的，内部可再生水资源指的是一个国家（或其他空间单元）内由降雨产生的水资源，外部可再生水资源是指从上游国家通过河流（外表层水）或含水层（外部地下水）进入该国的部分水资源。外部可再生水资源还包括部分来自邻近国家的跨界流入、共享的湖泊或边境河流资源。在评估一个国家的外部流入时，自然流入被认为是没有人类的影响的天然外部可再生水资源，或者扣除上游国家的协议取水量的实际外部可再生水资源。

辨析了以下关键变量：

内部可再生水资源=内部产生的地表水+内部产生的地下水−重叠部分

内部产生的地表水=源于内部降水直接径流产生地表水的长期年平均水量（地表径流和地下水的贡献）

重叠= $Q_{out}-Q_{in}$ =地下水流出水量−入渗到含水层水量（地下水流入溪流的净贡献）

天然外部可再生水资源：未受人类干预的天然状态下流入该国的年均入流量。

实际外部可再生水资源：考虑从上游国家适量取水和流出担保条约从上、下游国家抽水后流入该国的年平均入流量。

天然可再生水资源总量=内部可再生水资源+天然外部可再生水资源

实际可再生水资源总量=内部可再生水资源+实际外部可再生水资源

可开采水资源量(可管理水资源或潜在水资源)：考虑了技术、经济、财政、社会、环境以及法律可行性和约束的可供开发的那部分水资源。

参考文献：联合国粮农组织，2003；Margat 等，2005

表2.4基于AQUASTAT给出了101个国家的国内地下水流量数据，这些国家覆盖了除南极洲外的全球92%的面积。为了避免重复计数，来自周边国家的地下水入流均不包括在内。因此，该值代表每个国家领土内的年均地下水补给。

表2.4　　根据气候带分类的年均地下水出流

气候带	地下水出流		
	平均深度(mm/a)	推求流量(km^3/a)	占全球比例(%)
亚北极	40	~6000	50
温湿	30~150		
干旱	0~10	~200	2
干热带(半干旱)	20~30		
湿热带	200~320	~5800	48
赤道	600		
赤道和山区	700		
总计	90	~12000	100

来源：基于 L´Vovich(1974)的估算。

表2.5中列出了不同国家的内部地下水流量和流量密度。流量密度可用于国家间的比较(不用考虑国家面积大小)。表2.5显示了不同国家的地下水流量和流量密度的差异非常大，不仅反映了气候条件和每个国家的大小，而且还反映了当时的水文地质环境。这些国家的地下水流量的范围为0.1~1874km^2/a。国家地下水流量密度变化范围为0.3~669mm/a。表2.5中列出了各国地下水总流量，并根据面积推算出整个大陆的总流量大概为12700km^3/a，这与表2.3给出的数据大致是吻合的。该结果与Döll和Fiedler(2008)估计的全球拥有的地下水补给量12700km^3/a一致。作者基于模型与AQUASTAT给出的估算在国家层面上有些差异，可能部分是由于概念上的差异，但造成这个差异最主要的原因是：

所有补给估算方法本身都存在较大的不确定性。图 2.8 显示了全球范围内不同国家地下水流量密度。

表 2.5　不同国家的内部地下水流量(基于各国的平均流量估算得到)

各洲	国家	地下水流量		各洲	国家	地下水流量	
		(km³/a)	(mm/a)			(km³/a)	(mm/a)
非洲	阿尔及利亚	1.5	0.6	亚洲	中国	829	86
	安哥拉	58	47		印度	432	131
	博茨瓦纳	1.7	2.8		印度尼西亚	457	238
	布基纳法索	9.5	35		伊朗	49	30
	喀麦隆	100	210		伊拉克	3.2	7.3
	中非共和国	56	90		以色列	0.5	24
	乍得	11.5	9.0		日本	27	71
	刚果(布)	122	357		哈萨克斯坦	6.1	2.2
	刚果(金)	421	180		老挝	38	160
	埃塞俄比亚	20	18		黎巴嫩	3.2	308
	加蓬	62	232		马来西亚	64	194
	科特迪瓦	38	120		蒙古	6.1	3.9
	肯尼亚	3.5	6.0		缅甸	454	669
	利比里亚	45	404		阿曼	1.3	6.2
	利比亚	0.5	0.3		巴基斯坦	55	68
	马达加斯加	55	94		菲律宾	180	600
	马里	20	16		沙特阿拉伯	2.2	1.1
	摩洛哥	10	22		叙利亚	4.8	26
	莫桑比克	17	21		泰国	42	82
	纳米比亚	2.1	2.5		土耳其	69	88
	尼日尔	2.5	2.0		土库曼斯坦	0.4	0.7
	尼日利亚	87	94		阿拉伯联合酋长国	0.1	1.5
	塞内加尔	3.5	18		乌兹别克斯坦	8.8	20
	索马里	3.3	5.1		越南	71	217
	南非	4.8	3.9		也门	1.5	2.8
	苏丹	7.0	2.8		亚美尼亚	4.3	145
	赞比亚	47	62.5		阿塞拜疆	6.5	75
	津巴布韦	6.0	15.4		孟加拉国	21	147

续表

各洲	国家	地下水流量 (km³/a)	地下水流量 (mm/a)	各洲	国家	地下水流量 (km³/a)	地下水流量 (mm/a)
欧洲	阿尔巴尼亚	6.2	216	欧洲	乌克兰	20	33
	奥地利	6.0	71		英国	9.8	40
	白俄罗斯	18	87	美洲	阿根廷	128	46
	克罗地亚	11	195		玻利维亚	131	119
	捷克共和国	1.4	18		巴西	1874	220
	丹麦	4.3	100		加拿大	370	37
	芬兰	2.2	6.5		智利	140	185
	法国	120	219		哥伦比亚	510	448
	德国	46	128		古巴	6.5	59
	希腊	10	78		厄瓜多尔	134	473
	匈牙利	6.0	64		圭亚那	103	479
	冰岛	24	233		海地	2.2	78
	爱尔兰	11	154		洪都拉斯	39	348
	意大利	43	143		墨西哥	139	71
	荷兰	4.5	108		尼加拉瓜	59	456
	挪威	96	296		巴拉圭	41	101
	波兰	12	40		秘鲁	303	236
	葡萄牙	4.0	43		苏里南	80	490
	罗马尼亚	8.3	35		乌拉圭	23	130
	俄罗斯	788	46		美国	1384	144
	西班牙	30	59		委内瑞拉	227	249
	瑞典	20	44		澳大利亚	72	9.4
	瑞士	2.5	61				

来源：摘录于 AQUASTAT(2011)。

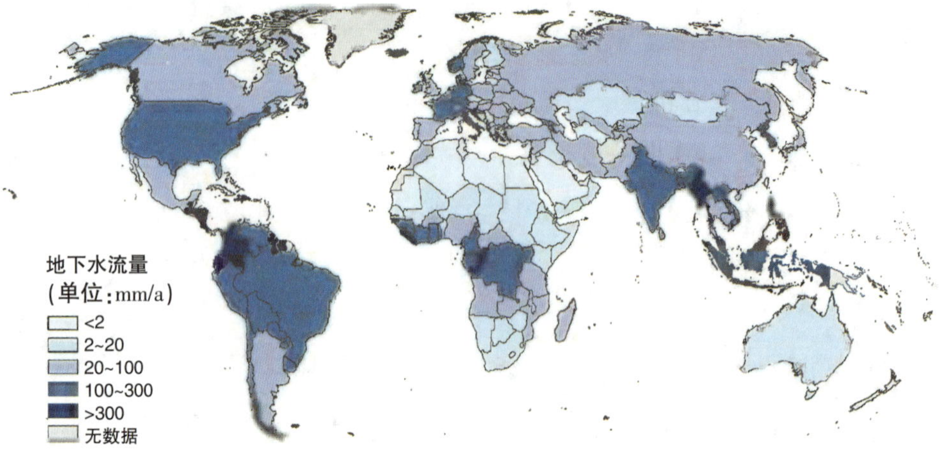

图 2.8 单位面积的年均地下水流量分类

[数据来源:AQUASTAT (2011). 'Groundwater produced internally']

对任意尺度的流域进行估算更有意义,尽管相应的区域尤其是较大的区域,从水文地质的角度上可能是多样性的。根据 L'Vovich(1974),表 2.6 提供了一个例子。这些例子说明了在平均流量密度和总径流量上差别大是由气候和水文地质条件的差异所造成的。在该章中使用大量数据的主要目的是为了说明世界各地气候与水文地质条件的巨大差异。数据本身的用途是有限的,因此,用来解决区域性问题也不尽适合。

表 2.6 各流域地下水径流预测值

流域	年均降雨量(mm/a)	地下水径流	
		年均深度(mm/a)	占总径流比例(%)
Agusan at Talakagon (菲律宾)	4100	1700	65
Bueno at Rio Bueno (智利)	3250	1682	59
Rhine at Lustenau	1505	565	47
Mekong at Pnom-Penh	1460	160	25
Murray at Tintaldra (澳大利亚)	1290	139	42
Ganges at Ramganga (印度)	1182	104	23
Niger at Koulikoro	1550	87	21
Oder at Slubice	637	78	50
Luaba (Upper Congo) at Bukama	1250	72	52
Colorado at Kamso	450	70	40
Seine at Paris	632	65	33

续表

流域	年均降雨量（mm/a）	地下水径流	
		年均深度（mm/a）	占总径流比例（%）
Euphrates at Hit	300	40	35
Mahanadi at Sambalpur（印度）	1424	35	5
San Pedro de Atacama at Cuchabarache（Chile）	175	28	93
Krishna at Vijayavada（印度）	832	20	9
Orange at Prieska	503	7	23
Los Angeles at Long Beach(美国加利福尼亚州)	350	3	6

数据来源：基于 L´Vovich (1974)，流域按地下水径流深度逆序排列。

在全球范围内，地下水流量约等于总天然可再生水资源的长期平均流量（蓝水）的28%。然而，地下水流量的分布地域差异很大，所以全球平均的意义不大。地下水流量和总内部流量(可再生水资源)间的比较，图 2.9 清晰地说明了基于各国 AQUASTAT 数据库计算的成果。地下水流量占总内部流量的范围从 2%(芬兰)到超过 90%(沙特阿拉伯，阿曼，卡塔尔，匈牙利)。在 156 个有充足计算数据的国家中，有 40 个国家都超过50%。当河流补给来源于邻国的河流时，估算地下水通量即使不是最多的，也占了相当大的部分，这样计算出来的数据会给人错误的印象。这是由于部分地下水流量是间接来源于外部，不应与总内部流量进行比较，如埃及(尼罗河)、博茨瓦纳(奥卡万戈河)和巴基斯坦(印度河)。

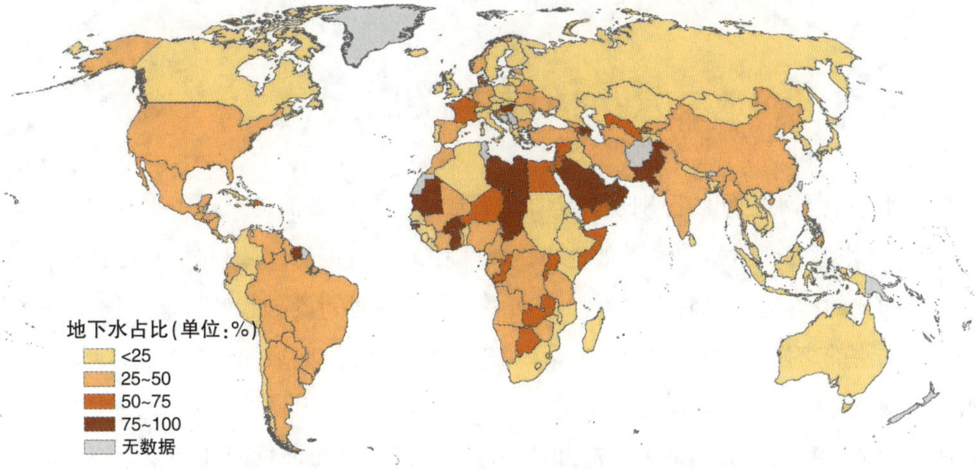

图 2.9　各个国家估算得到的地下水占长期平均水资源总量的比例

[数据来源：AQUASTAT(2011)]

地下水不仅是水文循环中的一个组成部分，还涉及其他几个循环。在地球化学循环中发挥了突出的作用，为“地球的生命之源”，因为它是水圈和岩石圈之间的主要地质化学交换媒介(专栏 2.3)。此外，地下水还受到由于全球碳循环变化引起的气候变化的影响，这对世界各地的食物链也有一定影响。

专栏 2.3　　地球的生命线

地下水在陆地水和岩石圈间的地质化学交换中起着至关重要的作用。这是由于它通常被长时间滞留于地下，且地下水体和固体基质的接触面积很大。

地下水可发生溶解和水解，特别是在土壤、非饱和区之间的土壤和非承压含水层，并且它也起到运输和沉积溶解物的作用。这些过程从溶解性固体物质在各含水层、不同的深度和地下水流动沿程的浓度变化上反映出来。因此，这些过程使得地下水成为一种保持这样的特性的水资源(第 4 章)。

不考虑细节，着眼全局，我们可以假设每年由内陆水域(联合国教科文组织，1978)输运的 25 亿 t 溶解性固体物质中的一大部分都随流动的地下水迁移。一大部分由河流运输的溶解物质也可以认为是经由地下水汇流入河的。

依据 Zektser 和 Dzhamalov(1998)的调查，沿海含水层的地下水以 2382km^3/a 的速度直接排放到海洋中，每年运送 12.93 亿 t 的溶解性固体物质。从全球范围来看，每年有 4.7 亿 t 进入大西洋、5.21 亿 t 进入太平洋、2.96 亿 t 进入印度洋和 700 万 t 进入北冰洋。这些溶解性固体物质的流入量相当于经由河流携带流入海洋的 52%(Zektser 和 Everett，2004)。

2.3　地下水和地表水：它们有何关联

地表水和地下水之间的区别是其所在位置或者说在何处流动。地表水存在于河流和湖泊，而地下水存在于含水层和其他地下区域。在某个特定的区域和时刻，可见水和不可见水具有明显的区别。然而，在区域尺度和一个较长的时间段(如一年)里，河道内的水和含水层内的水的交换(两个方向上)则属于常态而并非例外。区域面积越大，在地表水和地下水系统间迁移的水量占可流动水量的比例也越大。在一个流域或国家尺度上，“有效”降水在接触到地面后马上分为地表径流和地下水补给两部分，而这两部分的比例通常并非是地表滞留水量和下渗水量之比。大部分的地下水出流，即使不是全部，通常是以泉的形式在具有最稳定且长久的流量处汇流入河，该部分径流称为基流(图 2.10)。特定条件下，反向交换也会发生：在喀斯特地区地表水会部分或完全消失，发源于山脉的山麓地区河流会在进入冲积平原时损失部分流量(图 2.11)。在干旱、半干旱地区，河床下的含水层是由罕见洪水进行补给的。

图 2.10　位于干旱的也门北部的一条小河的基流：地下水作用的结果(照片提供：Jac van der Gun)

图 2.11　暴雨径流对蒂哈马滨海平原的松散含水层进行补给(也门)(照片提供：Jac van der Gun)

上述蓄水层和河流之间的水体迁移与水文循环中的地下水密切相关，它揭示了构成主要陆地水流量的两个基本问题：在江河流域的出口流量，来源于地下水的比例为多少？最终汇聚成河流的地下水补给占总量的比例是多少？

对于第一个问题，在存在下伏含水层难以产生地表径流且没有有效地表排水系统的干旱区域，地下水对流域出口流量的贡献可以很高甚至起到主导作用。而在河流流量充足或没有含水层的干旱或是半干旱地区这一比例则较低。

研究者们已经尝试绘制能反映地下水对河流径流贡献变化的地图，然而显著的空间不连续性对该工作造成了较大的困难。“地下水径流系数”定义为地下水径流占总集水区径流的比例，而非占平均降雨量的比例(计算径流系数的常见做法)。降雨和地下水径流之间的关系是非线性的，两者间关系太复杂以至于不能用一个简单的比例系数来表示。在部分国家如苏联，这样的地图绘制工作已经完成。苏联于 1965 年完成了1:5000000 比例尺地图的绘制，1975 年完成了 1:2500000 比例尺的地图绘制。经过L'Vovich(1974)的努力绘制工作扩展到全球尺度，结果显示地下水径流系数范围 0.01~0.60。显然，地下水径流系数和平均降雨深度相关，然而水文地质条件对此没有明显影响，即使在一个非常小的流域尺度，该方法的有效性也受到质疑。另一种更为严谨的方法是只提该系数在某个区域的变化范围(Dzhamalov 和 Zektser，1999)。各国也计算了平均地下水径流系数，尤其是在中东欧的几个国家：保加利亚 36%，匈牙利 49%，波兰 55%和罗马尼亚 28% (Zektser 和 Everett，2004)。

关于反向交换，地表水对地下水补给的贡献较少受到区域的影响。然而，这部分水量也是不可忽略的，特别是在干旱、半干旱地区。表 2.7 列举了一些例子。

表 2.7　某些国家干旱、半干旱地区地表水对地下水补给的贡献

国家	平均地下水流量 (km^3/a)	地表水补给贡献 (以洪水为主)(km^3/a)	地表水贡献所占比例(%)
伊朗	49.3	12.7	26
墨西哥	67	19	28
中国华北平原含水层	35.9	7.6	21
中国新疆地区含水层	–	–	30
阿拉伯联合酋长国	0.12	~0.10	83
沙特阿拉伯	2.2	~2.0	90
塞浦路斯	0.41	0.14	34

由于水体发生双向交换，统计同一区域的地表水流量和地下水流量会有重复的部分。为估算重复部分流量，在统计国家或地区自然水资源量时，需剔除重复部分流量

(见专栏2.4和第4章)。现在各国做这样的估算十分常见。部分例子见表2.8。

专栏2.4　　估算地下水和地表水之间的重复部分以便不重复计算自然总流量(km^3/a)

绝大多数国家对自然水资源都是将地表水流量和地下水流量分开进行统计的。通常我们认为地表水流量与某流域的出口(流出)上测量或计算得到的排泄量相当,而地下水流量被定义为含水层补给(流入)。由于河流和含水层的交换水量往往较大,它遵循独立评估地表水和地下水通量的总和被双计数影响。为了不高估可再生水资源总量(表示为一个更新的速度),交换水量(亦即地表水和地下水流量之间的重复部分)必须从这一总量中扣除。

估算地下水排入地表水系统的方法主要有两种:

- 假定基流与地下水径流相关,通过分析流量过程线估算其基流分量来直接计算地下水汇入河流的流量。为了简化计算,通常假定基流速率等于旱季河流流速。
- 差异计算法:重复部分=$a-b$,其中:

a 为自然地下水补给流量,对研究区域要独立估算(如通过建模);

b 为不经由该区域河流的地下水部分,如直接流入海洋的地下水出流,或蒸发蒸腾,或者是流入邻近地区的地下水流量。

在反方向上的水流交换上即从地表水系统到含水层,可以通过测量地表水沿河流深泓线的“损失”(微分测流)或通过计算相应的含水层补给来估算这部分流量,特别是通过建模来估算。

在内陆国家(即没有出海口)内部地下水流量的重复部分趋向于达到100%,除非发生跨界地下流动或大部分的地下水通过蒸发出流(在干旱区封闭盆地就能观察到这种情况)。

重复计算也可能发生在计算大面积(如某个洲)的水资源的自然更新率时,它是由较小的子区域(如某个国家)所定义的值之和。这是因为一个区域的流出量可能是邻近子区域的流入量。基于这个原因,我们提出了“内部可再生水资源”的概念,即只包括区域或子区域内部的地表水资源和地下水资源。

表2.8　　**部分国家地下水和地表水重复流量估算值**

国家	内部地下水总流量(地下水补给量)*(km^3/a)	重复地表水流量*(km^3/a)	重复比例(%)	参考文献
澳大利亚	72	20	28	AQUASTAT,2012
中国	828.8	727.9	88	Wang等,2000
刚果	421	420	99.8	AQUASTAT,2012
法国	100	98	98	BRGM/Margat,2001

续表

国家	内部地下水总流量(地下水补给量)*(km^3/a)	重复地表水流量*(km^3/a)	重复比例(%)	参考文献
印度	432	390	90	AQUASTAT,2012
伊朗	49.3	18.1	37	AQUASTAT,2012
意大利	43	31	72	Plan Bleu,2001
日本	27	17	63	AQUASTAT,2012
墨西哥	139	91	65	AQUASTAT,2012
摩洛哥	10	3	30	Dir. Hydraulique,1997
俄罗斯	788	512	65	AQUASTAT,2012
南美	4.8	3	63	AQUASTAT,2012
西班牙	29.9	28.2	94	MOPU,1980
土耳其	69	28	41	Ozcan,2000/DSI,2001
美国(全国)	1383	1227	88.7	AQUASTAT,2012
美国(本土州)	1300	1162	89.4	USWRC,1978

数据来源:见参考文献,*表示年平均。

联合国粮农组织在其AQUASTAT数据库中拥有覆盖全球的数据，这使得世界上几乎所有国家的内部地下水流量的重复比例都可以被绘制出来(图2.12)。然而,这个估算值的变化范围较大(从0%到100%),部分可能是由于使用的方法的差异,但绝大多数国家的重复比例均在75%以上。根据AQUASTAT的统计,在全球范围内的重复总量约10690km^3/a,约等于 89%的总陆地地下水流量(图2.13)。

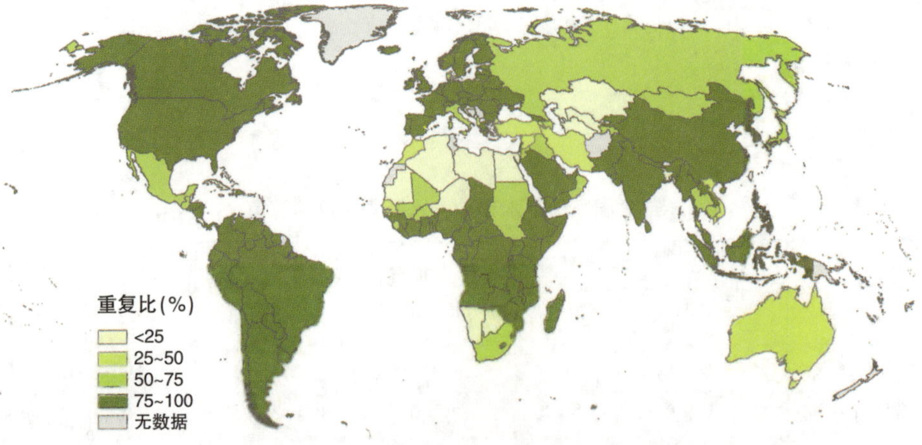

图2.12　各国的内部地下水流量与地表水流量重复比例

数据来源:AQUASTAT (2011)

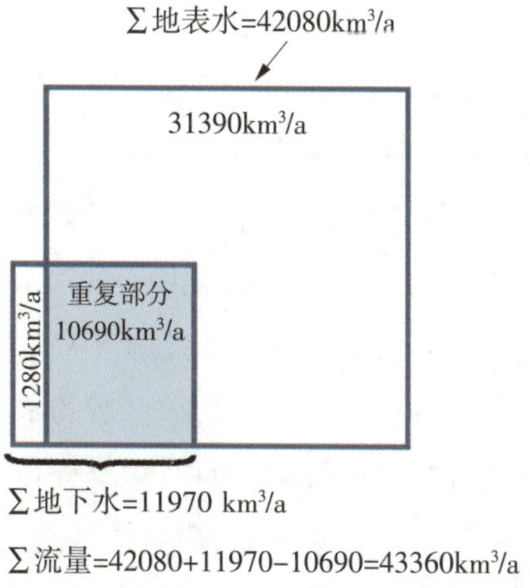

图 2.13　全球陆地地表水流量、地下水流量及两者重复部分(Shiklomanov, 1998)

全球大部分的地下水最终汇流于河川或山泉。只有一小部分直接排入海洋或蒸发损失(特别是在封闭的盆地)。全球地下水的海下出流量估计为 2382km³/a (Zektser 和 Dzhamalov, 1988)、2200km³/a (Shiklomanov 和 Rodda, 2003) 和 2400km³/a (Zektser 和 Everett, 2004)，约占全球地下水流量的 20%。这和估算得到的全球总重复比例 (89%) 似乎有冲突。然而，除了一些计算误差，还应考虑到并非所有参与地表水流量评价的流域出口都位于海岸边，而在这些出口的下游河流可能会损失部分或者全部流量而流入地下水系统。在干旱的沿海地区和内流盆地很容易观察到这种现象。

2.4　地下水在干旱地区的水循环过程中十分重要

干旱和半干旱地区约占地球陆地表面积的 30%(图 2.14)，地下水补给与地表水一样受稀缺降雨的影响。降雨对地下水补给的平均有效贡献一般不超过 10mm/a，在某些年份甚至可能为零，较大的年际变化加剧水资源短缺的状况。相对于其他地区，干旱、半干旱地区的地下水更新(补给)没有那么广泛，通常伴随着鲜明的地区特征(Simmers, 1997)。

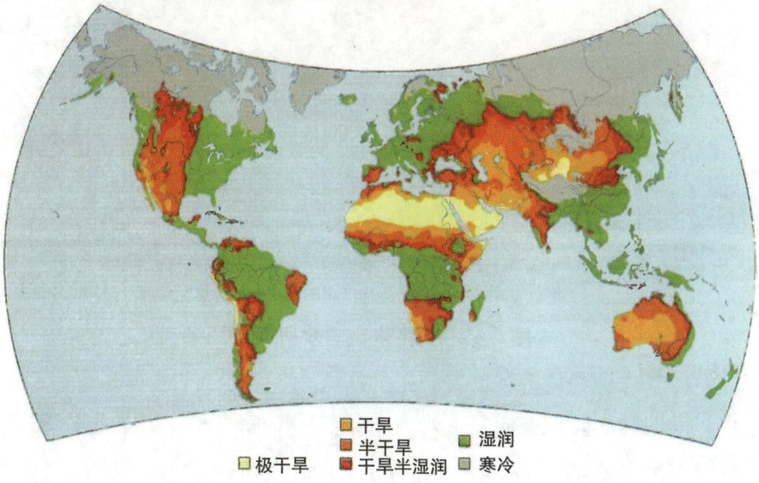

图 2.14　世界干旱、半干旱地区分布

来源：UNESCO (1984)

此外,干旱、半干旱地区地下水和地表水系统之间的水体迁移方向和湿润地区是相反的。含水层补给更多依靠的是当地径流和异地河流的水的下渗,而非直接降水下渗。有时渗透的灌溉水会加强含水层的补给,如在印度河、尼罗河或加利福尼亚的河谷。

另一方面,相较于气候湿润地区,地下水在气候干燥的地区对基流维持的贡献更少。干旱地区的河流流动往往是短暂且不稳定的。地下水主要由处于封闭洼地中心的浅水区的蒸发进行补给,如撒哈拉和阿拉伯半岛的盐湖盆地、盐沼以及南美洲和伊比利亚半岛的盐谷。

在大部分干旱、半干旱地区,含水层和流域都是“内流”,这意味着该区域的水不会汇入大海。广大的内陆地区(内部排泄区)覆盖超过10%的地球陆地面积,主要分布在欧亚大陆的干旱、半干旱地区(里海和咸海流域,中亚沙漠),阿拉伯半岛,撒哈拉沙漠(包括乍得湖)和澳大利亚。内陆地区的含水层由内陆流域的河流或封闭洼地的蒸发进行补给。第一类包括伏尔加河流域(里海)、咸海和巴尔喀什湖的支流、许多中亚的封闭盆地,以及乔丹盆地(死海)和沙里盆地(乍得湖)。主要通过封闭洼地的蒸发进行补给的例子是下撒哈拉盐湖盆地、埃及的戈特拉盆地和澳大利亚的艾尔湖,这些区域的海拔高度都大大低于海平面。因此,撒哈拉沙漠含水层都是内流的,中亚部分地区也是如此,包括塔里木盆地、坎宁盆地和大部分的澳大利亚大自流盆地。

在干旱地区内流区域之外也存在内流含水层系统。例如,在西非,毛里塔尼亚的特拉扎含水层和塞内加尔的麦斯里希特阶含水层的水位甚至降至海平面以下(图 2.15)。

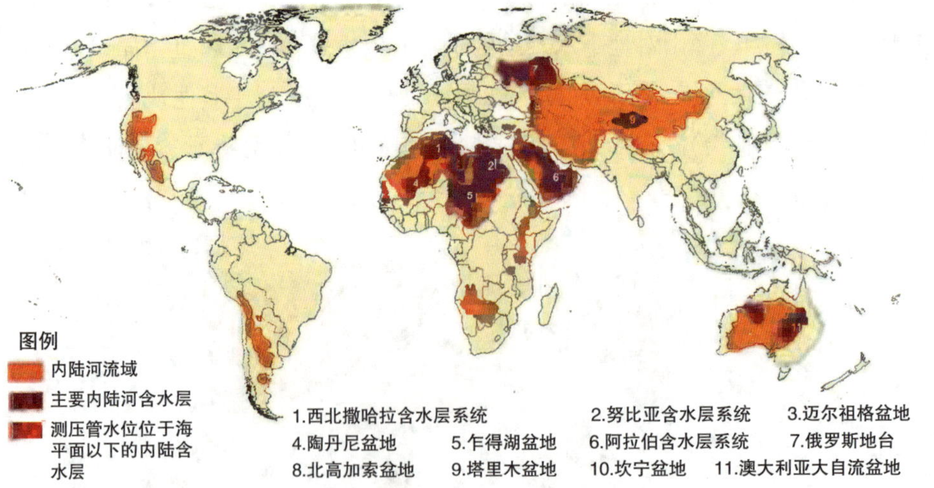

图 2.15　**大型内流含水层系统**

资料来源:UNESCO(1984)

在干旱、半干旱地区,地下水通常是唯一的永久水源。这突出了它作为一种资源的价值,尽管经常受到含盐量高等水质的限制。在某些地区,尤其在撒哈拉和阿拉伯半岛,较深的地下储水层是非常重要的资源——不可再生但却是可利用的(第 4 章)。

第3章

世界地下水系统地图

- 地下水在什么类型的地质构造中存在和流动？到什么深度？以何种空间模式？
- 地下水系统应该展示什么地理信息概况？如何展示？
- 特大含水层系统
- 全球主要含水层类型分布
- 地下水的作用及全球地下水资源区

在前一章中已经提到，地下水隐藏在水圈中，作为全球水循环中“看不见”的重要组成部分，包含在一个宏观的水文图中。地下水同时也是岩石圈的一个必不可少的组成部分，它吸引了对地理科学感兴趣的学者运用水文地理学理论对其进行研究。

地下水在地壳内部地球动力作用中十分活跃，它通过传递压力和输送物质参与地基岩土体的力学和地质化学的演化过程，甚至还参与火山活动。当拉马克引入“水文地质学”这个专业术语时(Lamarck，1802)，他就已经深刻认识到地下水所扮演的重要角色。

另外，地层岩土的组成和结构对地下水有很大的影响。首先对地下水的分布、运移、化学组成、进出流口表面或附近及其与河流的交互产生影响。此外，它们还决定地下水是否可供利用、提取的难度以及地下会对各种自然和人为影响的敏感度。因此，地层的性质是影响地下水提供水资源的主要因素之一，同时地下水也对各种人类地下活动造成制约和困难(如采矿、隧道、地下空间利用)。

本章的主题是水文地质条件以及其在全球范围内如何随地理位置的变化而变化。主要基于地理特征来确定地下水系统的研究方法。

还有不少对地下水系统进行定义、分类的其他方法，如流动系统法(Toth，1963)，将地下水体作为基本管理单位(欧盟，2008)或根据水力学状态来分类(承压、部分承压、非承压)。然而，这些方法并不适合本书的空间尺度。

3.1 地层的两个关键方面：组成与结构

影响地下水赋存和运动的主要因素：

(1)地层组成

地层组成,即岩石特性(尤其是孔隙、裂隙、渗透性、溶解性),这些属性决定了存储和传导地下水的能力(图 3.1)。

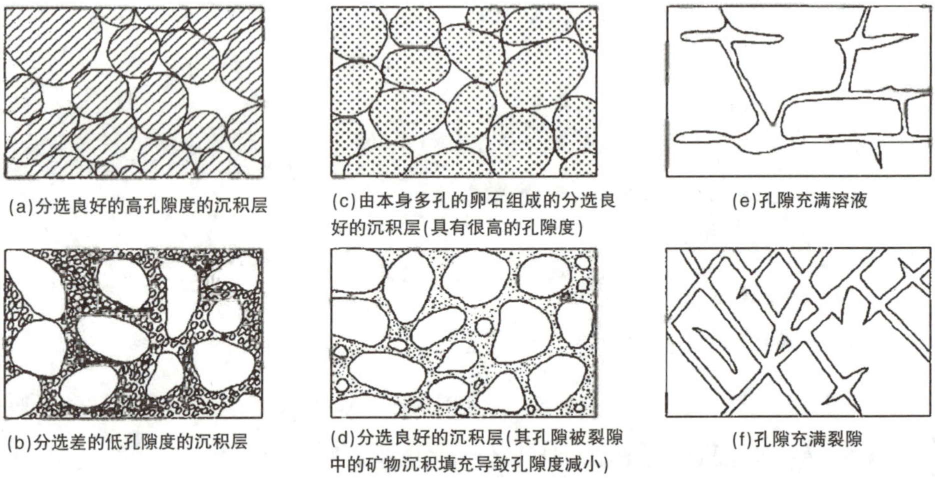

图 3.1 与地下水的储存和运动有关的不同类型岩石的孔隙

数据来源:Meinzer (1923)

(2)区域结构

刻画和界定了含水层的几何形状(厚度、宽度、深度)和其他水文地质单元之间的相互联系及其与外部的关联(如补给区,与地表水的关联),也就确定了地下水动态变化的物理框架(图 3.2)。

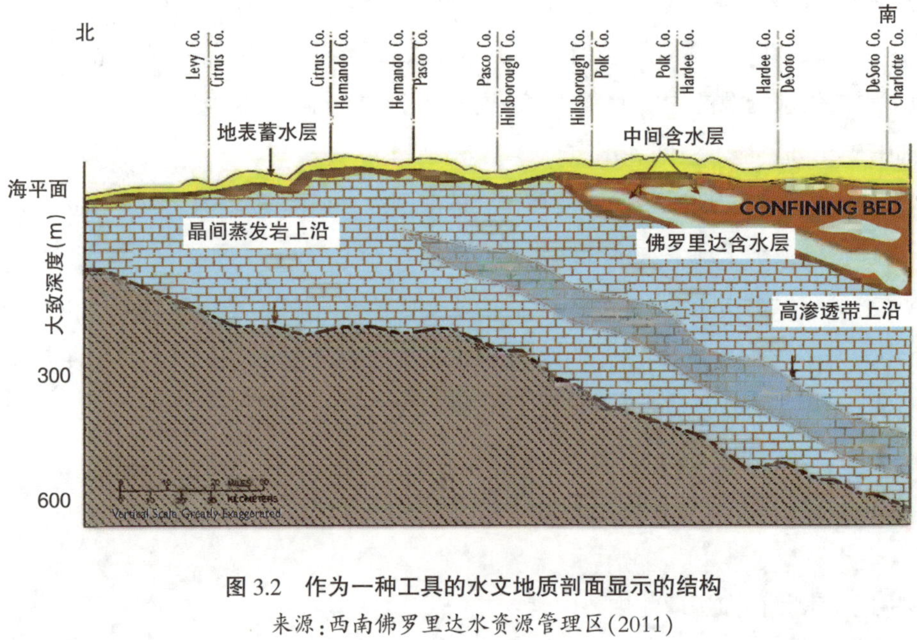

图 3.2 作为一种工具的水文地质剖面显示的结构

来源:西南佛罗里达水资源管理区(2011)

上述两个方面对于描述和分析一个地区的水文地质条件都是必不可少的。目前,水文地质图是展示地理环境信息最合适的工具(专栏 3.1)。致力于制图方法和技术的各个方面都反映在地图图例中。水—岩性的分类不论定量与否均阐明了"地层组成",并揭示了相关的地下构造情况,尤其是那些与地下水存储和运动相关的部分。通常地图主要侧重于紧邻土壤层的下部区域,即构造露头。该分类法同样适用于较深的含水层或多层剖面。对于识别和表征结构,可以应用不同类型和不同程度的图示化说明,特别是用于描述含水层系统。这样的图示化是基于这些系统"边界条件"的形态学,而对于小尺度地图来说,是基于区域构造的复杂程度进行分类的。

专栏 3.1　　水文地质图

水文地质图源于地质地图,其目的是展示与地下水的产状和运动相关的地下岩土的组成和结构。这样做可以将容器(含水层)和内容(地下水)的数据结合起来。与传统地质图优先描绘岩层露头类似,水文地质图优先描绘地表下的第一层含水层。基于不同的目的,而非尺度,他们尝试不同程度地结合以下几点:

- 与地下水开采潜力或与地下水含水层的渗透能力相关的特殊构造分类;
- 地下水动力学数据(某日的测压管水位、流场和补给区出流),地表水和地下水的关系;
- 观察或推断不同深度的结构单元(可辅以横断面、草图或三维图),尤其是那些描述形成地下水资源评价和管理框架的含水层系统(专栏 3.2)。

基于我们的认知水平,当降雨下渗补给地下水时,地下水的水质和开采工作等相关信息都可以添加到这些基本元素中去。

自从 19 世纪首次尝试以来,许多国家均已绘制出这样的地图。地图比例尺变化范围从较大的一般覆盖(从 1:200000 到 1:25000)到比例尺较小的国家、地区或各洲概要图(1:500000 到 1:5000000)。由于各类地图使用的图例差异很大,国际水文地质学家协会(IAH)和联合国教科文组织发起了旨在促进统一的绘图方法的国际标准化工作(Struckmeier and Margat,1995)。世界各国的水文地质图数据库可在以下网址查到:http://www.bgr.de/app/fishy/whymap/。

上述两个方面均包含了许多有用的信息。第一个方面可评价地下水抽取工作中的开采潜力(如水井)并表征含水层特性(图 3.3)。第二个方面则可对含水层系统进行分析和建模,用以评估和管理地下水资源。

若需要对当地和区域水文地质条件进行评估并将评估成果转化为有用的知识和信息,则应尽可能地整合上述两个方面的信息。然而,对上述两个方面的整合受到数据的多样性和复杂性的影响。同时,某些有意义的特性还受到尺度水平相关的这一事实也会影响上述两个方面的整合。因此，目前专著、报告和地图通常只关注上述两个方面中的某一个方面。

(a)分选差的松散冲积砂砾石地层(也门)
(照片:Jac van der Gun)

(b)交错层理瓦吉德脆性砂岩(也门)
(照片:Ronnie van Overmeeren)

(c)位于阿曼的喀斯特第三纪裂隙石灰岩
(照片:Jac van der Gun)

(d)肯尼亚东非大裂谷巴拉戈湖附近的玄武岩节理
(照片:Slavek Vasak)

图 3.3 典型含水层岩石出露特写(每幅图像覆盖 5~25m^2)

基于空间尺度的简要说明有助于理解通常在水文地质学和地下水水力学中使用的水力学参数是如何与地层组成相关的。在地下岩层裂隙的分布和几何尺寸以及单个水粒子通过裂隙的实际流动路径基本都是基于微观尺度进行定义的。然而，在实践中，这种尺度通常不便于观察和分析。因此，水文地质学和地下水水力学学科采用了一种更为宏观的方法来定义地下水流动和地下水水力学参数。就像物理学的许多分支一样，通常采用具有代表性的连续体的宏观特征来反映其微观特性。然而，连续体所遵循的宏观物理定律(如达西定律)和相关的宏观参数(如孔隙度和水力传导率)只有在一定体积大小的多孔介质条件下才是有效的，这个体积即所谓的“基本代表单元”。显然，一个代表单元体应包含足够多的孔隙来满足连续介质法所要求的有统计意义的平均值(Bear，1979；Freeze 和 Cherry，1979)。因此，在本书中，只从宏观的角度考察地层组成和结构。

3.2 全球水文地质全景图

尽管不少国家相关专著颇丰，仅用几页纸的篇幅也很难完全展现甚至总结全世界的水文地质信息。另一个复杂的因素是：不同地区之间的水文地质信息差异巨大。除了 Zektser 和 Everett（2004）进行了较为详细的总结之外，1976—1990 年由 R. Dijon 主持、联合国技术合作发展部(UNDTCD)发起的全球项目获得了世界不同国家和地区水文地质总结等极具特色的系列成果(联合国，1976，1982，1983，1986，1987，1990)。不断开展类似项目来获得更具有时效性和一致性的图像，这就需要一个对全世界所有地区的水文地质情况都非常熟悉的专家团队。

在这里，我们的目标是了解水文地质的基本情况和全球地下水地质的主要特点。这种地形反差极大，且大部分未知。

确定一个大陆或地区水文地质环境的主要变量是地质条件和气候条件。所有的大洲都有其小规模的水文地质图(附录 6.4 和专栏 3.1 中网址)，这些小地图放在一起就能生成一幅十分完整的全球图片，尽管这张图片只强调近地表条件。由联合国教科文组织和国际水文地质学家协会首创的 WHYMAP 项目近年来开发出一个小尺度的地图，以 1：25000000 的比例尺展示了一个全局综合地图（类似于世界地质图）。它的综合版于 2008 年在标题为“世界地下水资源”的期刊中出版。

这张地图的简化版本见图 3.4，在介绍了其意义并进行了必要的简化后，其被设计为一个可用的大陆或地区水文地质图的概要。然而，它以当时在全世界的各个地区都通用的水文地质分类给出了一幅相当均匀的地图。图例使用了 3 种颜色来表示已被接受的 3 种主要类别的水文地质环境。这种分类方法是受水文地质图的国际标准图例的 3 种基本分类的启发，而该标准是由国际水文地质学家协会和联合国教科文组织（Struckmeier 和 Margat，1995）一起推动的，这种分类方法依据结构复杂程度结合了含水介质的主要类型。此外，利用颜色亮度的变化来区分估计的平均年地下水补给强度。

对图 3.4 上所列的 3 个主要类别描述如下：

a 类(蓝色)：主要地下水盆地。这些含水层包括浅层(蓝色)的潜水含水层，深承压含水层。主要地下水盆地储存了大量地下水，它们含有高产水层，也可能包括自流井区。

b 类(绿色)：复杂水文地质结构区域。它们包括相当多产的(绿色)当地含水层，特别是喀斯特或火山岩含水层，浅层或深部，并有丰富的储量。

c 类(棕色)：只有局部和浅层含水层的地区。这一类包括冲积含水层(棕色)和风化裂隙岩体含水层。地下水储存体积较少。

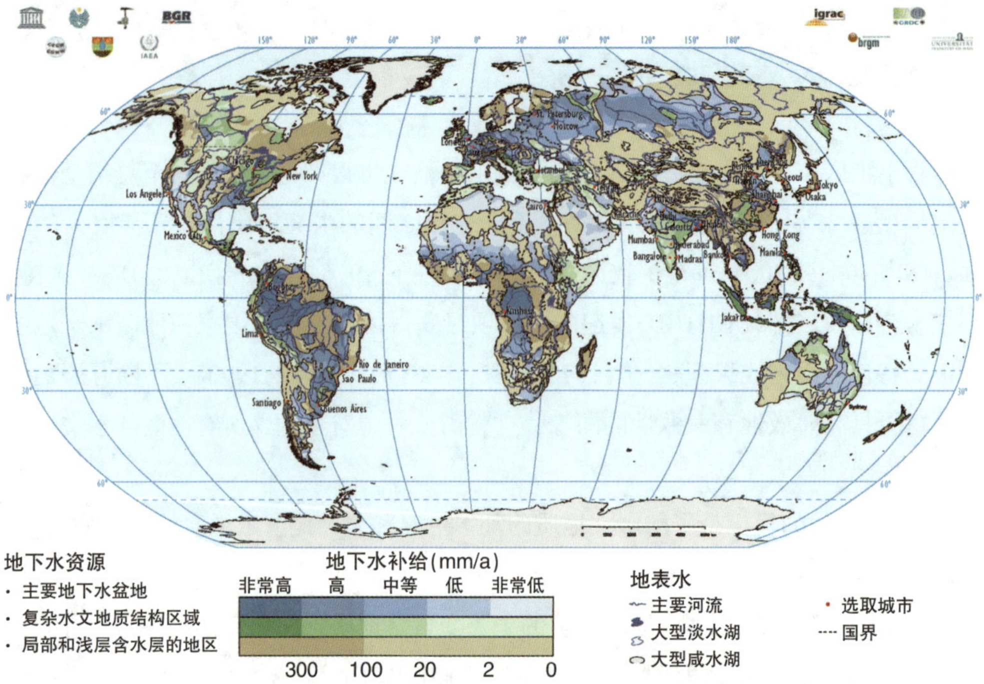

图 3.4 WHYMAP 世界水文地质图简化版本

来源:UNESCO 等(2008);可参见 www.whymap.org

叠加平均补给强度的间隔是由颜色色调变化来表示的,即从浅(非常低的补给,即小于 2mm/a)到深(非常高的补给,即超过 300mm/a)。叠加平均补给强度的间隔是:低(2~20mm/a),中等(20~100mm/a)和高(100~300mm/a)。

按各大洲进行分类后 WHYMAP 水文地质世界地图里的 3 种主要类型的土地面积占总土地面积的比例见表 3.1。

表 3.1 各大洲 3 个主要 WHYMAP 类别分布

各大洲	a 类(%)	b 类(%)	c 类(%)
非洲	45	11	44
亚洲	32	17	51
澳洲,大洋洲	33	36	32
欧洲	53	19	28
北美洲	15	27	58
中南美洲	45	11	44
全球	35	18	47

然而并非每个国家都有必要这么做,尤其是在中小国家(图 3.4)。在包括俄罗斯在内的西、中、东欧、阿拉伯国家的大部分地区,以及南美洲的北部和非洲南部,a 类地形都占

主导地位。而在非洲中西部、美国和澳大利亚,a 类地形所占比例就没有那么显著了。a 类地形在亚洲中部和北部(除西伯利亚西部外)非常少见,而在斯堪的纳维亚半岛则几乎没有。在中亚和亚洲北部(除了在西伯利亚西部),斯堪的纳维亚、欧洲地中海、部分非洲国家(几内亚湾、纳米比亚、博茨瓦纳和津巴布韦)、加拿大、中美洲、安第斯地区和日本,a 类地形则几乎不存在。

专栏 3.2　　什么是含水层系统

地下水运动和水压力传输是含水层环境中两种不同的现象。通过分析地下这两个动力因素可得到含水层系统的概念模型。

含水层系统是一个三维连续地下区域,既可用于地下水的存储,又可作为地下水流动的优先天然通道("地下公路")。在它的边界,具有与地表水和土壤系统相关的外加水动力条件(施加进出流或水位),它与地表水和土壤系统连接。各种自然或人为的外部作用(如补给,退水)的动态响应可以通过含水层系统自由扩散。

含水层系统的结构可以是简单的(单层)或复杂的(多层)。这是由多个含水层和弱透水层构成,层间的储水能力和导水性能,可供地下水从补给区流向一个或多个排放区。

含水层子系统是水力相关联,因此并不独立。可以用流体动力学模型来绘出一个互相关联的示意图。在自然界中各种尺度的含水层系统:它们的面积可以从几平方千米到数百万平方千米,而厚度则从几米到几千米不等。

含水层系统是评价和管理地下水资源的最合适的空间单元。

在不同的含水层类型中,结构、水力特性和水资源开发潜力都存在着巨大差异。为了更好地了解全球地下水的地理特征,以全球的视角来分别考虑各个主要的含水层类型是有用的。下面将分别讨论以下 5 个主要类型的含水层:砂砾石含水层、砂岩含水层、喀斯特含水层、火山岩含水层、地下含水层。

在解决这些主要含水层类型前 (3.4 节),应将重点首先放在地球上最大的含水层系统,该系统大部分位于沉积盆地。

在本章的最后,将关注地下水行政区和全球地下水区域,以此为出发点来拓展组织、分析地区和全球的地下水变化信息方法的范围。

3.3 地球巨型含水层系统

地表径流是在不同尺度的流域形成的，而大陆上绝大部分地表水则是通过几个超大型流域排出的。世界上的含水层系统的规模也有很大的差异，大型含水层系统的数量有限,但它们占据了世界地下水储量的主要部分。这些大型含水层系统的地理位置比大型流域更难察觉,需要进行水文地质研究来揭示其位置。

所有这些大的含水层系统都是由沉积岩组成，在 WHYMAP 水文地质世界地图中属于主要地下水盆地(“a”级蓝色)(图 3.4)。37 个大型含水层构成了地球巨型含水层系统。它们的位置见图 3.5,其主要特点见表 3.2 和附录 3。

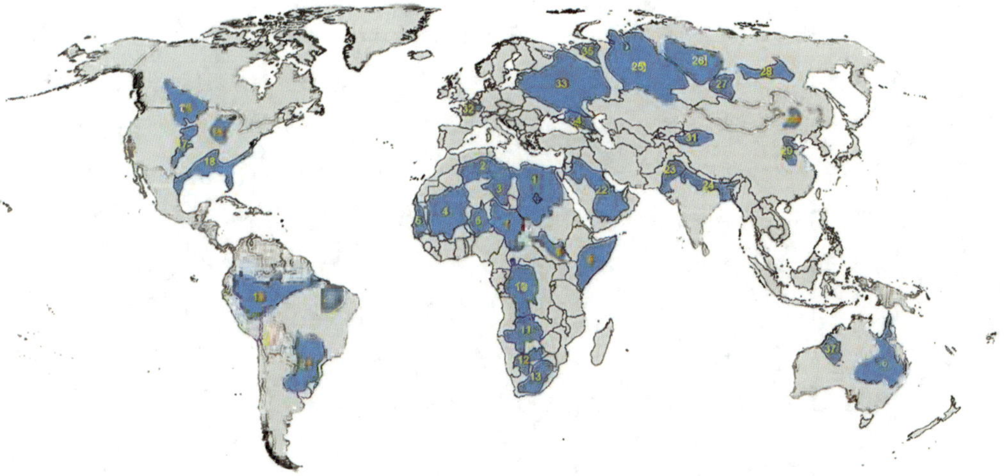

图 3.5　地球巨型含水层系统(含水层的名称及其他信息见表 3.2、附录 3 及附录 6.3)

来源:J. Margat,2005 年 10 月至 2006 年 1 月(未出版)

表 3.2　　　　地球巨型含水层系统

序号	名称	面积 ($\times10^3km^2$)	厚度 (m)	包含国家名称 (ISO-3 alpha 码)
1	非洲 努比亚含水层系统(NAS)	2199	3500	EGY,LBY,SUD,TCD
2	西北撒哈拉含水层系统	1019	1600	DZA,LBY,TUN
3	Murzuk-Djado 盆地	450	2500	DZA,LBY,NER
4	陶德尼—塔奈兹鲁夫特盆地	2000	4000	DZA,MRT,MLI
5	塞内加尔—毛里塔尼亚盆地	300	500	MRT,SEN,GMB,GNB
6	Iullemeden-Irhazer 含水层系统	635	1500	NER,DZA,MLI,NGA
7	乍得湖盆地	1917	7000	NER,NGA,TCD,CMR,CAF

续表

序号	名称	面积 ($\times 10^3 km^2$)	厚度 (m)	包含国家名称 (ISO-3 alpha 码)
8	Sudd 盆地	365	3000	SDN,ETH
9	欧加登—朱巴盆地	~1000	12000	ETH,SOM,KEN
10	刚果盆地	750	3500	COG,COD,AGO,RAF,GAB
11	喀拉哈里—库韦拉伊盆地	~700		AGO,BWA,NAM,ZMB,
12	赞比西河下游流盆地	~350		ZWE ZAF,BWA,NAM
13	卡罗盆地	600	7000	ZAF
14	北美 北大平原含水层系统	~2000		CAN,USA
15	寒武—奥陶系含水层系统	250		USA
16	加利福尼亚中央山谷	80	600	USA
17	奥加拉拉含水层系统(高原)	450	150	USA
18	大西洋和海湾沿岸	1150	12000	USA,MEX
19	美国盆地南部平原含水层	1500	2000	BRA,COL,PER,BOL
20	马拉尼昂盆地	700	3000	BRA
21	瓜拉尼含水层系统	1195	800	BRA,ARG,PRY,URY
22	亚洲 阿拉伯含水层系统	>1485	6500	SAU,JOR,KWT,BHR,QTR
23	印度盆地	~320	300	PAK
24	印度—恒河—雅鲁藏布江盆地	~600	600	IND,NPL,BGD
25	西西伯利亚盆地	3200	6000	RUS
26	通古斯盆地	1000	4000	RUS
27	安加拉河—勒拿盆地	600	3000	RUS
28	雅库特盆地	720	1200	RUS
29	华北含水层系统 (黄淮海平原)	320	1000	CHN
30	松辽平原	311	300	CHN
31	塔里木盆地	520	1200	CHN
32	巴黎盆地	190	3200	FRA
33	俄罗斯地台盆地	~3100	20000	RUS
34	北高加索地区盆地	230	10000	RUS
35	伯朝拉盆地	350	3000	RUS
36	澳大利亚大自流盆地	1700	3000	AUS
37	甘宁盆地	430	1000	AUS

注:更多详细信息见附录 3 及附录 6.3。

这些巨型含水层系统可以分为3种结构类型。

3.3.1 沉积盆地

这些类型或多或少为较复杂的多层含水层系统，根据盆底结构和地层构造可追溯到前寒武纪到第四纪之间。它们的厚度可能达到数千米(其中俄罗斯地台厚度达20000m)。

盆地由高渗透性岩土层(如砂、砂岩或碳酸盐岩)填充,低渗透岩土层(黏土、泥灰岩等)交替其中,这使得水(渗流)能够进行垂直交换,但是有时夹杂不透水岩土层时则会阻碍渗流(岩盐)。沉积相的横向变化使得这种垂向分层结构更为复杂。这些盆地通常包括一个或多个非承压含水层和一些局部连通的承压或半承压含水层。实际上,地下水的补充是有限的,地下水往往是微咸甚至是咸的。

这类含水层系统的例子不胜枚举:澳大利亚的大自流盆地、撒哈拉沙漠盆地(如西北撒哈拉含水层系统和努比亚含水层系统)、北美北大平原含水层的北部(加拿大和美国共有)、西西伯利亚盆地等。两种结构差异如下:

在所谓的“巴黎式”(巴黎盆地的原型)盆地中,沉积含水层较深而且局限于盆地中心,有时自流出现在盆地周边区域,在那里成为潜水并以泉水的形式出泄。

在潘诺尼亚型中(匈牙利盆地是一个例子),上层完全覆盖了深层的含水层。这些含水层只能通过钻井进行勘探,因此更难识别。

更多细节和参考资料见附录3和附录6.3。

绝大部分地下水的排泄来源于上覆土层的渗流。

这两种类型的盆地都是“自流”,尤其是当它们包含大量承压区面积时,它们即成为重要的储能水库(第4章,图4.16)。

3.3.2 地堑、裂谷系统

裂谷是槽状的,类似于地壳凹陷的断层,通常是冲积物填充其中。这可能形成潜水层,也有可能形成包含承压含水层的多层系统，不管承压层位于地堑下方还是渗透性地层塌陷的地壳,自流条件均可能存在。比如:加利福尼亚中央山谷、中国的华北平原、印度恒河—雅鲁藏布江在印度的部分和欧洲的莱茵河地堑。

3.3.3 山麓冲积平原

山脚下,在这些碎屑堆积物质中的含水层通常是非承压的。例如:美国的高平原含水层(奥加拉拉)、分散在美国南部安第斯山脉两侧的诸多含水层。

虽然全球的几个特大含水层已被认定为单一系统，这几个含水层系统事实上是毗邻并且相似的，但在水力上它们是独立的含水层。尤其是对于美国高原上的奥加拉拉含水层或者俄罗斯地台盆地更是如此。

全球大型含水层系统主要有以下几个显著特点：

(1)面积大

最大的一个面积有数百万平方千米，因此在规模上可与世界主要流域相媲美。

(2)储量大

大多山麓冲积平原是在密闭条件下，随时间没有太大的变化，在很大程度上可认为是不可再生水资源(第 4 章和第 5 章)。已被确定的大型含水层系统几乎包含了绝大部分的世界的地下水储量，但它们在全球地下水通量上无疑只占一个较小的份额。全球地下水流量主要是由数不清的小型和中型的地区含水层产生的，这些含水层绝大部分都是非承压的，并与地表水系统和大气有着活跃的交换。

(3)位于内陆

只有少数几个有较长的海岸线。

大多数都是跨界的，这意味着它们是跨国界的，因此，它们是由邻国之间共享的。

由于气候不同，世界各地的大型含水层在动态行为方面表现出明显的差异：

在潮湿的地区，它们主要是通过河流排泄，仅小部分直流入海(海底出流)。深层承压含水层的排泄首先是向上渗流通过弱透水层渗入近地表层，或自流泉。在这样的含水层中地下水流动趋于收敛到最小测压中心地带，在该区域地下水几乎是停滞的。

在干旱地区，大型含水层主要是内流的(图 2.15)。这意味着它们的自然排泄是通过未汇流入海的溪流，或在封闭盆地蒸发。在这些区域测压管水位有时低于海平面，如埃及的努比亚含水层、乍得湖盆地的含水层、撒哈拉含水层以及澳大利亚大自流盆地的大部分。

考虑到世界主要流域的边界，再比较 37 个大型含水层的边界，可以得出这些含水层是相对独立的结论。这些含水层中只有 9 个可包含在一个主流域。

3.4　主要含水层类型

3.4.1　砂砾石含水层

第四纪松散的砂层和卵砾石层或年代稍久远的(第三纪)岩土层形成了世界上分布最广泛和开采最多的含水层系统。这些沉积物起源于岩石侵蚀：侵蚀产物在被河流(冲积或沉积)、冰(冰或冰河沉积)、风(风积)、海洋(海洋沉积)搬运后沉积下来。砂和砾石沉积物具有较高的孔隙度和渗透率，常夹有细纹理沉积物(粉土和黏土)，偶见大尺寸漂石、块石。

以河流或冰川河流为起源的含水层（有时被称为冲积含水层）是最普遍的砂砾含水层。根据大小和环境可分为两类：

(1)局部的砂砾石含水层

几乎全部以河谷为主。这些含水层通常也被称为冲积河谷含水层，其宽度和厚度均有限，很少超过几十米，除非山谷与沉降区正好重合，如欧洲的莱茵河或加利福尼亚的圣克拉拉谷。这些含水层通常与河流有着很强的水力关联，并且与河流有定期、双向的水流交换。河流流量丰沛期间含水层得到补给，而在低流量时段则由含水层对河流进行补给。此外，含水层可以由某段河流进行补给的同时对河流的另一段进行补给。通常这些局部含水层是地表水系统和区域地下含水层间的中间层，通过向区域地下含水层输水来排水。这就解释了为什么它们比孤立的地下水系统更易开采，并且进行资源定量化的难度更大。

(2)广义的砂砾石含水层

主要分布在洪泛平原，如巴基斯坦的印度河、中国华北地区的黄淮海平原和阿根廷的美索不达米亚平原。它们都位于主要的三角洲，如孟加拉国的恒河三角洲和埃及的尼罗河三角洲，或山脉边界的山前带，如意大利的波河流域、印度喜马拉雅山脚下的印度河—恒河—布拉马普特拉河流域、美国中部的高平原(奥加拉拉含水层)，或沿安第斯大西洋坡矿，从阿根廷到委内瑞拉。这些含水层中更大的那些属于前文(第3.3节，表3.2)提到的巨型含水层系统。它们的厚度在近代沉降的地区中相当可观，特别是在中国华北的黄淮海平原、意大利的波河流域，其第四纪多层含水层系统可能达1000m。这些含水层包含大量的地下水储量，比如加利福尼亚的中央山谷估计有1000km^3，奥加拉拉含水量则有15000km^{3}的储量。

砂砾石含水层大多是非承压的，其地下水位相对较浅(几米到几十米深)。然而，局部地区也存在着承压含水层，在多层含水层系统中承压含水层是较常见的，如中国的华北平原或埃及的尼罗河三角洲。有时甚至可以观察到自流，如加利福尼亚的圣克拉拉流域和意大利的波河流域。

这些含水层主要是靠过量雨水入渗补给，在湿润区，年均入渗率可能超过200mm/a。上游可能通过河流或其毗邻区隐蔽的石灰岩或是火山岩含水层的入流得到补给（在地中海地区尤为常见）。在干旱、半干旱地区，季节性或临时性河流的冲积层往往有永久的潜流。它们也可能从过量的灌溉水下渗中获得额外的补给，有时候甚至占补给总量的绝大部分。例如，在巴基斯坦的印度河或埃及的尼罗河谷和三角洲都是这种情况，以埃及尼罗河谷和三角洲为例，对冲积含水层的补给估计约7.5km^3/a。

虽然它们通常是以一种不可见的方式排泄进入溪流，在某些有利条件下（如局部凹陷、低渗透盖)的冲积含水层可能偶尔会以高流量率供给集中的泉水。一个典型的例子是在意大利波河河谷的丰塔尼利沿线，Silo 泉(威尼托)以 50m³/s 的平均流量打破了纪录。此外，砂砾石含水层在地下水直接入海流量中贡献了相当大的部分。在松散的沿海含水层环境中咸淡水交界面是很常见的。根据当地的情况，在咸淡地下水(混合区)交界面可能是急剧变化或由厚的过渡区组成。

玻利维亚被松散第四纪蓄水沉积物充满的深地堑见图 3.6。

图 3.6 玻利维亚被松散第四纪蓄水沉积物充满的深地堑(照片:Jac van der Gun)

松散的当地含水层或是冲积河谷含水层(上述第一大类)的地理分布很大程度上遵循河流网络的分支。由于其体积小，很难在以上小比例尺地图中将它们单独画出来。因此，在世界地下水资源 WHYMAP 地图中(图 3.4)它们没有被明确地表示出来，尽管它们被包含在 3 类主要的类别中。广义的砂砾石含水层(在这里指的是砂石、砾石含水层)在这幅地图中是包含在一个单一的类别中(用蓝色标出主要的地下水盆地)，并未单独列出。

松散的砂砾石含水层是世界上最易获得和发掘的含水层。它们厚度的变化和均匀程度导致了广泛分布的泉涌的产生，但往往这些都是高流量(数百立方米每小时)。由于这些含水层大部分与大量的人类活动地区一致(如城市化、集约型农业)，因此，开采和污染情况也最严重。受污染风险高不仅仅是因为大量污染物的存在，还由于松散砂砾石含水层本身就极易受到污染(4.8 节)。在具有永久丰水河流的山谷中，对冲积河谷含水层的开采往往会触发含水层从河水中得到补给，这就变成了间接捕获(激发补给)。

3.4.2 砂岩含水层

砂岩是砂颗粒固结的产物。它的年龄(大多是从古生代到中生代)为固结提供了足够的时间。单个的颗粒由方解石、石英、黏土或其他矿物的水泥胶结在一起，而上覆较新地层的重量可能会产生压实效果。就像砂层和砾石层经常与黏土和粉砂层相交替，所以砂岩通常夹在粉砂岩或页岩间。胶结作用和压实作用显著降低了原生孔隙空间(原生孔隙度)，但外部压力往往使岩体发生二次开裂，通常被称为裂隙(次生孔隙度)。只要是适度压密固结(易碎砂岩)，砂岩中会存在双重孔隙，这意味着原生孔隙和次生孔隙中均会有地下水的储存和流动。在高压密砂岩中，几乎所有的地下水都在裂隙内储存、流动，此时次生孔隙占主导地位。

与松散砂砾石含水层相比，砂岩含水层的孔隙率和渗透系数更低，但由于砂岩覆盖面积非常大且通常较厚，它们形成了全球范围内非常重要的一类含水层。和松散的碎屑状的含水层一样，其钻井成功率往往较高。这归因于相对一致的含水层特性。在第 3.3 节中展示的几个大型含水层系统包含了大量的砂岩，如寒武—奥陶系含水层系统、北美北大平原含水层系统、瓜拉尼含水层系统和马拉尼昂盆地、努比亚砂岩含水层系统和非洲的卡鲁盆地，以及澳大利亚的坎宁盆地和大自流盆地。另外，某些巨型含水层系统是将砂岩作为主要含水岩单位，如亚马孙盆地，西北撒哈拉含水层系统，陶丹尼盆地，乍得湖盆地，上、下喀拉哈里盆地和刚果盆地。世界上有许多面积较小的砂岩含水层，但却是当地非常重要的供水水源，如也门的萨那盆地格什姆砂岩含水层(图 3.7)和巴拉圭中心的帕蒂诺含水层。

图 3.7　也门萨那地区主要含水层格什姆砂岩含水层露头

和松散砂砾石含水层一样，大型砂岩含水层也包含在世界地下水资源 WHYMAP 地图的主要地下水盆地种类的范畴中。

3.4.3 喀斯特含水层

碳酸盐岩石(主要是石灰岩和白云岩)的出露部分几乎占全球地表面积的 1/4,在北半球尤为丰富。大多数碳酸盐岩石在海洋环境中沉积而成。压实作用、胶结作用、白云岩化作用可能会显著改变碳酸盐岩石的孔隙率和渗透系数，但我们将主要的后沉积过程称为岩溶作用,前人于 19 世纪末对斯洛文尼亚迪纳拉山脉的 Kras 区域的“喀斯特”现象开展了研究(Cvijic,1893)。根据当前和过去的气候条件、对出露岩石的年龄和构造演化可以看出,碳酸盐岩石表现出不同程度的溶解。其影响范围从尺寸较小的节理、裂隙到尺寸较大的洞穴。这些喀斯特特征具有明显的水文和水文地质意义。喀斯特地区有一个非常特殊的地表形态(图 3.8 和图 3.9),水文地理的特点是低地表排水密度和流量异常,如地表水流量的突然损失和闭合地表水流域。喀斯特含水层作为含水层岩溶岩具有非连续和特殊性的特点,这是由异常复杂和有限层次结构的洞穴、通道地下网络,局部高导水性以及地下储水能力的各向异性等特性所致(Burger 和 Dubertret,1975 和 1984;Waltham 和 Fookes,2003;White,2003;Ford 和 Williams,2007)。

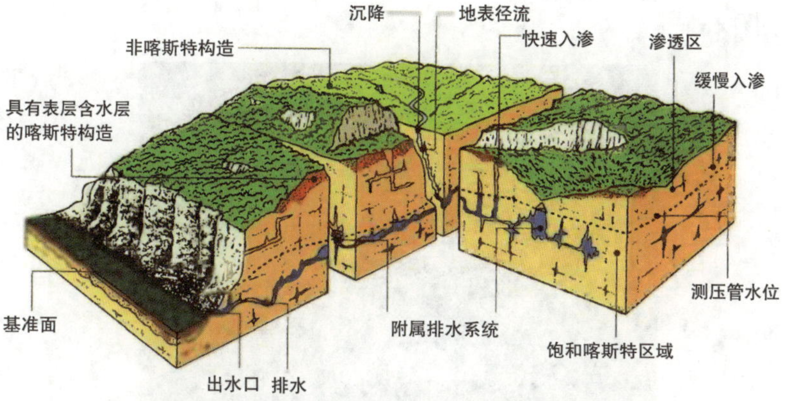

图 3.8　具有板块结构的喀斯特含水层系统示意图
来源:M. Bakalowicz (2005)

图 3.9　法国 Minerve 附近的喀斯特地貌(照片:Hugo Soria;GNU Free Documentation License 第 1.2 版)

如图3.8所示，含水层大多为潜水层，通常较厚(从100m到几百米)。人类可进入洞穴(其中已无地下水)开展洞穴探索。一些“古岩溶”有可能位于非喀斯特地层下而存在承压水。不论喀斯特地层结构究竟为板块还是或多或少存在地质构造变形和褶皱，喀斯特地层均可细分成有限大小的基本含水层单位。岩溶含水层系统的边界主要取决于地质和结构条件。然而，它们也可能受到地形和水力条件影响。这些条件都是可变的(临时紧急情况)，且并非总能清晰地被识别。

喀斯特通道网络有时异常巨大和复杂，可以与排水相邻的岩石层一起排水。它们取代了其他地区的地表水排水系统，并具有类似的功能。在一般情况下，喀斯特含水层接收了大部分降水盈余(通常为80%~90%)，这个比例是相对较高的。事实上，喀斯特环境主要形成于降雨充沛的高原或高山地块。例如，欧洲南部的喀斯特地区的平均年降水量达到900mm，而这些含水层拦截了大部分区域的总流量。此外，它们还接收从附近非岩溶区域涨水的溪流中流失的水分。它们一般为空间排水，流量通常很大(图3.10)。大多数的时间，每个含水层系统只有一个主要排水口。这些排水口形成了地球上最大的泉网，平均排放率为每秒几十立方米(表3.3)。然而，与无含水层的区域类似，它们出流并不规则，其峰值和最小流量之间存在显著差异。

图3.10　位于法国的Jura，La Loue的喀斯特泉(照片：Philippe Chrochet)

表 3.3 **地球上的大喀斯特泉(仅列出平均流速超过 10m³/s)**

名称	地理位置	年均产流(m³/s)	范围
Matali	巴布亚新几内亚	90	20~≥240
Trebisnjica	波斯尼亚和黑塞哥维那	80	2~300
Bussento	萨勒诺,意大利	80	
Dumanli	托罗斯,土耳其	~50	25~>100
Ljubljanica	斯洛文尼亚	39	4~132
Khabour Ras-el-Ain	叙利亚	39	
Tisu	中国	38	4~545
Stella	叙利亚	37	
Ombla	克罗地亚	34	2.3~154
Chingsui	中国	33	4~390
Frio	墨西哥	28	6~515
Pivsko Oko	塞尔维亚和黑山	25	
Coy	墨西哥	24	13~200
Buna	波斯尼亚和黑塞哥维那	24	3~123
Silver Spring	美国佛罗里达州	23	15~36
Kirkgozler	土耳其	22	10~35
Fontaine de Vaucluse	法国	22	4.5~120
Sinjac	Piva,塞尔维亚和黑山	21	1.4~154
Bunica	波斯尼亚和黑塞哥维那	20	0.7~207
Grab-Ruda	克罗地亚	20	2~105
Peschiera	拉丁姆,意大利	19	
Bregava	波斯尼亚和黑塞哥维那	17.5	0.5~59
Timavo	意大利,里雅斯特	17.4	9~130
Waíkoropupu	新西兰	15	5~21
Maligne	加拿大	14	1~45
Sette Comuni	意大利	14	1~105
Zarga (Orontes)	Hermel,黎巴嫩	13	5~26
Big Spring	密苏里,美国	12.5	
Rijecina	克罗地亚	12.4	1.2~80
Sinn	叙利亚	10.5	

注:数据收集得到了 Michel Bakalowicz 的协助。

海岸和海底泉主要是由沿海的喀斯特含水层产生，特别是在地中海地区、佛罗里达州（美国）和尤卡坦半岛（墨西哥）。在地中海地区，估计平均 53km³/a 的喀斯特沿海含水层流出（zektser，1988），约占地中海盆地地下水总流量的 17%。

喀斯特含水层是不连续的，通常位于饱和区域下较深处，其具体位置通常很难被找到。尽管如此，通过抽取自然排水区，并利用特殊的收集装备（坑道、调节阀等），喀斯特含水层的水资源仍可以被大量获取。

喀斯特的地理位置和喀斯特含水层并非都为人所熟知。被开采最多的喀斯特含水层主要有以下几类：

第一类为地质历史古老的碳酸盐岩石。特别是古生代期，经历了一个长期的岩溶作用。典型地区有中国南方喀斯特含水层（广西）、美国的几个中心区域（欧扎克高原）、俄罗斯大地台（莫斯科盆地）和非洲南部。

第二类为石灰岩地层。受地质年代较新的中生代或第三纪高山构造的影响，特别是地中海地区（阿尔卑斯山脉）。在这一地区的岩溶作用得到了增强，很大程度上是由近期持续的地质构造运动，侵蚀、拉伸、压力释放从而导致临近深切口处错位、隆起（Avias，1977），以及由于 Messinian 回归（1000m）导致的地中海平面较大变化。

第三类虽然岩溶特征明显低于前两类，还是包括重要的含水层：

地质年代较新的碳酸盐岩石地层，没有或只有轻微构造扰动，如尤卡坦、佛罗里达和巴哈马的石灰岩，英国和法国的白垩，和一些沉积在地中海的中新世碳酸盐。

WHYMAP 的世界地下水资源图并没有将岩溶含水层单独分开，一般被分在“复杂的水文地质结构的地区”（用绿色表示）一类。

喀斯特含水层在陆地水动力学的作用，尤其是全球地下水流，比它们的相对大小更重要。这同样适用于它们在地下水资源更新中所占比例。例如，在中国的西南四省，喀斯特的地下水天然补给量估计为 127km³/a，占地下水补给总量的 53%，其中 48km³/a 主要补给广西（约占当地地下水总补给量的 62%）。在中国喀斯特含水层的地下水流量估计约 204km³/a，约占总地下水天然补给量 874km³/a 的 23%（Chen Mengxiong and Zektser，1985；Zektser and Everett，2004）。

3.4.4 火山岩含水层

地球上大多数火山岩地层，即使地质年代相对较新，都是不透水的。然而，在第四纪火山岩，甚至第三纪或中生代火山岩中可以发现各向异性和不连续的水量丰富的含水层。它们由裂隙熔岩（特别是玄武岩）和多孔的火山碎屑岩（如火山灰和凝灰岩）交替构成，通常具有较好的透水性和各向异性（水平渗透率大于垂直渗透率）。这些含水层分布在地球上的许多火山体，在一些熔岩高原和互层沉积盆地形成更广泛的含水层(如南美的巴拉那盆地)。

通常出露的火山岩有利于降水和积雪融化的渗透。这就是为什么潮湿的气候条件下，降雨和融雪越多，火山岩含水层接受的补给越多，同时地表降雨径流也越大。留尼汪岛含水层估计年均补给量为1120mm，而塔希提岛和夏威夷岛含水层年均补给量分别为700mm、800mm。西西里岛的埃特纳火山含水层，年均补给量约为520mm(约占该地总流量的95%)，泉水补给量为2m³/s。地下水补给在亚北极区域相对较少(如冰岛为230mm/a)，干旱区则更少，如吉布提为0.5~1mm/a。然而，相隔不远的两地，地形和地理位置的差异也可能会导致补给量发生很大的变化，如加那利群岛的年均补给量的变化范围从大加那利高地、特内里费、拉帕尔马和戈梅拉的600mm到南部干旱地区、兰萨罗特岛和富埃特文图拉的不足2mm。

火山岩含水层包含了潜水含水层和承压地下水运动，通常出现在盆地较深的地层。导水层和储水区域组合与喀斯特含水层有些类似。大型高原含水层是相对分散的，通常由局部水系统构成。在气候潮湿区域，火山岩含水层中大量的水以泉水的形式排出，水质优良。在火山活跃地区经常伴随热效应(如温泉)，如冰岛、新西兰、黄石国家公园(美国)。

图3.11列出了地球上的主要火山岩含水层。

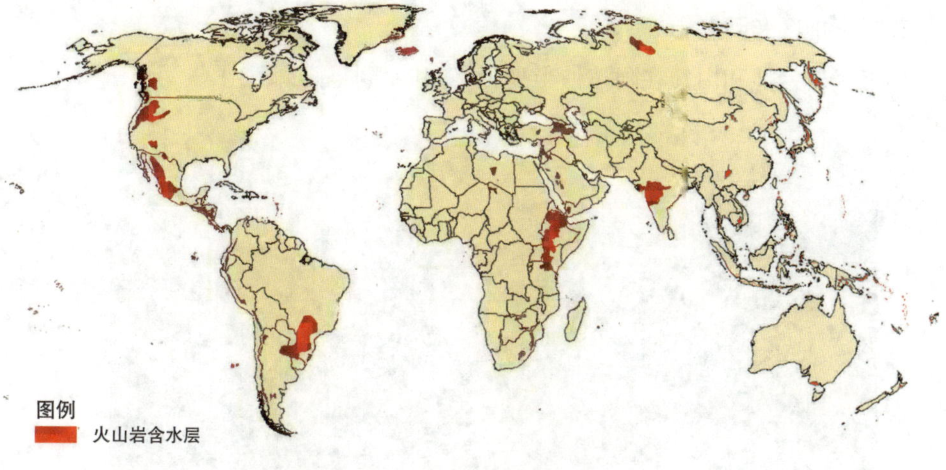

图 3.11 地球上的主要火山岩含水层

在美国的哥伦比亚高原(650000km²)，有一个非常厚的熔岩覆盖层(超过1000m)。

印度德干高原，面积超过400000km²。

东非大裂谷(吉布提、埃塞俄比亚、肯尼亚、坦桑尼亚)，包含几个内陆含水层的浅盆地(图3.12)。

图 3.12　肯尼亚东非大裂谷巴拉戈湖含水层露头(照片:Slavek Vasak)

墨西哥的西马德雷山脉,沿美国中部轴心区延伸,从危地马拉共和国到巴拿马,再到南下的安山岩几乎沿着安第斯山脉链。

位于巴西和阿根廷热拉尔山脉的玄武岩形成的巴拉那盆地 (连同瓜拉尼含水层系统),面积 1000000km^2,厚度达 1600m。

冰岛(103000 km^2)。

外高加索地区和阿勒山。

系列玄武岩台地和山丘在阿拉伯半岛,从叙利亚到也门(图 3.13)。

图 3.13　位于也门中部高原的低产至中产水量生产火山岩含水层(摄影:Charles Dufour)

许多火山地区从堪察加半岛和日本的西太平洋带到非律宾、巴布亚新几内亚、所罗门群岛和印尼群岛的岛屿。

当地火山岩的分布与火山在世界上的位置相对应。它们在不同的板块边界和环太平洋火山带的数量特别多，如在古地中海带，沿印度尼西亚和安的列斯群岛的岛弧板块边缘,在海岛上发现了许多火山岩含水层。小岛屿到大陆架之间几乎都是火山。

大西洋:马卡罗尼西亚(亚速尔群岛,马德拉,野人岛,加那利群岛,佛得角)、小安的列斯群岛。

太平洋夏威夷群岛和加拉帕戈斯群岛,大洋洲的大部分岛屿。

印度洋科摩罗岛,留尼汪岛和毛里求斯。

因此,许多小岛屿国家和领土的水资源都依赖火山含水层(表 3.4)。

由于其复杂性和尺寸较小(图 3.11 只显示较大的),火山岩含水层不在 WHYMAP 地图中单独显示,但包含在复杂的水文地质结构的范畴之内,颜色显示为绿色。

表 3.4　　火山岛地下水资源

岛名	年均自然可更新地下水(km^3/a)	占总水资源比例(%)
加那利群岛(西班牙)	0.7	73
佛得角	0.12	40
科摩罗岛(不包括马约特岛)	1.0	83
夏威夷(美国)	13.2	72
冰岛	24	14
毛里求斯	0.89	32
马约特岛(法国)	0.075	25
留尼汪岛(法国)	2.8	56
塔希提岛(法国)	~0.73	29

注:来源于 AQUASTAT 数据库。

3.4.5 地下含水层

所谓的基底或结晶基底由火成岩和变质岩构成,位于沉积岩、火山岩序列下部。此外,在所有的气候区,基岩露头占大陆表面的比例超过了 30%。基底露头相比沉积岩覆盖区域可接收更多的降水。这些露头可储存比以前认为更多的地下水，尤其在气候潮湿地区(包括亚寒带、温带和热带)。

基底露头包含一种非常特殊的含水层,有导水和储水功能,在一定程度上具有空间分隔功能(图 3.14)。

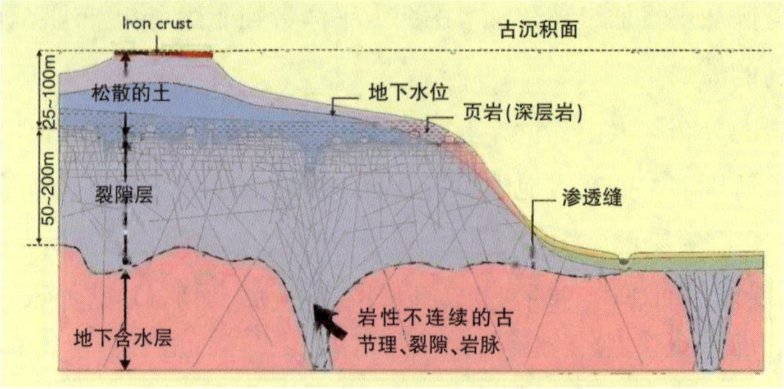

图 3.14　构成基底含水层的残余风化层和裂隙带

来源:Lachassagne and Wyns (2005)

新鲜岩石的裂缝或裂隙到一定深度(约 100m 或更深)后,深部形成了不连续含水层区域。近期构造演化产生裂隙的地区,如在阿尔卑斯山脉地区或地中海地区的蛇绿岩裂隙深度达 150~200m。这部分的含水层系统能够局部传输地下水,但储存地下水的能力普遍较低。合理设计的钻井具有较高的产水效率,产水量最高可达每小时几十立方米。

变厚风化浅层岩(腐岩)(通常为几十米,取决于当前和过去的气候条件),在含水层系统中输水能力较弱,但储水能力较强。若没有这个储水库,位于井底的裂隙会迅速干涸。补给随气候变化而变化。

含水风化土和基岩裂隙下方(图 3.14)一起形成可利用的含水层系统。这些系统一般大小有限,边界未界定。然而,它们广泛分布在所有的基底地块,往往称之为自然排水网络。这些含水层提供了适中但分布广泛的地下水资源,用于农村家庭或动物供水,甚至可用于小规模灌溉。最后,这些含水层也保证了湿润区异常密集河网的常年流动。

地下含水层的全球分布见图 3.15。大多数含水层的水文地质分类在 WHYMAP 地图上属于第三类(局部和浅层含水层区域,用褐色表示)。

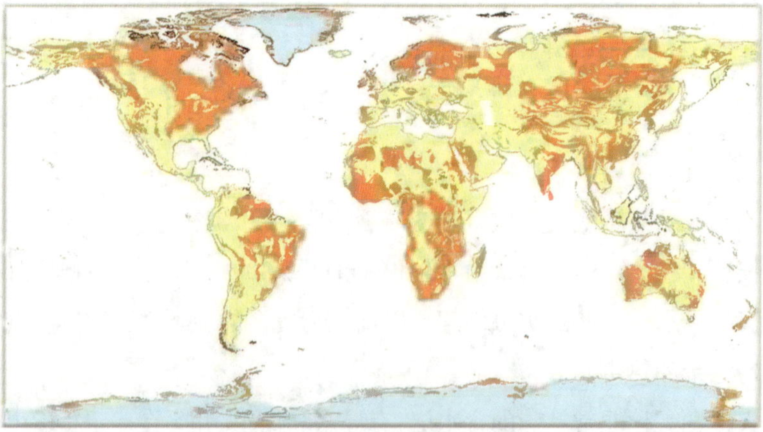

图 3.15　地下含水层的全球分布

来源:Lachassagne and Wyns (2005)

地球上最大的地下含水层主要分布在以下两个区。

(1)湿润区

在北半球,包括加拿大、斯堪的纳维亚、芬兰—卡累利阿和中西伯利亚地盾,冻土条件极大地制约了地下水更新,以及西非地块和印度地盾(德干高原大部分)。南半球的主要组成包括圭亚那地盾、巴西地盾和中南美洲的沿海山脉(包括马达加斯加)。在潮湿的热带地区,这些地下含水层组成中有非常高的补给率(第2章)。预计年均补给量可能超过300mm,在圭亚那、巴西北部、西非几内亚和马达加斯加的部分地区可达500mm。

(2)干旱或半干旱地区

撒哈拉、西非和澳洲中西部尤为值得关注。风化含水层区一般是不存在的,因此,地下含水层的存储容量非常有限。地下水补给量远小于地下含水层,主要是局部临时径流。

自20世纪80年代以来,人们致力于为该类型含水层寻求低成本的饮用水源,特别是在印度半岛和撒哈拉以南非洲地区。这有助于更好地了解它们的特点(Foster,2012)。

3.5 不同视角:地下水区划及全球地下水

可以从不同尺度和设计上揭示地下水位和地下水状态的地理变化。经典水文地质图以及其他地下水相关地图往往描绘某些特性(如含水层岩石类型、含水层的产水率、测压管水位线、地下水矿化度、年平均补给速率等),在尺度允许的范围内地理空间原则上应是连续的,并未继续细分为预定义的空间单元。然而,在某些情况下或为了某种目的,提出以预定义具体空间单元为基础的信息更为方便和有用,比如以国家或含水层作为空间单元。如果现有的数据已经按照国家或含水层为空间单元进行了汇集则更为方便。如果不同类型的信息必须被集成和链接到空间单元,这些单元对于使用信息的人来说必须是明确定义和知晓的。相应的地图属于等值线图的分类:它们给每一个预定义的空间单元只分配一个单独的值、类或颜色。前述章节中图2.5、图2.8、图2.9和图2.12均有相关例子。

基于行政管理边界确定空间单元是一个较普遍的做法,这是毋庸赘言的。使用行政管理单元的优点是显而易见的,特别是因为它们对管理机构的任务和责任做了清晰的界定。缺点是它们的边界通常与地下水相关的特征和过程无关。水文地质学家倾向于选择空间单元边界基于水文地质条件,特别是含水层系统或其中某一部分,如特定含水层与弱透水层,或者补给与排泄区。这种含水层概念已被证明是非常成功的。原因是含水层是一个分析相关流程和信息十分方便和有意义的空间单元,且含水层作为空间单元具有明确身份,使得信息的沟通和交流十分高效。

世界上有无数含水层。除规模非常大的含水层外,还有许多中等规模的含水层。地下水系统的一个大的地理区域的概述，如在大国的领土上，可能需要产生一个清晰的画面。为此，Meinzer 在大约一个世纪前提出了“地下水区划”的概念，以区域来划分地下水(图 3.16)。这些区域面积相对较大，具有广泛均一的水文地质条件和地质条件。它们允许包含含水层的较大区域地下水条件的宏观图片。因此，在该尺度下它们是可以分析和交流的空间单元。美国的 Meinzer 地下水区划已于 1982 年进行了修订(Heath，1982)。世界上其他地方也进行了地下水区划，如澳大利亚和南美洲。

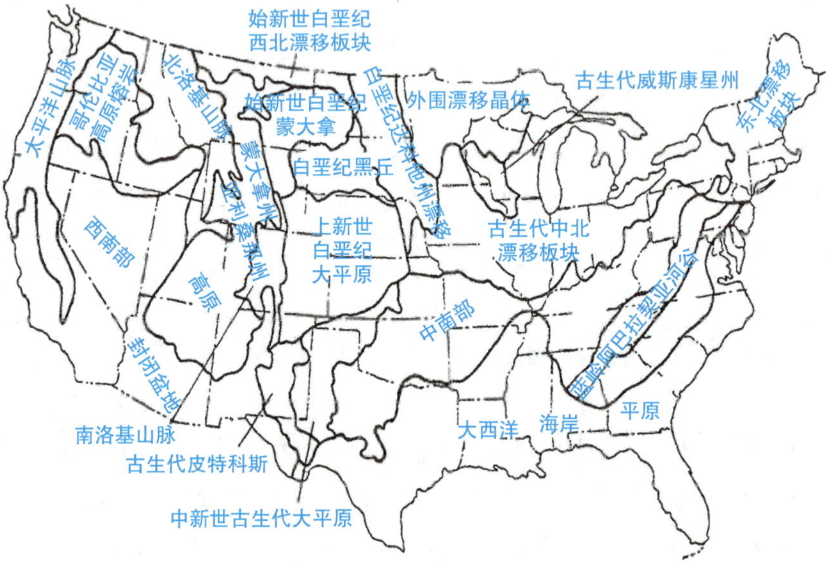

图 3.16 美国 Meinzer 地下水行政区

〔来源：Meinzer(1923)〕

对于分析、交换、展示、传播和讨论在全球或大陆范围内的地下水信息，即使将地下水行政区作为空间单元也可能太小。因此，IGRAC 在空间集聚方面进行下一步的尝试，即定义所谓的“全球地下水区域”(图 3.17)。空间单元的标准是类似于那些用于地下水的省份，但是规模不同。通过较大程度的概化，36 个全球地下水地区可分为 4 类，在图 3.17 中用不同的颜色标示。

(1)基底区域(红色)

它们的特征是非常古老的基底岩石存在于地表或接近地表。在大部分地区，地下水只存在于浅层，往往位于破碎或风化带岩石或一薄层固结松散沉积物覆盖的基底。地下水储存量是有限的。

(2)沉积盆地区域(黄色)

这些区域包含大量非常厚的沉积物，这些沉积物可能有相当大的深度。因此，它们可能形成巨大的地下水库。到目前为止，地球上绝大部分地下水储量都是在这些地区发现的。

(3)高海拔褶皱山区(绿色)

褶皱山区与不规则地形是这些地区的主要地质特征。各种类型的岩石分布十分复杂,导致了地下水的零散分布。生产含水层往往是在山谷和平原冲积沉积物中发现的,即使是位于断陷洼地。

(4)火山地区(蓝色)

在这些地区地下水赋存特点是受相对最近的火山活动所影响(第三、四纪)。含水层是有限的多孔或断裂熔岩和沉积物之间的互熔岩流。高渗透区也不例外。

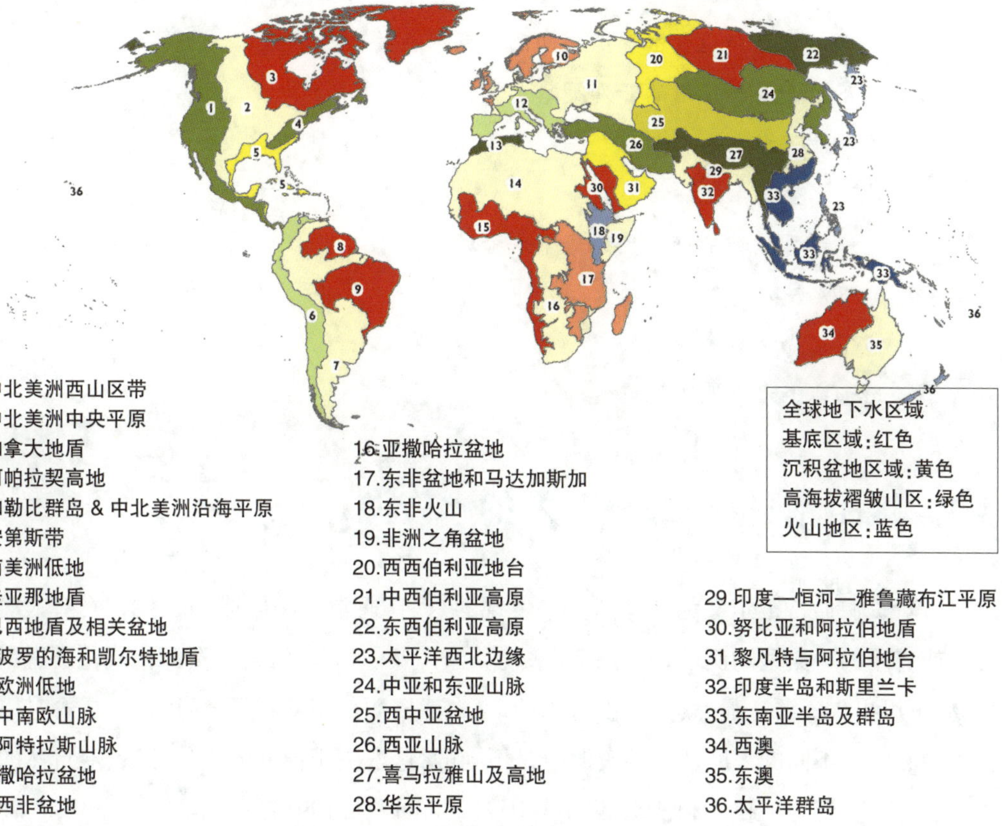

图 3.17　由 IGRAC 定义的全球地下水区域

毋庸赘言,上述分类是高度简化的,只关注了占主导地位的宏观特点。在大空间维度区域内仍然有相当大的变化:每个区域包括具有不同于该地区的主要特征。

IGRAC 方法、含水层系统、地下水行政区和全球地下水系统是一个连贯的分层方法,有三个相互联系且水平比例相关的分区(Van der Gun 等,2011)。这种方法有一定的相似性,以区分流域、二级流域(如地中海流域)和主流域(如大西洋和北冰洋的分水岭)不同层次的空间聚集的地表水系统。全球 36 个地下水地区的简要描述见附录 4,它包括了目前清单中定义的每个地区的地下水分区。

第4章

地下水资源

- 所有地下水都应被视为一种资源吗?
- 地下水资源和地表水资源之间的相互依存关系
- 地下水开采和使用的开发策略
- 天然地下水水质
- 地下水生态系统
- 全球可再生和不可再生的地下水资源分配
- 地下水流入和流出
- 地下水资源有多脆弱?
- 增加地下水资源

4.1 地下水:仅被部分开发的水资源

自然资源通常被定义为在自然界中发现的东西(通常是物质或"原材料"),对人类是必要或有用的。典型的例子是太阳能(永续资源)、森林和水(可再生资源),或化石燃料和矿物(不可再生资源)。显然,如果没人用的话,自然资源就不存在了,所以这个概念是以人类为中心的。不同的人所认为的资源也是不同的,这取决于他们的文化背景、对自然的看法、社会变化、资源稀缺性和技术、经济等因素(Cutter 等,1991)。

从一般意义上讲,地下水是自然资源。然而,这并不意味着地球上所有的地下水都有可能满足人类的需求或欲望。首先,如果它的质量不符合水质标准,即使在常规处理之后也必须丢弃。其次,一些地下水体的开发可能是技术上或经济上不可行。最后,由于要保护地表水、生态系统或保持土地表面的稳定性,开采地下水可能会受到很大的环境制约。因此,只有一部分"理论"地下水资源,包括总流量和总储水量,是可供开发的地下水资源。"可利用的地下水资源"这个概念的提出为规划地下水的开发管理提供了现实基础。

了解地下水在全球水循环中的作用,估计在全球、区域和国家尺度的地下水流量是必要的,但仍不足以正确评价可开采地下水资源。正如前面指出的,评价应考虑到相关技术、经济、水质和环境的制约。这导致了一定程度的主观性,与地表水相比,它反映了地下水资源的竞争性,甚至还反映了此时的政治偏好。此外,由于地下水与地表水存在物理上的连续性,地下水和地表水评估资源量不是相互独立的。因此,对这两种类型的水在可开采资源中应该协调评估(专栏 4.1)。

专栏 4.1　　地表水和地下水是相互独立的资源吗?

流动的小溪和停滞的湖泊这样的地表水与含水层中的地下水是具有较大差别的,比如在何时、何地、如何流动。此外,与地表水不同,地下水是不可见的。我们了解的相关知识来源于水文学家与水文地质学家。然而,水文学家和水文地质学家采用的开采技术有很大的不同:前者利用大坝和分水渠,后者则用钻孔和钻井。鉴于开发技术的差异,抽水过程中保持单独的记录是有益的。然而,重要的是不要将供应来源与资源相混淆。

地表水和地下水在穿越陆地的过程中相互作用并进行大量的水体交换(第 2.3 节)。在湿润地区,只有一小部分地下水直接流入大海,地下水和由地下水供给的河道基流确实形成了一个单一的资源。在干旱地区则刚好相反:短暂的地表径流或在其他湿润地区流入的地表水(如埃及的尼罗河)是含水层的主要补给来源,其中部分流量在封闭洼地蒸发。在这里,地表水和地下水是相同的资源,虽然有时也被算做两次,如在尼罗河谷就是如此。

通常有问题的地域越大,在地表水和地下水之间进行交换的移动水量也就越大。根据联合国粮农组织的 AQUASTAT 估计(第 2 章),对全球汇流来说可得到以下结论:

- 约 25%的天然地表水量来自地下水;
- 几乎 90%的地下水天然补给最终汇入河流形成稳定的地表水流量(基流)。

含水层和河流之间的这些联系,特别是地下水流入河流的基流的转变,水文工作者可以很好理解,但其他人未必充分了解。含水层和河流联系信息在水循环图中通常欠缺,有时在水资源评价中也被忽视。

这些联系用于解释为什么要分别统计基于测量或计算的水文数据得到的地表水流量和基于含水层补给得到的地下水流量。这最终导致重复计算。正如在第 2 章指出(专栏 2.4),重复计算的流量(联合国粮农组织 AQUASTAT 的统计)必须从它们的总和中扣除。在抽取地表水补给地下水的特殊情况下可以不用扣除重复计算流量。

因此,对于一个特定的区域,特别是一个流域,可再生地表水和地下水资源的估算不应基于流动水(即径流或地下水补给)的假定来源。而水资源的总量应该是评估这 2 种水资源组成的出发点。将水资源总量划分地表水和地下水的比例,取决于取水时究竟是通过地表水引流还是抽取含水层地下水。这种偏好是基于不同的实际和经济的标准,以及在控制竞争和用户之间的冲突。

最后,在水资源综合管理中应同时考虑可利用的地表水和地下水资源。

事实上,地下水主要提供可再生资源(可获取的流量),在某些特殊情况下,却只能提供不可再生资源(当地下水储量可被耗尽,见第 4.6 节)。地下水储量也作为一个重要的缓冲区,利用可再生资源的开采制度使得更少依赖于自然补给。

在大多数国家,地下水资源来自内部。相比地表水资源较为罕见的情况是:如果存在跨界含水层,但它们中的一部分可能来自邻近国家。在一些国家(如埃及、巴林、卡塔尔、以色列、约旦、叙利亚)来源于外部的地下水资源量可能是相当可观的。开发跨界含水层可能发生冲突,它们的共同管理可能需要邻国之间签订协议。

含水层的大小、结构、流量和储量的多样性,及其与大气和地表水的联系,还有水质都导致了地下水资源的巨大差异性。这同样也导致了相比地表水资源,地下水在可获取性、可用性和竞争力方面的较大差异。另外,地下水系统的敏感度也反映在多样性中,它们对制度也会产生影响和约束,因此也应在管理中有所考虑。

然而,评价可利用的含水层地下水资源——资源在实际中的重要性在很大程度上取决于所选择的资源开采策略,即对地下水资源的管理。

4.2　开采策略

由于对流量或存量的相对依赖,地下水开采策略可能会有所不同。特别是分配给地下水储量的角色引入了一个显著的差异化管理策略。完备的地下水管理基础设施是开发、采用和实施地下水开采战略的先决条件。具体采取何种策略取决于含水层的条件、当地的条件和相关各方的偏好。主要开采策略类型有 3 种(图 4.1)。

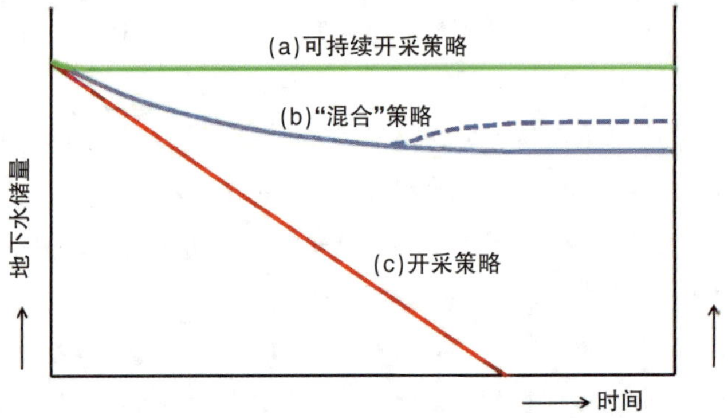

图 4.1　3 种不同的地下水开采策略下地下水储量和水位演化规律示意图

(1)仅拦截流量:可持续开采策略

这一策略的目标是保持地下水流动在短期、长期的动态平衡状态。有限储水量不可避免地耗尽后,开始抽取地下水,使得储水量维持稳定,随着时间的推移呈轻微的波动,被抽取的地下水靠含水层的出入流变化来达到平衡。总的抽取量对应平均自然地下水流量的较大或较小部分——这取决于对含水层的缓冲能力、控制水位或保持一定的自然地下水排放量的限制。这一策略的目标是“收获入流”。在这一策略下的储水量管理,类似于管理一个存入银行的周转基金。

(2) 在较长时间以一个可持续的速度抽取地下水后，在有限的时间内消耗计划储水量:“混合”策略

在平衡流动条件下的拦截流量,追求的是长期平衡,但中短期的不平衡是允许的。在不平衡阶段,为响应用水要求,密集的地下水抽取将会导致某些储存的地下水耗尽。这个过程类似一笔借款,接着通过让储水量恢复(至少部分恢复,如通过人工补给)进行补偿。另外一个办法是在调整后抽取量维持在一个动态平衡水平上从而达到储水量平衡。在这两种情况下,都需要急剧降低抽取速度从而在后期恢复平衡。

这种“混合”策略是前一阶段采用类似开采策略(下述),然后在后期回归可持续发展战略。这可能是一个刻意选择的策略,但在许多情况下,这是一个“事实”的战略,试图阻止或逆转地下水位自发下降。在过去,甚至今天,这些下降可能是由于无意中总抽水率超过那些含水层可持续提供量(“水文过度抽取”,见第 6.3 节和专栏 6.5)。这至少适用于第一阶段,同时在第二阶段恢复平衡的目的是纠正这个。

(3)逐步枯竭的储量:开采策略

这一地下水开采策略是持久不平衡的地下水制度。储水量逐渐减少,这使得在这种情况下开采地下水资源与矿产资源(如岩盐或黄金)十分相似。储存的地下水的枯竭导致自然地下水的排放停止相对迅速。这一策略需要开采非可再生资源,类似于消费资产。

如前所述,某些类型的策略的选择取决于诸多因素,并非仅取决于含水层条件。然而,含水层条件是一个重要的指标,它决定哪类策略是适当的。首先,不可再生的地下水资源通常采用开采策略,而对于可再生地下水含水层,采用包括可持续的产量的地下水的策略(可持续开采策略或“混合”策略)通常更合适。在水资源丰富、具有显著的原位环境功能的地下水的潮湿地区,采用可持续开采策略是一个方便可行的选择。在有较大需水量的干旱地区,当既没有强大的水资源管理机构也没有替代水源时,采用“混合”策略通常更现实。然而,它需要足够的地下水储存在含水层中以满足过度开采期的需求,不应耗尽该区域主要含水层。

在某些地区,地下水是主要的乃至唯一的水资源;某些地区可能只是一种小的或互补的资源。然而,重要的是结合地表水资源利用和管理地下水资源。

评估一个含水层或地区地下水开采资源需采用合适的开发策略。在可持续开采策略和混合策略的后期，评估的重点是可再生地下水资源。在一个开采策略和混合策略的早

期则应侧重于地下水储量。在上述两种情况下，评估的结果不仅取决于可用的地下水，还受到相关技术、经济、水质和环境的制约。

4.3 天然地下水水质

水质是所有水资源(包括地下水资源)的一个重要特征。水质能衡量水资源对于不同用途的适用性，每一种用途都有相应的标准，即水质标准。

地下水的自然成分(即溶于水的物质)反映了补给水的原始组成、地下介质的矿物组成和气候。入渗导致土壤组成发生变化。随后，地下水沿着通道通过岩石单位的变化取决于在这些岩石中的可溶成分、地下水的流动路径和地下水运动的速度(停留时间)。气候条件可能会导致更高的浓度，由于蒸发含水层和河流之间的水交换也可以留下痕迹。

水质较差，特别是不适宜作为饮用时，一般是由于溶解的固体物质浓度过高，但也可能是自然产生的腐殖酸、富里酸、单宁和细菌。地下水水质最常见的天然缺陷包括：

- 在干旱地区经常高盐(尤其是氯化钠)，在深部含水层、含盐岩地层附近或降雨补给的沿海含水层中，氯化物浓度相当高。
- 碳酸盐岩地层有时硬度过高或石膏盐地层中硫酸盐含量高。
- 基底含水层中的铁和锰的浓度高，其他构造中富含有机物或二氧化碳。
- 在水晶岩中经常有明显的酸性。
- 在一些沉积岩(磷酸盐)或水晶岩(如印度)中的氟含量较高。
- 砷含量较高，特别是某些第四纪沉积地层中，如孟加拉国。
- 自然产生的细菌。

然而，水质并不是简单地通过分析水样的化学组成、物理或生物参数来定义的。一个重要的步骤是结合水质类别来分析数据，比较相关参数和不同使用类型的标准。不同用水类型(饮用、灌溉、不同类型的工业等)都有自己的水质要求。这意味着，水的质量必须结合已定义水的适用性类别的各种潜在用途来评价。不同类型的水的使用需要不同的地下水水质图。此外，水或地下水质量图充其量只能代表对应某时刻的一个含水层（通常为上部)，垂向水文化学分层可能被忽略，这往往是不合理的。垂直分层的地下水水质变化可通过横截面、不同深度间隔或不同含水层单位叠加的地图而得到。

我们对地下水水质进行了评估，并对世界各地的许多含水层进行了监测。这使得我们对许多含水层的地下水天然水质，已经进入地下土壤非饱和区、含水层和弱透水层原有的水质功能都具有了相当的认识。然而，生成全球范围内地下水水质地图是很困难的，因为全球地下水水质的详细目录十分稀缺和大多数参数的超标浓度通常是局部的。在规模上，正如 WHYMAP 的世界地图(2008)所示,制作较大区域的地下咸水图(绝大部分位于干旱地区)是可行的。其他水质参数更详细的全球地图简要介绍和讨论将在下文介绍。这包括全球范围内的地下微咸水和咸水,砷、氟超量地下水。我们只考虑了浅—中深度,该深度与活跃水文圈及常规地下水提取深度(平均提水深度约 500m)一致。

最后,不应该忽视的是,地下水是脆弱的,人为污染导致其水质退化的风险较大(第 4.8 节和第 6.5 节)。

4.3.1　咸水和微咸地下水

如果溶解性固体总量(TDS)超过 10000 mg/L,我们称之为咸水;如果 TDS 为 1000~10000mg/L,则称之为微咸水。虽然地下水埋深范围内大多是咸水,位于地下水循环圈上部的水体通常较新鲜。新鲜地下水区域的厚度是变化的,但在大多数情况下为几百米,通常不到 500m。然而,在某些地区,位于浅层和中间深度的地下水是不新鲜的,通常是微咸水或咸水。IGRAC 全球调查结果(Van Weert 等,2009)给出了这些地区的临时位置和地下水相对较高矿物质含量的起源(图 4.2)。这是一个临时图片,且由于该图片从较易获得的清单推得,因此具有很大的改善空间。此外,发现地下微咸水或咸水的某些区域被标出,而从地质或水的使用条件推得其他区域应被理解为可能发现地下微咸水或咸水的区域。

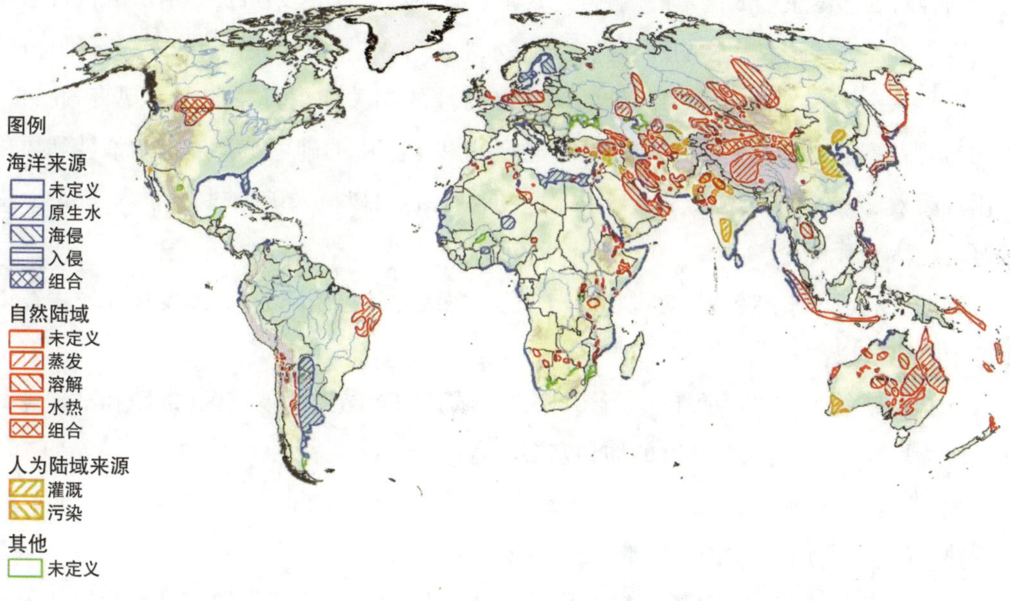

图 4.2　在浅—中深度(小于 500m)发现或者可能发现微咸水或咸水储存区域清单

来源:IGRAC(Van Weert 等,2009)

关于盐的起源，通常可分为3类：海洋、天然陆地和人类陆地。源自海洋的地下咸水与海洋沉积物(原生地下咸水)同时进入地下或在之后的地质历史的海侵时期，由于短时间淹没，海水补给或海水入侵(通常是密集抽取地下水诱发)进入地下。陆地地下咸水的来源分为自然来源和人为来源。导致地下水溶解固体物含量大大增加的自然机制包括地表或地表附近蒸发(尤其气候炎热干旱)、蒸发溶出(岩盐)、碳酸盐岩地层、膜作用(盐过滤，超滤)和水热岩浆活动。土壤盐渍化人为原因包括灌溉和各种废物污染。含水层中的咸水或微咸水的位置和垂直方向的延伸范围取决于其成因。例如，地表浅层可发现由于海水入侵和淹没残留的盐水，这对盐渍化灌溉和由大多数类型的人为污染也同样适用。由于膜效应而产生的海水入侵楔和地下咸水，通常位于新鲜地下水下方的较深区域。

溶解矿物的含量限制了微咸水作为饮用水和其他人类用水的适用性。矿物质含量大于5000mg/L的咸水基本不适合在任何地方使用。大部分的地下咸水和微咸水是不流动的。海水入侵和人为土壤盐渍化伴随着盐水的运动，但即使在上述情况下流量也相对较小。

4.3.2 地下水中的砷

地下水中砷的浓度通常很低，然而根据世界卫生组织(WHO)1993年制定的饮用水临时导则建议，饮用水中砷的浓度不应超过10μg/L，比以前50μg/L的标准严格。饮用水中过量的砷对人体健康构成严重的威胁，尤其是长时间接触具有较强的致癌作用。高砷含量的灌溉水可能会导致农作物的部分具有较高水平的砷含量，但相关风险暂未做详细评估。

近年来，人们对地下水中的砷的产生和特性的相关知识日益加深。现将Smedley(2008)的一篇论文的相关部分摘录如下：位于水和土壤中的砷可被微生物的活性和风化作用自然激发。这通常被认为是主导机制。砷的活性也可以被采矿、抽取地下水、喷洒杀虫剂等人类活动所激发。

有记录的地下水砷超标(超过50μg/L)全球案例分布见图4.3。高浓度往往发生在以下3个特定区域：

- 金属矿等采矿区(特别是与金矿相关区域)：如泰国力弘披汶区(毒砂和富含黄铁矿的废物堆)和布基纳法索北部的加和宗多马省(金矿)。
- 地热活动区域：位于活动板块边缘(如太平洋沿岸)、大陆地热(如美国的黄石)、海洋地热(如夏威夷)和板块内裂谷带(如东非裂谷)。
- 在强还原或高pH值好氧条件下，主要由新近(第四纪)沉积物构成的冲积三角洲平原和内陆盆地：较有名的例子是位于还原条件下的孟加拉盆地(孟加拉国)、内蒙古呼和浩特盆地(中国)以及在碱性氧化条件下激发了砷活性的查科—帕潘尼亚平原(阿根廷)。

图 4.3　全球砷超标地下水分布(浓度高于 50μg/L)

来源：英国地质调查局，2009

除了采矿，到底何种程度的人类活动(如抽取地下水)会导致含水层的砷问题仍未弄清楚。

4.3.3　地下水中的氟

氟是地下水中另一种潜在的自然有害成分。如果饮用水中氟化物浓度为 1mg/L，则防龋效果显著。世界卫生组织(WHO)2004 年饮用水中氟含量指导值最高为 1.5mg/L。持续饮用高浓度氟水可引起氟斑牙和氟骨症(Feenstra 等，2007)。Freezeand Lehr (2009)详细介绍了美国饮用水中氟含量的持续争议。

地下水中的高浓度氟与地质和气候条件密切相关。这促使 IGRAC 准备尝试在世界地图显示高氟地下水的发生概率(Brunt 等，2004；Vasak 等，2008)。根据上述作者研究表明：风化碱性火成岩或变质岩中，高氟浓度处通常会发现碳酸氢钠水，滨海含水层中通常会观察到阳离子交换或受蒸发影响。在干燥的气候条件下地下水的流量通常太小而无法稀释氟浓度，反而可能因为蒸发使浓度增大。

图 4.4 所示是基于地质和气候条件氟发生概率的分类地图。报道的地下水超量氟案例来自 44 个国家，在世界地质地图(世界地质图委员会和联合国教科文组织，2000)和气候地图显示了干旱程度。超量氟的中—高概率发生地区包括南美洲(安第斯地区和巴西东部)、亚洲(中国西北部和中部，印度西北部和南部，阿拉伯半岛)和非洲(东非大裂谷，西非)。

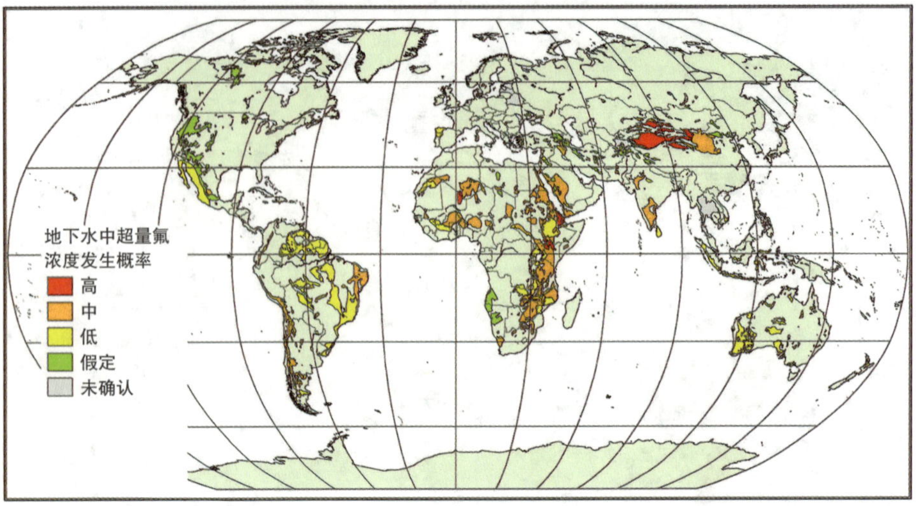

图 4.4　全球地下水中超量氟分布

来源:IGRAC (Vasak,Brunt and Griffioen,2006)

高氟地下水并非完全来自自然。农业中使用磷肥和某些工业如陶瓷行业以及煤炭燃烧也可能增大氟含量。

4.4　地下水相关的生态系统

地下水对维持水生态、岸线生态、陆地生态系统具有重要的作用——在带来效益的同时也对地下水资源的开发进行了限制。这些生态系统包括湿地、陆地植被(取决于浅层地下水)、陆地动物(使用地下水作为饮用水的来源)、泉水和河流(基流),以及河口和近海系统(红树林、盐沼、海草、海洋动物)。图 4.5 显示了典型的依赖地下水的生态系统的例子,图 4.6 所示图片对地下水生态系统进行了说明。地下水生态系统对地下水的依赖基于以下一个或多个基本地下水特征:地下水流量、地下水位或压力、地下水水质。地下水的作用不仅在于维持水位和供水量,还可以调节生态系统的热力和化学机制。

某些地下水相关生态系统完全依赖地下水,而另外一些生态系统也依赖地下水存在,但没有地下水也不会消失(Gibert 等,1999)。虽然地下水对某些生态系统可持续存在十分重要,但也仅是相关因素之一。生态系统的响应随着改变上述地下水特征的条件变化而变化。在某些情况下,如果条件改变超出了临界水平,则会对应一个阈值响应,即意味着生态系统崩溃。在其他情况下,考察的生态系统的健康状况、组成或生态功能会有一个更为渐进的变化。自 20 世纪中叶以来密集的地下水抽取导致地下水运动规律发生了变化,这将迅速影响地下水相关的生态系统,这是许多国家的普遍经验。恢复由于地下水位变化而退化或消失的生态系统往往是非常困难的。干燥的泥炭甚至可能造成不可逆转的泥炭沼泽火灾等损失。

世界各地的地下水相关的生态系统，在潮湿和干燥的气候条件下，大部分太小而无法被放在全球尺度的地图上。位于国际重要湿地名单的湿地（国际重要湿地公约，2009）包括许多依赖地下水的生态系统，虽然它们并非严格按照其对地下水的依赖程度进行分类。

最后，我们通常认为，地下水本身可以视为一个地下水生生态系统。专栏 4.2 解释，这远不止包含喀斯特含水层系统的洞穴。

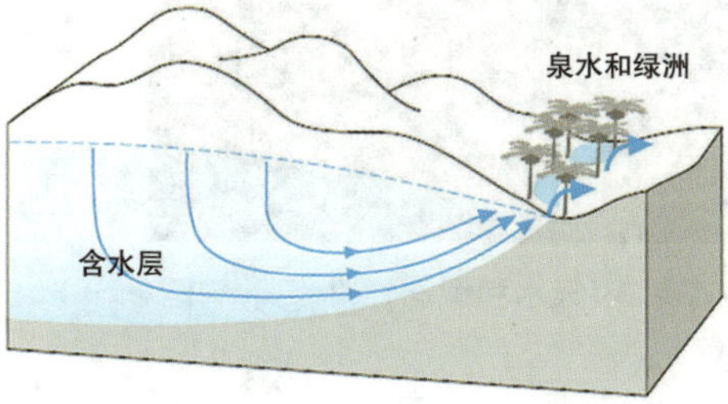

(a) 干旱地区的湿地生态系统（依赖于深层地下水流动系统，有时只有有限的同期补给和化石含水层流动）

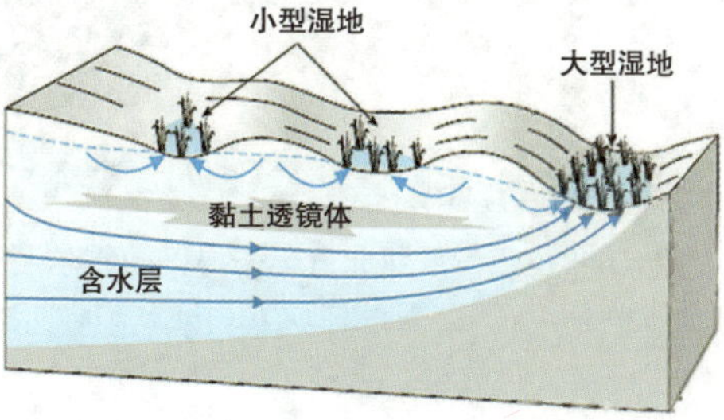

(b) 湿润地区的湿地生态系统〔单个生态系统可以依赖于（或利用）多层含水层流动系统中不同深度的地下水〕

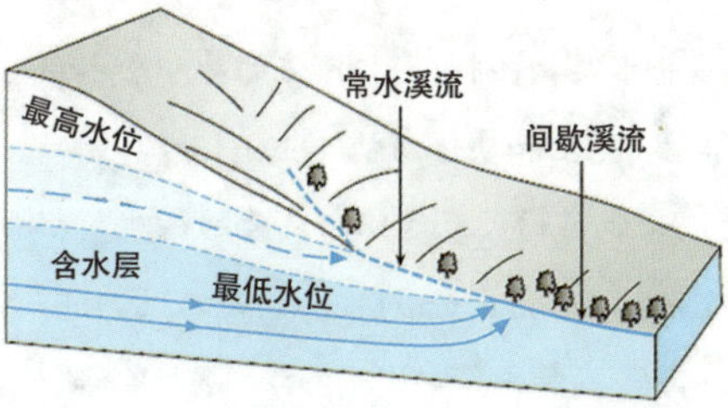

(c) 潮湿地区水生生态系统（由常年地下水排泄和部分间歇性地下水流补给的河流系统上游的可变生态系统）

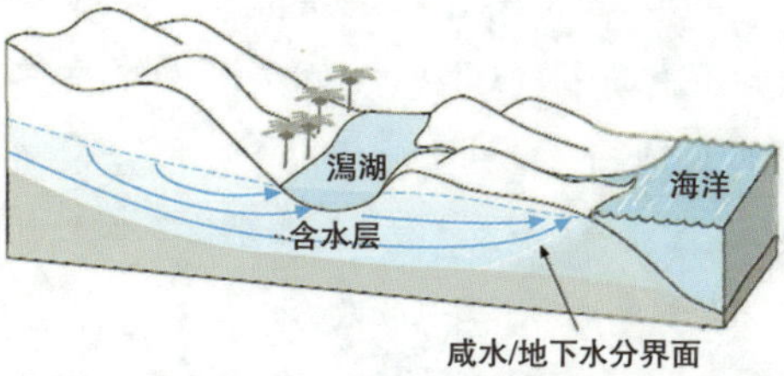

(d) 沿海潟湖生态系统（海水高潮期时，由地下淡水和海水入侵混合而成的轻度微咸水生态系统）

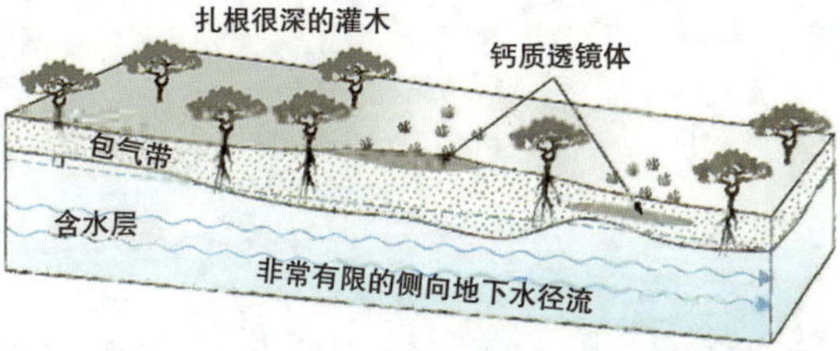

(e) 干旱区陆地生态系统〔依赖于扎根很深的树木和灌木，直接地利用地下水位或其毛细管边缘（在包气带内沉积物的厚度和固结程度受分布的限制）的热带稀树草原生态系统〕

图 4.5　地下水相关的生态系统

来源：GW-MATE (2006)

图 4.6　位于肯尼亚北方半干旱区的霍尔湿地生态系统(泉水和绿洲)(图片:Slavek Vasak)

专栏 4.2　　含水层作为地下水生生态系统?

相比流动或停滞的地表水,在看不见的地下水中仍然存在着生命,尽管受到苛刻的生态制约。它们并不局限于生活在岩溶洞穴,如著名的变形杆菌于 17 世纪在 Carniola(斯洛文尼亚)被发现。

近几十年来地球微生物和附生物的调查显示,许多含水层,特别是连接河流的冲积含水层中含有丰富多样的微动物甚至动物,如细菌、蠕虫、甲壳类、昆虫和软体动物(Gibert 等,1994)。根据 Griebler and Lueders(2009)的研究,体积巨大的饱和地层构成了地球上最大的微生物栖息地。它在一定程度上保存了微生物多样性,这可以追溯到 Antonie van Leeuwenhoek 于 1667 年首次观测地下水微生物数据。

这些生活在地表以下的地层、洞穴或地下水中的地下生物,可能揭示与地表水的联系以及可作为水质生物指标的物理和化学特性。此外,它们还在地下水的自净(污染物降解)中发挥作用。

4.5　地下水资源地理分布

4.5.1　全球分布

摆在全球可开发地下水资源首位的两个自然因素是气候和水文地质条件 (第 2、3 章)。然而,这也取决于前文所述的开发策略、水质以及地下、地表水关联和相互依存的程度。

从这个角度来说,图片可以根据全球气候区域的分布进行初步绘制:

潮湿温带地区的地下水资源主要为可再生、分布广泛、充沛的，通常易于获取，其水质可满足绝大多数用途。尽管某些局部地方存在水质问题（硬度，铁，锰，氟，深含水层区域的盐度），相比地表水，它们在诸多应用方面具有竞争力。它们与永久地表水资源有密切的联系，因此，所有水资源应协调并集中管理。足够大的存储容量的含水层是有效的多年度缓冲区，也为减轻降雨周期性短缺（干旱）提供了大量的机会。在这方面，它们可以与地表水库竞争，但不需要类似的投资和规定。沉积盆地的深层地下水提供了次要的补给。在某些地区地下水具有较大的吸引力，这是由于地下水资源具有产水率高，对地表污染物不敏感的特点，且自流条件使得开采初期具有较大的资金和技术优势。

干旱、半干旱地区，可再生地下水资源通常不太普遍且规模有限。然而，除河流输水外（外在地表水资源，如幼发拉底河、尼罗河等），它们往往是当地唯一的永久性水资源。因此，尽管通常受到水质的制约（盐度）且来源单一，但地下水具有广泛的作用。地下水资源也依赖于地表水，但在该气候条件下，它们是地表水的“副产品”而非其缓冲。如果地下水和地表水有各自的自然排泄方式，这同样适用于来自更潮湿地区冲积含水层的河流。与潮湿气候区域不同，地表水对含水层的补给份额在很大程度上决定了地下水资源量，因此，在地表水资源的评估中应将该补给份额扣除，除非所用数据是对含水层补给之后的地表水量。

通过适当安排人工补给，可有助于更好地控制不规则和稀缺的地表水资源。这也再次说明了水资源综合管理的重要性。干旱、半干旱地区，大型含水层不可再生水资源具有非常重要的意义。在一些国家，这些资源量是巨大的，同时也带来了特殊的管理问题，这在第4.2节进行了阐述（开采策略），并将在第4.6节进行更详细的讨论。如图4.7所示为干旱区地下水资源主要类型的地理分布。

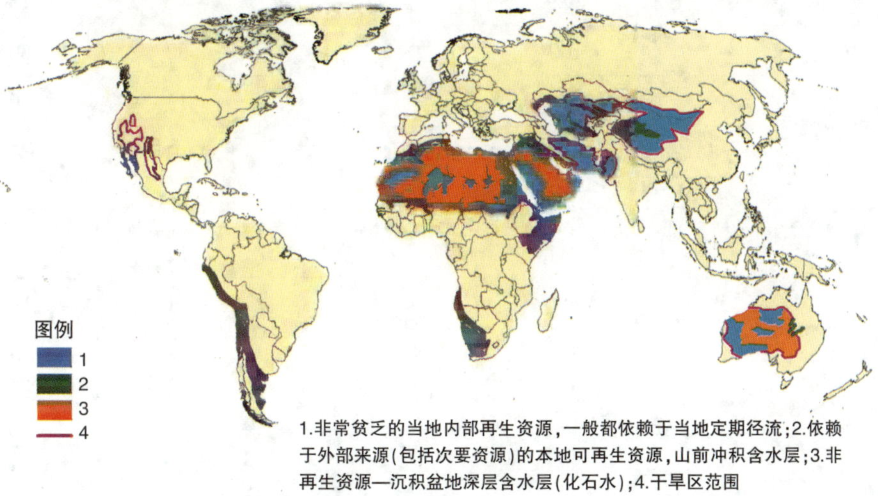

图 4.7 干旱区地下水资源主要类型的地理分布

来源：联合国教科文组织，见图2.14

在潮湿热带区和赤道区，地下水资源非常丰富，但由于古老地质构造以及含水层储量和流量均有限，地下水往往呈不规则分布。它们在满足空间分散的用水需求(农村供水)时才能与地表水竞争，其优势是水质较好。有时，它们也被用来满足更为集中的需求，由于地表水比地下水更加充沛，因此它们很少受到保护地表水资源的制约。

最后，位于北半球的北极和亚北极区的地下水资源高度受限，即使存在含水层，广泛分布的冻深达几百米的连续多年冻土阻碍和限制了地下水补给。例如，西伯利亚在特定的情况下，存在广泛的深厚沉积含水层(图 3.4)，但主要为咸水(Zektser 和 Everett，2004)。

4.5.2 可再生地下水资源丰富的国家：从丰富到稀缺

国家内部地下水流量是可再生地下水资源的一个标志，但根据流量往往会高估可开采地下水资源量。

很少有国家使用相同的标准对可开采地下水资源量进行评估，因此很难得到一个较系统的、类似自然流量图(图 2.6 和图 2.8)的全球地下水资源图。估计可利用资源量只是这些“理论”自然资源或内部地下水流量的一部分(参考联合国粮农组织 AQUASTAT 的 Groundwater Produced Internally)。如表 4.1 所示，这些理论自然资源量越低，可利用资源量所占部分比例则越高。

表 4.1　　地中海国家地下水资源

国家	(1) 总地下水流量(外部 & 内部)(km^3/a) [a]	(2) 可开发的可再生地下水资源(km^3/a) [b]	(3) 比例(1)/(2) (%)
西班牙	29.9	4.5	15
法国	100	30	30
意大利	43	13	30
马耳他	0.05	0.015	30
希腊	10.3	2.45	24
塞浦路斯	0.41	0.2	49
土耳其	69	12	17
叙利亚	5.4	3.8	70
黎巴嫩	3.2	0.685	21
以色列	1.075	1.0	93
巴勒斯坦西岸	0.68	0.54	79

续表

国家	(1)		(2)		(3)
	总地下水流量(外部 & 内部)(km^3/a) [a]		可开发的可再生地下水资源(km^3/a) [b]		比例(1)/(2) (%)
加沙	[c]	0.056		0.05	89
埃及	[c]	2.3	[c]	0.7	30
利比亚		0.6		0.5	83
突尼斯		1.21		1.15	95
阿尔及利亚		1.5		~1	67
摩洛哥		10		4	40

来源：Plan Bleu (2004)，根据各国资料编撰。

注：[a]"内部地下水资源" +"外部地下水入流"见联合国粮农组织的 AQUASTAT。跨界地下水流动的外部地下水资源只在埃及、以色列、叙利亚较为突出。

[b]根据各国实际情况，并未基于统一的标准。

[c]不包括额外的补给灌溉回流或渗漏(二次资源)在内。在埃及，开发和有效利用资源近 $7km^3/a$ (Attia，2005)。

可利用地下水资源的概念与"地下水安全开采量"有些相似(Meinzer，1920)。后者定义为在不产生不好后果的前提下，每年可从含水层中提取水量。最初，这种不好的后果被解读为储水量耗尽的同义词，因此，抽水的可持续性是唯一标准。长期以来，大多数专家坚持认为地下水允许开采量应等于天然补给量，但这种观点忽视了地下水系统的运动特性。毕竟，地下水平衡方程表明，零储量损耗的正式条件是地下水抽取与补给增量和排泄减少量是平衡的(Bredehoeft 等，1982)。对于某个含水层来说，可持续抽取而不致让储水耗尽的最大抽水速率可以通过建模方便地确定。地下水补给量往往被高估。根据国家和研究人员的不同以及各种新增标准的出现，"安全开采量"已逐渐演化为"可持续开采量"。新增标准包含了经济和环境标准，特别是增加了保护地表水和依赖于地下水的湿地的相关限制，更广泛地解释了过度开采的概念(Custodio，1993，2000；第 6.3 节)。

评估可利用的可再生地下水资源方法和标准显然因国家、自然条件的多样性而异。这些对应的自然资源(内部或总地下水流量)比例范围从几个百分点至百分之百，见表4.1 和表 4.2)，似乎并没有一个具有可比性和一致性的方法。一个更加统一的全球可利用再生地下水资源全景还有待在更明确标准的基础上进行开发，但很难形成一个统一的数据库。

表 4.2 各国可供开采的可再生地下水资源

国家	年均水资源开发量 (km^3/a)	天然地下水流量所占比例(%)(见 AQUASTAT)	参考文献
非洲			
博茨瓦纳	1	59	FAO,1995
埃塞俄比亚	2.6	13	FAO,1995
肯尼亚	0.6	17	FAO,1995
毛里塔尼亚	0.88	44	Shahin,1989
苏丹	0.7	10	FAO,1995
津巴布韦	1~2	17~33	FAO,1995
美洲			
多米尼加	0.5	33	ICID,2000
乌拉圭	2	9	ICID,2000
美国 (本土各州)	106	8	UN-ECE,1981
亚洲			
中国	290	33	Zektser & Everett,2004;Li,2001
印度	396	92	ICID,2000
日本	-10	36	UN/ESCAP,1993
巴基斯坦	47	76	Kahlown & Majeed,2002
俄罗斯(亚洲部分)	8.94	3	Zektser & Everett,2004
欧洲			
丹麦	2	51	Eurostat,1998
冰岛	6	25	Eurostat,1998
爱尔兰	3	28	Eurostat,1998
荷兰	1.9	42	UN-ECE,1981
罗马尼亚	4.5	54	UN-ECE,1981
英国	7	71	Eurostat,1998
俄罗斯(欧洲部分)	317	40	Caponenco,2000
瑞典	3	15	Eurostat,1998
乌克兰	5.7	29	ICID,2000
英国	7	71	Eurostat,1998
澳大利亚	26	36	Commonwe. of Australia,2003

注:所选数据根据各国实际情况,并未基于统一的标准(可作为表 4.1 地中海国家数据的补充)。

4.6 不可再生地下水资源的具体情况

4.6.1 可再生或不可再生水资源意味着什么?

在自然界中,水在流动的同时也在汇集。地下水的汇集特别明显。水在含水层中流动的同时也储存在其中,因此,总水量可分为流量和储水量(第 2 章)。在自然系统中水体的更新,特别是对于含水层水资源,可以通过比较系统中流量和储水量,参考下面或多或少互逆的两个指标来进行概念理解:①年均更新率:年均流量除以储水量体积;②平均更新时间:储水量体积除以年均流量。

由于全球范围内含水层的流量和储水量均非常大,更新率和更新时间也有很大的变化。每年的更新率从大于 100%到不到 0.001%,这相当于平均更新时间从不到一年到 100000 年以上。更新率较低可能有以下原因:补给非常有限(在干旱区或完全承压含水层的条件下)或地下储水体积非常大,或两者兼有。

一个低的平均更新率——较长的平均更新时间,意味着绝大部分储存水的年代十分久远,这通常意味着它在现代水循环之前就存在含水层中。这种水通常被称为化石水。

含水层的地下水资源在水体更新非常有限的特定情况下被称为不可再生地下水,它的储水量很大。这并不意味着该含水层没有得到任何补给,或与包含再生水资源的系统完全隔离。"不可再生地下水"并非补给与更新率均为零,地下水专家指出"不可再生地下水资源"是一个相对概念。这只意味着,与含水层的可再生地下水资源相比,平均更新时间非常长,因此,开发可再生地下水资源时应基于其储水量而不是流量。年均更新率可以作为判定是否为可再生地下水资源的一个标准。然而,由于影响因素很多,单独一个值不能满足所有情况。一些水文地质专家认为年均更新率小于 0.1%(平均更新时间在 1000 年量级)的地下水资源是不可再生的;也有人把上限设置成更小的值。年均更新率的标准最好结合年均补给量(如平均补给量小于 5mm/a),从而避免将补给较好但储水量大的含水层划为"不可再生"。

将不可再生地下水资源开发到何种程度,这取决于开发技术和经济的可行性。首先,可供人类进行水资源开采的时间应该足够长,且储水量需远高于含水层的平均流量(或部分)。类似其他非可再生矿物原料,不可再生地下水资源可定义为可抽取的储水量,即使该储量可转换为在给定的有效期间的平均产流量。"可抽取"指的是技术和经济上可行的标准,且没有其他显著外部因素的影响。

该可抽取的储水量,转化为有限时间内可开发的资源,通常远小于含水层的总储量。

特别是位于干旱、半干旱地区非常大的含水层的庞大的储水量，沙漠下面包含100000km^{3}的库容，和地表水库相比让人印象十分深刻(Issar 和 Nativ，1998)。然而，地下水储量只能部分恢复：正如不可能提取油矿中所有的石油一样，我们不可能将含水层中的所有水抽出。只有可抽取部分是可供利用的不可再生资源，且可能受到其他因素的制约。

主要的制约因素是由于抽取造成的地下水位下降。尽管只抽取了总水量的一小部分，但是水位下降可达到数百米。特别在承压地下水区域，开采导致水压显著下降。因此，可开采地下水体积通常为地下水储量的百分之一量级。

开发不可再生的地下水资源需要含水层具有可观的地下水储量，且地下水开采不会对地表水或可再生地下水资源造成显著影响。特别是在干旱地带，内部可再生水资源量非常少甚至为零。

地下水资源的评价与中长期开发计划的选择是密不可分的。这包括所需期望开发周期的选择，也就是管理策略的选择，这与开采矿物原料(石油、矿产)的计划是类似的。

4.6.2 地理分布

地球上不可再生地下水资源分配受以下 2 个主要因素控制：

(1)构造水文地质条件

存在高储水量的含水层和较少有利于补给的因素。这些条件主要与深层承压含水层相对应，通过弱透水层与水循环活跃部分隔开。

(2)气候条件

干旱，这通常会导致所有的水(地表水和地下水)系统的低入流量，导致所有类别的含水层补给减少。

不可再生地下水资源的分布与主要含水层并非完全重合，后者主要位于大型沉积盆地(第 3 章)。它们与干旱、半干旱地区的沉积盆地内的深部含水层的分布基本一致，这些地区的不可再生资源比其他地方更为重要，这是由于可再生水资源的匮乏和气候干旱地区的用水需求较大。此外，在干旱地区开发不可再生地下水资源对可再生水资源的影响比其他地区要小。在过去的几十年中，在这些干旱、半干旱地区，不可再生地下水资源已经最大程度地开采(如在阿拉伯地区)，在某些国家，它们是供水的主要来源。

另外，其他条件也可阻碍含水层补给。北极地区多年冻土的广泛存在，使西伯利亚的几个沉积盆地中的地下水成为不可再生水资源。

不可再生地下水资源在湿润地区并非不存在，只是相对重要性要小一些，除了某些盆地深层水由于自流压力可通过自流井被暂时抽出。开发不可再生资源对可再生资源的影响的风险大于干旱地区。

很多正在开发的著名不可再生资源含水层，主要位于非洲(撒哈拉、南非)、阿拉伯半岛、澳大利亚(大自流盆地)和西伯利亚(俄罗斯)。自 1918 年以来，大自流盆地的所有自流井的出流量明显下降，尽管此后水井的数量已经翻了一倍以上。这是由于自流水压稳步减少所致；最近管理活动正试图恢复自流压力和减少未管控自流井的出流损失。对位于南撒哈拉和萨赫勒(从塞内加尔到乍得)以及东非(表 4.3、表 4.4 和图 4.8)的不可再生地下水资源的勘探和研究则较少。

表 4.3　　世界上部分不可再生地下水大型含水层系统

序号	含水层	国家	面积 (100km²)	库容量		年均更新率	开发量	参考文献
				理论量 (km³)	开发量 (km³)			
1	努比亚砂岩含水层系统	埃及，利比亚，苏丹，乍得，	2176	542000 (淡水)	埃及：5367；利比亚：4850；苏丹：2610；乍得：1630	1.3×10^{-5}	2000 年 1.6km³/a；1960—2000 年抽取了约 40km³	OSS，1998；Khouri，1990；Bakhbakhi，2002；CEDARE/IFAD，2002；Foster& Loucks，2006
2	西北撒哈拉含水层系统	阿尔及利亚利比亚，突尼斯	1019	60000	1280 (Cl：780；CT：500)	1.4×10^{-5}	2000 年 2.5 km³/a；其中突尼斯 0.46 km³/a；阿尔及利亚 1.68 km³/a	UNESCO，1972；OSS 2003；Mamou，1999；Pallas & Salem，1999
3	Murzuk 盆地，多层	阿尔及利亚，利比亚，尼日尔	450	利比亚 4800	利比亚：60~80		2000 年 1.75 km³/a 利比亚	El Gheriani，2002；Pallas & Salem，1999
5	塞内加尔—毛里塔尼亚盆地(麦斯特里希特阶含水层)	毛里塔尼亚，塞内加尔，几内亚比绍	300	塞内加尔 300~400	毛里塔尼亚：3，塞内加尔：10~20	9×10^{-5}	20 世纪 70 年代，10000000 m³/a	Diagana，2005
6	Ullemeden 含水层系统(IAS)	马里，尼日尔，尼日利亚	635	10000~15000	尼日尔：250~550 (Cl；40~100 m 深)；马里：~100	5×10^{-5}~8×10^{-5}	2000 年 0.1 km³/a (尼日尔和尼日利亚) 马里：~100	BRGM，1976；Dodo，1992；UNESCO/Project IAS，2003

续表

序号	含水层	国家	面积(100km²)	库容量		年均更新率	开发量	参考文献
				理论量(km^3)	开发量(km^3)			
7	乍得湖盆地,多层	尼日尔,尼日利亚,乍得,喀麦隆	1917		尼日尔 45;乍得:220			Terap & Kabaina,1992;CBLT/OSS,2005;Foster & Loucks,2006
12,13(部分)	Karoo 砂岩,中卡拉卡鲁	博茨瓦纳	90	275	86	4×10^{-5}	开发潜能:2.89 km^3/a,可开采 30 年	Carlsson 等,1993
22	SAQ 含水层和阿拉伯地台多层含水层系统	沙特阿拉伯,巴林,卡塔尔,阿拉伯联合酋长国	1485(沙特阿拉伯)		500~2185 直到 300m 深;卡塔尔:2.5 阿拉伯酋长国:5	3×10^{-5}	1995 年沙特阿拉伯 13.5km^3/a;卡塔尔 0.14km^3/a;阿联酋~1.5km^3/a,巴林 0.09 km^3/a	Min. of Agriculture and Water of Saudi Arabia,1985;Neuland,1988;Ghurm Alghamdi,2002;FAO,1997;Foster & Loucks,2006
22(部分)	Disi 含水层	约旦	~3		6.25		1994 年 0.17km^3/a,预计 50 年 0.125km^3	Garber & Salameh,1992
	盆地和山脉含水层(亚利桑那州低地)	美国	Σ~60	1500(至 366m 深度)		2.5×10^{-4}	1975 年 7km^3/a;1920—1980 年抽取了 225km^3,抽干了 202km^3	MacGuinness,1963;Foster,1977;USWRC,1983
36	大自流盆地多层含水层系统	澳大利亚	1700	~20000	~170	5×10^{-5}	1880—1973 年抽取了 35km^3,包括抽干了 2.5km^3 的储量,峰值年 1917 年:0.75km^3/a	Habermehl,1980,2001
25	西西伯利亚自流盆地(部分位于多年冻土下)	俄罗斯(西伯利亚)	3200	1000000		5.5×10^{-5}	2000 年 0.6km^3/a	UN,1986

表 4 4　　各国的不可再生地下水资源

国家	含水层	可开采储量 km³*	当前开采速率 (km²/a)**(参考年)
阿尔及利亚	西北撒哈拉含水层系统(NWSAS)	900	1.68(2000)
澳大利亚	澳大利亚大自流盆地	170	0.63
博茨瓦纳	卡鲁砂岩中喀拉哈里	86	–
乍得	努比亚砂岩含水层系统(NAS)	1630	–ε
	乍得盆地含水层系统(CTHamadien+CI)	220	–0.11(2000)
埃及	努比亚砂岩含水层系统(包括后努比亚含水层系统)	5367	0.9
以色列	努比亚砂岩含水层/内盖夫	(总共:20)	0.05(2000)
约旦	Disi 含水层(Saq)	6.25	0.35(1998)
利比亚	努比亚砂岩含水层系统(包括后努比亚含水层系统)	4850	0.9
	西北撒哈拉含水层系统(NWSAS)	250	0.55
	迈尔祖格盆地	60~80	1.75
马里	lullemeden 多层含水层系统(CI)	~100	0.0013(2000)
	陶德尼—塔奈兹鲁夫特盆地	–	0.2(2000)
毛里塔尼亚	麦斯特里希特阶含水层	~3	0.09(2003)
	陶德尼—塔奈兹鲁夫特盆地	–	ε
尼日尔	lullemeden 多层含水层系统(CI) 乍得盆地含水层系统(CT Hamadien+CI)	250~550	0.008(2000)
	曼加上新世	45	ε
卡塔尔	阿拉伯地台多层含水层系统	2.5	0.14(1995)
沙特阿拉伯	阿拉伯地台多层含水层系统(包括 Saq 含水层)	500~2000	3.5(1995) 20.47(2000)
塞内加尔	麦斯特里希特阶含水层	10~20	0.18(2003)
苏丹	努比亚砂岩含水层系统	2610	0.41(1998)
突尼斯	西北撒哈拉含水层系统(NWSAS)	130	0.46(2000)
阿拉伯联合酋长国	阿拉伯多层含水层系统	5	1.57(1995—1996)

注:* 每个国家都有自己的评估标准,因此这些标准各异。
　** 符号 ε 表示极小值。

来源:Foster and Loucks (2006)。

某些具有宝贵可再生资源和大储水量的含水层，由于受到长期密集开采造成地下水枯竭，在现实中可能很难恢复。比如位于美国中西部高原区的奥加拉拉含水层、美国犹他州、内华达州、亚利桑那州的盆地和低地含水层以及中国黄淮海平原黑龙港流域盆地的多层含水层。然而，这些含水层不符合开发不可再生地下水资源含水层的分类标准，因此，本概述未包含上述区域含水层。

最后应该强调的是，随着不可再生水资源的大型含水层往往是跨国界含水层，特别是在非洲（撒哈拉）和中东，为了评估这些含水层的可开发不可再生资源，必须对各国的资源加以汇总（表4.4）。跨边界的含水层对管理提出了特殊的挑战，这需要通过协调、合作和国际协商解决（第7章）。

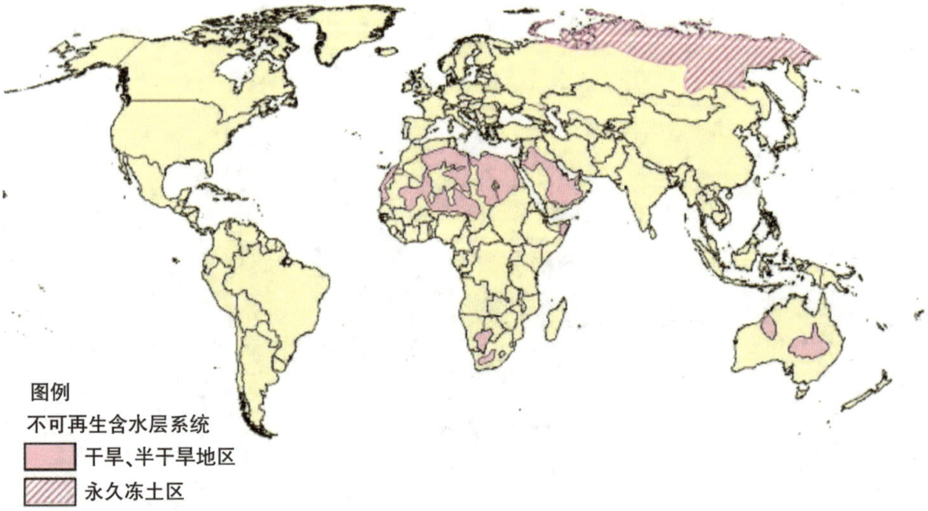

图4.8　全球不可再生地下水资源

来源：Zektser（1998）；WHYMAP（2008）

4.7　如何抽取地下水

4.7.1　各种取水技术

正确评估开发利用地下水资源要考虑抽取地下水的实际可操作性。这高度依赖于当地含水层的特性，对抽取地下水具有决定性的作用以及可抽取多深的地下水。这些条件和地下水的储量、补给量同样重要。考虑社会经济背景，它们在很大程度上决定了如何进行最优开发。

就其性质和功能而言，目前可使用以下两类地下水抽取工程：

(1)基于重力的抽取

这一类包括泉水的采集工作、排水、渗渠、流水井(自流井)和地下水库。它们的优点是:开采不需要消耗能源。然而它们受场地限制且不易控制(比如通过阀门),从而导致不间断流动使得产水量超过需求,造成水资源的浪费。事实上,自流井是一个中间的范畴,在某种意义上说,随着承压水压力的下降,产量也随之下降。因此,自流井并不可持续,迟早会变成抽水井。

(2)需要外部能源将地下水提升至地表的抽取工程

这一类包括挖井和钻井,通常是泵水。泵水增加了能源成本,要高于重力为基础抽取工作的抽水成本,但泵井使得抽水的实施和操作更为灵活。它们的管理往往更有效率,因为需要承担能源成本。

在水力条件下,第一类的抽取工作水位往往是固定的,集水速率是变化的。它们可以被看做是人工泉水。后一类为使水体流动,通常是不连续流且根据需求而变化。它使得井水和井附近含水层的水位产生了一个相对明显的下降。

在抽水的初始阶段均只消耗含水层的储量的一小部分, 直到建立一个新的动态水文平衡。但是,第二类消耗得更多,特别是当井数量较多和抽取地下水体积较大时。

两类地下水抽取工程主要的区别是能耗:一是无需能耗,即能耗为零,但对第二类来说,能耗是必需和可变的,无论是使用哪种能量来源(人或动物的牵引、风力、化石燃料或电力)。二是控制出流操作的自由度,很显然第二类更大一些。事实上,对应于第一类,产量取决于当地的地下水开采系统,而第二类取决于设备的抽水能力和它是如何操作。第一类抽水工程(除自流井外)只能抽取可再生地下水资源,且没有造成地下水含水层永久性失衡的风险(第 6.3 节和专栏 6.5)。然而,第二类可以更好地利用含水层的缓冲容量来控制抽水。它们不提供对超量水文抽取风险的保护,也可开发不可再生地下水资源。

4.7.2　抽水工程类型选择的影响因素

不同类型的地下水抽水工程并非同样适应各种各样的自然水文地质条件 (第 3 章)。下面对井、渗渠和地下水库做一个简要回顾。

4.7.2.1　井

挖井(图 4.9)和钻井(图 4.10)是分布最广泛的地下水开采工程。在以下含水层应用比其他任何抽水工程均更为合适:在深厚含水层、具有深静水位的潜水层或承压含水层自流水位面。它们通常不太适合抽取厚度非常小的浅层地下含水层、上覆咸水的薄淡水层、产量很小或不连续的含水地层。

选择钻井还是挖井的标准是什么？两种工法各有所长，根据所需的深度（水井开挖深度很少超过 50~100m，钻井深度可能达 1000m 或更深），岩石的抗穿透性质（硬度和凝聚力）预期产量、与含水层的接触面要求、井中储水的用途、建设成本、操作方便与否和井口保护（钻井更容易），以及施工机具进场的可行性等来选择钻井还是挖井。

图 4.9　传统的挖井（照片：WWC，1998）

图 4.10　钻井（图片：Ton Negenman）

在许多情况下,这两种抽水工程都是可以的。然而,当含水层较厚(大于 100m)时,只有钻井可以或多或少完全穿透它,可实现最大的产水率往往超过 $100m^3/h$,在产水率最高的含水层甚至可达 $400\sim500m^3/h$。此外,对于承压含水层中超静水压产生自流的情况,只有钻井是合适的。

集水井是一个特殊的案例。它的设计包括多个水平钻孔集水管,以径向模式连接到主井。这增加了井体和含水层之间的接触面积(高达 $1000m^2$),从而大大提高了单井产量,一般为 $500\sim1000m^3/h$,有时甚至更多(如米兰的集水井产量是 $4500m^3/h$)。集水井使得不同水井所需大片土地、水房和抽水设施都变得不必要。集水井在冲积含水层尤为适用,与群井相比,通常也毫不逊色。它可以某个给定的速率进行提取(如上覆咸水层的淡水层)也可以含水层厚度十分有限时,用于提高某些物理限制地层的地下水产量。

4.7.2.2 渗渠

渗渠适合从低渗透性或不连续含水层抽水(灰岩、结晶岩或裂隙火山岩),不同种类的含水层厚度有限或者包含一个咸淡水交界面。一个适度均一的坡度是理想的地形条件。渗渠适用于无能源消耗、需求量规则和连续的条件。此外,它的产水量与水文条件相适应,这就意味着渗渠不但不会使地下水位逐渐下降, 而且还有利于含水层入流和出流之间的动态平衡。

4.7.2.3 地下水库

地下水库主要适用于宽度和厚度较小的局部冲积含水层。它们的作用与地表水库类似,主要功能是通过拦截地下水流和/或储存多余的地下水。

它们具有双重的被动角色。首先,它们迫使地下水出现在地面,从而可以像收集泉水一样获取地下水。其次,它们通过增加饱和含水层的厚度提高临近区域的地下水产量(井或渗渠)。由于水体在地下水库逐渐积累,抽水工作可以常年进行,尤其对于干旱区,乃至河床底的间歇性地下径流的条件具有显著优势。

地下水库的优点(重力流)和缺点(连续产水)和渗渠是一样的,但在选址方面有更多的限制。

如何开采地下水和地下水抽取类型也可基于附加设备和成本的经济主体进行分类——个人或集体——谁有手段来实现它们。这样的分类与分散型(主要是由个人)和集约型(主要是集体)之间的区别对应较好。结合能源和社会经济因素这两个最重要的标准,可将地下水开采方式分为 4 组,见表 4.5。

表 4.5 地下水抽取方式和技术分类

类别		实施的经济背景	
		1 个体经济主体的能动性(用户)	2 主要是集体经济特别是公共机构
水力条件(能量)	a 重力	1a 小型渗渠,浅—中深度钻井,水平排水井	2a 大型渗渠,排水网络 超深流水井 (数百米),地下水库
	b 提取泵送	1b 挖井,集水井,小—中深度管井,人力畜或泵提水	2b 集水井,高产量开挖群井

实际中每种类型的抽水工程的生产力更多地取决于含水层特性，而不是工程本身的性质。这就是每种类型的抽水工程生产率变化均很大的原因,见图 4.11。

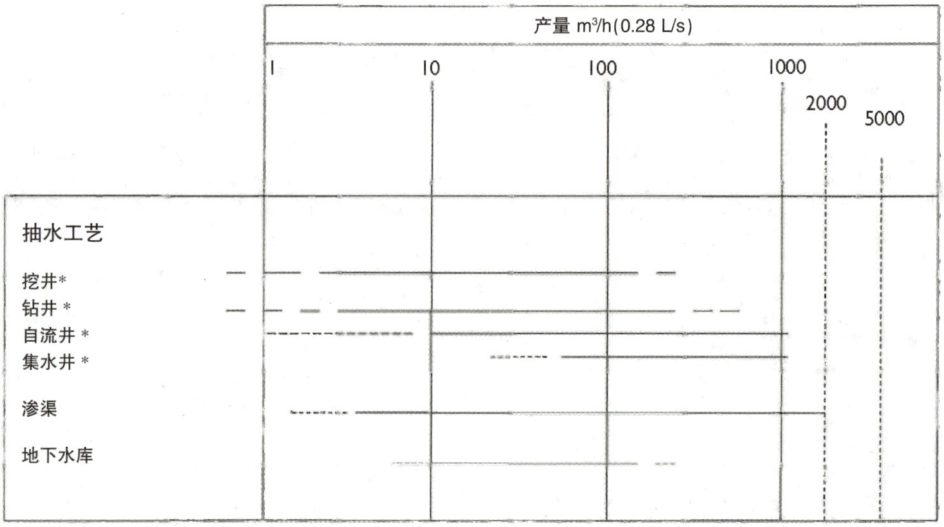

* 假设泵送设备不受产水量限制。

图 4.11 不同类型地下水开采工程的生产力范围

4.7.3 将地下水提到地表:一门美好的艺术

获得地下水的工艺是非常古老的,水井在人类文明初期就已被采用。(公元前 6000 年,美索不达米亚)。许多发明已遍布世界各地并且逐渐获得了多样化的发展,同时也受益于基于其他目的探索地下技术的进步。它的演变是技术史上的一个中心主题。

几千年来,通过重力技术(表 4.5 的 a 组)或较低速率提水(1b)已经实现,将地下水从浅层含水层(潜水)抽取出来。毫无疑问,在干旱、半干旱地区,获取地下水的努力是最为古老和最值得注意的。为将水从井中抽取到地表，人们开发了节能提水技术，这体现了人类的智慧。除了简单的和无处不在的绳—袋提水技术，提水技术还包括桔槔、水车、链—桶泵和arhor，每种技术都有各自的地理分布(图4.12)。

(a)滑轮—绳—袋挖井(也门)

(c)Shaduf(摩洛哥)

(b)Saqiyah 或 noria(摩洛哥)

(d)双滑轮的 Arhor(摩洛哥)

图4.12　古代井水提取设备

来源：Jac van der Gun (a);Jean Margat (b,c and d)

在某些区域开挖了大型的渗渠并且已得到了应用，渗渠的总长度达数百千米。受到采矿技术的启发，该技术可能于公元前 8 世纪在亚美尼亚发明（乌拉尔图），当时称之为kankan（发音）。一个典型的渗渠通常由以下几部分构成：一个略倾斜的隧道、地下水上流端（通常通过“母井”）和在重力作用下输水（通常距离较长），渗渠通常为一个开放的系统，可供引流导出使用（图 4.13 和图 4.14）。数以千计的渗渠以 qanat 的名称在伊朗

图 4.13　渗渠系统（falaj）示意图及其应用

来源：Oman GeologicHeritage–MRMWR（2008）

图 4.14　位于伊朗巴姆 qanat 的内部

（照片：Majid Labbaf Khaneiki）

图 4.15　玻利维亚高原的钻井

（照片：Jac van der Gun）

以及整个波斯帝国得到了应用，它们向西传播到北非和西班牙，东至中国（新疆）（表 4.6 和图 4.16）。它们中大多数位于松散地层却具有不同的名称，如在北非地区称为 foggara and rhettara，在阿富汗和周边国家称为 karez，在也门称为 ghayl，阿曼称为 falaj。渗渠在西半球也存在，尤其是美国、墨西哥、厄瓜多尔、秘鲁和智利（icqhs，2009）。这些“水平井也被证明是适合收集火山岛地下水（百慕大群岛、加那利群岛、群岛、佛得角、夏威夷）。这些工程中许多仍在使用中，尽管由于维持高劳动成本导致其社会经济条件可行性降低，以及泵抽水的竞争，很多工程在逐渐消失。目前，它们的全球抽水量是难以量化的，可能约 500m³/s，即 16m³/a。

表 4.6　**全球主要渗渠网**

国家或地区	当地名称	总长度 *(km)	数量 *(日期)	总产水量 **(m³/s)	参考文献
伊朗	Qanat		21000 oper.		Bahrami，1955
			25000	380	A. Massoumi，1966
				500	UN/ECAFE
			38000(1966)		Ahmadi，2006
			20000(1998)		Ahmadi，2006
			18000		Ghayour，2006
		350000		500	ICID，1975
		80000 oper.	18400	239	Balland，1992
			30796	280	Hassanzadeh，1992
			34355 oper.	260	Semsar Yazdi，2009
阿富汗	Karez	12000	~6000(1967)	~100	Balland，1992
			6741		Bank&Soldal，2002
		16374	8370		Semsar Yazdi，2009
			5984 oper.		
哈萨克斯坦	Karez	124	261	0	Deom & Sala，2006
			废弃		
巴基斯坦	Karez		1000		Mian & Abdullah，2000
俾路支			730 oper.		
阿曼	Falaj		4112		MRMWR，2008
	（复数.aflai）		3017 oper.		
			4112	14.6	Semsar Yazdi，2009
			3008 oper.		
叙利亚	Qanat		数百	20	Goblot，1979

续表

国家或地区	当地名称	总长度*(km)	数量*(日期)	总产水量**(m^3/s)	参考文献
中国 新疆吐鲁番	坎儿井	~5000	984	11.4	Nasier & Wang,1990
			736	10.8	World Wat. Eng., 1991
			900 (350 oper.)	9.5	Turpan Museum,2006
阿尔及利亚	Foggara	1378(oper.)	777(oper.)	2.9	SOFRETEN,1963
瓜拉,图瓦特		1377	572(oper.)	3.7	El Hebil,1988
		1417		3(1970)	ERESS,1997
提迪凯勒特 绿洲		525	175(1900)		Goblot,1979
			125(目前)		
撒哈拉全境				3.6(1950)	OSS,2003
				3.1(2000)	
摩洛哥	Rhettara		~		
豪乌兹		~2000	500(~1970)	5	Pascon,1977
		700		5	El Hebil,1988
ziz-rheris 盆地			275	0.86	ORMVAT,2008
西班牙	Galena	1621	1001(1980)	5.6	Gonzalez Perez,1987
特内里费		1621	1047	5.16	Plan hidrologico,1989

注:*oper.=运营中的,**$1m^3/s=0.0315km^3/a$。

随着工业时代的到来，工程师们开发了地下水的勘探和开采新技术。新的钻井技术(旋转,1890;快速敲击)增加了钻孔和套管井的数量,而新的泵水技术(离心泵和涡轮泵技术,1910—1930)则强化了分散的机械动力。从19世纪开始地下水开采深度和生产率均得到了极大的提高,并在20世纪得到了广泛的应用。在一些国家,自19世纪中叶深厚的大型承压含水层被发现,而钻孔技术的提高使得钻孔自流井成为可能(图4.15和图4.16)。相对现代的地下水重力提取方法(表4.5的2a类)能够实施的前提是具有非常高的初始水压,其测压水平面要远高于地面。例如,在阿尔及利亚下撒哈拉压力的欧洲大陆中间含水层的井头水压达到35bar,相当于地面350m以上的静止地下水水位,这是一个世界纪录(专栏4.3)。然而,这些自流持续时间取决于初始压力、增加的水井数量和产水量。自流盆地流水钻井持续利用时间很少超过一个世纪。

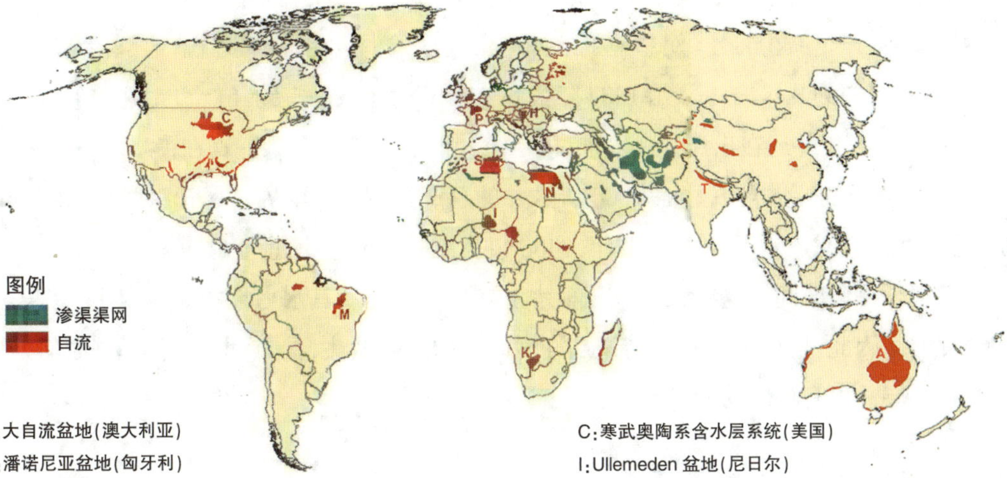

A:大自流盆地(澳大利亚)
C:寒武奥陶系含水层系统(美国)
H:潘诺尼亚盆地(匈牙利)
I:Ullemeden 盆地(尼日尔)
K:喀拉哈里盆地(博茨瓦纳,纳米比亚)
M:马拉尼昂盆地(巴西)
N:努比亚砂岩含水层系统(埃及,利比亚)
P:巴黎盆地(法国)
S:西北撒哈拉含水层系统(阿尔及利亚,利比亚,突尼斯)
T:德赖含水层(印度,尼泊尔)

图 4.16　无需能耗的地下水开采:主要渗渠(anat 等)和已开发的自流盆地

专栏 4.3　　自流地下水

如果井底承压水层压力足够高,地下水会上升到地表,然后喷入空气中。实际上在该现象被命名为大满贯之前,该现象就已经被用于实际工程。Cassini 早于公元 1671 年就描述了位于意大利摩德纳的“自然出流喷泉”,而 6 世纪之前的阿拉伯学者 Btruni 对自流井现象的解释更正确。

19 世纪出现的深井钻探技术为自流井的发展提供了便利。

公元 1823 年在美国(西弗吉尼亚州)进行机械钻孔,产生第一口自流井。

在欧洲的第一个钻孔位于法国的巴黎盆地(Tours,1830;巴黎 Grenelle 钻井深 548m,公元 1833—1841 年)。紧接着是公元 1840 年(在俄罗斯莫斯科自流盆地和乌克兰第聂伯—顿涅茨盆地)和公元 1856 年的意大利威尼斯的钻孔。

非洲,第一口自流钻井于公元 1856 年,在撒哈拉 Wadi rhir 绿洲出流,用来替代传统的挖井(已在 18 世纪描述)。

澳大利亚大自流盆地的第一口井的出流日期是 1878 年。

20 世纪, 地质和地球物理勘探方法以及钻探技术的进步为开采深层地下水 (深度超过 1000m)提供了可能(图 4.16)。比如,在 1949 年利用 zelfana 钻孔方法在 1167m 深处发现了位于撒哈拉沙漠北部盆地的欧洲大陆 Intercalaire 含水层。自流井在许多国家已如雨后春笋般出现:

1930 年美国的 4811 口自流井总产水量达 38m³/s。

截至 1945 年,澳大利亚的 8500 口钻井(包括 3000 口自流井),总产水量达 17m³/s。

1970 年,阿尔及利亚和突尼斯撒哈拉有 2295 口自流井在运行。

20 世纪是自流井的全盛时期。地下水盆地加速混乱的开采不可避免地使得水压下降,从而导致产量减少,最终使总地下水抽取量迅速减少。在丹佛自流盆地(科罗拉多州,美国),在短短的几年内,公元 1884 年面积 65km^2 的区域已有约 400 口钻井,但到公元 1890 年只有 6 口井还在出流。一般来说,自流盆地的平均产水量一直在稳步下降。例如,1917 年在澳大利亚大自流盆地 1600 口水井的总产量达到 24m^3/s,尽管水井数量不断增加,但是排放量在逐年下降。2000 年,3400 口自流井总流量不超过 11m^3/s。

在很长一段时间,这些大的承压含水层在压力减小后其水力性状如何变化一直未被完全理解。因此,地下水开发规划只是许多国家的共同做法,在 20 世纪下半段,如何处理这些含水层并没有相应的导则。

4.7.4 从抽取到泵送地下水

几个世纪以来,许多巧妙的提水技术已经被开发出来。然而,现在浅层和深层地下水主要依靠从挖井和钻井中抽水。人工手压泵和机械驱动泵之间是有区别的。几个世纪以来,手压泵已经开始为社区或个别家庭供水。它们对发展中国家尤其是农村地区的供水是非常重要的(图 4.17)。在这样的背景下,引入的 VLOM(村级操作和维护)概念介绍了在 20 世纪 80 年代为社区成功持续供水的手压泵使用指南(Arlosoroff 等,1987)。这个概念最初只应用于硬件(维护方便,国内生产泵,强壮性、可靠性和性价比),但后来扩展到维护管理方面(社区决策何时服务谁,由社区直接支付修理费用)。

(a)荷兰的菲亚嫩社区供水用古老手压泵
(照片:Jac van der Gun)

(b)赞比亚社区供水用现代手压泵
(照片:FairWater)

图 4.17 社区供水用的古老和现代手压泵实例

今天，世界上绝大多数采用机械驱动泵将地下水抽至地表(图 4.18)。20 世纪，在许多国家电动或柴油泵、浅挖井和钻管井的数量都在激增，尤其是私人农业灌溉。例如，加利福尼亚州在 1930 年有 4.7 万口水井，到 1965 年增加为 10 万口，抽水速率650m^3/s；南非的水井数量从 1950 年的 25 万口增加到 1990 年的 100 万口，并以每年 2 万~3 万口的数量增加；在巴基斯坦，1981 年水井数量超过 17.5 万口(联合国，1986)。统计水井的数量变得越来越难。目前，中国分布有数以百万计的抽水井，尤其是在北方平原(黄淮海和松辽)，在长江三角洲和珠江三角洲(303.6 万口“电井”)，总装机容量达 3820 万kW(Wang 等，2000)。水井目录显示在印度的水井数量从 1951 年的 400 万口上升至 1997 年的 1700 万口(Zektser and Everett，2004)，到 2000 年将达到 1900 万口左右（国际水资源管理研究所的统计)，其实际数量可能超过 2300 万口，这无疑是一个世界纪录。

在印度，柴油或电动泵的数量增长更快，从 1950 年的 8.7 万台、1990 年的 1258 万台(中央地下水局)到 2003 年的 2000 万台(FAO)。

(a)位于美国的公共水供应井的电力驱动轴流式涡轮泵
(图片：USGS)

(b)位于也门的柴油动力泵灌溉井
(照片：Jac van der Gun)

图 4.18 机械驱动泵水井案例

绝大多数深层含水层是不可再生地下水资源，在后者失去了可提水到地面的水压时，泵送深井取代了自流井。例如，1950 年，突尼斯的深层 Jeffara 含水层只有 4%的地下水被抽取，但到 1990 年上升到 43%(Mamou，1990)。在阿尔及利亚和突尼斯的部分西北撒哈拉含水层系统，2000 年，以 60m^3/s 的抽水速率抽取了总储水量的 71%。深层的努比亚砂岩大型含水层，由埃及和利比亚共同开发，在 20 世纪 60 年代最初是流动井。然而1998 年，以

44m³/s 的速率抽取了 97%，也就是绝大部分都被抽干了。

4.7.5 能耗

能源消耗(燃料，电力)正在增加，是地下水开采较多国家(印度、中国、美国)总能耗的一个重要组成部分。目前，缺乏足够的统计数据对这一部分能耗的份额进行量化，然而可以看一个地中海地区的例子。在西班牙，根据 1993 年的全国水文规划，泵送地下水($5.5km^3/a$)能耗约 30 亿 kW·h/a。以色列 1995 年 8%的国家电力被用于抽取地下水。

4.8 资源的脆弱性

虽然水通常可再生，地下水资源也并非完美无缺。各种各样的活动将影响它们的数量或质量，以及它们的用途，但活动的影响视当地的情况不同而变化。因为它们并非同样可利用资源，从脆弱性的角度，这些资源是不同的。不同类别的含水层的具体地质条件，取决于自然防御系统的人类威胁(第 6 章)。

潜水含水层对补给率干扰和减小的敏感度比其他任何含水层都高。这些都是由于土地功能的变化，特别是城市化使得大面积土地变得不透水，导致蒸散发量增加。这可能导致泉水或常年流的流速以及可利用再生水资源减少。这些含水层对导致边界条件变化的水力干预也敏感(如河床加深、疏浚、堤防工程、岸坡堵塞、挖渠)。此外，它们还受到某些可能改变含水层动力特性的地下建筑物的威胁(如可排水的隧道等)。在干旱、半干旱地区，主要是由地表洪水补给的洪水冲积含水层对水利工程中流动规律的变化特别敏感，如导流结构和水库上游调节。相比之下，潜水在平原地表水灌溉易受地下水位上升的影响而导致盐度增加。幼发拉底河谷和印度河是众所周知的例子。

地下水资源通常容易受到污染，这可能会降低它们的质量。固有的脆弱性完全取决于土地上下表面的自然条件，独立于实际或潜在污染物，但对潜在污染的不同过程和各种污染物十分敏感，污染分为局部或弥漫性、临时或长期等(第 6 章，专栏 6.6)。脆弱性反映了污染物可能到达地下水的速度和直接程度。不同程度的脆弱性可以根据地下水位、土壤渗透性和地表条件进行区分。许多因素被认为与相对保护相关——用延缓、稀释或吸收这个简单的方法定义了一般的内在脆弱性，地下水对环境污染的抵抗力很低，这增加了地下水受到持续污染的风险。

地图显示不同尺度的内在脆弱性水平(通常在地表下第一含水层)，特别是在欧洲(德国、西班牙、法国、意大利、英国、捷克)。地图的主要目标是提高人们对土地利用规划的认识，以引导他们采取相应的预防措施。相应的例子见图 4.19。在国家尺度，这些地图使确定最脆弱的地区成为可能，并比较它们的相对重要性，根据相应的限制定义土地的使用水平。例如，在西班牙，含水层潜在风险类别显示最易受地下水污染分区覆盖 141068km^2 面积，约占全国面积的 28%(Libro blanco de las aguas subterráneas，1994)。然而，这种类型的评估在全球范围内是不可行的。

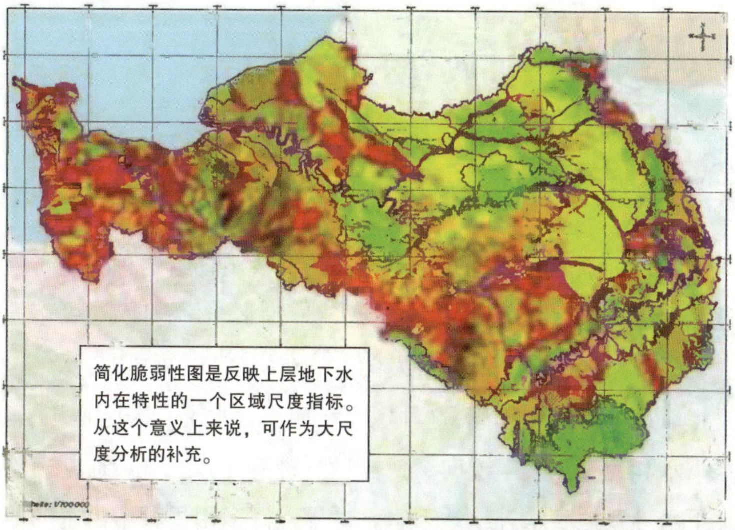

图 4.19　法国赛纳诺曼底盆地的地下水污染内在脆弱性

来源：BRGM(2005)

位于浅层潜水层和喀斯特含水层的地下水最易受到污染，不管这些污染是局部的还是长期的(下水道的工业废水、污水废物)，偶然的(运移)还是弥漫性大面积(农业中过量的化肥和农药)。此外，这些含水层还可能接收到劣质地表水。溶洞、天坑、喀斯特地层往往成为不受控制的垃圾倾倒场。

原则上，深部承压含水层由于受到保护从而避免了受到地表水的污染。然而，钻孔使得不同质量的水相互接触渗透。此外，它们可能无法保护任何储存或注入地下的水体。

地下水资源不仅容易受到各种外部威胁，它们对抽取方式和速度也很敏感。一般来说，开发含水层改变其中水体的流动规律。其中，抽水量的增加对含水层的可利用性产生反馈。密集开采的潜水含水层会造成地下水位显著下降，使不饱和区变厚，最终使得可对地下水进行补给的地表连接水体消失。在任何情况下，水位下降导致更高的能源成本，从而使地下水开采更昂贵。这清楚地显示了含水层最初为自流状态，随着开采的不断进行，自流井慢慢转化为抽水井。水位的下降导致欠固结含水土层压缩，且其水力特性产生不可逆的退化，从而导致地下水开采设施抽水能力的下降。此外，它们可能造成的环境影响限制了地下水资源可利用性。通常人们不会对含水层过度开发自发进行保护(第 6 章)，除非地下水很难被利用，如地下水水位很深、产水率低、获取困难或水质不合适等原因。沿海含水层是特别脆弱的，因为淡水和咸水界面对于即便是轻微的动态平衡干扰也是非常敏感的，这种干扰可能会导致海水入侵。

可以得出结论，评估地下水系统的脆弱性是从人类角度评价可开采地下水资源的一个组成部分。

4.9 地下水资源能增加吗?

4.9.1 方法和技巧

增加可开采地下水资源的方法主要有诱导补给和人工补给两种，有时甚至让它们的流量大于天然地下水更新速率。这两种方法均是使地表水转化为地下水，不同的是人类活动是以直接的方式(人工补给)还是间接触发的方式(诱导补给)。

诱导补给是提取地下水的副作用。这种现象在冲积含水层开采区是相当普遍的。地下水位下降使得地下水和地表水发生逆向交换：自然条件下的地下水，通常是流向河流成为地表水。抽取地下水导致地表水补给地下水。世界上许多用于城市供水的地下水抽取受益于诱导补给。事实上，这是一个间接的地表水提取，并且在抽水统计中也通常是这样认为的。然而，从长远来看，河床和河岸的堵塞可能成为一个限制因素。

人工补给(Bouwer，2002)是一个地表水控制技术(源被使用)，同时采取人工的方式增加可利用的地下水资源。根据特定的情况，它允许：①增加抽水流量，提高抽水设施性能；②蓄水，与地表蓄水竞争，受到特定场地的制约。蓄水在干旱地区尤为重要，控制非常不规则地表径流(不稳定的洪水)比其他地方更难，并且防止蓄水蒸发最为必要。

最近几年，"人工补给"这个术语已经逐渐演变为"管理含水层补给(MAR)"。MAR 具有比人工补给更全面的解释，包括诱导补给，有时也会恢复储存的水。管理含水层补给技术的分类，由 IGRAC 编写了一个专门的目录框架(图 4.20)。

人工补给可以帮助恢复过度开采含水层的平衡，或者创造盈余条件，可允许比自然补给更多的地下水被抽取。它也可以是污水再利用链的一个有用的组件，用于促进废水的存储和纯化。此外，人工补给在某些情况下主要是为了控制或改善水质。

含水层特征为人工补给和预期影响定义了一个显著的程度选择。较深的潜水层提供最大的储存容量。之所以非常有利是因为它们结合了"快进慢出"的能力，在很短的时间间隔储存大量的水(因为补给水只存在短暂时间)与保持这些体积足够长时间的储量(衰减的边界)：水应该快进和慢出。承压含水层提供上述所有快速远距离传输的压力恢复，人工回灌的目的是为了恢复抽水设施的生产力，使抽水引起地面沉降停止。然而，它们的储水量较小,在它们的深度范围内需要一种专用技术进行人工补给。

图 4.20 所示的不同的人工补给技术,可分为广泛的技术和密集的技术。所谓广泛的技术(积水、渗透盆地)是最便宜且能更好地适应干旱条件,但需要更多的空间。密集的技术(浅井、竖井、坑)更昂贵,耐久性差(由于堵塞)和更本地化。选择哪一种技术取决于水的来源和含水层的类型(流动规律、物理性质)、可用的手段和所需的结果。

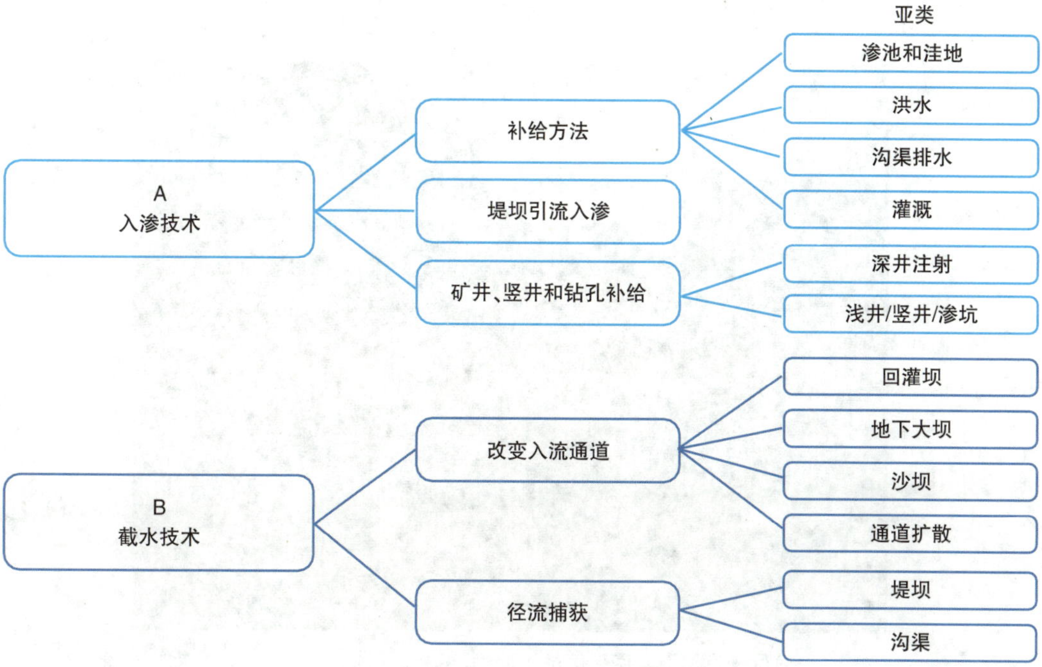

图 4.20 MAR 技术及分类

4.9.2 在世界不同的地方实现

人工补给设施(图 4.21)已在许多欧洲国家以及美国、印度、澳大利亚、北非、中东和非洲 (Detay,1998;Petry 等,1998;ISMAR5,2005;ISMAR6,2007;Fernández Escalante,2008;Van Steenbergen and Tuinhof,2010)运行。它们中许多都位于井场,以确保或增加其产水量,另一个主要目的是增加整个区域或局部含水层系统的水资源。后者的实例包括加利福尼亚的圣克拉拉流域的补给设施、阿曼众多的补给坝和散落在印度农村的大型补给方案。

在干旱、半干旱地区,采取措施控制极不规则的和短暂地表水的目的是增加依赖自然条件的含水层补给,尤其是在沙特阿拉伯、阿联酋(1995 年 35 个坝,总库容 8000 万 m^3)和阿曼(15 座大坝,总库容 5800 万 m^3)。这些水坝能够保留洪峰体积,并将其转移到地下水库。

通常发生人工补给是事实的结果而非目标。根据观察,所有含水层均位于地表水灌溉平原底部。超灌可能比降雨更有助于补给，尤其是在干旱、半干旱地区。因此，许多河流在干旱区平原含水层的可开采地下水资源主要是次生资源，灌溉的副产品。如，在巴基斯坦的印度河流域、埃及的尼罗河流域及尼罗河三角洲，中国北方一些平原，欧洲地中海的冲积平原，尤其是法国罗讷河三角洲的克劳平原和许多沿海平原河三角洲和大加那利岛平原。同样在北部撒哈拉沙漠和中亚山麓地区的许多绿洲也是用洪水灌溉而形成的。

(a)位于肯尼亚基图伊区的小沙坝(图片:Sander de Haas)

(b)位于阿曼 Batinah 平原大型补给坝(照片:Jac van der Gun)

图 4.21　补给坝实例

例如，在埃及尼罗河流域，尼罗河三角洲两地的地下水资源量估计为 $8km^3/a$（淡水开发潜力为$8.4km^3/a$，杨英杰，2005）。在巴基斯坦河流域，每年 $130km^3$ 的灌溉水，估计有35%~40%的水损失在输送过程中，占冲积含水层的潜力的 80%，约 $60km^3/a$。

在华北，几个含水层的二次资源构成其补给的主要部分：88%在银川平原，51%在河套平原。

然而，如此大规模的额外补给通过促进密集开采的含水层，不仅只有有益的影响，还存在地下水位显著上升带来的负面影响。例如，防止干旱区浸没土壤的盐渍化需要采取积极的排水措施，尤其是近水平的平原。在这样的地区，如乌兹别克斯坦、巴基斯坦都采用泵钻孔井实行了“垂直排水”。

第5章

地下水的开采和利用

- 地下水是一种特殊水源
- 地下水的开采和利用：数量、目的、开采地及开采者
- 历年来地下水开采的变化趋势
- 地下水储量的消耗
- 根据不同国家和用水部门，分析地下水在供水水源中所占比例

5.1 人们通常首选的特殊水资源——地下水

在世界很多地区，人们很早就知道如何从地下提取满足日常生活需要的水。一般而言，凡是在可获取地下水的地区，地下水资源量往往比地表水资源量更多、更可靠。尤其是在地表水资源匮乏且政局动荡的地区，地下水更容易被大多数人获取。以上这些因素，让地下水在社会经济中扮演了特殊的角色。

地下水开采形式多种多样，在不同程度上改善了人们的生活质量。与此同时，地下水在社会经济中所占的比重在各地区也有所不同。尽管存在这些差异，从抽取和利用地下水的角度来看，还是有很多通用共同特征可以将地表水和地下水区分开来。这些差异也在一定程度上解释了为什么在很多特定情况下地下水被认为是优先水源，但在有的情形下不是。专栏5.1中列出了具体特征，概括了地下水作为供水水源的优势以及在开采使用中的不足和局限性。

地下水作为水源的特殊属性概括起来有以下几个方面。

5.1.1 地下水是能被广泛获取的水资源

地下水在地区经济中易于被很多人所获取。简而言之，对于任何生活在含水层上的人来说，地下水都是能够获取的。因此，能够获取到地下水的人群数量比生活在靠近河流地区能直接获取地表水的人要多得多。

专栏 5.1　　地下水作为水源的优点和缺点

空间分布	地下水资源分布广泛,在用水地区就近打井能使运输费用最小化。根据生产力水平的不同,一定数量的抽水设备相比单个更能满足本地较大的用水需求
长期可用性	地下水资源作为永久性资源,往往(在地下水缓冲区)储量丰富,水流变化小。因此,地下水资源对于气候变化和气候灾害的承受韧性强于地表水,因而使其成为更安全的供水源。作为天然水资源,往往不需要调节措施就能满足不断变化的水质要求
资源评价	对地下水这种不可见资源的评价往往比地表水更复杂,成本更昂贵,但所需的时间也更少
自然属性	地下水自然属性一般保持稳定不变或变化很小,有时需要对抽出的“未加工”的地下水进行处理,使某些特定超标参数能满足特定用水需求(饮用水、工艺用水)。这些参数有硬度、铁含量、锰含量。地下水中的盐度一般随着含水层深度的加深和气候干旱程度而逐渐升高
不易被污染	除非存在不正确钻井和蓄意注入污染物的现象,深层地下水一般不容易受到污染。尽管污染不是那么直接,与地表水相比,潜水含水层中的地下水还是更容易受到点源和面源污染的影响,这是因为污染物在含水层中停留的时间更长(自净能力更弱)
生产费用	一般来看,地下水的投资和运行费用都要比相应的地表水设施低,但也视当地含水层条件(深度、富水性)而定。除去依靠重力提取地下水的地区,设施运行费用容易受能源价格波动影响,地下水产量也会随含水层的整体开采速率而变化
实施的灵活性	与地表水开采中所需建造的水力构筑物相比,地下水能更灵活地允许技术设施适应不断变化的用水要求。一般地下水的投资回报更快,持续时间长
开采风险	同地表水相比,地下水更多的时候是在不规则的独立基面上开采。一般而言,人们在频繁的地下水开采过程中很少考虑可持续发展的问题。加上过度开采带来的影响往往在时间上滞后,所以地下水的过量开采往往得不到及时制止,这也导致含水层很容易被过度开发

一般来说,家庭、农民、工厂、社区和供水公司,都有权通过各种途径抽取地下水。当地表水和地下水资源都可用的时候,人们更倾向于使用更便宜、实用且适用于个体开采的地下水。通常不需要或需要很少的设施,就能把地下水运输到需要使用的地方。相反,地表水对个体而言较难获取,一般需要管道设施运输,在运输中也有很多规定。因此,地下水资源是无与伦比的地区资源,Deb Roy and Shah (2001)称之为“亲民”的资源。

与地表水不同的是,一般地下水使用者都是地下水直接开采者。因此,除非使用地下水资源进行公共供水,开采机构和中介分销商在其中扮演的角色相对较小。在大多情况下，地下水都是一种"自助式"资源。因而在地下水开发过程中，投资、操作费用都是由使用者来直接承担或者由将地下水分配给终端用户的地下水开采中间商承担，并让用水户来分摊这个费用。地下水资源开发中存在的这种大多费用由私人部门承担的现象，和地表水的开发利用完全不同。在地表水的开发中，中央和当地政府承担了建造和运营水利工程设施的职能，这些设施对调控和运输地表水资源起到了重要作用。

5.1.2 大多数地下水系统具有突出的缓冲容量

地下水系统储量非常丰富，通常是其年均补给量的成百上千倍。这种特性使地下水具有独特的缓冲能力。这种优势使一些地区能够从容应对周期性、季度性、多年性的干旱期，也为半干旱、干旱地区的人们在暂时性水资源短缺（提高了地下水资源的价值）时创造了生存条件。此外，地下水能缓和水质变化，一部分地下水源（中层到深层地下水）能不受突发灾难影响，成为理想的紧急供应水源。

5.1.3 地下水易受人类活动影响，尤其是环境污染的影响

地下水抽取人员并不是唯一影响和污染地下水环境的人。总体上讲，所有在特定区域上工作和生活的人都能影响活动区域内的地下水，尤其是潜水层地下水。下面介绍一些污染地下水的主要人群以及他们影响地下水的途径。

(1)农民

抽取地下水种植农作物，又通过残余农药和化肥对地下水造成污染。

(2)工厂

通过储存的危险原材料和产品，倾倒垃圾污染环境；工业生产中可能存在破坏环境的生产事故。

(3)采石场和矿业公司

向地下岩层中注入开采材料，从而改变地下水结构。此外，废物处理设施（尾料、残渣）也可能影响地下水环境质量。

(4)政府

城市污水网络（管网泄漏）和城市废弃物处理都可能导致地下水污染。

(5)危险材料运输

危险材料的运输使地下水面临事故污染风险（场地污染或在危险材料输送途中）。

(6)与城市化、水利工程有关的公共工程和私人工程监管人员

在施工过程中改变了地形条件、水流以及地表水和地下水间的输送关系。

(7)地下开发活动（地下城市开发区、地下交通、地下储藏）人员

这些人类活动在一定程度上改变了含水层的结构从而对地下水系统造成影响。

在以上情形中，这些影响都是人类活动带来的无意识副作用。人们只有在尽量达成经济效应的同时，投入额外的措施才能减少和制止这些负面效应。然而由于这些副作用属于外部效应，它们只对第三方造成影响，这些措施在短期之内不会实现。

5.1.4　地下水资源是一种不被人们广泛认识了解的公共资源

无论是地下水开采者还是个体，他们以不同的方式影响着地下水环境。大多数工作、生活在含水层之上的人，都没有意识到地下水是公共资源和自然遗产的一部分。人们对和日常生活息息相关的地下水的认知，局限在一些不系统的概念，或最多能达到了解用水冲突相关的程度。这也是为什么人们常常在从事地下水抽取或其他活动时浑然不觉，直到他们受到地下水污染所带来的危害时，才意识到问题的严重性。这种认识上的欠缺，会引发更多后果，如这些副作用在其他地方出现，或与地下水系统之外的其他水资源系统(河道、生态水域系统、湿地)相联系，或其造成的负面效应滞后地反映出来。例如，在海岸带附近对地下水的过度开采，长远来看会导致海水入侵。一般而言，人们不会把地下水资源管理作为自己分内之事来处理，这是由于这已经超出他们行动的范围，人们行动的动机往往是出于个人利益考虑，而不是解决公共事务中的问题。

总而言之，地下水是一种真正意义上的公共资源，虽然这一点并没有被公众认可，而且也缺乏新的法规对开采过程进行规范和协调。这也就是对含水层中的大量开采引发了对第三方(通过地下水补给的河流、生态系统)的有害负面效应的原因，这是抽取地下水的人缺乏公共责任感造成的。理解了这些，对掌握地下水管理措施选取的目标和方法大有帮助。总而言之，我们不应仅把地下水作为可获取的资源，也要视其为自然环境的一部分。

5.2　当前地下水开采量和地下水开采密集区

想要分析全球模式下的地下水开采情况和地下水用途，需要结合当前各个国家的地下水抽取情况。通过比较抽取量和天然地下水可用储备量才能了解抽取过程对地下水系统的压力。在评估这些压力的社会经济学效应的时候，人口数据和可供选择的水资源资料都应被考虑在内。这些被使用的数据库结合了不同国家和国际性的统计资料，但由于部分数据的缺失而并不完整。同时，这些资料也不是最新的和完全均匀分布的(专栏 5.2)。

即便是对于联合国机构而言，一些国家的地下水信息也是未知的。图 5.1 中的世界地图给出了已有地下水抽取设施分布概况。其中集中的开采值能在 149 个国家的资料库中找到，总量占世界总人口的 92%。这些数据中有 2/3 的数据是从 2000 年或近些年开始，仅有 17 个是从 1990 年开始的。一些地区近年来(2000 年或之后)地下水开采数据相对不足,包括非洲、南美洲和中美洲。图中对应的大多数国家雨量充沛,地表水资源充足,灌溉对它们来说无关紧要,因此,地下水的开采量较少。在时间序列上,一些国家的可开采地下水量显示这些开采变化随时间变化缓慢而且在可以预见的变化范围内 (第 5.3 节中提及),由于变化很小,也一定程度上缓解了只有相对早期的数据所带来的不足。

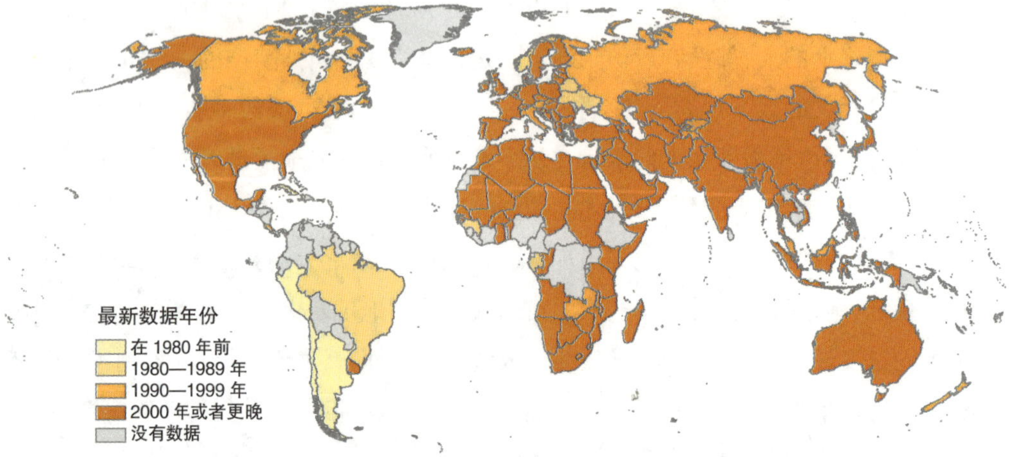

图 5.1 基于已有资料的各国地下水抽取设施现状图

数据来源:全国性统计和国际数据库(见附录 5)

专栏 5.2 关于地下水抽取量的信息是否充足?

一般而言,从供水来源和获取方式上区分地表水和地下水比定义更清楚和简单。然而,盘点地下水抽取设施和评估地下水抽取量绝非易事,这是由于开采地下水的人群庞大,开采过程中的差异性,尤其涉及一些补灌用井。此外,各个国家对地下水抽取设施进行周期性的清算所投入的精力各不相同。即使可靠的统计数据也不是完美的,并且它们还受到如下因素的影响:

- 各个国家对于地下水抽取的定义各不相同。泉水在有的统计资料中被认定属于地下水,而有的统计资料没有包含在内。河流附近的地下水抽取(从地表水获得补给)也存在这个问题,如澳洲航空公司对地下水的开采,以及从采石场和矿区产生的大量排水也属于这个范畴。
- 对抽取量的估算精度不一,尤其是农民对地下水抽取量的估测最不准确。一些统计数据基于综合的统计和结算,其他的则源于间接的推测。
- 在那些可再生资源和不可再生资源都存在的国家,对于可再生能源的开采的记录往往没有对非可再生资源那么清楚。由于缺少严格统一的标准,对于不可再生资源的解释也存在差异。

- 数据的收集存在不同步性，而且一般持续时间长的地下水抽取工程较少。

地下水抽取设施的分布常常是很难比较的，很多时候很难明确地将地下水抽取归类为工业用水还是公共用水。

表 5.1 列出了近年来收集的地下水开发严重的国家中地下水开采和使用情况。这些地下水抽取数据来自国家和国际数据库，包括最近更新的(IGRAC,2010;AQUASTAT,2011 and 2012;EUROSTAT,2011;Siebert 等,2010)，已经推移到了 2010 年，该图反映了在已有时间序列内各国家地下水抽取量的变化趋势。针对各个国家的结果见附录 5。各大洲的地下水抽取情况和用水分类在表 5.2 中。

表 5.1　地下水开发严重的国家中地下水抽取和使用情况(根据国家和国际数据统计)

国家		基准年	地下水总抽取量(km^3/a)	地下水抽取占总取水量比例(包括流域蒸发损失量在内)	人均地下水抽取量(m^3/a)	地下水总抽取量使用类型(%)		
						公共供水	农业灌溉	工业用水(包括矿井和能源单位)
非洲	阿尔及利亚	2000	2.60	39	85	32	66	2
	埃及	2000	2.21	3	33	59	41	0
	利比亚	2000	4.27	95	806	14	83	3
	摩洛哥	2005	2.91	31	98	14	83	3
	南非	2003	2.84	16	61	10	84	6
	突尼斯	2005	1.88	66	192	19	74	7
北美洲和加勒比海地区	加拿大	1990	1.00	2	36	43	43	14
		1995	1.87	4	64	—	—	—
	古巴	1975	3.80	—	420	—	—	—
	墨西哥	2002	27.4	31	260	22	72	6
	美国	2005	104.9	23	348	23	71	6
南美	阿根廷	1975	4.20	22	162	12	79	9
	巴西	1987	8.00	15	56	38	38	24
	秘鲁	1973	2.00	—	140	25	60	15
	委内瑞拉	—	1.40	17	—	60	10	30

续表

国家		基准年	地下水总抽取量(km^3/a)	地下水抽取占总取水量比例(包括流域蒸发损失量在内)	人均地下水抽取量(m^3/a)	地下水总抽取量使用类型(%)		
						公共供水	农业灌溉	工业用水(包括矿井和能源单位)
亚洲	阿富汗	2000	5.3	23	233	6	94	0
	孟加拉国	1990	10.70	73	100	13	86	1
	中国	2005	97.7	18	73	20	54	26
	印度	1990	190.0	29	223	9	89	2
	印度尼西亚	2004	12.5	15	59	93	2	5
	伊朗	2004	53.1	55	764	11	87	2
	日本	1998	13.2	14	104	29	23	48
		2002	10.94	13	86	—	—	—
	哈萨克斯坦	2000	2.40	7	140	21	71	8
	韩国	1995	2.50	10	56	83	17	0
		2002	3.40	13	72	—	—	—
	缅甸	2000	2.99	—	67	—	—	—
	巴基斯坦	2000	55.0	32	389	6	94	0
		2008	61.1	—	366	—	—	—
	菲律宾	1994	5.86	10	87	36	0	64
	沙特阿拉伯	2006	21.37	92	870	5	92	3
	叙利亚	2003	9.18	57	510	5	90	5
	塔吉克斯坦	1994	2.30	19	377	31	39	30
	泰国	2007	9.80	—	144	—	—	—
	土耳其	2004	6.30	14	88	32	60	8
		2007	12.1	—	173	—	—	—
	阿联酋	1995	1.60	76	840	0	80	20
		2005	3.05	—	750	—	—	—
	乌兹别克斯坦	1994	7.40	12	325	32	57	11
	也门	2000	2.40	71	131	11	86	3
欧洲	白俄罗斯	1989	1.20	—	117	—	—	—
	法国	2009	6.02	18	99	60	19	21
	德国	2001	6.20	16	75	65	2	33
		2007	5.82	—	69			

续表

国家		基准年	地下水总抽取量(km³/a)	地下水抽取占总取水量比例(包括流域蒸发损失量在内)	人均地下水抽取量(m³/a)	地下水总抽取量使用类型(%)		
						公共供水	农业灌溉	工业用水(包括矿井和能源单位)
欧洲	希腊	2000	3.65	38	332	14	86	0
		2007	3.65	—	323			
	意大利	1998	10.40	24	181	23	67	10
	波兰	2002	2.66	23	69	54	39	7
	葡萄牙	2000	4.75	54	474	7	89	4
	罗马尼亚	2002	0.86	12	38	76	6	18
	俄罗斯	1996	14.6	19	100	79	3	18
		1999	11.6	—	79			
	西班牙	2008	5.7	16	131	23	72	5
	乌克兰	1989	4.22	14	82	30	52	18
	英国	2000	2.35	15	40	77	9	14
		2006	2.16	—	36	—	—	—
大洋洲	澳大利亚	2000	4.96	14	260	47	52	1

图 5.2 是结合 2010 年的分析得到的总体图，将抽取强度作用到等效层的水上，并平均到各个国家。与表 5.1 相比，更好地反映了不同国家地下水抽取情况的差异。如表 5.2 中所示，各大洲内的地下水抽取分布是不均衡的，不仅仅是在国家间有差异，在同一国家内的不同地区也存在不同。

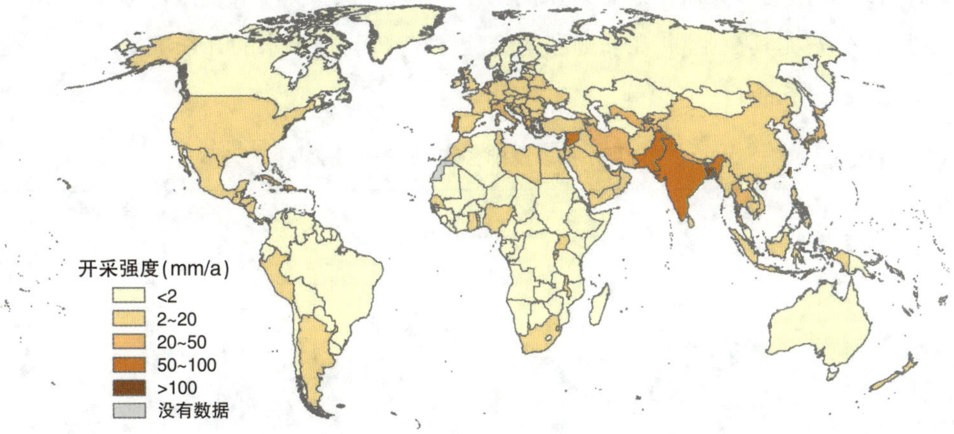

图 5.2　2010 年统计的各国家的地下水开采强度示意图

数据来源：IGRAC(2010)，AQUASTAT(2011)，EUROSTAT(2011)，Margat(2008)，Siebert 等 (2010)

抛开数据的不足，2010 年全世界范围内的地下水抽取量达到了 1000km³/a。这比从地下开采的任何一种资源量都要多。当前，地下水大约占地球上取水总量的 26%。

表 5.2 基于各大洲开采的地下水总提取量(基准年:2010 年)

地 区	地下水抽取量			合计		与总取水量的比较	
	灌溉(km³/a)	国内(km³/a)	工业(km³/a)	(km³/a)	%	总取水量(km³/a)	地下水所占比例(%)
北美洲	102	33	8	143	14.6	524	27
中美洲	4	8	2	14	1.4	149	9
加勒比海							
南美洲	13	8	5	26	2.6	182	14
欧洲(包括俄罗斯联邦政府)	26	33	13	72	7.3	497	14
非洲	26	13	2	41	4.1	196	21
亚洲	514	111	55	680	69.3	2257	30
大洋洲	3	3	0	6	0.7	26	25
全世界	688	209	85	982	100	3831	26

数据来源：

1.根据 IGRAC(2010),AQUASTAT(2011),EUROSTAT(2011),Margat(2008), Siebert 等(2010)而来。

2.根据 Alcamo 等(2003)对 1995—2025 年按照“一切照旧”的假设得到，以均值呈现。

表 5.3 列出了根据编译和处理的统计数据得到的 2010 年地下水开采数量最多的 10 个国家，并按照递减顺序进行了排序，并列出了具体的总开采估计量。据统计，这 10 个国家的地下水开采量之和大概占总开采量的 72%。事实上，大部分的地下水的开采量高度集中在少数区域，尤其在亚洲。在非洲和南美(巴西除外)，地下水的开采量最少(仅仅在埃及，开采量能超过 5m³/a)。

表 5.3 地下水抽取量排名前 10 位的国家

国家	开采量(km³/a)
印度	251
中国	112
美国	112
巴基斯坦	65
伊朗	64
孟加拉国	30

续表

国家	开采量(km³/a)
墨西哥	29
沙特阿拉伯	24
印度尼西亚	15
土耳其	13

在世界范围内,这种地下水开采的不均匀分布现象取决于以下因素。首先,显而易见的是,各国家的地下水开采量和国家的规模是正相关的。但剔除这些因素后,例如:将地下水的抽取量强度的单位表示为 1mm/a[相当于 $1000m^3/(km^2 \cdot a)$],依然存在较大差异。另外一些因素如人口密度、地区经济、气候、用水需求特点等(如该地区是否需要灌溉),地表水资源是否稀缺以及地下水与地表水间的相对优势(开发费用、可靠性和风险)也对地下水抽取强度产生了影响。此外,对地下水资源潜含量的认识、技术手段的运用、地区风俗、水资源管理等方面的差异,也导致了地下水开采强度上的差异。

在表 5.1 和图 5.3 中,我们可以看到不同国家人均地下水开采量间存在巨大差异。总体上,那些人均开采量高的地方都集中在地表水资源严重稀缺且需要大量灌溉的干旱地区,这些地区通常地表水稀缺或者难以被开发利用。那些开采量为 500~1000m³/a 的国家大约是大多数热带非洲国家地区开采量的数十倍或更多。

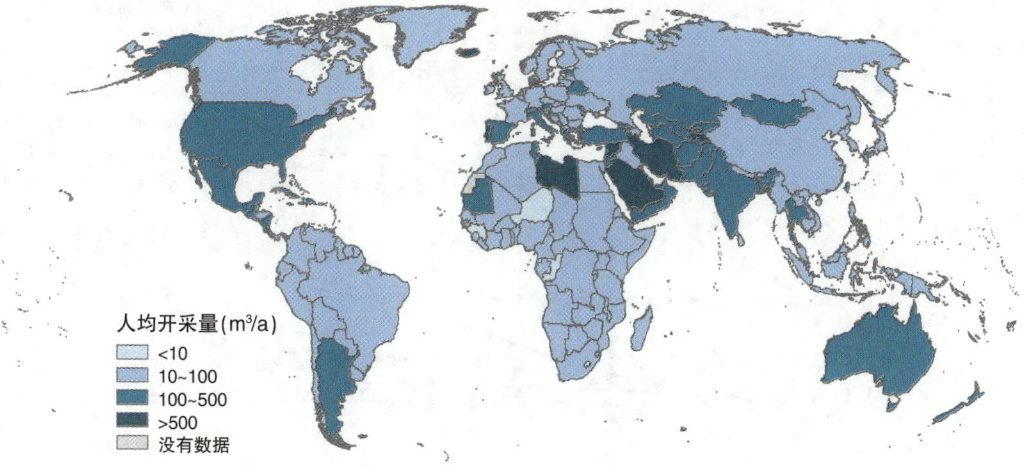

图 5.3　根据人均居民地下水开采量进行的国家分类

数据来源:IGRAC(2010),AQUASTAT(2011),EUROSTAT(2011),Margat(2008), Siebert 等 (2010)

5.3 20 世纪以来地下水开采量的变化

5.3.1 演化和趋势

现有信息只能部分揭示全世界地下水开采量的演化规律。已有数据包括 20 世纪后几十年的部分数据。由于大部分可用的时间序列中数据量有限，记录情况可能杂乱无章，并且也可能存在替代数据，因此很难得到明显的变化趋势。此外，不同年份之间数据的差异不仅反映了趋势，也揭示了短期变化，如对天气状况变化的反映。

然而，还是有一些相对清晰的地下水抽取时间序列（部分国家），如图 5.4 所示。已得到的最具可信度的一部分数据被用来对印度、中国、巴基斯坦、墨西哥进行分析。图 5.4 中揭示了不同国家间信息密度的差异以及在定义趋势中的不确定性问题。

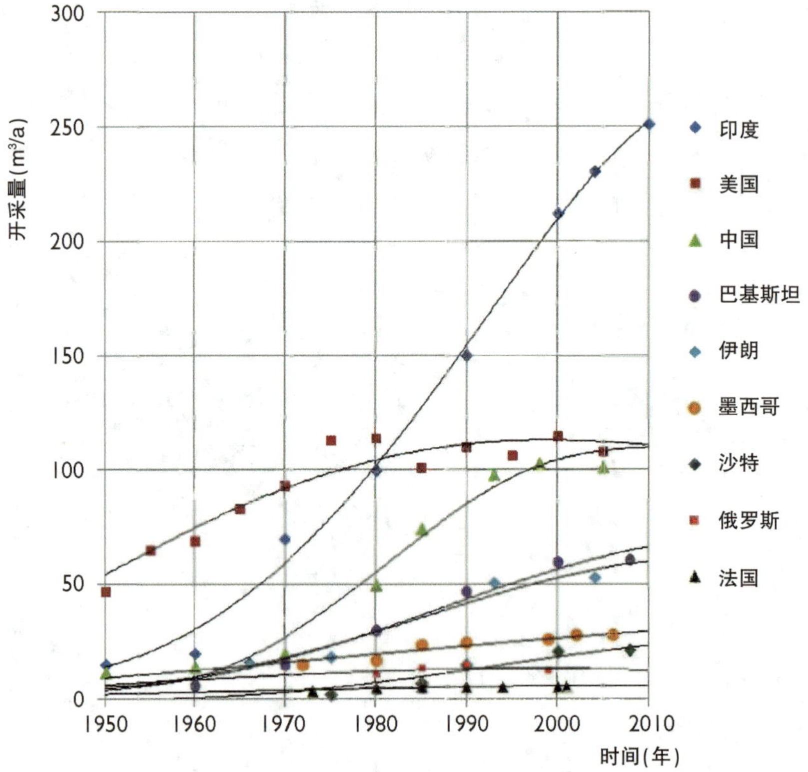

图 5.4 一些地下水开采强度较大国家从 1950 年开始地下水集中开采量

首先，地下水抽取在 20 世纪下半叶中遵循了和取水量相似的规律。在当前地下水开采量最高的国家中，能看到最显著的增长。时间区间内的最大增长量并不是同时进行的，在各个国家间存在差异，如 1950—1970 年的美国、1960—1990 年的印度以及 1975—2000

年的中国。地下水抽取量观测值的增加，与人口规模的膨胀及与之紧密相关的用水需求、食物和收入水平息息相关。这种大规模的增长是前所未有的，并呈现一直上升的趋势。从 20 世纪的上半叶开始，这个趋势在少数几个国家，如意大利、墨西哥、西班牙和美国中出现，第二波猛烈增长期从 1960 年开始，出现在东南亚、非洲、中东地区和北非地区。我们可以感受到的第三波增长从 1990 年开始，包括了一些南亚和东南亚国家如斯里兰卡、越南以及撒哈拉以南的非洲地区(Shah 等，2007)。

在发达国家，地下水开采量 20 世纪前期呈显著增长的趋势，在随后逐渐平稳并下降。美国就是最典型的例子，持续 30 年(1950—1980 年)近 144%的增长率后，1980—2005 年出现暂时的抽取量均值稳定下降的趋势(图 5.5)。日本也出现类似情况，1965—1995 年 30 年间每年增长 30%，随后在 1995—1999 年，出现了每年 13%的下降趋势。

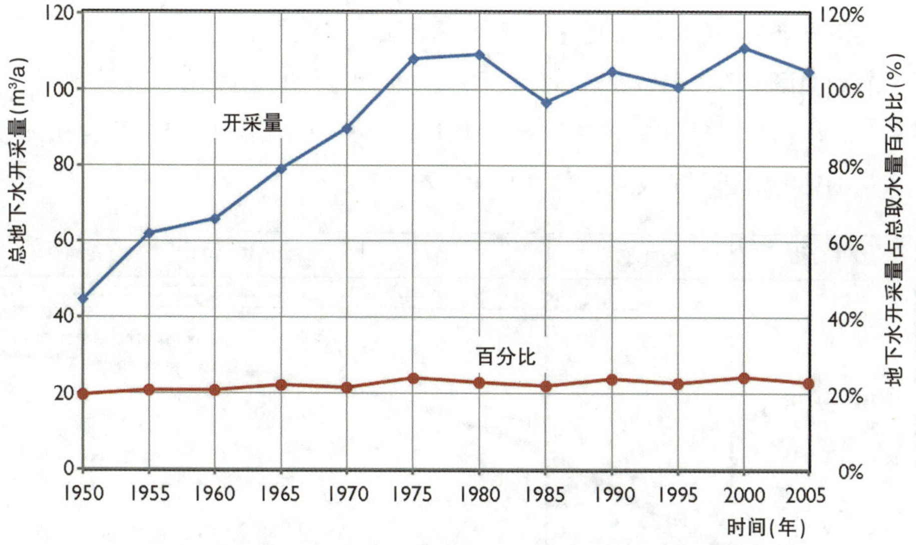

图 5.5　美国从 1950—2005 年的地下淡水开采量变化趋势

虽然在欧洲很多国家，地下水总体开采程度不高，但是一段时期内也出现过地下水开采量呈显著增长的趋势。英国在 25 年 (1950—1975 年) 内增长了 54%，丹麦在 7 年内(1970—1977 年)增长了 70%，西班牙和苏联在 10 年时间内增长了 10%，荷兰在 1971—1976 年增幅超过 12%。在德国、比利时、法国、瑞典和加拿大，地下水抽取量相对稳定。从 21 世纪初期开始，几乎所有欧洲国家的地下水开采量保持稳定或略有降低的趋势。而在澳大利亚，地下水开采量在过去的 30 年内(1970—2000 年)增长了 2 倍。

在发展中国家，地下水抽取量的急剧上升从 20 世纪 70 年代开始，尤其是在一些人口众多和经济增长快速的国家，如印度和中国。在一些干旱、半干旱地区的国家，开采石油得到的收入被用来开采深层地下水(包括不可再生的地下水资源)。1970—2000 年，利比亚国内总地下水开采指数为 11，沙特阿拉伯 1975—2000 年的地下水开采指数为 10，埃及 1972—2000 年的地下水开采指数为 6,伊朗 1965—1995 年的地下水开采指数为 3.3,突尼斯 1977—2000 年的地下水开采指数为 3.2。

地下水在总取水量中所占比例也随着时间呈上升趋势，尤其是在总取水量趋于稳定的时期。例如,在美国,1950—2000 年地下水开采量占总取水量的比例由 20%上升为 24%(图 5.5)。

在亚洲国家和干旱地区，大多数地下水被用做灌溉，这种趋势以不可思议的速度增加。当下的这种主要趋势,正掀起一场极具意义的无声革命(Lamas and Martinez-Santos, 2005a,2005b,2006)。提出上述观点的学者认为,在大多数干旱、半干旱地区经历“水文断裂期”后,这些国家的用水政策开始趋向于集中开采地下水(图 5.6)。在“水文断裂期”阶段,政府水务发展规划主要集中在地表水层面,忽视了对地下水的开采。集中的地下水开采随后也逐渐发展为一个高度市场化的现象。当地下水系统的水文平衡被打破,会导致不断增长的农业灌溉下的农产品价格和灌溉用水之间发生冲突。这种由集中式地下水开采带来的趋势一般都是中短期的,受物质水平和社会经济水平的限制不会长期存在,但常常会产生大量的地下水开采负效应。

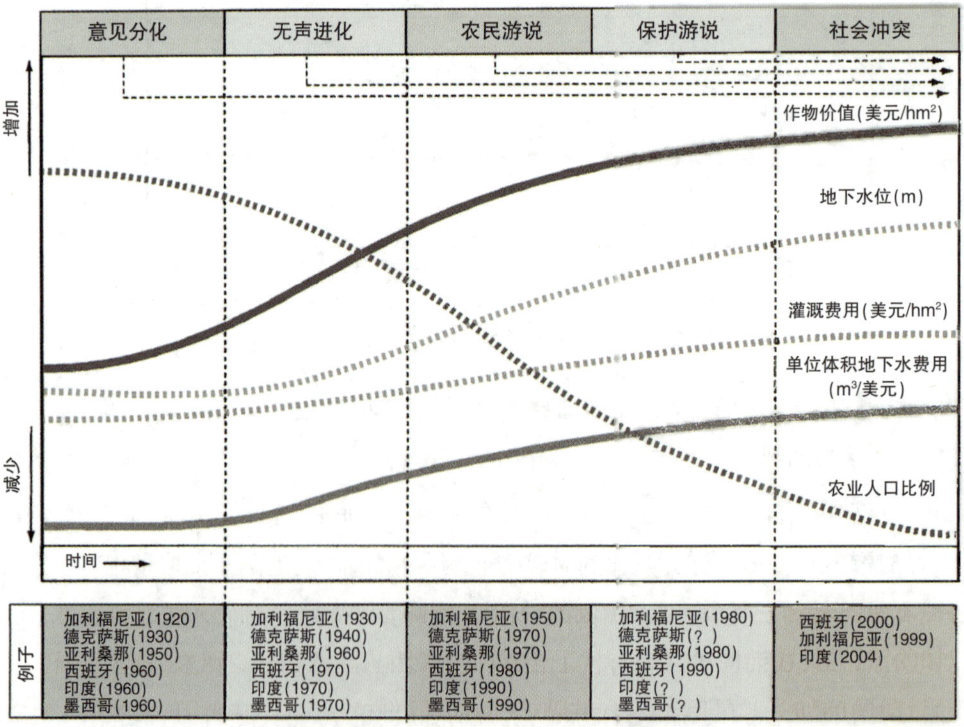

图 5.6　干旱、半干旱地区的地下水政策趋势

来源:R. Llamas & P Martinez- Santos(2005a)

5.3.2 展望

由于各国对取水量和开采量的预测基本不对水源进行分类,因此,许多对未来地下水总量的估测建立在一些假设的基础上。

可信度最高的假设之一就是现有的地下水相关趋势会一直延续到10年后,尤其是地下水在总供水量中占据较高比例时。在最发达国家中,地下水的开采呈现稳定并略有下降的趋势。与此形成鲜明对比的是,在一些人口规模和经济发展显著以及一些依靠地下水作为灌溉用水的国家,其增长速率和增长趋势逐渐降低,如亚洲地区(中国、印度)。

然而也有一些例外,地下水开采量相对稳定或降低的情况也会出现在下列国家中,比如可持续发展策略的实施,成功停止地下水的过度开采。在一些国家,地下水开采量下降的原因可以归结为:开采费用的上升、盐碱化风险以及资源的枯竭。这些情况通常会出现在一些阿拉伯国家。

另一方面,那些地下水开采量增加的地区也可能是潜在的地下水资源很少被利用的地区,尤其是当地表水资源的利用受到限制(畸形河流地形、水库淤积、气候变化影响等)。

此外,未来全球最大地下水开采量将集中在印度、美国、中国和表5.3中的其他国家。

5.4 地下水储量的贡献

地下水的开采在很多国家是一种对可再生资源获取的过程。被开采的地下水通过天然地下水排泄的减少或者相应地下水补给量的增加来维持平衡,这就意味着地下水资源量在长期来看是平衡的。然而,地球上地下水总开采量中包含了一部分地下水储量,这部分很大程度是难以恢复的。就这一点而言,我们可以根据含水层的开采程度对可再生地下水的抽取和过度开采进行区别。由于水文地质学家普遍对“不可再生地下水资源”没有进行清楚的定义(如第4.6节),这种分类在实际中往往是随意的,会导致数据集之间的矛盾,这种现象出现在澳大利亚、尼日尔、南非、苏丹、阿曼和也门。在此书中,仅当地下水补给量小到当地有关部门认为其对地下水发展和管理的影响可以忽略不计时,我们才认为地下水资源属于不可再生资源。

5.4.1 地下水开采:开采化石地下水

地下水开采是指从不可再生地下水资源中抽取地下水。我们假定,如果被开采的含水层没有得到地下水及时的补给,那么储存的地下水被认为是化石地下水。地下水开采就像其他类别的开采:一定体积的地下水被开采出来。然而,可开采的地下水体积和储量之间可能存在微小差异，因为含水层可能会得到少量地下水补给，或天然地下水补给仍会继续，尤其当所开采的含水层很庞大的时候。

现在有多少水是通过开采不可再生地下水资源得到的呢？可靠数据显示，据不完全统计，20 世纪末全世界范围内地下水开采量为 31km³/a（表 5.4 和图 5.7）。每年全世界开采的地下水总量大约为原油的 10 倍（基于 2001 年的数据）。我们可以推算，2010 年的年化石地下水的开采量将达到 35km³/a。这个数量仅仅是全球地下水总开采量估值的 3.5%，总取水量的 1.5%。这个比重在一些依赖化石地下水的国家会更高，甚至有时会很高（图 5.8）。值得注意的是，在之前提到的数据集间的矛盾会给表 5.4 和图 5.7、图 5.8 中的内容估算带来不确定性因素。

地下水开采在地理分布上是集中的。沙特阿拉伯、阿尔及利亚、利比亚和阿联酋这四个国家占据了全球地下水总开采量估值的 86%。这些国家的经济很大程度上依赖原油，它们对不可再生资源很熟悉，那就是水。地下水开采在干旱和严重干旱地区屡见不鲜：几乎所有的地下水开采都在阿拉伯国家进行（96%）。

表 5.4　全世界内不可再生地下水开采量（基于统计数据根据开采率高低对各国家进行排名）

国家	年份	所涉及的含水层（km³/a）											参考文献
		阿拉伯多层含水层	撒哈拉西北含水层	努比亚含水层	迈尔祖格盆地	大自流盆地	迪西	马斯特里赫带安含水层	陶德尼—撒哈拉盆地	南非干燥台地高原	伊莱梅登含水层	总计	
沙特阿拉伯	2006	20.04										20.04	7
利比亚	2000		0.55	0.90	1.75							3.20	1,2,4
阿尔及利亚	2000		1.68									1.68	2,4
阿联酋	2005	1.57										1.57	6
埃及	2000			0.91								0.91	8
突尼斯	2000		0.68									0.68	2,4
澳大利亚	2000					0.63						0.63	3,4
科威特	2002	0.42										0.42	6
苏丹	1998			0.41								0.41	4
约旦	2005						0.21					0.21	6
马里	2000								0.20		0.00	0.20	4,5
塞内加尔	2003							0.18				0.18	4,5
卡塔尔	2005	0.16										0.16	6
巴林	1999	0.10										0.10	6
南非										0.10		0.10	9

续表

国家	年份	所涉及的含水层(km³/a)											参考文献
		阿拉伯多层含水层	撒哈拉西北含水层	努比亚含水层	迈尔祖格盆地	大自流盆地	迪西	马斯特里赫带安含水层	陶德尼—撒哈拉盆地	南非干燥台地高原	伊莱梅登含水层	总计	
毛里塔尼亚	2003							0.09				0.09	4,5
以色列	2004			0.05								0.05	6
博茨瓦纳	2000									0.03		0.03	6
尼日尔	2000										0.01	0.01	4
总计		22.29	2.91	2.27	1.75	0.63	0.21	0.27	0.20	0.13	0.01	30.67	

参考文献：1.Bakhbakhi,2002;2.OSS,2003;3.Habermehl,2006;4.Foster and Loucks,2006;5.OSS,2005;6.AQUASTAT,2008;7.AQUASTAT,2009;8.Plan Bleu,2008;9.Margat,2008

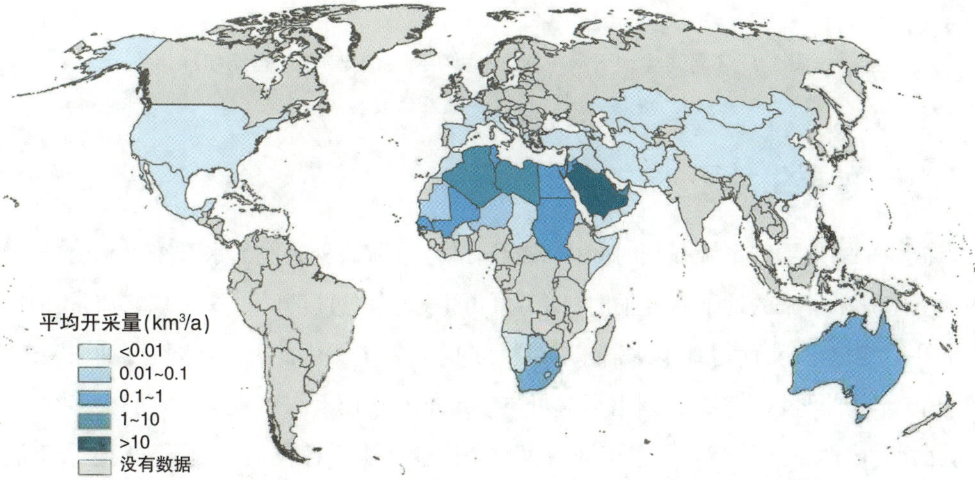

图 5.7　21 世纪初开始的不可再生地下水开采量(根据国家分类)

数据来源：表 5.4 中提及的(19 个国家)来源和另外 28 个国家的来源(主要为 AQUASTAT 和 Plan Bleu)

在那些不可再生地下水开采量最高的国家里，地下水是一种占主导地位的重要水源。它满足了主要用水需求(灌溉需要)：沙特阿拉伯占 85%，利比亚占 62%，阿联酋占 39%，阿尔及利亚占 25%(在撒哈拉沙漠地区占 100%)。开采不可再生地下水在中短期内能带动经济发展，主要是因为其能使成千上万公顷的土地得到灌溉。然而，从长远来看，这种方式显然不具备可持续发展性。

需要提及的是，根据不同来源统计不可再生地下水的可靠数据时，依然存在较大的不确定性和矛盾。这种不确定性主要源自缺乏统一和清晰的定义去区分地下水资源是否为可再生的和不可再生的。因此,某些被定义为可再生地下水可能被其他地方定义为不可再生地下水。因此,表 5.4 和图 5.7、图 5.8 的这类数据也受限于这种不确定性。因此,仅当地下水来自特定的含水层系统,这个系统中的地下水被归为不可再生类。

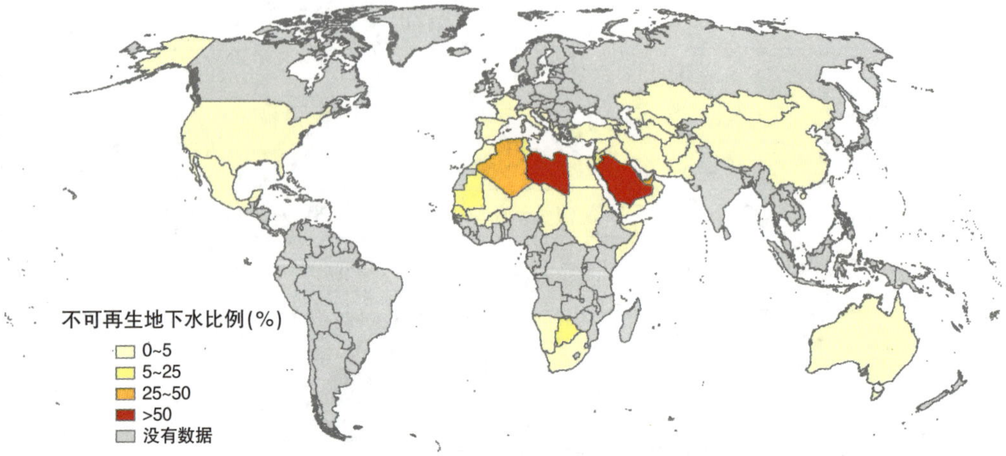

图 5.8　不可再生地下水在总取水量中所占的比例(21 世纪初)

数据来源:图 5.7 中提及的数据

5.4.2　对可再生地下水的过度开采

当被开采的地下水系统在长时间内不能通过补给和减少的地下水开采来平衡过于集中的地下水开采带来的地下水耗损时,即为可再生地下水过度开采。这一现象通常在那些地下水补给变化很小,而对地下水需求量很大的时候发生。因此,地下水过度抽取主要集中在干旱、半干旱地区。表 5.5 列出了对可再生地下水过度开采的地区。它们大多数集中在美国西部、墨西哥、欧洲南部、中东地区以及东南亚。由于存在很大的不确定性,基于差异性得到地下水消耗速度良莠不齐,差异性源于相当大的不确定性。表 5.5 中列出的这些数值给出了消耗速度的量级顺序。

有人估计,当今全世界范围内对可再生地下水的过度开采量达到 100~150km³/a。这个数值已经超过了每年地下水可开采量。虽然理论上物理边界条件允许含水层从过度开采中恢复,但在实际中大多数情况下都是不可行的。抛开这些乐观的假设,庞大的人口和经济压力,以及对地下水缺乏有效的管理,在减小和停止地下水消耗速率上的努力仍然面临很多不可克服的障碍。因此,就像被开采的不可再生地下水资源那样,很多被过度开采的含水层注定会在 21 世纪中面临耗竭或不再具备经济效益。过度开采越是频繁,可开采资源的耗竭将会更快成为现实。

表 5.5　　**全球过度开采可再生地下水的地区**

含水层,国家或地区		纵深体积	消耗速度估值(近年来)			年份	参考文献
		km^3	km^3/a	方法 *	mm/a**		
北美洲	高地平原,美国	483844	12.4	1	26	2000—2007	McGuire,2003;2009
	中央山谷,加利福尼亚,美国	58000	3.7	3	64	2003—2009	Famiglietti 等,2009
	西部冲积平原,美国		0.29	5		2001—2008	Konikow,2011
	大西洋和墨西哥湾海岸,美国		8.75	5		2001—2008	Konikow,2011
	分散盆地,墨西哥		5.4	6		2005	Chavez Guillen,2006
南美洲	秘鲁 Ica 省		0.284	6		2008	Bayer,2009
欧洲	上瓜迪亚纳河盆地,西班牙	18900	0.25	2	13	1998(峰值)	Villarroya Gil,2008
	塞古拉盆地,西班牙	18870	0.27	2	14	2009	Cabezas,2011
	加那利群岛,西班牙		0.16	6		1993	Plan Hidrologico Nacional,1993
亚洲	叙利亚中部干旱边缘						Jaubert 等,2009
	也门(全国范围)		1.4	2		2001	ESCWA,2007
	阿曼(全国范围)		0.6	2		2003	ESCWA,2007
	阿联酋(全国范围		2.1	2		2002	ESCWA,2007
	巴林,达曼含水层		0.11	2		2001—2002	Zubari,2005
	伊朗(全国范围)***		3.2	2		2004	Rahmatian,2005
	印度北部及周围地区(包括印度西北部)	2700000	54	3	20	2003—2009	Tiwari 等,2009
		438000	17.7	3	40	2003—2009	Rodell 等,2009
	华北平原	136000	3.52	4	26	2000—2008	Liu 等,2011

注:* 用于估计耗竭的方法:①基于地面观测的直接体积核算(地下水位);②基于通量的方法(按差值计算消耗);③基于遥感的体积核算;④地下水模型法;⑤组合方法;⑥未指定方法。

** 表示为总水平含水层上部等效含水层深度。

*** 包括山区盆地,如瓦拉明、卡什马尔、马沙德、拉夫桑詹、亚兹德、扎兰(Motagh 等,2008)。

5.4.3　全世界范围内地下水储量的消耗演变

精确评估全球地下水的消耗量是个难题,而评估其消耗量随时间的变化更是困难。不过,Konikow(2011)最近开发了一种理论依据充足的方法进行尝试,结果见图 5.9。由于在数据可靠性上的优势,美国地下水储量消耗评估比其他国家更加可信;对于美国之外的消耗情况，仅仅有5个消耗体积较大的地下水系统具有充足的有效数据。对世界剩余国家的地下水消耗评估一般基于以下假设，那就是地下水损耗量在总地下水开采量中的所占比例和美国是相同的。因此，这种地下水损耗估计模式具有相当的不确定性。从结果看，整个20世纪累计的地下水耗损量大约为3400km³，1990—2008年总数为4500km³。2000—2008年，估计的年平均全球地下水损耗量为145km³/a。这个数据远低于Wada等(2010)基于全球模型计算得到的256km³/a。他运用了一种基于流量计算的方法(对于数据误差累计很敏感)和一种简单的算法

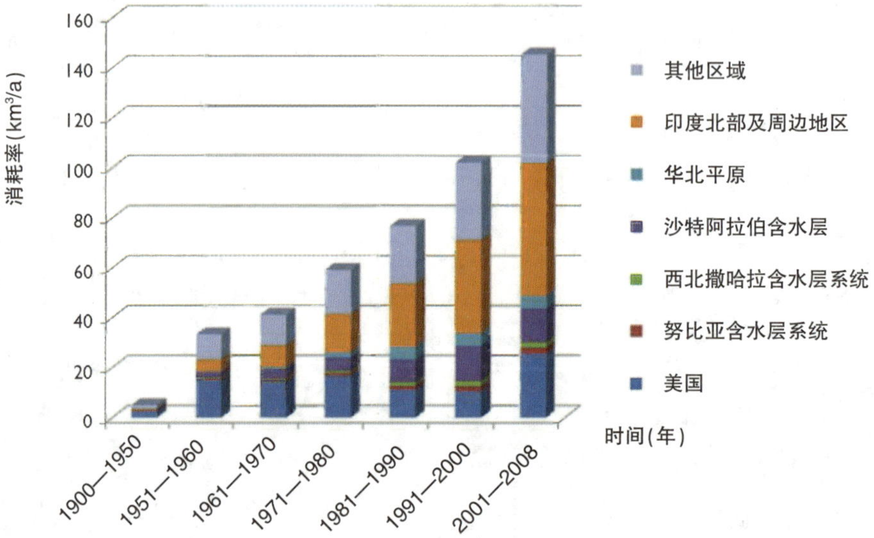

图5.9 全球1900—2008年的地下水耗损速度的估算图

Konikow得到的结果被认为是目前为止得到的最可靠的估算值，从图5.9中可以得到如下现象：

- 自1940年以来，地下水耗损才开始成为一个全球性现象，并且地下水的损耗速度开始前所未有地加快。对于这种空前的地下水储量耗损的现实意义，我们需进一步地研究和分析。
- 当前的地下水耗损速率正急剧加快中，尤其在印度北部及周边地区。
- 1900—2008年，印度北部及周边地区的地下水累计消耗量占据了全球总量的30%，而美国只占23%。
- 1900—2008年，地下水损耗为海平面上升贡献了12.6mm，这个比例占总海平面总升高值的6%~7%。

我们需树立一个基本概念，那就是地表水库的建造对海平面的作用和地下水损耗带来的作用刚好相反。在过去的50年里，地表水库累计蓄水达到10800km³，为减少海平面上升贡献了30mm。

5.5　地下水的用途

大多数对地下水的使用都源自对地下水的抽取。严格来讲，被开采用做特定用途的地下水量与真正被有效利用或基于同样目的被实际使用的地下水量之间还是存在差异。这是因为一小部分地下水在运输途中或在水资源利用区的使用中被损耗掉(专栏 5.3)。由于这些损失的详细信息无法得到，因此，除非特别说明，下文中提及的一定比例或数量的被用做特定用途的地下水量可以理解成与基于其目的所抽取的地下水量相当。

5.5.1　地下水使用分类

地下水使用通常被分为灌溉用水、生活用水和工业用水三大类。虽然现有数据支持这种分类，但仍然存在一些不确定性和分歧。例如：在农村，很多灌溉水井也被用做生活水源(较小部分)；或者生活用水有时会被用做小规模灌溉。生活用水部分不仅包括生活用水，也包含办公、公共服务和小型工业等由公共供水系统供水的部分。针对工业用水，人们倾向于将取水范围限定在工厂内，实际上各个国家关于这方面的数据也存在差异。

根据已处理的数据(表 5.2)，全球用水分布如下(表 5.6)：

- 全世界所有被抽取的地下水中的 70%(大约 688km³/a)被用做灌溉。
- 21%(大约 209km³/a)被用做生活用水；
- 剩余的部分，9%大约为 85km³/a，被抽取用做工业用水或采矿用水。

表 5.6　　各大洲抽取的地下水根据主要用途的分类(根据表 5.2 中的数据)

大洲	用水类型			以大洲来区分	
	灌溉(%)	生活(%)	工业(%)	总计(km³/a)	(%)
北美洲	71.1	23.0	5.9	143	14.6
中美洲	30.2	56.9	12.9	14	1.4
南美洲	48.8	31.5	19.7	26	2.6
欧洲(包括俄罗斯)	36.4	45.0	18.6	72	7.3
非洲	64.7	31.7	3.6	41	4.1
亚洲	75.6	16.3	8.1	680	69.3
大洋洲	48.5	48.1	3.4	7	0.7
全世界	70.1	21.2	8.7	982	100.0

在各大洲这些分布的实际情况存在差异，具体从表 5.6 和图 5.10 中可以看到。在欧洲、大洋洲、中美洲以及加勒比海地区，大约一半的地下水被用做生活用水，而在亚洲和北

美洲,这个比例还不到1/4。在这些地区,大约2/3的地下水被开采用做灌溉用水,因此其他用途的地下水所占百分比就很少。

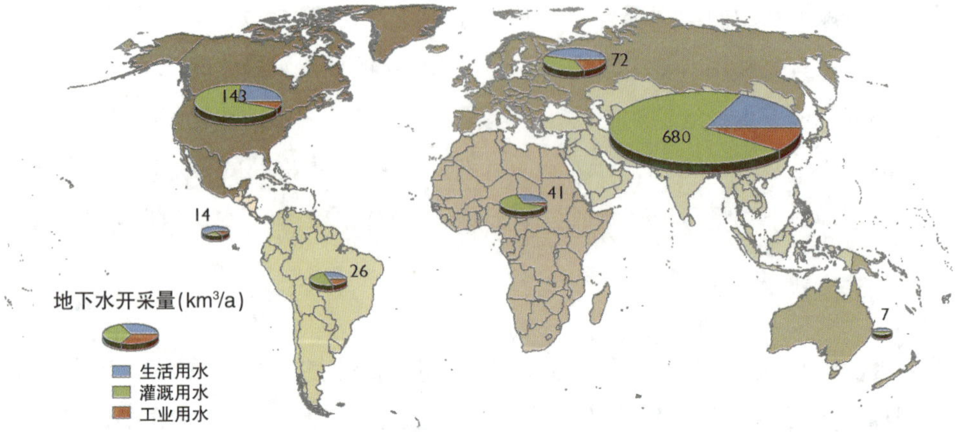

图5.10　各大洲地下水开采及其使用类型分类

数据及来源:附录5

用水比例在各国家间存在更大的差异。这一点已在表5.1中叙述过,在附录5中可以看到更详细的信息。图5.11列出了各国家地下水主要用途。图5.11中简单列出了我们考虑最多的3种用途,在33.4%到100%之间变化,它仅仅是中度可信的。关于抽取地下水在各个方面更多的细节和用途将在随后被提及。

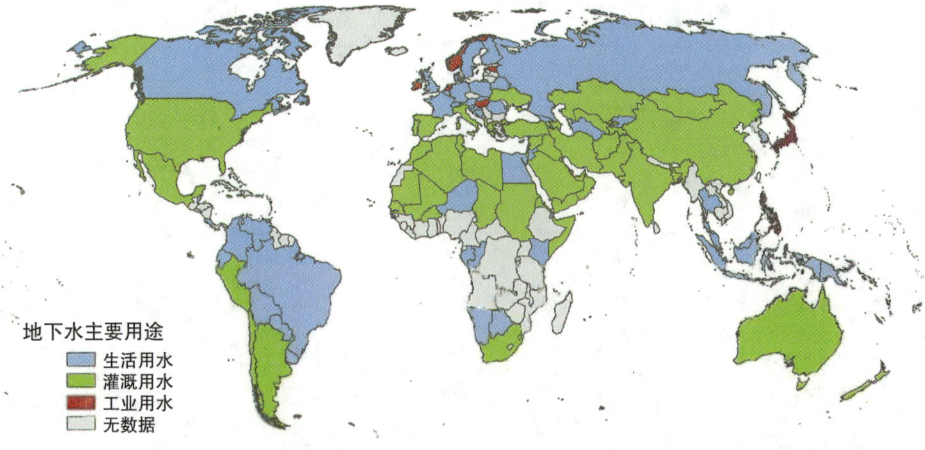

图5.11　各国家地下水主要用途分类

数据及来源:见附录5

专栏5.3　　被开采的地下水究竟有多少被真正利用

被开采和被使用的地表水和地下水从来没有被完全利用过。一部分回归地表水系统。被消耗的部分包括逸散到大气中的水蒸气,转化到生物体内和制成品中。这些比例依据不同情况和使用类型差异巨大。

除去灌溉用水,被开采的地下水实际使用信息相当匮乏。真正被用做灌溉的地下水(消费性利用)依赖所有灌溉单元的效率,为80%左右。

在生活用水和工业用水方面,真正用到的开采地下水比例要小得多,但是这个比例也存在较大差异性。如果取水过程花费了相当高的成本而且在使用前经历了一段距离,那么这个比例可能会比较大,甚至可能占到50%,一般被主要用来饮用和做饭。与此相反的是,在工业化国家城市家庭中,这仅仅消耗了很小一部分生活供水,大部分供水都被用来清洁和冲洗。在一些需要园林灌溉的地区,这个比例会相应提高一些。然而,在全球地下水总抽吸量中,仅仅小部分被用做生活用水,占15%左右。在被用做工业用水的地下水中,这个比例要更低,在全球累计估算中仅仅只有5%。

通过结合全球范围内地下水开采量的分布比例得到的扇形图,可以得到如下结论:那就是总地下水开采量的60%被真正消耗利用,40%的地下水并没有被消耗,一部分在从地下水开采地到使用地的运输途中损耗掉,如渗流到灌溉渠道或者渗漏到生活用水网络中。这部分水,通常水质没有发生变化,返回到含水层中。剩余的部分,可能在使用过程中受到严重的污染或被排泄到地表水中最终汇入大海。在生活用水和工业用水中,这部分剩余的没有被消耗的水被称为废水,越来越多的国家在将它们排放至公共水域前进行处理。

在很多国家,农业用水(或灌溉单元)是目前为止数量最大的地下水开采和使用单元。在灌溉广泛的发达国家和几乎所有远离湿热带的国家,这种情况普遍存在。表5.7列出了那些抽出的地下水50%以上被用做灌溉的国家。

表5.7　　年地下水开采量在1km³以上且50%~100%被用做灌溉的国家(根据百分比顺序)

国家	百分比(%)	国家	百分比(%)	国家	百分比(%)
阿联酋	100	希腊	86	哈萨克斯坦	71
阿富汗	94	南非	84	意大利	67
巴基斯坦	94	利比亚	83	阿尔及利亚	65
沙特阿拉伯	92	摩洛哥	83	土耳其	60
叙利亚	90	阿根廷	79	秘鲁	60

续表

国家	百分比(%)	国家	百分比(%)	国家	百分比(%)
印度	89	突尼斯	74	乌兹别克斯坦	57
葡萄牙	89	墨西哥	72	中国	54
伊朗	87	西班牙	72	乌克兰	52
也门	86	以色列	71	澳大利亚	52
孟加拉国	86	美国	71	伊拉克	50

近年来的全球灌溉数据统计显示,当前大概有 100 万公顷土地使用地下水进行灌溉,占全球总灌溉面积的 39%。由于统计报告中的数据记录了不同时期内不同地区内的灌溉情况,因此很难清楚地说明哪一年的统计情况具有代表性。然而,作者认为在很多国家及其他地区,2000 年前后的数据相对具有代表性。如表 5.8 中所示,近 75%的地下水灌溉区集中在亚洲,16%集中在北美。

表 5.8　　各大洲地下水灌溉区的分布(Siebert 等,2010 年之后)

大洲	地下水灌溉面积(万 hm^2)	占大洲内总灌溉面积百分比(%)	占世界地下水灌溉面积的百分比(%)
北美洲	1573.8	54.4	16.1
中美洲和加勒比海	33	30.8	0.3
南美洲	155.8	16.3	1.6
欧洲(包括俄罗斯)	481.7	36.2	4.9
非洲	215.3	18.7	2.2
亚洲	7253.1	39.1	74.1
大洋洲	69.4	22.7	0.7
全世界	9782.1	38.7	100.0

通过地下水灌溉的枣椰树果园见图 5.12。

如图 5.13 和图 5.14 中所示,被用做灌溉的农业地下水主要集中在一部分国家。根据最新的全球灌溉数据(Siebert 等,2010),地球上超过 80%通过地下水进行灌溉的土地集中在以下 6 个国家:印度(37.7%),中国 (16.2%),美国(13.8%),巴基斯坦 (4.9%),伊朗(4.1%) 和孟加拉国(3.5%),其中 5 个国家在亚洲。

从表 5.8 分布可以看到,亚洲在以地下水灌溉为主的地区中占主导地位,北美随后。近几十年来, 地下水灌溉方式在亚洲迅速盛行。1970—1975 年印度地下水灌溉区域为 1300 万 hm^2,1990—1993 年增长至 2650 万 hm^2,现在已增至 3700 万 hm^2。在孟加拉国,从

1973 年的几千公顷增长至现在的 350 万公顷。

在大多数欧洲国家(包括俄罗斯,但不包括地中海地区),加拿大和大多数南美国家,热带非洲和东南亚地区,地下水被主要用来公共供水及私人用水。表 5.9 列出了那些一半以上抽取的地下水被用做生活用水的国家。那些将地下水用在生活用水部分的最大开采国为美国、印度、中国、印度尼西亚、俄罗斯、伊朗、墨西哥,这些国家的地下水开采量占总开采量的一半。一些高度发达的公共供水网络通常在地表和地下设置大量含物理组件的工艺设施(图 5.15)。

图 5.12 尼兹瓦地区,阿曼通过地下水灌溉的枣椰树果园(照片:Jac van der Gun)

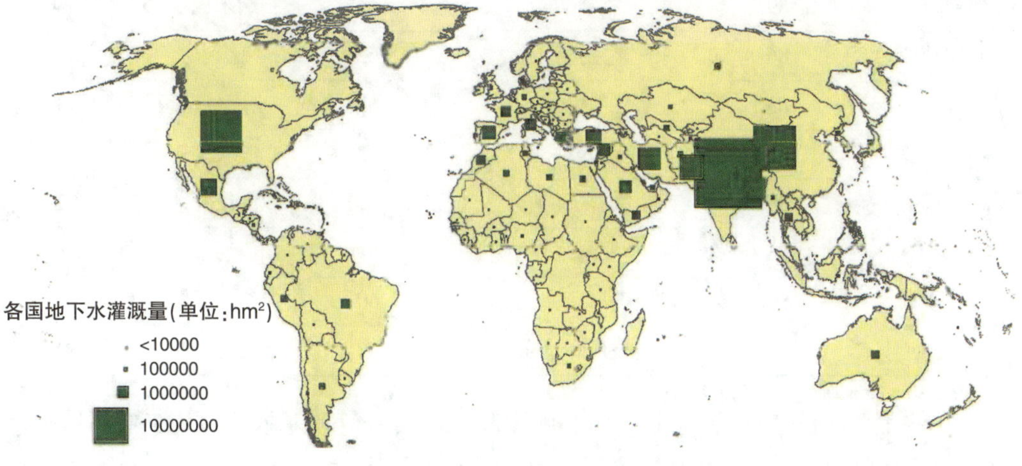

图 5.13 各国家通过地下水灌溉地区

数据来源:Siebert 等,2010

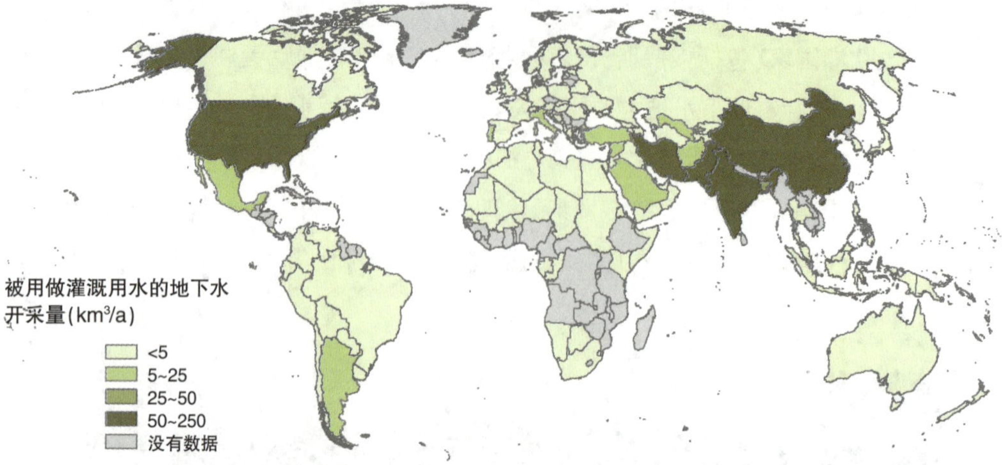

图 5.14 当前被用做灌溉用水的地下水开采速率

数据及来源:见附录 5

表 5.9 地下水抽取量的 50%~100%被用做生活用水的国家(以百分比值的降序进行排列)

国家	百分比(%)	国家	百分比(%)	国家	百分比(%)
加蓬	100	俄罗斯	79	玻利维亚	60
黑山共和国	100	英国	77	厄瓜多尔	60
马尔代夫	98	刚果	76	泰国	60
印度尼西亚	93	瑞士	72	乌拉圭	60
瑞典	92	哥斯达黎加	71	委内瑞拉	60
伯利兹城	90	波兰	70	埃及	59
巴布亚新几内亚	90	波斯尼亚和黑塞哥维那	67	尼日尔	58
吉布提	89	格鲁吉亚	66	纳米比亚	55
克罗地亚	86	芬兰	65	比利时	55
纽埃岛	85	法国	63	土库曼斯坦	53
斯洛伐克	84	马来西亚	62	澳大利亚	52
韩国	83	博茨瓦纳	61	白俄罗斯	52
斯洛文尼亚	83	罗马尼亚	61	约旦	51
巴巴多斯	80	美属萨摩亚	60	吉尔吉斯斯坦	50
肯尼亚	79	安提瓜和巴布达	60	巴拉圭	50

在一些工业化国家(爱沙尼亚、挪威、匈牙利、日本、荷兰和爱尔兰)中,工业用地下水居地下水总用水量首位;在德国、比利时、法国、澳大利亚、英国和捷克,工业用地下水在地下水总用水量中排第二位。目前为止,工业用地下水占地下水开采量的比例超过50%的仅

仅有爱沙尼亚（80%）、挪威（73%）和菲律宾(64%)。

图5.14、图5.16和图5.17中呈现了各个国家2种不同用途地下水量，图5.18提供工业、生活、灌溉等各种用途相对比例汇总图，并将这些比例通过颜色渐变的模式表现出来。

图5.15 位于荷兰代芬特尔的水塔(建于1892年，至今仍在使用，用做维持饮用水网络的水压。地下水在经过小规模的处理后被抽进这个水塔，然后通过这个水塔进入公共供水分配网络)

(照片:Jac van der Gun)

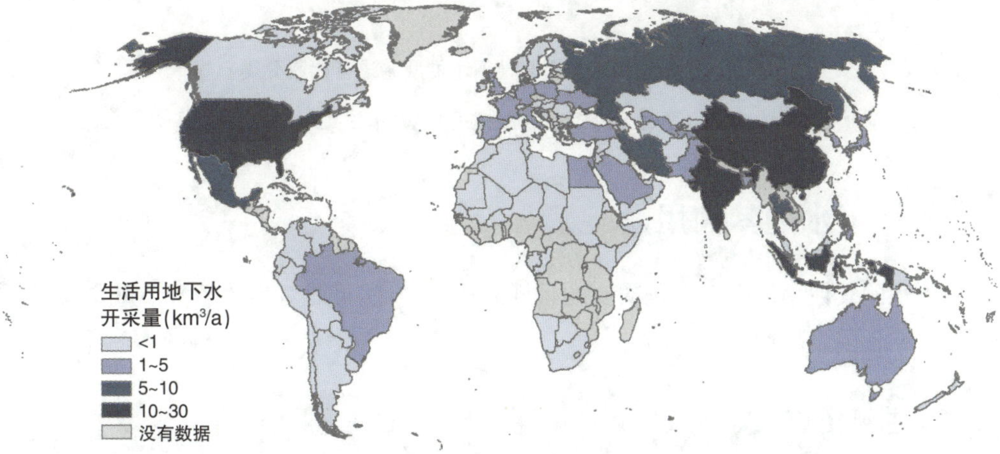

图5.16 以国家为单位的当前供生活用水的地下水开采速率分布图

数据及来源:见附录5

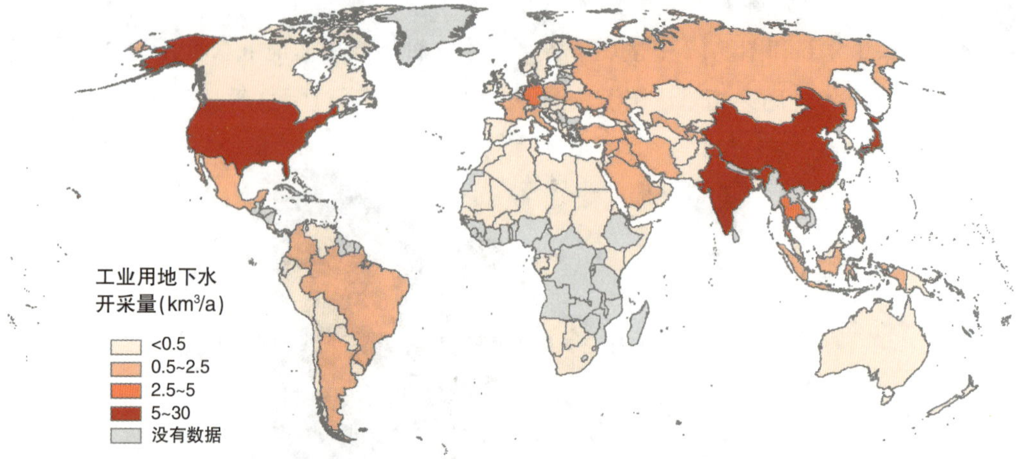

图 5.17 以国家为单位的当前供工业用水的地下水开采速率分布图

数据及来源:见附录 5

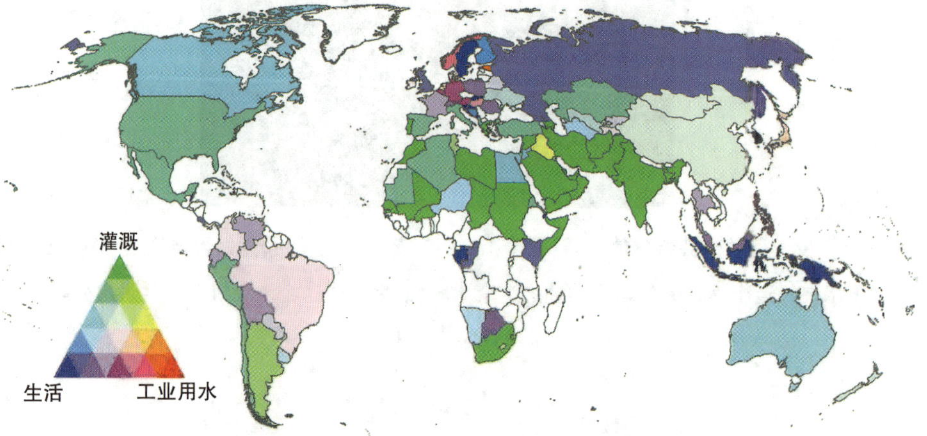

图 5.18 根据用水类型对地下水抽取量进行比重分类

来源:最初为基于 IGRAC in WWDR2 (2004)

5.5.2 地下水的其他用途

地下水的其他用途一般都是次要的且规模较小,虽然可能对当地经济很重要,但是通常不会包含在国家的用水统计中。

5.5.2.1 温泉浴或水疗

地下水是这个行业开展活动的原材料,通常作疗养或旅游观光使用。这种使用具备不可否认的重要性,在很多国家兴起。

5.5.2.2　矿泉水和瓶装水

矿泉水是具有特殊味道或存在矿物质或特定含量溶解质的泉水。传统意义上,矿泉水都在水源地被消耗(矿泉或温泉地),如法国的维希地区、比利时的斯帕镇和捷克的卡罗维发利。现代大部分开采的地下矿泉水都被装瓶运到别的地方。瓶装水也包含那些被抽取后品质并不具备所谓"矿泉水"品质的水;在那些供水系统水质不高或不可靠地区,它们的需求量很大。大部分瓶装水工厂里所用的水在全国性统计中都被归类为工业用水。

5.5.2.3　地热能

地下水在地热能的开发中非常重要。地热资源通常分为低温类和高温类。低温类利用深层含水层中温度相对高的地下水(30~90℃)进行直接供暖(建筑、城市供暖、温室、养鱼场和温泉)。基本的技术通过两口井来实现(成对井),每一对包括一口抽出井和一口注入井,由于用过的水会被重新注入井内,因此对地下水没有明显的消耗,很多国家重视地热能的利用,尤其像冰岛、匈牙利、日本、新西兰、德国和中国这些富含高温地下水的国家。在德国,2004 年有 14 万 m^3 的地热水被利用;在中国,北京市、天津市和福建省的年平均地热水开发量分别达到 10 万 m^3、12 万 m^3、18 万 m^3。在深层地下水温度相对正常的地区,低温地下水资源也得到利用,如在法国的巴黎盆地地区,已经有超过 30 口井使用超过 25 年,总产量接近 $8000m^3/h$。位于也门 Hammam Dammt 地区的地热水排放见图 5.19。

图 5.19　位于也门 Hammam Dammt 地区的地热水排放(照片:Jac van der Gun)

属于高温类别的地热资源包含深层超高温水(超过90℃)或者蒸汽,被用来产生地热能发电厂中的电能。这些水通常都是盐碱化的,不适于其他用途。这种类型的地热资源在一些国家得到发展,尤其是在火山附近区域,如德国、意大利、爱尔兰、俄罗斯、墨西哥、美国(加利福尼亚)、印度尼西亚、菲律宾、日本、澳大利亚、巴布亚新几内亚、新西兰、亚速尔群岛和法属西印度群岛(瓜德罗普岛)。

地球上安装建造的总地热能容量已经从2005年的8.9GW增至2010年的10.7 GW。随后几年在24个国家产生了总量67246 GW·h的电能。美国以最大的装机容量领跑,紧随其后的是菲律宾、印度尼西亚、墨西哥、意大利、新西兰、冰岛和日本(Holm等,2010)。2008年,地热能发电量仅占全球总发电量20181TW·h的0.3%(国际能源署,2010),但作为可再生能源,被认为将得到迅速发展。39个国家已经通过国内地热能资源就能满足全部用电量要求,其中的9个国家(包括萨尔瓦多、冰岛和菲律宾)已经将地热能作为它们能源生产中很重要的一环来发展(Holm等,2010)。

5.5.2.4 地下蓄热

地下蓄热是利用地下水储存热量的能力,通常在很小的能量范围内。浅层地下水被用来暂时性的储热,当需要时用来恢复温度。在恢复过程中,能量通过具备独立或整体加热冷却系统的热泵进行交换。除了已经被储存的热量,小部分源于地下土壤中的热量会被拦截。这种新兴的技术,也被用于公共住宅或私人住宅供暖。在很多欧洲国家以及美国、加拿大和日本都正在迅速发展。在2002年,欧盟利用355个热泵每年一共使用1~2km^3的地下水。这是一种非消耗性的利用,因为被抽取的地下水通常会被回灌。

5.5.2.5 对环境的贡献

综合水资源管理(简称IWRM),被得到广泛支持和实施,这意味着间接利用地下水的非消耗性功能不再被人们忽视。间接利用包括使用地下水形成的地表水资源,如泉水。地下水所扮演的这种角色目前仅仅在少数国家被考虑和利用,如在西班牙,每年利用的天然地下水排放量达到14km^3,这值得人们思考。

不言而喻,地下水不仅对人类生活大有益处,在保持地表水流的恒久性上也至关重要(地下水产生了大量的地下基流),并且很多湿地依赖于地下水的渗流和地下水位来维持。因此,地下水是保证水生态系统和湿地稳定性的重要因素。是否应该保护好地下水资源对人类社会是个值得思考的问题(见第4.4节)。

政府往往会出台一些限制地下水开发的条例来保护地下水功能, 这对可开采地下水评估会有一定的影响。在一些情形中,“环保要求”可以被定义为环保要求应该和地下水的经济用途和谐并存。在有些地区,如果人们在意的是维持地下水系统在他们满意的特定状态的话,这个方法不是那么恰当。

关于环保要求最典型的例子,就是西班牙 1993 年在评估国家水利计划时,除了每年直接利用 5km³ 的地下水之外,额外抽取 2km³ 的地下水用来满足国家的环保要求。在荷兰,地下水位对环境有重要影响,因此通过严格规定来控制地下水位和对土地使用最优化配置调优,达到水资源管理目标。出于对地下水环境功能的考虑,在荷兰所有的地下水管理政策和规划中对地下水抽取进行了较多的限制。

5.6 地下水在不同供水用途中的贡献

地下水在各个供水区中的比例是经济及资源的社会重要性的重要表征。地下水开采量和使用情况在国家和地区间也存在着差异。在很多国家,地下水是重要的供水水源,在少数国家地下水为首要供水水源(见附录 5)。

如表 5.2 中所示,地下水开采量大约占全球总取水量的 1/4,大约在 3800km³/a 的水平(水库中蒸发损失量除外)。在"水量损失"方面(如取水量和用水量的差异),地下水灌溉中的损失要比地表水小一些,我们可以认为当前地下水所占比例稍微比全球总取水量的 1/4 要多,可能为 30%左右。

图 5.20 中展示了地下水在天然淡水开采量比例的区域差异性。在一半数据可用的国家中,地下水取水量超过了所有用途(包括发电厂中冷却水)总取水量的25%,25%的国家地下水开采量甚至超过了总取水量的 50%。在那些没有地表水流经的地区(Mongolia,O-

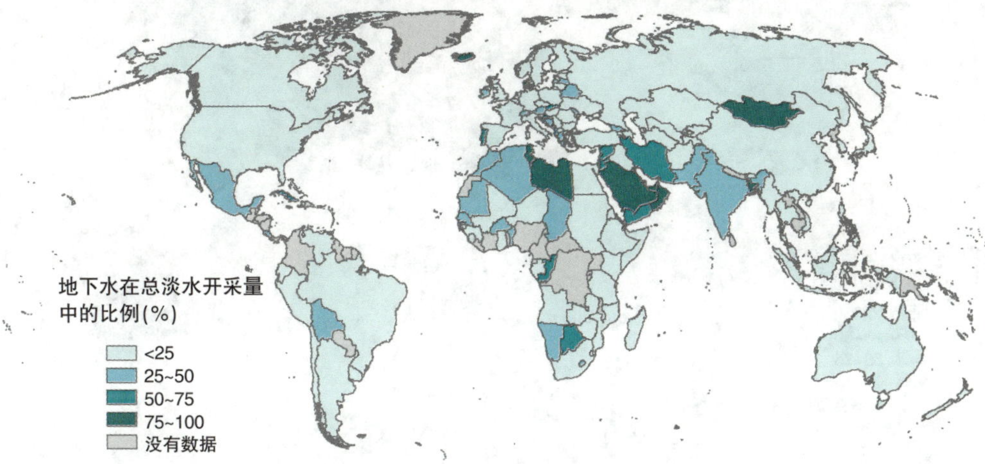

图 5.20 各国地下水在总淡水开采量中的比例

数据及来源:见附录 5

man, Yemen 等)和很大程度上依赖不可再生地下水的国家(沙特阿拉伯、利比亚),地下水显然是首选的供水水源。在一些其他国家,如那些获取地表水比较困难的国家(孟加拉国、博茨瓦纳、刚果等),或者那些倾向使用地下水作为供水水源的国家(如丹麦和克罗地亚),也将地下水作为首要的供水水源。在其他国家,也有相当一部分分散的地下水需求(主要为农村供水水源、私人灌溉需要)。比如印度,这个世界上最大的地下水使用国,在 2010 年有超过 223km^3 的地下水被抽取用于灌溉,地下水灌溉占据印度全国总灌溉用水量的 64% (Siebert 等,2010)。

在全世界范围内,地下水开采大约占据了总生活用水的 45%(大多数用于公共供水:居民、公共服务设施和公共商用部分),占总灌溉用水的 24%、供水系统除外的工业用水需求的 15%。一如之前所提及,这个百分比在不同国家间差异巨大。

地下水在能源部分的使用量很少,主要体现在淡水的使用上。这种特殊的应用我们在第 5.5 节中已经提及(地热能和季节性地下储热),通过将抽取的地下淡水回灌到地下环境中。

5.6.1 生活用水

这里提及的生活用水指饮用水和其他城市供水服务,如餐饮、清洁、公共服务、办公、商户和小型工厂等与公共供水系统相关的单位。在很多国家,地下水(包括温泉中的水)是主要的或唯一的生活用水水源(见附录 5 和图 5.21)。

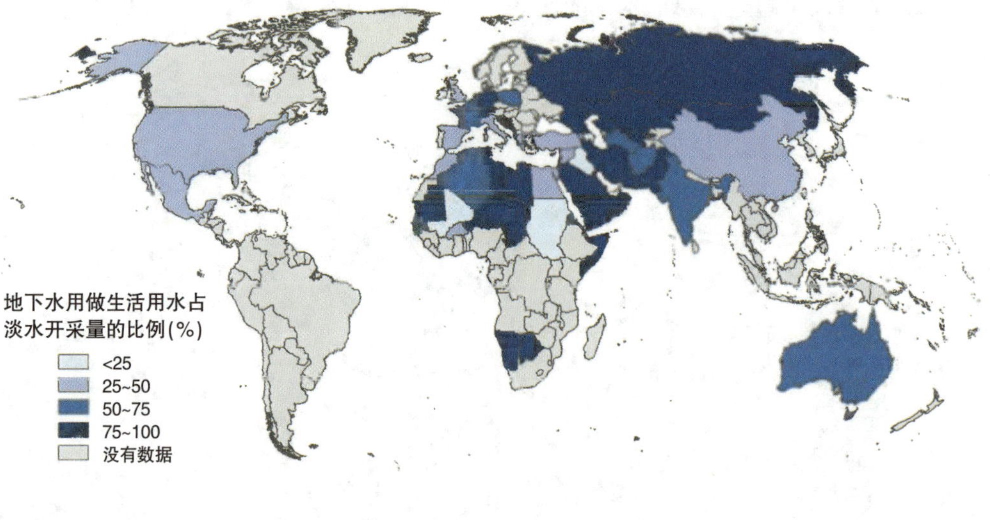

图 5.21 不同国家地下水用做生活用水占淡水开采量的比例

数据及来源:见附录 5

举个例子，地下水在生活用水中所占比例在欧洲国家如澳大利亚、丹麦、黑山共和国、克罗地亚为 100%，在意大利、匈牙利超过 90%，在波斯尼亚和黑塞哥维那、瑞士、俄罗斯、德国、波兰、比利时、荷兰、法国为 60%~90%。欧洲国家中地下水在生活用水中比例较低的国家有爱尔兰、西班牙、希腊和英国。在整个欧盟国家中，地下水占据生活用水供水量的 70%。在欧洲之外的国家中，巴基斯坦、博茨瓦纳、伊朗和也门这些国家，这个比例几乎也是 100%，在印度比例为 64%，但在美国和中国这个比例仅仅为 33%和 29%。虽然数据比较匮乏，但地下水毫无疑问也是非洲国家、中东和中亚地区国家生活用水的主要来源。对海水淡化技术的大量使用，使某些干旱国家地下水在总提取的淡水和海水混合水中的比例得到降低(塞浦路斯、巴林、沙特阿拉伯)，甚至占据很低的比例(阿联酋、卡塔尔、科威特、马耳他、也门)。目前可用的数据存在一个尴尬的问题，那就是在一些地方温泉被直接算入地下水提取的数据中而在其他地方则没有计算在内(如意大利和以色列，一些信息来源中提到的百分比是附录 5 中的 2 倍甚至 3 倍，很可能是基于这个原因)。

地下水不仅对于农村地区是最合适的生活水源，对于有大量人口的城市同样如此。全世界很多城市的公共供水系统都完全或部分依赖于抽取地下水(图 5.22)。

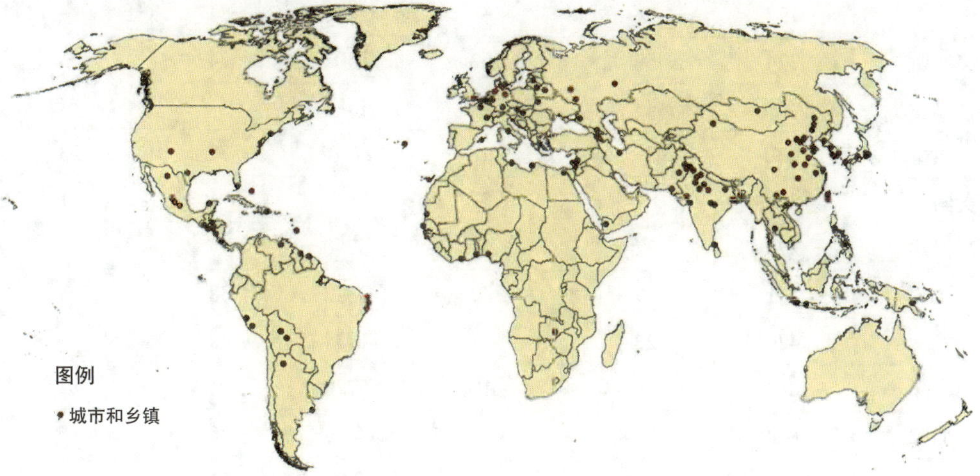

图 5.22 将地下水作为唯一水源或主要水源的国家和地区

数据来源：Howard，1997；World Bank，1998；H. Zaisheng/WHYMAP，2006；Zektser 等，2004

地下水同时也是那些没有公共供水系统的偏远地区生活用水的最大水源。如在美国，98%的生活用水(在 2000 年总量约为 4.95km^3，全国饮用水需求量的 8%)都是通过抽取私人地下水，另外的 25km^3 由公共供水公司抽取。

5.6.2 农业用水

地下水对于很多农民而言,是最容易单独获取的灌溉用水水源。通常开采费用最低,通过电动机或燃油机挖井或者钻井就能获取,日常抽取也最为灵活。因此,虽然比在饮用水所占的比例要低,地下水在满足灌溉用水要求中却起到了相当重要的作用。表 5.10 中列出了一些灌溉统计数据。从表 5.10 中可以看到将地下水灌溉发展相当好的地区以及数据非常充足的地区。

表 5.10　　一些灌溉相对发达的地区地下水灌溉统计数据

地区	国家	Siebert 等 (2010)估算的地下水灌溉系数			地下水灌溉抽取量(2010 年估算)		
		地下水灌溉区域		地下水在总灌溉用水中的比例(%)	100 万 m^3/a	在总地下水抽取量中的比例(%)	在总地下水灌溉抽取量中的比例(%)
		$1000hm^2$	在总灌溉面积中的比例(%)				
非洲	阿尔及利亚	290	64	66	1878	94	43
	埃及	332	10	9	3203	41	2
	利比亚	312	99	99	3915	83	97
	摩洛哥	661	46	48	2533	83	28
	南非	127	9	9	2632	84	—
	突尼斯	224	59	62	1501	74	73
北美&中美洲	古巴	82	45	45	1582		
	墨西哥	2191	39	42	21281	72	33
	美国	13469		57	79597	71	41
	阿根廷	323	24	19	5260	79	—
	巴西	591	19	22	3822	38	—
	秘鲁	426	28	27	1734	60	—
亚洲	阿富汗	282	16	19	6720	94	22
	孟加拉国	3459	74	76	25984	86	—
	中国	15847	30	35	60455	54	15
	印度	36850	64	64	223390	89	—
	伊朗	3988	62	64	54926	87	53
	伊拉克	146	6	6	1344	50	—
	以色列	89	49	49	896	71	66
	日本	232	9	9	2516	23	—

续表

地区	国家	Siebert 等 (2010)估算的地下水灌溉系数			地下水灌溉抽取量(2010 年估算)		
		地下水灌溉区域		地下水在总灌溉用水中的比例(%)	100 万 m^3/a	在总地下水抽取量中的比例(%)	在总地下水灌溉抽取量中的比例(%)
		$1000hm^2$	在总灌溉面积中的比例(%)				
亚洲	哈萨克斯坦	111	5	5	2285	71	6
	缅甸	100	5	5	2406	—	—
	巴基斯坦	4837	36	33	60932	94	32
	沙特阿拉伯	1156	97	97	22201	92	94
	叙利亚	950	68	69	10146	90	56
	塔吉克斯坦	66	9	9	5712	39	—
	泰国	481	9	10	1534	14	—
	土耳其	1730	49	50	7973	60	13
	阿联酋	227	100	100	3533	100	84
	乌兹别克斯坦	268	6	6	5644	57	8
	也门	483	66	63	2788	86	68
欧洲	法国	854	44	40	790	14	20
	德国	185	79	76	233	4	—
	希腊	623	48	51	3131	86	41
	意大利	894	33	40	7000	67	35
	葡萄牙	136	55	55	5598	89	—
	俄罗斯	338	36	36	349	3	—
	西班牙	1276	37	39	4100	72	19
大洋洲	澳大利亚	537	21	20	2 581	52	14

表 5.10 中揭示了一些有趣的现象，例如：

- 即使包括这些选定的国家，地下水灌溉的土地总面积在多于两个数量级间变化。
- 地下水灌溉土地所占比例与灌溉消耗用水比例相差两个数量级。
- 相反，地下水在总抽取灌溉用水中所占比例，平均水平上比灌溉中消耗使用地下水的比例低很多。这是由于在地下水灌溉和地表水灌溉比较时，存在灌溉用水损失的现象。

图 5.23 描述了不同国家地下水在灌溉用水中所占比例。显然，排在前列的国家都具

有极度干旱的气候(利比亚为99%,沙特阿拉伯为97%,阿尔及利亚为66%,伊朗为64%,也门为63%,摩洛哥为48%,巴基斯坦为33%,澳大利亚为20%),或者在一些地下水很难控制的国家(孟加拉国为90%),但是也有一些其他的国家存在这种情况,比如叙利亚为69%,印度为64%,美国为57%,希腊为51%,土耳其为50%,以色列为49%,墨西哥为42%,意大利和法国为40%,西班牙为39%,阿根廷为19%。这些统计的灌溉用水比例在实际中可能更大,因为这些数据并不包括从泉水中得到的灌溉用水,在很多国家泉水是一种传统且珍贵的水资源,尤其在干旱气候下。

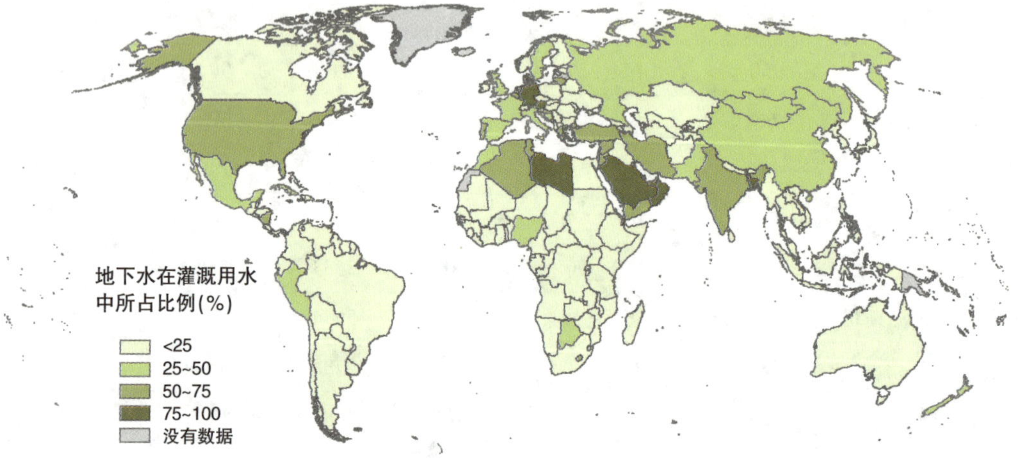

图 5.23　不同国家地下水在灌溉用水中所占比例

数据来源:Siebert 等,2010

然而,这个比例并不能单独地说明地下水灌溉的重要性,因为其中并没有提及所使用地下水的绝对数量。因此,在那些灌溉只是附带产业的国家中(如德国),其地下水在灌溉用水中所占据的高比例与将地下水资源作为唯一的水源的干旱、半干旱地区的高比例相比,意义完全不同。在更湿润的地区,通常以雨水农业为主,灌溉只是辅助手段,地下水被越来越多地利用,以满足不断提高的市场主导的产品数量和质量上的要求。

表 5.10 概括了地下水灌溉土地面积和灌溉所抽取地下水量,结合第 5.5 节认为,地下水灌溉是全球农业生产和食品安全的主要影响因素。全球地下水灌溉地区面积占全球总灌溉面积的 39%(见表 5.8), 这一数据比地表水灌溉量所占全球总灌溉量的比例要高一些,原因在于地下水灌溉的效率要比地表水灌溉的效率要高,这一点是大家公认的。根据表 5.10 中的信息,在全球从地下水灌溉中得到的经济利润甚至要高于 39%,这是由于每单元所使用的灌溉用地下水产生的平均经济回报要高于每单元的地表水的经济回报。因此,地下水也是更可靠的资源,其水资源短缺风险更低,农民愿意在地下水灌溉的土地上种植高回报的经济作物。

在一些国家，地下水也是畜牧业和水产业的重要水源，有时更多是作为一种热源而不是水源。例如，2000 年在美国，地下水占据了水产业用水需求量的 29%(1.46km^3)。

5.6.3 工业用水

在很多工业化国家，在与公共供水无关的工业供水领域，地下水占据重要比例：日本为 40%，印度为 27%，法国为 41%，美国为 21%，中国为 20%，苏联约为 15%(在 2010 年的统计中，这个比例为 18%)。在很多干旱国家，这个比例相当高，甚至接近 100%，如利比亚、布基纳法索、蒙古、纳米比亚、阿曼、沙特阿拉伯、突尼斯和也门(附录 5 和图 5.24)。同样，这一数据也取决于地下水对于各个国家的相对重要性。在干旱、半干旱国家，这种高比例很正常。在其他方面，用于能源开发类的用水(比如冰岛对地热能的利用)和矿山排水(尼日尔)在数据统计中也被考虑为工业用水，这也导致这些国家中地下水在工业用水中所占的比例变得更高。

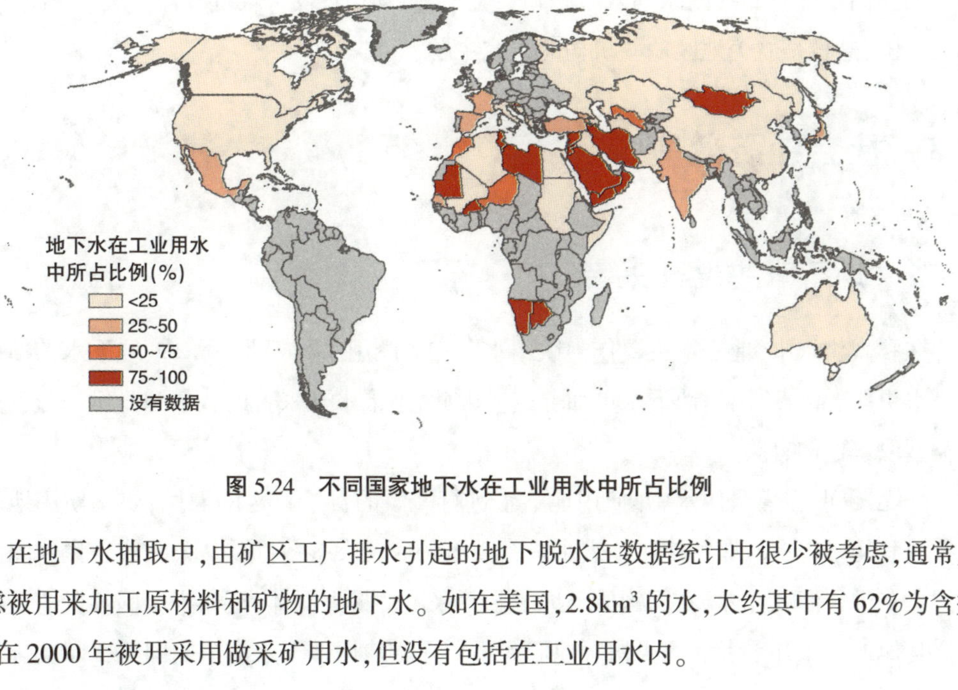

图 5.24 不同国家地下水在工业用水中所占比例

在地下水抽取中，由矿区工厂排水引起的地下脱水在数据统计中很少被考虑，通常只考虑被用来加工原材料和矿物的地下水。如在美国，2.8km^3 的水，大约其中有 62%为含盐水，在 2000 年被开采用做采矿用水，但没有包括在工业用水内。

5.6.4 含水层的其他效益

含水层中得到的经济效益不仅仅局限在对地下水的抽取上。首先，含水层可以为地表水坝提供缓冲储量或充当备选储存库的作用。由于地下水储层不易受到淤积影响，而且蒸发损失量要少得多，因此，在开发策略上，除抽取地下水外，含水层的价值非常全面。在人工补给地下水后，可以通过地下水坝对地下水储存体积进行补充。其次，含水层也能通过天然自净作用提高水质，尤其是废水被再利用的时候。此外，在很多工业化国家(欧美地区)，含水层被用来地下储存有用的液体(气体)，以减少和阻止不同环境对资源的负面作用。

一般在有安全保证和严格控制的情况下，含水层也会被用做永久储存特定类型的深层废物。最突出的应用之一就是在深层含盐含水层中隔离二氧化碳(深度超过 800m，将二氧化碳转化为超临界状态)，在这个深度的含水层中，地下水不适合做任何用途并且被隔离在活跃水文循环之外。众所周知的“碳捕集和隔离”，其目的是减少大气中二氧化碳的累积量。在这种方式下，二氧化碳的人工沉降被构建成与自然沉降相似。在通常情况下，耗竭的油田和天然气田使用这种方法。这种大型沉淀池在全世界的储存容量是巨大的，能储存大约10000 亿 t 的二氧化碳(欧洲占 8000 亿 t)，这几乎是几个世纪的全球二氧化碳排放量。

CCS 被视作为《京都议定书》的实现提供了重要贡献，该议定书旨在减少温室效应。碳捕集和隔离已经被一些国家列入考虑和实验中，尤其在丹麦、挪威(北海)、英国、德国和加拿大等国，这也是欧美地区一些机构的研究主题。

5.7 社会经济效应

5.7.1 地下水主要开采者

在私人供水中，地下水主要作为饮用水。在灌溉用水和工业用水中，地下水的使用比地表水更多，部分原因是地下水更加普遍。因此，地下水开采者的数量和身份都与各种用水类型取水比例有关。

毫无疑问，在灌溉用水中，使用地下水进行灌溉的自给自足的农民，要比使用地表水进行灌溉的多得多。那些使用地表水进行灌溉的农民大多数都是从公共或者集体灌溉供水网络来进行灌溉。灌溉农民构成了地下水开采者的最大群体，近年来他们数量的上升速度比其他地下水开采者群体更快。他们大量存在于使用地下水灌溉的国家：印度排名首位，中国随后，其次是巴基斯坦、孟加拉国和美国。

主管开采和配送地下水作为饮用水的城市和农村部门紧随其后。很多国家通过抽取地下水或者直接利用泉水来满足饮用水需求，而不是使用地表水。这也包括那些仅有几个取水点的地方，如 1980—1990 年在非洲 Sahel-Sudan 区建设农村供水网络，出现了成千上万的水井和钻井。在很多国家，供水局或公司正逐渐合并成更大的机构并同时为公共和个人服务。这一趋势导致将地下水作为饮用水的开采者数量越来越少。

5.7.2　特定经济层面

被抽取的地下水在不同的使用过程中创造的价值各不相同。同样,地下水供水用途上的差异也导致了地下水在不同经济类型中的相对重要性存在差异。

饮用水作为经济和社会高价值水资源使用类型,可认为是公共服务,通常用于商业用途。在不同公共机构(州、市、企业)或者个体公司(授权任务)下,在根据国家和当地情况而构成的不同情景中,在生产和分配链中占据了至关重要的地位。这种用水类型在开采量和在地下水使用中处于领先水平,在全球范围内提升了地下水的地位和市场价值。

在自供应工业用水方面,地下水开采者是私营公司或者国营公司,它们直接利用抽水泵抽取地下水。这些被抽取的地下水不能被交易,只能通过政府规定收费。

在地下水灌溉方面,大多数的地下水开采者也是其使用者,使用地下水进行灌溉的农民。他们支付地下水开采的直接成本(通常是被资助而不是缴税),并且他们凭借之前或者附加在土地拥有权上的地下水开采权进行地下水抽取。这种抽取,可能是收费的。直接开采成本视当地环境和能源成本变化很大。Lama 等(2004)提到,地下水灌溉费用的波动范围在 0.01~0.2 美元/m^2,或者年平均花费 20~1000 美元/hm^2。

由于农民要直接承担开采地下水的成本,因此他们会在用水成本和农产品产量之间进行平衡,也就是说他们想达到最大经济利润而不是最大产量。通过这种联系,我们可以意识到满足庄稼用水需求的水平线和满足相应产量相应水平线之间的关系偏离了线性关系。我们经常可以看到,从地下水井中的灌溉用水供水在理论用水需求量之下。其中原因如下:每立方米水的价格相同,但最后灌溉的那部分水通常对产量的贡献相对要少一些,这也是经济学中的“报酬递减法则”。

因此,与通过共享的供水网络配送的地表水灌溉相比,地下水灌溉效率更高,经济效益也更大。在使用效率上,用同等体积的水进行灌溉,地下水的灌溉效率大概是地表水灌溉的 2 倍,根据 Burke (2003) 和 Shah 的研究,就社会经济学效率而言,每立方米或者每百万立方米地下水的产能,比地表水要高出 3~10 倍。

根据 Llamas (1996)的研究,在西班牙安达卢西亚地区,地下水的经济产值是地表水的 5 倍(每立方米用水的产值)。可以从两个方面来理解,首先地下水灌溉的水资源利用效率更高,能减少每公顷土地上的需水量损失(平均每年需要 5000m^3 地下水或 10000m^3 的地表水),其次使庄稼对缺水更加敏感,但生产出更多的额外价值。在研究区,地下水灌溉地区占据灌溉农业总产值的 30%~40%,只用了总灌溉用水量的 20%。当然,这个结论不一定适用于其他地区。

根据印度水资源机构(IWRS,1999;Llamas 等,2003)的数据,在印度每公顷土地地下水灌溉的平均用水量比地表水少75%,约为4000m^3/a和16000m^3/a。IWMI估算了若干年前,全球地下水灌溉产出值在1500亿~1700亿美元,相当于每立方米水能创造大约0.2美元的产值。

总而言之,在水体经济中,地下水在个体用户中的应用要比公共使用部分更多。地下水创造的产值所占比例要比其在总用水量中所占比例高得多。在一些地方,如在大加那利岛和特纳利夫岛,被私人控制的地下水市场,是缺水地区的主要水源。

行星地球(2005)估算了2001年世界地下水总量的价值大约为3000亿欧元,大约为总原油产值的37%。当然,这个计算值是以平均水价为0.5欧元进行计算的,显然这个数值被高估了,并且价格是通过生产和配送成本减去补贴,因此不能有效地反映地下水的经济价值。此外,这个价格仅针对大约占所有地下水总量1/5的生活用水,其销售或多或少在一定商业基础上而不是完全在市场驱动下的价格。

总之,在使用效率和产值上被抽取的地下水都比地表水更高,同时也具备更高的经济价值,因此,在水资源管理中应优先考虑保持地下水储量和保护地下水水质。

第6章

不断增长的地下水资源管理需求

- 地下水资源管理基本原理
- 地下水的开采利用对地下水可用性以及环境造成的影响
- 当前地下水总量面临的压力以及在全世界范围内的分布变化
- 气候变化将给地下水带来的影响
- 地下水水质恶化现象如何发生以及出现的地区

6.1 进行地下水资源管理的原因

几个世纪以来,在没有进行前期地下水资源评估和合理管理下,地下水被大量开发使用。随着开采地下水变得越来越容易,开采量急剧增加——正如前一章中所提及。这也导致抽水井数量越来越多,累积的抽取率大到足以从根本上改变地下水环境。个体的地下水抽取活动会引发以下副作用,如地下水位降低、湿地退化、泉水补给量和基流量减少,通常这种效应很大程度地被自动转移到第三方上,不仅对地下水开采者,也对当地社区和环境造成了影响。换句话说,地下水开采活动改变外部环境。反之亦然,个体和当地社区的许多与地下水开采无关的活动也对地下水系统及其开发者造成了大量的外部影响,尤其是在地下水污染方面。

随着世界的高速发展,地下水系统正持续发生改变,与其他物理系统以及社会经济系统动态地保持着联系,许多地下水开采人员仅仅是为了达到他们的目的而不考虑后果。这一背景导致观察到的地下水现状和预期变化往往与理想中的背道而驰,最后带来的环境效应超出了个体所能控制的范畴。此外,地下水也是公认的稀缺资源,个体和社会在利益和决策上存在很大差异。以上这些原因构成了地下水资源管理的出发点。

地下水管理措施的发展,已从最开始的集中对地下水开采过程的管理转变到现在针对观测到的一系列复杂问题进行科学的处理上。这些转变使解决地下水开发中出现的问题成为可能,例如:

- 解决地下水开采者之间的用水冲突。
- 减缓或停止非持续性的地下水抽取。
- 缓解地下水开发受益人群和没有开采地下水却遭受地下水过度开采带来副作用人群之间的矛盾。
- 识别、减少和消除地下水资源隐患。

地下水资源管理不是简单地对观测和预测到的问题进行反应，它应是保证地下水资源潜力不被低估，同时使地下水资源的优势和潜力能够被完全利用。在一些国家和被关注地区的供水和当地经济及自然环境中，地下水管理已被提升到战略高度。这也意味着在开发和保护地下水中需找到一个平衡点，将政府用水侧重点同社会经济和环境协调发展。

尽管地下水资源管理在计划实施过程中并没有将整个水资源管理孤立起来，但由于其具有某些特定的目标特点和手段而独具特色(专栏 6.1)。

专栏 6.1　　地下水资源管理

与地表水不同，地下水对于分布各个地区的人来说是能免费获取的资源，人们会开采地下水，也可能影响其水质。根据含水层规模的不同，个体开发具有不同程度的目的。总体上，他们对含水层的性质和潜力所知甚少。

地下水管理首先要让个体活动与社会目标同每个物理管理单元的约束协调发展。在通常情况下，这些物理管理单元指代特定的含水层系统或是其中的一部分。地下水管理也意味着在配水过程中去考虑地下水资源的特定优势(比如缓冲容量、大范围、水质稳定)，把地下水分配到最需要和最有益的地方，同时利用含水层的缓冲能力和净化能力。最终，在保持地下水在水循环和环境中积极作用和功能的同时，保证对地下水资源的保护。

一般而言，地下水和地表水不能分开进行管理，根据两者在数量和水质上的联系和相互作用及作用强度(专栏 4.1)，地下水管理应同整个水资源管理结合起来实施。河流已被采用为这种集中式水资源管理过程的基本空间单元(IWRM)。然而，一些特定的水文地质环境需要一些改进方法，通过将含水层和地下水体作为合适的空间单元包含在内以用来强调地下水管理和保护。干旱地区大量的含水层系统就采用了这种方法。

地下水资源管理意味着针对每个空间管理单元建立合适的监管机构，包括组建合适的监管机构，具有执法权和社会资源的当局。同时也需要规定使用者如何确定目标以及选择适当的处理单元一起管理，同时对管理干预活动的有效控制也很重要。

构建分析框架，能为总体上识别、概括、了解地下水系统频繁而复杂的变化及其影响提供帮助。如图 6.1 所示的 DPSIR 结构，就是基于这种目的而构建的一种便利工具。它区分了 5 个等级的内部联系变量，这些变量集中一起能够描述循环环境中的动力学和内部联系。

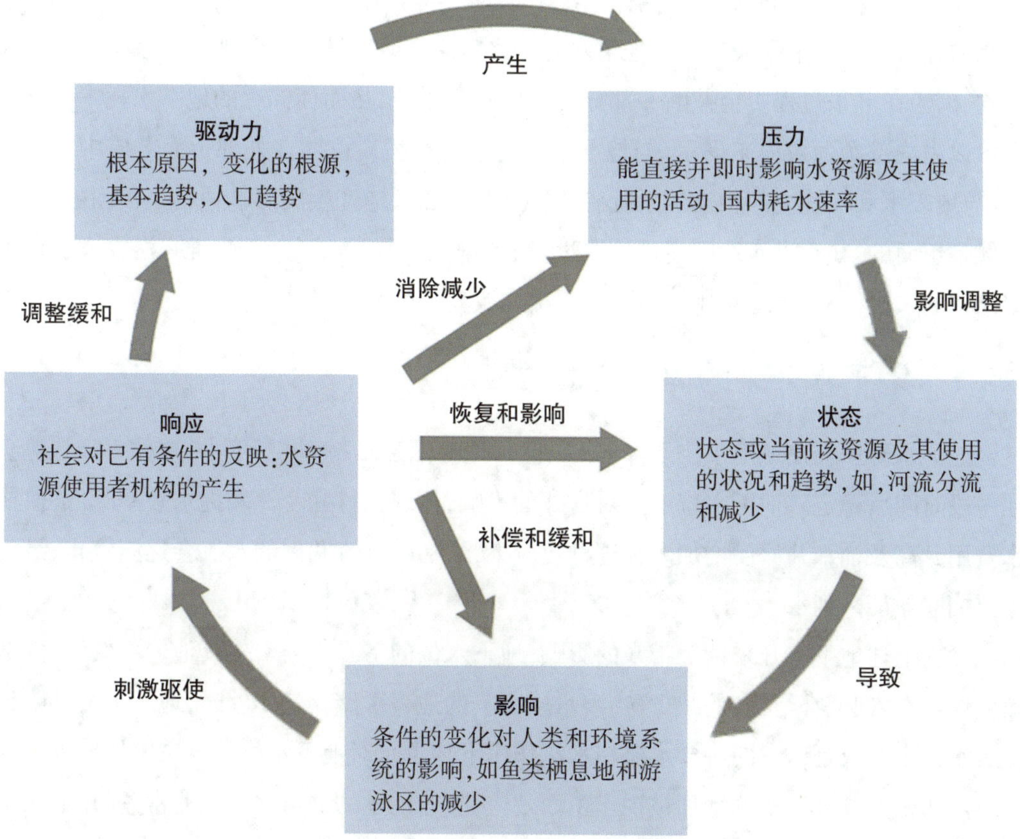

图 6.1　地下水资源 DPSIR 结构分析图

来源：全球水资源评估项目(2006)

在这个框架的术语中，地下水状况变化(水位、水流、地下水体积、水质)由施加在地下水系统上的压力产生(开采量、补给量变化、污染物排放等)。这些压力轮流在背后运行，形成所谓的驱动力或起因。通常地下水资源管理的驱动力有人口趋势、社会经济学现状和目标、科学技术发明、政策/法律/金融现状、气候变化和突发灾难。这些状态变化会对人类社会、生态系统和环境造成影响，这些在地下水资源管理和个体行为上触发反应。

接下来的部分，将会集中讨论全球范围内地下水现状最重要的几种变化类型及它们带来的影响。重点将一部分放在观测到的变化，一部分放到预测的未来可能发生的变化上。尤其会描述后一个范畴与压力间的联系，这种压力某种程度上和驱动力有关，也能让我们更好地理解第 7 章中所强调的地下水资源管理涉及的内容。

6.2 人类活动对地下水位和水流的改变

在前面章节中可能已经提及，由于地下水对人类生活和社会经济发展的重大价值，地下水的开采和使用量庞大。然而，地下水的开采势必会改变被开采的地下水系统的状态和结构，因为在开采过程中会截断一部分含水层中的水流，从而使储存的地下水耗竭。这一点可以由内部负面效应来揭示（与地下水系统本身有关），也能在外部负面效应中得到验证（与地表水和环境内部相连的系统有关）。这些负面效应产生的影响通常是负面的，有的时候是正面的，如在洪涝地区通过抽取过量的地下水。地下水开采不是唯一潜在改变地下水结构的人类活动，土地利用也对地下水结构改变产生影响。

6.2.1 地下水开采的内部负面效应

地下水开采会使地下水位下降。除非地下水开采活动一直进行下去，这种下降趋势会在一段时间后稳定。地下水位下降对水井的影响，体现在打井变深和提水效率降低，使抽水费用升高及抽水井深度增加。在这种效应下，最初的自流井内的水流会逐渐停止，最后需要抽取才能采到水。

除去上述地下水开采情况带来的影响，地下水位的下降也会引发其他内部效应。内部效应体现在"回流补给量"的减少（当潜水层之上的地表水储存量不够时，地下水会补给到地表水体中）或是诱发同一含水层在水压作用下地表水对地下水的补给来增加地下水补给量。通常这种补给量的增加被视作正面效应，除非诱发的补给水水质非常差时，如入侵的海水，这种情况在很多海岸线区域出现，如地中海、北美和中国华北地区。由于地下水位下降造成地下水流的改变，可能会发生我们不愿意看到的劣质地下水的迁移。

我们须区分地下水抽取用来满足用水或排水需要。对于地下水排水而言，地下水位下降不算负面效应，而是一种预期效果，即通过抽取作业，阻止灌溉区域的水涝或为规划中的土地利用建设创造理想地形条件。

在世界很多地区，地下水位下降已达数十米，少数地区甚至接近 100m 或更深。在那些地下水被密集开采用于城市和农业用水的区域，这一现象被大量观测到，在一些大规模排水的矿区也常常发生此类情况。图 6.2 和专栏 6.2 给出了一些例子。

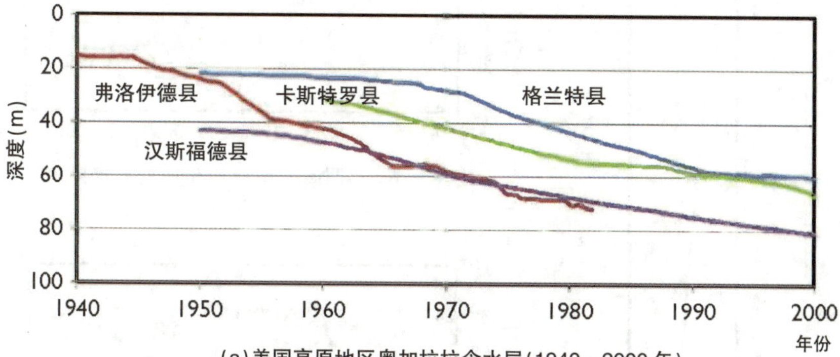

(a)美国高原地区奥加拉拉含水层(1940—2000 年)

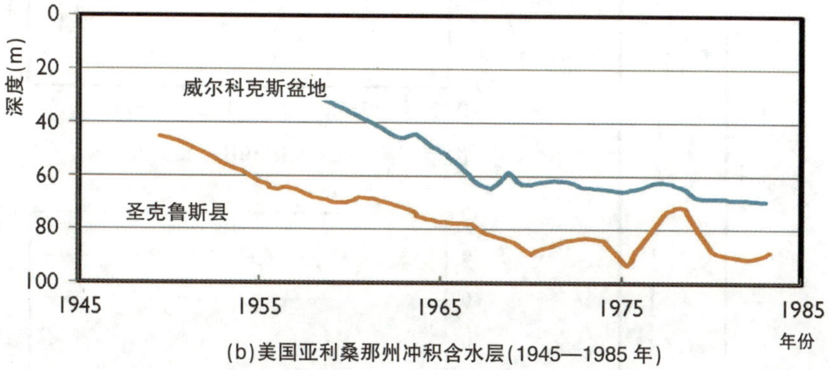

(b)美国亚利桑那州冲积含水层(1945—1985 年)

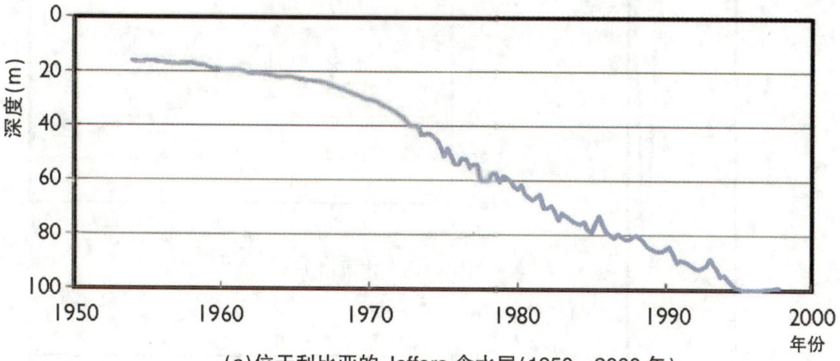

(c)位于利比亚的 Jeffara 含水层(1950—2000 年)

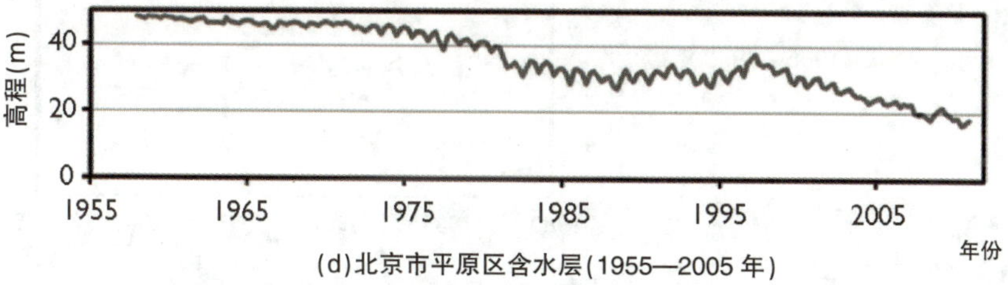

(d)北京市平原区含水层(1955—2005 年)

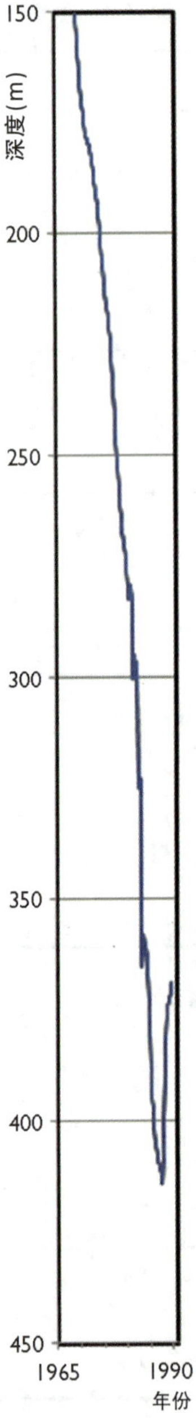

(e)西班牙 Karat 含水层(1965—1990 年)

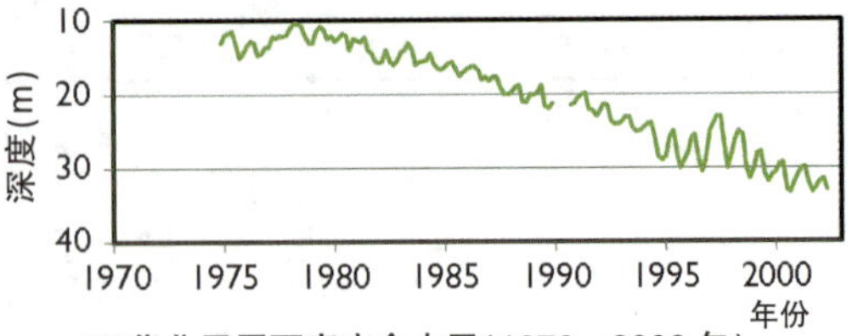

(f)华北平原石家庄含水层(1970—2000 年)

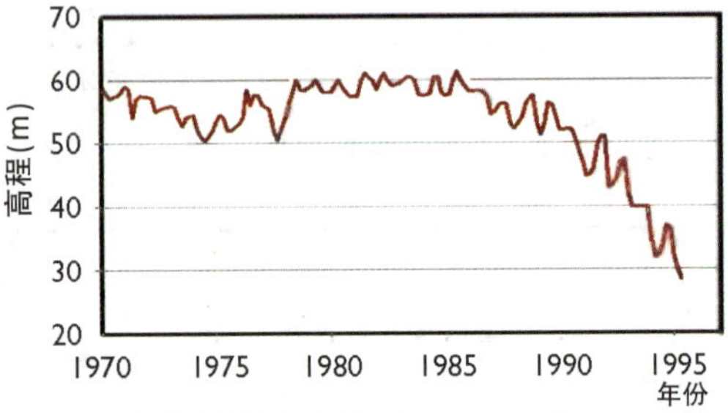

(g)希腊莫萨拉含水层(1970—1995 年)

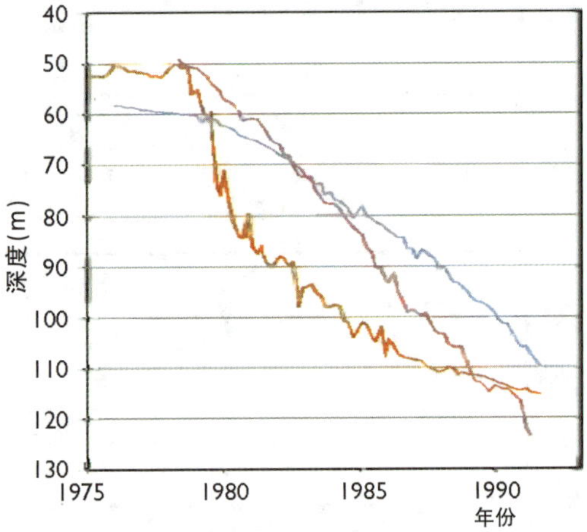

(h)也门含水层(1975—1990 年)

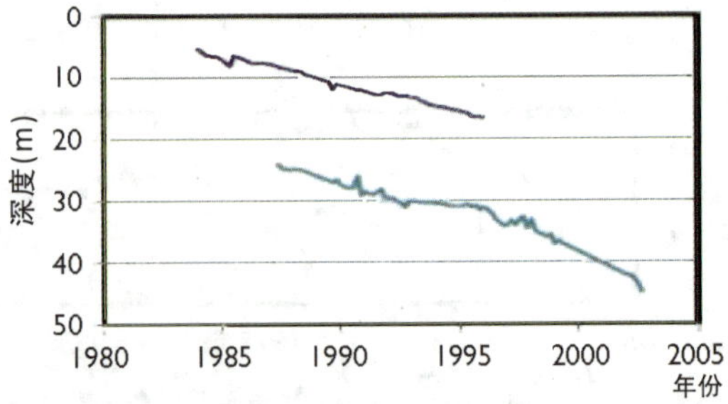

(i)印度冲击含水层(1980—2005 年)

图 6.2 因地下水集中开采引发的地下水位下降

专栏 6.2　　因地下水密集开采引发的地下水位急剧下降的典型地区

大部分地区的地下水位急剧下降都是由于长期(一个世纪或者更长时间)密集开采地下水的结果,如美国加利福尼亚州、法国巴黎和里尔地区、俄罗斯 Dniepr-Donetz 和 Azov-Kouban 盆地地区。在整个 20 世纪下半叶,很多含水层中地下水位以每年几米的速度下降已很常见,这一现象也反映了城市和农业地下水开采量的迅速增长。

从 20 世纪早期开始,在美国 Ogallala 高原密集开采地下水活动导致得州和堪萨斯州的地下水位分别下降了 60m 和 50m。同一时期对 alluvial 含水层的开采使整个亚利桑那州地下水位下降了 40~70m,大约每年下降速度是 1~6m。

对意大利波河平原含水层的集中开采和开采速度的快速增长导致了米兰在 80 年内地下水位下降超过了 25m(最多的地方高达 40m),在拉文那地区,海岸线含水层水位下降超过了 40m,在海平面 40m 以下地区形成了地下水锥形漏斗。

在西班牙,对阿尔坎特附近 Sierra de Crevillente 地区喀斯特含水层的地下水开采活动,使地下水位在 20 年内下降了 250m。阿尔梅里亚附近的 Campo de Dalias 地区地下水位在 20 年内下降了 15m,在 1984 年到达海平面 8m 以下的深度。在特纳利夫岛和大加那利岛,地下水位在一个世纪的观测期内下降超过 300m。

在希腊的阿尔戈利斯,累计开采的 6000 口钻井,使地下水位从 80m 降到了 150m,在 $100km^2$ 的区域里地下水位都比海平面低。

在墨西哥,1950—1990 年地下水位平均每年下降 1~3m,累计下降量达到 70~130m。

利比亚 Jeffara 地区地下水开采导致了 1960—1990 年地下水位下降了数十米,Tripoli地区地下水位下降达到了 70m。

在沙特阿拉伯,从 1980 年开始对 saq 含水层的集中抽取使当地的地下水位下降了 100 多米,在一些地区内超过了 200m,包括 Qasim 地区。

在中国,曾报道对 56 个地下水水压面的水位下降超过了 100m,覆盖面积超过了 $87000km^2$。在华北平原地区,石家庄地下水位每年下降 1.4m。

在菲律宾,马尼拉每年的地下水位下降 5~12m,地下水深度已经低于海平面 70~80m。

6.2.2 地下水开采的外部负面效应

地下水抽取最初以消耗储存的地下水为代价,逐渐改变水力梯度和相应水流,直到形成新的动态平衡。在过渡阶段,被抽取的地下水较少地从消耗的储存地下水含水层得到补充,更多地依靠诱发的补给或者天然地下水排泄的减少来维持平衡。当达到平衡的时候,开采量完全被诱发的补给和减少的天然地下水流出量平衡。一旦长期的地下水抽取率超过平衡量，地下水的过度消耗就会发生。

因此，全世界范围内的地下水开采在很大程度上以消耗天然地下水排泄为代价，这也导致了泉水流量的减少，湿地退化，含盐水域的盐碱化程度不断提高，地下水露头区如盐场中蒸发带来的天然排泄量的减少。甚至在传统的通过渗水廊道和暗渠形成的地下水开采系统中（第 4 章），其"人工泉"的可持续性作用就是通过或多或少、可见或不可见的天然地下水排泄的减少量来保持的。另外，潜水湿生植物生长区域内土壤蒸散发作用也起到了一定作用。

泉水排泄的减少引发了几个最明显的负面效应（图 6.3）。几个受到影响的大型泉水区有突尼斯的 Jeffara（1900—1990 年下降速度达到了 $2m^3/s$）、巴林（1970—1990 年下降速度达到了 $3m^3/s$），还有沙特阿拉伯和中国等。

图 6.3　位于也门萨那地区附近的哈达村庄的一处泉水（摄于 1982 年）

图 6.3 中的泉水源于火山岩，自古以来，一直为村庄植被和果园提供用水。1980 年以来，由于周边地区大量开设泵井，逐渐干枯。基流的减少和消失也十分普遍。图 6.4 中显示了中国华北平原中滏阳河在地下水耗竭负面作用下的水流急剧下降过程。在西班牙，由于对上游流域中拉曼查东部含水层开采量的增加，导致了 Júcar 河中的基流在 1970—1990

年每年减少 2000 万~5000 万 m^3。

图 6.4 表明地下水损耗导致了河流流量的减少。

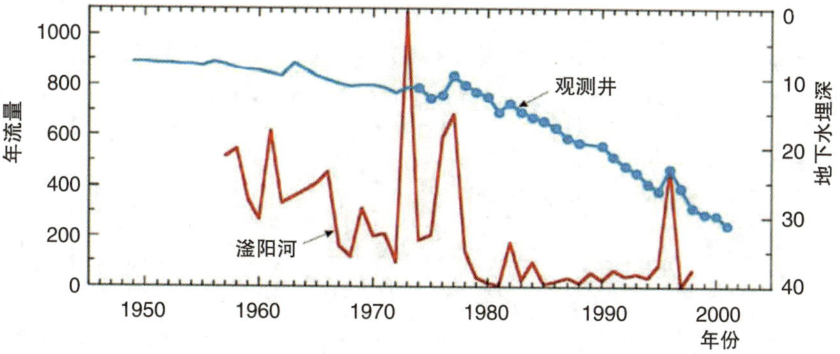

图 6.4　华北平原的河流流量和观测井水位

来源:Konikow and Kendy(2005)

对油气的开发同样会导致类似效应(如拉文那地区,意大利),而且在此过程中可能会伴随着大量的废水排放,通常是含盐类废水。在矿区的排水过程中,因开采地下水导致的下陷现象会随着岩层的崩塌而加剧。

当然,并不是所有的地表下陷都是由于地下水抽取或油气等其他流体资源开发或排水造成的。地表下陷也可能是厚而疏松的初期沉淀物的自然加固过程（过负重作用),通过岩层的全新构建、煤层的氧化作用,或是对矿物及其他固体原材料的开采造成的。

在西班牙,有因地下水开采导致的湿地退化案例。西班牙国家水利计划调查发现,有 440km^2 的湿地已退化消失,原因就是密集的地下水开采。一般意义上,地下水位的降低意味着土壤将更加干燥,地下水通过毛细作用补充土壤湿度将会变得更加困难。这不仅对湿地和绿色植被造成破坏,也将导致作物产量降低和土壤腐蚀。关于这点,在荷兰已经进行了超过半个世纪的试验,通过预测每个规划中的地下水开采将会降低作物产量,而对地下水开采量进行限定,并以此作为赔偿地下水开采带来损失的依据。

地下水位的下降也会导致地面坍塌和大范围土地下陷。这种地表变形对城市地区来说尤为不利,因为破坏了建筑和道路的稳定性,破坏了供水和环卫工作网络,影响了河道并增加了洪水发生的风险。这一现象也使土地的可建设性降低从而使土地贬值。20 世纪以来,从几厘米到数米的土地下陷现象给世界上很多城市带来了诸多不便(专栏 6.3)。

专栏 6.3 集中的地下水开采引发的地面下陷效应

联合国教科文组织收集了1980年以来全世界范围内42个因密集开采地下水引起的地表下陷案例,主要集中在城市地区,其中35个发生在欧洲、美国和日本(联合国教科文组织,1984)。

具体情况如下:

- 意大利:米兰(1952—1972年下降了0.2m)。
- 英国:伦敦。
- 墨西哥:从1920年开始,以平均最多0.4m/a的下陷速度增长,累积到10m。
- 美国:丹佛、休斯顿、拉斯维加斯、旧金山、图森,在加州一些城市最多2~9m的下陷,一些地区的下陷超过0.3m,1984年在中央山谷观测到的区域超过了13000km²。
- 中国:土地下陷的案例超过700个,影响了超过50个城市,包括天津(2.6m)、北京(0.6m)、华北平原的部分地区(最高为1.1m,在常州地区)、上海和台北。
- 印度:加尔各答。
- 泰国:曼谷。
- 日本:东京(从1910年开始,下陷最深的地方达到了4m,地表降到海平面1m以下),大阪(最多达到2.5m)和1998年报道的其他62个案例。
- 印度尼西亚:雅加达。

近年来,更多的案例被研究,更多的细节被监测到,这些增加的土地下陷案例已经被研究人员识别,如越南河内(0.1~0.15m的下陷),得州厄尔巴索内Bolsón del Hueco盆地(从1950年开始的0.3m的下陷),日本相模川冲积平原(1975—1995年的最多达到0.32m的下陷)和伊朗一些地区Yazd-Ardakan盆地(1985—2010年达到了0.32m)。其他的一些案例,如加州柯契拉谷(2003—2009年的70mm),雅加达(1997—2008年下陷250mm),伊朗的马什哈德谷地区(2003—2005年下陷了280mm),墨西哥城(2004—2006年下降了300mm),萨迦平原(1994年下降了160mm),印尼的三堡垄港市(2007—2009年下陷了80mm),伊朗的德黑兰盆地(2004—2008年下陷了205~250mm),墨西哥的托库卡谷2003—2008年下陷了90mm以及中国的云林县从2002—2007年下陷了100mm。IAHS/UNESCO组织的一系列国际座谈会(如FISOLS,1995,SISOLS,2000;SISOLS,2005;EISOLS,2010)为国际间土地下陷理论知识的交流发挥了重要作用。

上述观察到的负面效应和影响进一步促进了地下水资源评价的发展,通常通过对作用在地下水资源上的压力密集程度及这种压力与驱动力的相关程度进行评估。在很多国家,不断增长的人口和快速发展的农业仍是地下水开采的主要驱动力。在不久的将来,在很多地区气候变化作用下越来越高的用水需求也将加剧这种现状。

6.2.3　土地利用对地下水环境的影响

人类活动对地下水位和水流的影响不只局限在地下水开采方面，土地利用和相关活动的作用也是非常重要的原因。和自然条件相比,土地利用改变了地下水排泄和补给。

影响地下水补给的重要土地利用类型有以下 4 种。

(1)城市地区不透水层的增加

这包括工业区、公路网络和机场。例如,在加拿大安大略省,因城市化导致的地下水补给减少了 36%。法国北部的城市化建设被认为导致每平方千米内的含水层补给量减少了 100000m³。在一些特定情况下,我们也能看到城市化使地下水补给增多的情况,能补偿甚至超过原有的天然地下水补给量。但更多时候,不透水层的增加给人们带来了难题而不是益处(专栏 6.4)。

专栏 6.4　　过多的地下水补给

与密集开采地下水会带来的地下水耗损以及人工补给地下水不同的是：特定的土地利用活动会不经意间引发地下水资源的过度补给。有时这些随之而来的负面效应可能会超过这种资源增加所带来的益处。

在城市,除去不透水地面带来的地下水补给的减少量,地下水补给往往比天然补给量要大。这是由外部引入并由公用供水网络供应的清洁水的水流损失引发的下渗补给带来的（占到 50%),或是通过城市绿化灌溉用水的下渗作用和污水系统中的污水下漏造成的,这部分的水量往往会抵消由不透水表面导致的天然地下水补给的减少量,这些效应也导致了地下水位的上升,另一部分原因或是因污染而减少了地下水开采量。这一现象在很多城市都产生了问题，如加拉加斯、利马、洛杉矶、梅里达、莫斯科、佩斯、马德普拉塔、巴塞罗那和首尔(Morris 等,2003)。

地表水灌溉通常会导致地下水位上升(图 6.5),这是由于在灌溉过程中造成了水涝和在干旱地区造成了盐碱化。这些问题通常通过地下排水和减少土地活动来进行控制。全世界范围内大部分的灌溉土地都受到这种问题的困扰,包括中国、埃及、美国、印度、伊朗、伊拉克、巴基斯坦和其他很多国家。

据估计，在全球因地下水位上升导致的水涝、盐碱化影响的灌溉用地中,有 2200 万 hm² 受到严重影响,5500 万 hm² 的土地受到一般影响。

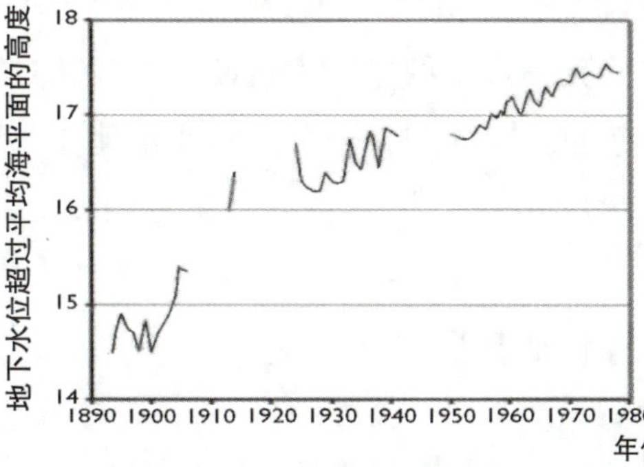

图 6.5　20 世纪初以来,由灌溉作用引起的地下水位上升,尼罗河三角洲

(2)植被覆盖或作物类型的改变

由于树木强烈的蒸腾作用,造林活动常常会减少地下水补给。不同作物需水量不同,导致了不同作物类型下同一降雨类型所带来的地下水补给量会存在差异。

(3)河流水利工程

河道中的水利构筑物对周围冲积含水层的补给也会减少地下水补给量。尤其当水库和水闸造成了河床阻塞时,这一效应会更加突出,如法国赖斯附近的法尔山谷。在半干旱地区,一些防洪的大坝会导致与大坝相连的冲积含水层地下水补给的减少或完全隔断,如摩洛哥的 Ziz 谷地区。与此相反的是,在一些地区,水利工程产生的效应刚好相反,比如阿曼的大型补给水坝和非洲、印度建造的很多小型补给水坝。可以看出,对每个不同水利系统需分开进行分析,以正确评估其对地下水补给的影响。

(4)灌溉作用

在所有的灌溉方式中,部分灌溉用水通过土壤带和下渗层形成地下水补给。一部分下渗水甚至被人们用来平衡水中的盐碱度。这种形式的地下水补给的增加可以视作有益的,但是过多的下渗水却能使水质劣化(盐碱化和污染)。甚至有时候,地表水灌溉会形成水涝,如在印度哈里亚纳邦部分地区、巴基斯坦的信德省和乌兹别克斯坦。

土地利用对地下水补给最突出的影响由人工排水产生。这种情况在地下水位较低的平原地区尤为常见,在这些地区地下水位被人为控制着(围海造田),比如荷兰的大多数地区。排水工程的目的是为了控制地下水位,副作用在于会大量增加地下水排泄,并且排泄量往往超过地下水开采量。排水活动开始后(排水沟、水道、渠道、泵站等),很难区分天然地下水排泄和人工排水导致的地下水排泄。

尽管一些国家对土地利用对地下水环境的影响因素进行了识别和分析,但到目前为止,还没有全球性统计可供人们参考。因此,无论在国家水平上还是在全球范围内,都不能对何种程度的土地利用对地下水资源产生影响进行细分。然而,报告显示,对全世界农业区人工排水的研究,已在所有人工排水研究领域中占据了很大比例,这一报告由法兰克福大学的研究者(Feick 等,2005)完成,如图 6.6 中所示。报告显示,全球有 1.67 亿 hm^2 进行人工排水的农业用地,其中 28.5%在美国,27.2%在欧洲,12.0%在中国,3.7%在巴基斯坦,3.5%在印度,3.1%在墨西哥。在一些国家内,进行人工排水的农业用地占全国用地的很大一部分,如荷兰为 55%,立陶宛为 40%,丹麦为 35%,塞尔维亚为 27%和匈牙利为 25%。

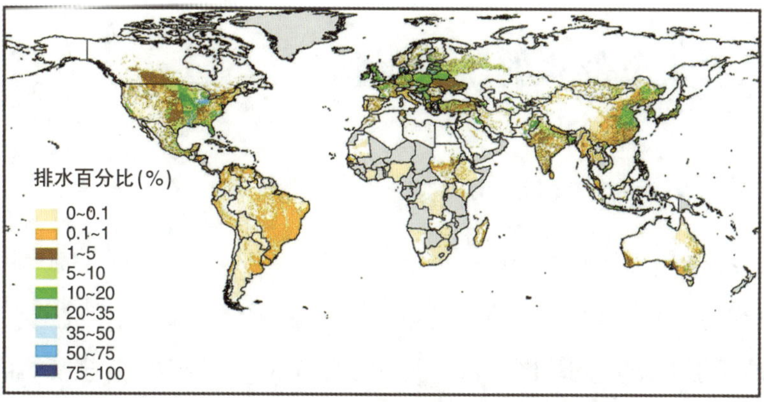

(a)世界地图

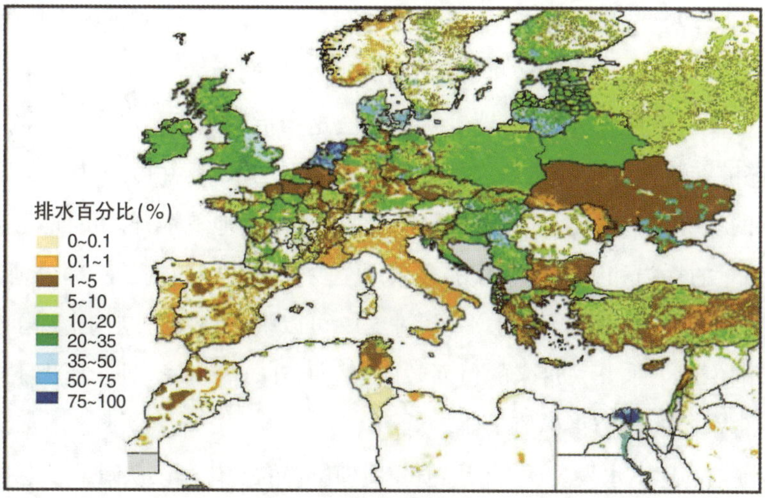

(b)欧洲和北非地区

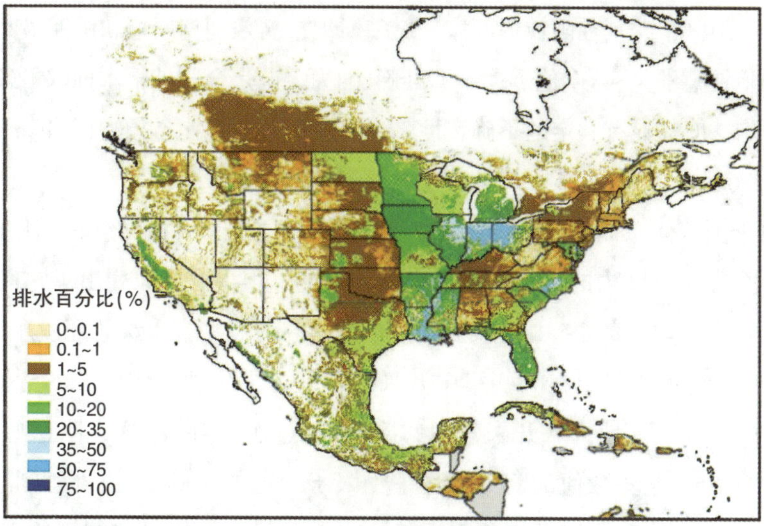

(c)中北美洲地区

图 6.6　人工排水农业区，在每 0.5°×0.5°网格单元上的排水区所占百分比

6.3 地下水开采带来的压力现状

6.3.1 地下水发展总体压力概况

衡量地下水资源开采中压力程度的指标值被我们称之为“地下水发展压力指标值”。指标值通过计算已知年份的地下水开采量和年平均地下水补给量（包括诱发的和人工的地下水补给)的比值来确定。这个指标值通常以百分比表示,选取一定规模的包含可再生地下水的单一含水层进行评估。将这一指标应用于大型划分的含水层系统,或是包括几个含水层系统的地区或是整个国家,会导致数值逐渐趋于平稳,一定程度上会掩饰了地区的特殊条件。此外,同时存在较少和密集补给的混合含水层的地区也将这一指标用做诊断识别工具。然而,即使是应用于大型复杂的空间单元,这个指标也不是没有意义的。在这些情景下,指标值能够在数据上说明该地区地下水系统的平均水平,并可用其与未开采地下水的天然环境下的状况进行对比。因此，其作用是用来衡量地下水开采负面效应发生的概率,如地下水储量的耗损和天然补给量的减少。至少在关注区域内的一部分地区,此指标是适用的。将这个指标应用于国家水平,超过 50%可以视作地下水结构出现了较大变化,容易引发较大的由地下水开采带来的负面效应。然而,在一些国家,处于压力下的含水层,尤其是较大的含水层的这个指标值却比较低。

全世界范围内的地下水发展压力指标值随地理位置的变化可以从附录 5 中看到，这一数据是根据对各个国家 2010 年地下水开采量的估算上确定的。数值变化范围为 0%~100%。在亚热带和干旱地区，尤其在阿拉伯国家、巴基斯坦、乌兹别克斯坦和伊朗最高值超过了 100%。值得我们注意的是,这个值远远不够准确,因为无论是全国地下水抽取量还是地下水补给量的年平均估值都具有一定的不确定性。基于这一点,通过水谷模型(Döll and Fiedler, 2008)得到的 1961—1990 年的年平均地下水补给量常被用做参照量。

尽管相较于国家体系而言,指标变量对于单独含水层更具有指导意义,但至今仍缺乏足够的数据对全世界范围内的含水层进行完整的描述。很少有国家列出了它们国土中基于此类目的的数据清单。表 6.1 中列出了全世界范围内的一些含水层的开发压力指标值。

表6.1 中展示的主要限定在一些集中开采的含有可再生地下水资源的含水层。这些地下水发展压力指标值(地下水开采索引)几乎都超过了 100%。这说明这些含水层面临巨大的压力。由于这些数值的赋值过程中受限于一定的不确定性，因此将它们进行比较的时候应慎重，因为不同情境中对于地下水抽取量和补给量的估算所采用的方法存在差异。与那些散布的“地下水在全世界范围内都被过量开采”的谣言不同的是，我

们不应从表 6.1 中得到类似的结论，这是因为研究情景都是针对被密集开采的地下水含水层。在全球范围内，至今依然存在着成千上万的很少被开采的含水层。在全球水平上，当前从可再生地下水中的开采量合计仅为全球总地下水量的 6%~7%，占全球开采的可再生资源的 1/5。

然而，从全球尺度上进行分析显然不是评估地下水压力最适当的方式，因为问题的发生和资源管理往往都是在当地尺度上进行的。

表 6.1　　全世界范围内被密集开发的可再生含水层中的开发压力指标值

国家	含水层系统	年份	开采量 (km^3/a)	RGDS 指标 *(%)	参考文献
阿尔及利亚	Mitidja	2000	0.273	107	Min. NSRE, 2003
	穆斯塔加奈姆高原	2000	0.036	155	Min. NSRE, 2003
	Hodna	2000	0.131	107	Min. NSRE, 2003
	格里斯平原	2000	0.08	125	Meddi & Hubert, 2003
	20 个过度开发的含水层	2000	0.7	121	Min. NSRE, 2003
中国	黄淮海平原	1997	19.8	169	Wang 等, 2000
	河北平原（黄淮海平原的一部分）	1997	16.5	183	Wang 等, 2000
加沙和以色列	海岸带含水层	1999—2000	0.55	178	Israel Water Comm, 2002
印度	旁遮普附近的冲积含水层	1995	11.4	120	CGWB India
	印度河流域	2000	46.7	~76	Kahlown, 2004
以色列和巴勒斯坦	山区含水层	1999—2000	0.76（包括泉水）	106	Israel Water Comm, 2002
利比亚	Jeffara	1995	0.225	113	Salem, 1998, Al-Miludi, 2001
马耳他	MSL 含水层	1997—1998	0.025	250	Riolo, 1999
墨西哥	墨西哥山谷	1988	0.63	~200	Ragone, 2003
	加利福尼亚半岛	1980	0.12	150	UNEP, 1985
	100 个过度开发的含水层	2000	13.9	160	Marin, 2006
摩洛哥	苏斯马塞德拉	1998	0.64	267	FAO, 2005
		2005	0.59	158	Oubalkace, 2006
	Haouz-Ksob	2005	0.59	132	Oubalkace, 2006
巴基斯坦	印度河流域	2000	46.7	~76	Kahlown, 2004
西班牙	Mancha Occidental	1989	0.58	171	Lopez-Camacho 等, 1992;
	Campo de Cartagena	1989	0.075	231	Anonymous, 1994 (Libro

续表

国家	含水层系统	年份	开采量 (km^3/a)	RGDS 指标 *(%)	参考文献
西班牙	Sierra de Crevillente	1989	0.015	750	blanco de las aguas subt.)
	Campo de Dalias	1989	0.11	123	
	Balearic Islands	1989	0.285	109	
	Canary Islands	1989	0.34	110	
突尼斯	Sahel/Ras el Jebel	1990	0.013	153	Khater, 2003
	Jeffara	1990	0.126	64	DGRE, 1995; 2005
	32 个过度开发的含水层	2000	0.504	168	Hamdane, 2005
美国	亚利桑那州	1990	3.78	1022	USGS
	加州中央山谷	1990	20	286	USGS
	奥加拉拉含水层	2000	21.5	~300	USGS
也门	Sana´a Basin	1994	0.18	190	Foppen, 1996
	Tihama 海岸线平原	1994	0.81	107	Van der Gun & Ahmed, 1995
	高原	1994	0.5	220	Van der Gun & Ahmed, 1995

注:* 如果所有抽取的地下水都属于“可再生地下水”类别,则这些值可再生地下水开发压力指标值和地下水开发压力指标值相同。

6.3.2 可再生地下水和不可再生地下水之间的区别

上述内容中介绍的地下水发展压力指标并没有对可再生地下水和不可再生地下水的开采进行区分。在一些情况下,需要对得到的地下水抽取数据进行区分时,我们需要将地下水发展压力指标值分为两类。换句话说,独立指标体系能为那些只考虑可再生地下水和只考虑不可再生地下水的地区服务。

用来描述地下水开采对可再生地下水的压力程度指标值被称为 “可再生地下水开发压力指标值”(RGDS)。这个指标值是可再生地下水开采量同考虑区域内的地下水年平均补给量的比值,通常用百分比表示。在那些地下水开采主要从可再生地下水含水层中进行时,我们认定 RGDS 值和 GDS 值是相等的(可见附录 5)。图 6.7 中展示了全球范围内以国家为单位的可再生地下水开发压力指标值统计情况。

另一种针对地下水开采对可再生地下水含水层的压力指标体系是最近提出的 “地下水足迹”方法。通过对含水层区域中的年平均地下水开采量同年平均补给量与年地下水对环境中河流补给量的差值的无量纲比值来表示。这个指标能够明确地将地下水生态系统需求考虑在内(Gleeson 等,2012)。

地下水开采(表 5.4)对不可再生地下水的压力程度指标应该同地下水储量的评估相结合,这是因为地下水补给在这种情景下是可以忽略不计,不甚重要的。这种情况下的评估仅仅需要考虑开采的地下水。指标评价结果一般是以年平均地下水储量消耗 (给定年度)或是从开发前至今的累积的地下水储量消耗量来表示。然而,对地下水可开采量的估算往往比地下水开采量的估算更不准确,这种不确定性会对指标值的计算带来误差。在实际中,应用于承压地下水的常见方法中,特定时间内的地下水位降低值(一段时期下降后的地下水位同最初的地下水位相比) 与最大可允许的地下水位下降高度值的比值和体积比相比,也许是更好的压力指标方法。

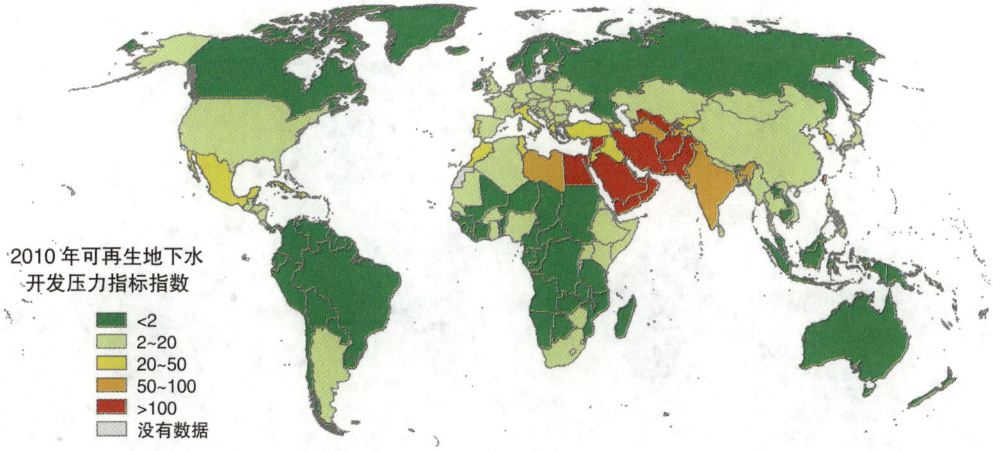

图 6.7　2010 年各城市的可再生地下水开发压力指标值统计情况

6.3.3　整体用水现状(稀缺或充足)下关于这些压力的说明

在总体水资源背景下对这种压力进行解释往往比通过上述介绍的指标体系更有意义,如地表水和地下水协同作用下的“蓝水”。人均蓝水再生量是评价人类用水资源是否充足的一个有效指标。图 6.8 中解释了这个指标的全球模式。

在一些国家,如果在 GDS 值和 RGDS 值较高的情况下,人均蓝水再生量也很高,我们会建议重新分配地下水开采到地表水的量,以减轻地下水的压力。在分类中需要进行重新配置的国家有伊朗、阿富汗、阿尔及利亚、印度、黎巴嫩和塔吉克斯坦。在一些国家,则不需要做出这些选择,如沙特阿拉伯、也门、科威特、巴林、卡塔尔、阿联酋和利比亚。

人均蓝水再生量也被称作法尔肯马克压力指标。目前而言,当超过 1700m³/a 时,我们认为该地区无用水压力。低于这个水平,被认为会经常出现用水不足,当低于 1000m³/a 的时候，我们认定用水不足已成为该地区经济发展和人类生活的阻碍。当低于 500m³/a 的时候，用水不足就成为生活的主要制约因素(严重的用水压力)。需要强调的是，上述对用水压力的数值分级只是非常粗略的。对一些其他相关因素的考虑将会使识别出的用水压力更加可信，如气候条件和水质等。对于图 6.8 的另外一种解读就是将其与全国人均用水消耗量的水印迹结合起来进行分析(Mekonnen & Hoekstra,2011)。水足迹可以分为绿色、蓝色和灰色水组分。如果蓝色和灰色水组分的足迹超过了人均蓝色水恢复量，这中间的差异就被非传统的水资源、水储量耗损和进口的虚拟水所占据。根据已有资料，涵盖这种情况的国家有沙特阿拉伯、也门、科威特、阿联酋和利比亚，这些国家的人均地下水耗损量在几百到超过 1000m³ 的范围内变化。

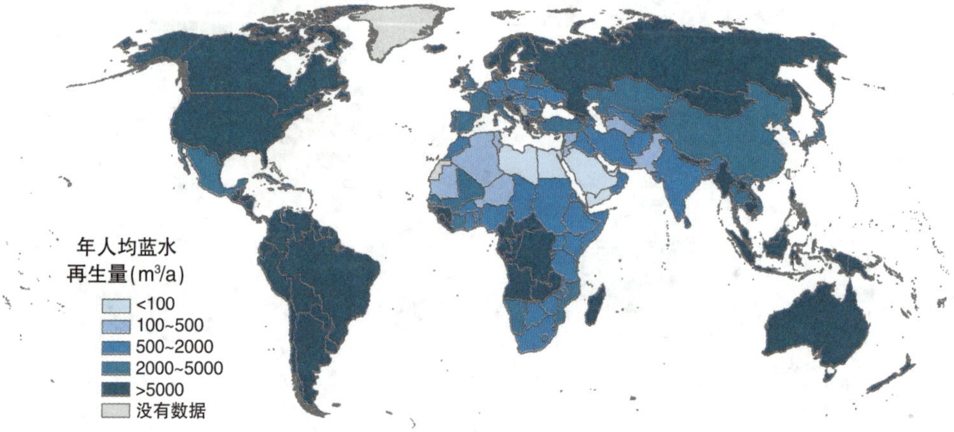

图 6.8　2010 年各城市年人均蓝水再生量

6.3.4　水文过度抽取和含水层过度开发

过度开采、超量取水、过度开发都是一些常见的形容对含水层进行过度密集的地下水抽取活动程度的词语。对“临界强度”和“过量强度”两种概念的差异，一直缺乏清晰的定义和解释说明，很容易引起歧义。专栏 6.5 中对更多细节的说明和一些文章中对此进行的讨论，结果可以归结于两种概念在临界条件上的不同：

- 永久性地对水文动态平衡的破坏(永久性失衡)：在这个范畴内可以引用“过度水文抽取”这个名词来说明。
- 从地下水得到的效益与其带来的负面效应间的失衡(包括一些不能接受的负面效应的发生)：在这类范畴内“含水层过度开发”或“过度开发”被人们所提及。

与国际水文地质组织惯例不同的是：这两种分类被认为是唯一符合逻辑和有效的、运用不同名词对两种概念上不同的临界条件进行区分的方法。

专栏 6.5　　什么是地下水过度开采

地下水过度开采这个词被广泛用于描述被过度开采的特定含水层中的地下水开采率。但过量依据是什么?如果这个问题得不到解释,过度开发的概念是模棱两可的,会带来争议。在当前惯例的基础上,需要对这个词进行更清晰的定义。

在通常情况下,下面两个指标被用来评价一个含水层是否被过度开采,两个指标对应不同类型的识别。

(1)含水层中的水量平衡:长期动态平衡还是永久性失衡

这是一个物理指标,能够进行客观的和可重现性的识别,并提供获取充足的信息。在抽水作用下,地下水位会逐渐下降,慢慢会导致含水层水文结构中天然排泄量的减少或者诱发补给作用。如果这两者不能再维持当前地下水开采率的话,那么这种动态水文平衡就不会再保持下去,一旦不减少地下水开采率(在这种情形下为不可持续的开采率),地下水耗损会一直持续下去,如第5.4节中所提及,这种情况被称作"水文过度开采"。

许多地下水专业人员低估了地下水开采导致的含水层响应,并声称只有地下水开采超过地下水补给时才会发生地下水过度开采的现象。尽管这种简化的评价指标并没有妨碍对全世界范围内很多含水层的诊断,但这种简化有的时候会导致严重的错误(比如对海岸线附近的含水层),这种情况也被形容为"水量平衡假象"(Bredehoeft,1997;2002)。

(2)地下水开采带来的效益和负面效应之间的平衡

与之前评价指标不同的是,这个指标用来评价密集的地下水开采带来的负面影响。这种判定指标一般和个体偏好有关,因此在不同决策者、不同地区和不同时期间存在差异。当地下水开采越来越密集的时候,这种负面效应会增加。这些效应包括使区域内的地下水环境恶化的效应(地下水位下降、地下水耗竭、水井干涸、地下水质恶化),或是一些外部效应,比如天然地下水排泄量的减少(泉水、基流等),湿地的消失,土地的下陷和农业用地中土壤水分的减少。"地下水过度开采"意味着如果人们对地下水开采带来的效益和负面效应之间失衡的时候,这种行为就是不利的,除非减少地下水开采量来改善这种情况。

简而言之,"地下水过度开采"在现实中具有负面内涵,暗示地下水开采量保持在人们不乐于看到的强度,这种强度下产生的负面效应远超过人们可承受的范围。它并不需要达到地下水结构中水量永久失衡的范畴,因为一些特定的负面效应(比如土地下陷和湿地退化)在长期的水文平衡下会越来越严重。另一方面,在大多数情况下水文过度开采都会被归类为过度开采。

最后,计划中的对不可再生地下水的开采和规划中对可再生地下水的暂时开采,对地下水缓冲区的利用,不应该被认定为地下水的过度开采,在这些情况下,对地下水储量的消耗是基于判断其带来的效益超过其带来的负面效应的基础上的。

水文过度抽取是一个纯粹的学术名词，完全通过物理性质定义，也是一个中立的概念，使用公正客观的指标去诊断识别(在当前的抽取形势下，地下水储量的耗损在将来中长期内会一直持续下去)。表 6.1 中给出了全球范围内许多过度开采含水层达到程度，根据各个国家进行的估算如表 6.2 所示。需要强调的是，一些重要的国家并没有出现在这个表中(比如印度)，同时在列出的国家中得到的数据常常出现冲突或是基于试验得到的估算值，因此应谨慎使用这些列出的数据。

当前全球累积对可再生地下水开采率，是由 Konikow (2011)基于 2001—2008 年的数据，通过用全球的地下水耗损减去估算的不可再生地下水的耗损($31km^3/a$，见第 5.4 节)得到。因此，这个数值很可能是 $115km^3/a$，或占全球地下水开采量的 13%左右。然而，如表6.2 中所示，在个别国家这个数值可能更高。

既然"开采量超过平均补给量"不是判定地下水水文过度开采的正确指标，如专栏 6.5 中所解释的那些，它们会导致一些错误的结论。

表 6.2 不同国家对可再生地下水的过度开采估算量

国家	基准年	可再生地下水的开采量			参考文献
		总量(m^3/a)	m^3/a	(%)	
阿尔及利亚	2000	~1.2	0.145*	12	MNSRE, 2003
中国	1997	96.8	30	31	Wang 等, 2000
中国北部		55.7	30	54	
塞浦路斯	1998	0.145	0.04	28	Tsiourtis, 1999
加沙	1995	0.13	0.06	46	Al Jamal & 等, 1996
伊朗	1993	57	11	19	ICID, 2000
	1995	53	16	30	FAO, 1995
以色列	2000	1.2	0.187	16	Israel Wat. Comm, 2002
约旦	2000	0.5	0.225	45	Min. Water, Irrig; 2002
黎巴嫩	2003	0.24	0.09**	38	ESCWA, 2007
利比亚	1999—2000	1.28	0.765	60	Salem, 2000
马耳他	1997—1998	0.025	0.015	60	Riolo, 1999; WSC, 1998
墨西哥	2000	27.2	13.9	51	Marin, 2006
摩洛哥	2005	3.68	0.54	15	Oubalkace, 2006
阿曼	2003	1.15	0.60**	52	ESCWA, 2007
葡萄牙	2000	4.75	0.75	16	INAG, 2001
西班牙	1995	5.53	1.05	19	Anonymous, 1998
叙利亚	2005	8.34	3.44**	41	ESCWA, 2007

续表

国家	基准年	可再生地下水的开采			参考文献
		总量(m^3/a)	m^3/a	(%)	
突尼斯	2000	1.21	0.175	14	DGRE,1995,2005
	2000	1.21	0.204	17	Hamdane,2005
美国	2000	115	17.7	15	Konikow,2011
也门	2001	2.40	1.40**	58	ESCWA,2007

注:* 根据阿尔及利亚北部已建立水平衡的 40 个含水层确定;** 通过全国总地下水开采量和平均年地下水量差得出的。

地下水过度开采是一个复杂的概念,因为其含有主观因素。由于缺乏严格的定义和统一的评估流程,不同的开采案例并不真正具有可比性,这也使得全世界范围内缺乏统一备案。当我们认定一个特定含水层处于过度开采时,通常基于观察到地下水开采带来的负面效应,而不是基于对含水层结构的观察结果得到的。一些特定负面效应:如土地下陷和湿地退化,相比于累积的地下水预期变化,对地下水状态的变化更加敏感。在这些情形下,对相应含水层隐患的预警应该扩大到局部尺度之外,而不仅仅停留在含水层尺度。过度开采往往包含着水文过度开采过程,但如专栏 6.5 中所提及的,这并不是必要条件,因为即使在地下水开采活动并没有造成长期水文环境失衡的时候,一些负面效应如土地下陷和湿地退化也会发生。

仅有一小部分国家对它们认定的过度开采含水层进行备案和地图标示绘制。其中之一就是西班牙,截至 1997 年,西班牙国内 77 个水文地质单元被认定为过度开采或是盐碱度不断增高;在这些单元中,15 个单元被法律认定为过度开采(MMA,2000),在 1991 年,国际组织 RIVM 和 RIZA 收集了欧盟国家内的 70 个过度开采的案例。在阿尔及利亚,根据全国水利资源部的统计,截至 2000 年,超过 40 个含水层水文环境平衡被保持,25 个被过度开采。在突尼斯,239 个被统计的含水层中的 32 个被认定为过度开采 Hamdane (2005)。在墨西哥国内统计的 653 个含水层中,过度开采的含水层由 1975 年的 35 个增至 2005 年的 102 个(Marin,2006)。

防止含水层过度开采的前期工作,一般在地下水过度开采很多年前就开始,集中在一些概念如"安全产量"和"持续产量"上(见附录 1)。Van der Gun 和 Lipponen (2010)梳理了这些概念及其来源,以及如何利用这些概念来指导地下水资源可持续管理。

6.3.5　地下水储量消耗

整个 20 世纪和 21 世纪初期,人们对可再生地下水的过度开采和对不可再生地下水的过度开采引发了大量累积负面效应，在全世界范围内一些含水层中出现了严重的地下水耗减。这些地下水耗减使地下水位明显下降，如第 6.2 节所示，并且已增长了超过 100km³ 或更多(图 6.9 和表 6.3)。在人类时间尺度上，在那些地质土层被压实、合并的过程中，这些耗损是不可逆的，很多含水层储存能力的丧失是永久性的。根据相关估计 Konikow（2011），在整个 20 世纪，整个地球的地下水储量已经被消耗了 3400km³，1900—2008 年被消耗了 4500km³。其中一部分导致了地下潜水层的厚度变薄(地下水位下降)，另一部分使承压含水层的水压降低了(降低了孔隙体积和孔隙中水的释放量)。

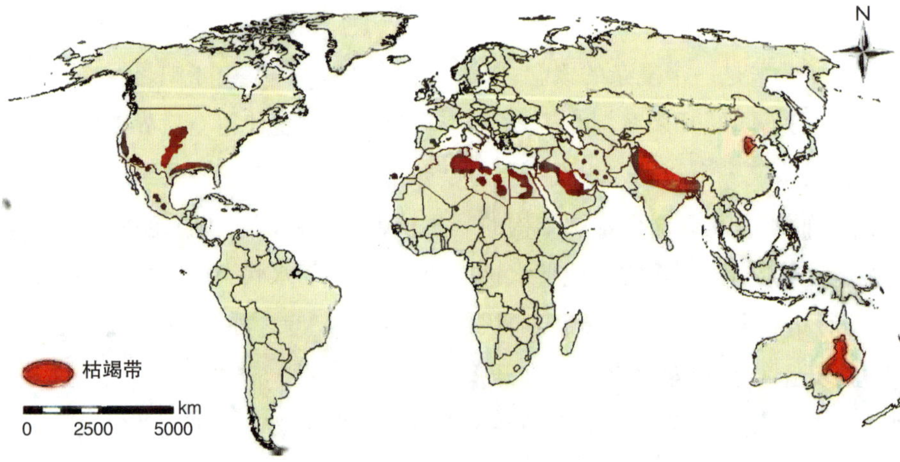

图 6.9　20 世纪以来，由于过度开采可再生地下水和非可再生地下水源而导致地下水枯竭的典型地区

表 6.3　　整个 20 世纪密集开采地下水的主要地下水耗减案例

(过度开采的可再生地下水和不可再生地下水)

国家	含水层系统或地区	基准年	持续时间	累积地下水耗减量(km³)	参考文献
澳大利亚	大自流盆地	1880—1973	94	25	Habermehl；1980，2002
阿尔及利亚	撒哈拉西北部	1950—2000	50	9.35	OSS，2005(modelling)
突尼斯，利比亚	含水层系统(CT+CI)	1900—2000	100	53	Konikow，2011
		1900—2008	108	70	Konikow，2011
中国	河北平原	1960—1980	20	15~20	Wang 等，2000
	中国北部部分地区	1960—2000	40	70	Wang 等，2000
	华北平原	1900—2000	100	130	Konikow，2011
		1900—2008	108	170	Konikow，2011

续表

国家	含水层系统或地区	基准年	持续时间	累积地下水耗减量(km^3)	参考文献
埃及，利比亚	努比亚砂岩含水层系统和后卢比亚	1960—2000	40	30	Bakhbakhi,2002（模拟获得）
	卢比亚含水层	1900—2000	100	80	Konikow,2011
		1900—2008	108	98	Konikow,2011
印度，巴基斯坦，尼泊尔和孟加拉国	印度北部和周边地区	1900—2000	100	938	Konikow,2011
		1900—2008	108	1361	Konikow,2011
沙特阿拉伯	多层阿拉伯平台含水层	1975—2000	25	-380	Abdurrahman,2002
		1900—2000	100	359	Konikow,2011
		1900—2008	108	468	Konikow,2011
西班牙	特纳利夫岛赫尔大加纳利岛火山含水层	1900—1990	90	8~10	Konikow,2011
美国	亚特兰大海岸平原	1900—2000	100	14.4	Konikow,2011
		1900—2008	108	17.2	Konikow,2011
	海湾海岸平原	1900—2000	100	199	Konikow,2011
		1900—2008	108	266	Konikow,2011
	高原含水层奥加拉拉	1900—2000	100	259	Konikow,2011
		1900—2008	108	353	Konikow,2011
	加州中央山谷	1900—2000	100	113	Konikow,2011
		1900—2008	108	145	Konikow,2011
	美国北部冲积平原	1900—2000	100	175	Konikow,2011
		1900—2008	108	178	Konikow,2011
	北部火山含水层系统	1900—2000	100	-48	Konikow,2011
		1900—2008	108	-45	Konikow,2011
	深层承压含水层	1900—2000	100	33	Konikow,2011
		1900—2008	108	36	Konikow,2011

尽管全球对地下水的耗损与整个地球的储水量及很多国家的地表水总量相比，数量很少(表2.1)，它引发的负面效应仍不容忽视，因为这些地下水耗损集中在少数几个区域，可用的水已经不多，这些地区主要集中在北半球干旱地区和澳大利亚。这些地区的地下水储备已经脱离了当地的水循环，过度的地下水开采也导致了诸多负面效应，如土地下陷。

当前,地下水资源的长期可持续发展存在不少隐患。据相关数据显示,和开发前对比,高原含水层系统中的地下水储量损失了8%~9%(McGuire,2009),但是这种耗损中开采的地下水实际占据的份额远远更高。亚利桑那州的冲积盆地,大约占据了整个美国西部冲积盆地地下水耗损量的60%,说明了地下水消耗速度变化之快。1960—1980年地下水耗损量增长量为3km³/a,导致的土地下陷和地下水位下降使当地在水资源管理和用水策略上发生重大改变,使1980年后的年平均地下水储量恢复到了0.41km³/a(Konikow,2011)。对全世界干旱地区无数含水层的开采尤其是小型含水层的开采,被认为是地下水耗减的全部或部分原因,但有时候很难去寻找一些可靠数据去客观支撑这一结论。

6.3.6 全世界的地下水资源是否被过度开采

对于这个问题,很难给出简单、有效的答案。因为世界范围内各处作用在地下水资源上的压力存在差异,地下水系统对于这种压力的响应机制也不同,这种响应带来的影响也各不相同。可以确定的是,全世界内的很多案例中都符合过度开采的定义,但这些案例分散在世界各地,并不能完全代表整个被密集开采的含水层。当然,在一些地区多数含水层中频繁发生的截然相反的情形值得我们去备案分析。与过度开发的含水层不同的是,那些很少被开采的含水层(未开采含水层),它们显然不在临界状态,开展这些研究能更好理解它们没有被密集开采的原因,对评估它们被遗忘的效益大有裨益。

过度开采地下水的案例仅仅代表了全球地下水开采中很小却不可忽视的一部分。它们给所在国家带来了不少难题,因为地下水资源在这些被讨论的国家的供水中占据了重要甚至是主要角色,而这种供水的可持续性出现了问题。过度开采的地下水在当前供水系统和规划的供水网络中占据的比例越高,这个问题越严重。需要注意的是,在21世纪地下水供应量将会越来越少,最终会逐渐消失。政府和水资源管理部门需要通过监管部门识别和监测地下水资源开采活动,并在适当的时候用其他的水资源替换。当没有可用的水资源时,需要对现有水资源利用情况进行改革。后者可能需要对区域经济进行过渡转型,减少对水的依赖程度。这也对那些经济很大程度上由地下水资源支撑的灌溉农业地区构成了挑战,如美国的高低平原或中东地区的很多地方。

毋庸置疑的是,全世界很多地区仍然通过过度开采地下水资源获取可观的经济效益。这一点在农村供水中尤为突出。农村分散在地区内的各个位置,由于地下水更容易被获取、更可靠、水质好(需要很少或不需要处理设施),并且随处都能得到(最小的运输成本),使地下水资源比地表水资源更能满足生活用水要求。地下水因此被认为在实现“千禧年7号”目标中扮演着重要的角色,其目标是在2015年使不能获取健康饮用水的人群减少一半(UNDP,2010),并在2015年后实现进一步的饮用水发展目标。

6.4　气候变化和海平面上升引发的压力

6.4.1　气候变化

全球气候变化由温室气体效应造成,在气候变化模型中,变化驱动因素或改变的外界压力,能显著地改变地下水补给量及时空分布,或是改变地下水需求量及其对地下水平面上升的贡献,气候变化被认为将在 21 世纪对地下水系统构成严重影响。即使仍然很难去量化这些变化及发生的时间,但当前气候和地下水现状对比似乎越来越有力地证明了这一事实,国际气候变化组织 IPCC 基于 4 种温室气体迁移情景和不同气候变化模型形成了多种可能出现的气候变化预测。尽管气候变化具有很高的不确定性,这些预测中还是有共同的发现。其中包括 21 世纪出现的气候变化规模将会比 20 世纪更大,土地温度将会比毗邻的海域更高,一些极端天气出现的频率和密度将会增加,除非排放量的减少使温室气体的排放稳定化,否则人为造成的变暖和水平面上升将会持续。

大量研究已经尝试研究地中海气候变化给地下水带来的影响,研究集中在当地水环境最敏感的地下水补给量减少和地下水开采灌溉量增加带来的影响。调查显示,每年地下水最终平衡量平均将减少 100mm 或更多,这是由于潜在蒸发量的增加(超过 50%)导致了平均地下水位的显著下降(Vachaud 等,1997)。

在全球尺度上,IPCC 的报告提供了很多有用的信息。第三届 IPCC 报告出版了两张揭示截至 2050 年的年平均径流量变化图,图中对比了 1961—1990 年的平均径流量。这些变化均通过水文模型计算得到,模型基于二氧化碳浓度每年有 1%上涨的背景,通过使用两个版本的哈德莱中心大气海洋环流模型得到变化结果。对此模型和其他模型的模拟显示,高纬度地区和东南亚地区的径流量会增加,在中亚地区、地中海周围地区、非洲南部和澳大利亚地区会减少。在世界的其他地方,降雨量和径流量上的变化呈现出更多不同的特点和独立性。同时,在这个地图中没有把地下水和地表水区分开来。除了一些很少的地方注明,这个报告并没有强调多少关于地下水的内容。

第四届 IPCC 报告(2007)相信径流量在全球模式下的相反变化趋势将会在现在和 21 世纪末出现,同 1980—2000 年的降雨平均值相比,降雨量在干旱地区和半干旱地区将会减少超过 20%。此外,这个报告并没有明确地提及预计的平均地表水和地下水的变化。即使是在特定的由 IPCC 承办的关于气候变化和水事务的技术文章中,对于地下水的关注主要在一般范围内概括气候变化对地下水系统的潜在影响,而不是预测其在区域内的特定影响。

通过应用德国法兰克福大学开发和使用的全球水文模型得到的地下水补给变化关系

预测，提供了更多的特定区域化的信息。Döll (2009)描述该工作是通过应用 IPCC 中提出的 4 种不同的气候变化情景，将其与基准年 1961—1990 年进行比较。这个预测模型预测到 2050 年在北纬地区的地下水补给量将会升高，但在一些半干旱地区会大幅度下降(30%~70%)，包括地中海地区、巴西的东北部、非洲的西南部(图 6.10)。图 6.10 对 10 中不同气候情景的模拟得到了除地中海地区和高纬度地区外一些区域的变化趋势。

图6.10 中展示的 4 种模式显示全球平均地下水补给量将下降超过 10%，与此相反的是在热带和干旱、半干旱地区的地下水补给率将会升高。气候变化很难去预测，并且在 10 年的尺度上很难通过厄尔尼诺南方涛动(ENSO)、太平洋年代际振荡(PDO)、大西洋多年代际振荡(AMO)以及其他年内到多年代际震荡提供的气候变量进行分辨。

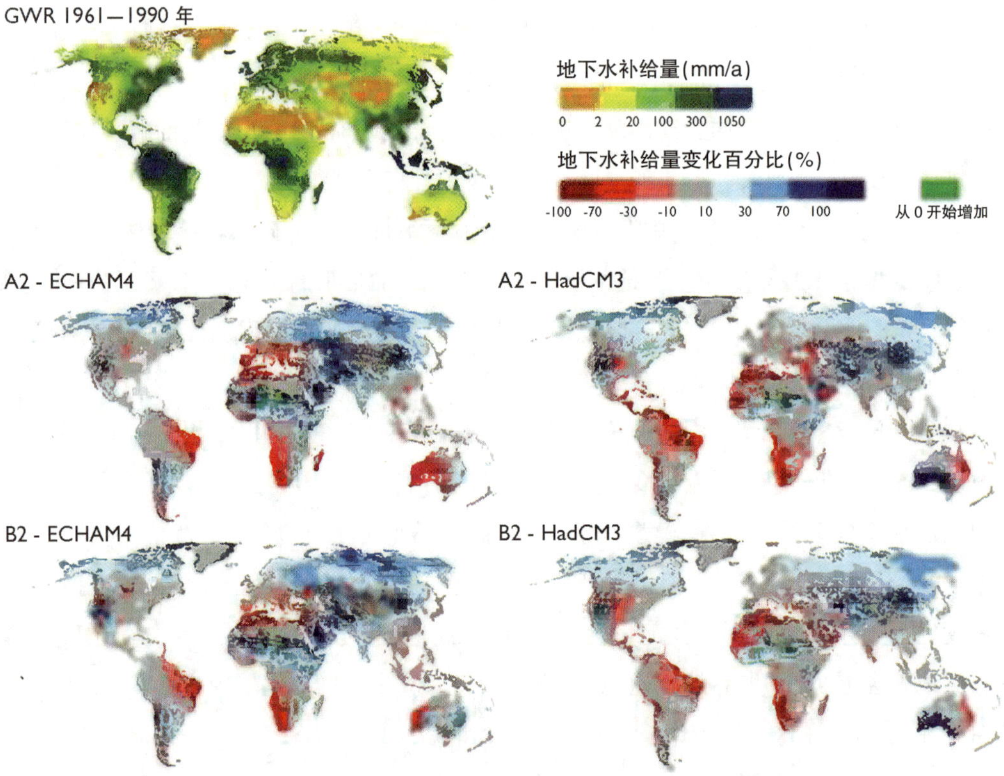

图 6.10 基于全球模式评估 1961—1990 年平均地下水补给量，以及在 4 种 IPCC 气候变化情景下对比 1961—1990 年和 2041—2070 年的地下水补给百分比变化

注：基于 IPCC 温室气体排放 A2 情景 (1990—2050 年从每年 110 亿 t 增加到 250 亿 t) 和 B2 情景 (1990—2050 年从每年 110 亿 t 增加到 160 亿 t)，分别使用 ECHAM4 (R?ckner et al., 1996) a 和 HadCM3 (Gordon et al., 2000)计算了 4 种气候变化情景。

气候变化不仅会影响地下水补给量和年平均地表水流量，也会影响这些参数在时间上的分布。湿沉降将会在很多地区变化更集中，干旱期会变得更长。但是，由于地下水的缓冲能力,这并不会对地下水系统的供水能力构成太大的影响。除非气候变化减少了地下水平均补给量,这些缓冲层不能阻止长期的地下水获取量变得越来越少,但是它们能逐渐适应新的环境特点。

气候变化也会改变水的需求量和人们的用水方式,这一点会对地下水系统及其开采造成影响。如图 6.10 中展示的平均地下水补给量的各种改变类型,这些类型反映了 IPCC 对平均降雨量和平均径流量预测与地下水补给量正相关 (Bates 等,2008)。这也说明在那些地下水补给将要减少的地区,更高的用水需求会造成更加特别的影响。这将带来一些问题,特别是那些分布在干旱、半干旱地区的小型浅层冲积含水层(我们称之为 wadi 含水层),将比其他地区出现更多的问题(Van der Gun,2009)。然而,在全世界很多水资源稀缺程度不断增加的地区,由于地下水储备缓冲区比不断减少的地表水资源具有更大的弹性,这些地区对地下水的依赖将会不断增加。这也是在这些地区,我们需要更加谨慎地管理地下水的原因之一。

这些变化情景驱使人们在 2006 年运用 UNESCO-IHP 启动了气候变化和人类压力下的地下水资源评价项目(GRAPHIC)。此项目旨在更好地理解全世界地下水系统在不断变化的人口数量和气候变化情景下的变化。被强调的目标有地下水补给、排泄、储量、水质和管理措施。在全世界各地,很多方法和基础研究被用来研究此课题(UNESCO,2006;Treidel 等,2012)。

6.4.2 海平面升高

全球平均海平面在整个 20 世纪中由 17cm 升高到 18cm,保持相对稳定的上升速率(Church,White;2006)。很多对海平面上升的原因进行预测,结果都归结于气候变化,但累积的地下水耗减也是重要原因。Konikow and Kendy (2005)认为通过地下水耗损中从含水层抽取的地下水最终归宿是海洋。相应地,Konikow (2011)总结在整个 20 世纪中美国的地下水耗损为海平面上升贡献了 2.2mm,而在全球范围里,同时期的总地下水为海平面上升贡献了 9.3mm。1900—2008 年,贡献值分别为 2.8mm 和 12.6mm(第 5.4.3 节)。从 1900 年开始,全球内长期地下水耗损对观测到的海平面升高贡献了 6%~7%。相应年平均为 0.403mm(2001—2008 年),大概为当前由 IPCC 估算的海平面上升高度的12%。尽管这些估算受限于相当大的不确定性,我们仍然可以认定地下水耗损对海平面上升起到重要作用。需要注意的是,人类对水文循环的干预活动,如通过增加地表水储量而构建的大坝,也对海平面上升有促进作用。通过增加人工补给来增加地下水储量也起到了类似作用。

与海岸线地表相关的海平面位置并不仅仅受气候变化和人类干预决定。一些地质活动比如上升和下陷、侵蚀和沉积作用对海平面的相对位置也产生了影响。

与地下水相关的是,海平面上升的主要影响是造成含盐海水入侵了海岸带含水层。在世界范围内,海水入侵是海岸带含水层的真正威胁,并且由于全世界海岸带附近拥有庞大的居住人口。水文杂志中大量文章概括了海岸带含水层中淡水和海水的交互作用(Barlow,2010;Bocanegra 等 ,2010;Custodio,2010;Steyl and Dennis,2010;White,Falkland,2010)。在一项海平面上涨对荷兰海岸带地下水影响的研究中认为,预期中的海平面上升会对荷兰的海岸带地下水系统造成影响并会引发海水入侵,但仅仅发生在离海岸带和主要低地河流 10km 距离内的狭小范围内。

除此之外,海平面升高,就是同时增加了海岸带含水层中含盐海水和淡水的体积,因为海平面上升使排水基准线抬到了更高位置。

6.5 地下水质退化

正如第 6.2 节中所提及的,人为因素对地下水的影响不仅限于地下水开采及人工排水上,也与其他人类活动息息相关。这一点尤其适用于地下水污染,大部分人类活动的负面效应对地下水所产生的干扰都是无意识的。除此之外,同等重要的是,那些对地下水造成污染的人不一定等同于那些需要使用或受益于地下水资源的人。很多污染者都不会从他们的污染行为中受到直接的反馈作用,这也直接导致他们在改善地下水污染上积极性不够。

总体上,地下水质退化可被分为三大类:

- 造成地下水质退化,一方面来源于污染物直接注入蓄水层,另一方面更常见地来源于污染物从土壤层到地下水主域的迁移。这种形式的地下水质退化的主要特点是很多物质扩散到大量地下水中,通常被称为地下水污染。如上所述,它是人类活动无意识产生的负面效应,通常人们不会有意去避免这些污染。

- 地下水结构的改变也是地下水质退化的原因之一,尤其在地下水开采过程中,地下水结构改变会引起不同水质水团的迁移。这种形式的地下水质退化的主要特点是已经存在于水团或者下层土中污染物质的迁移,而不是额外的物质进入这些地下水区域造成污染。因此,从某种程度上,在地下水领域人们倾向于不使用“地下水污染”这一名词来分类这种形式的含水层地下水质退化。在这一类别中最常见的实例是地下水盐度的局部上升,这是因为地下水开采过程中所引起的海水入侵或者盐水倒灌不断取代地下淡水。

- 第三种形式的地下水质退化是一种混合形式,它同时结合了地下水结构改变和污染物流入所造成的影响。第一个例子是含水层盐度增加的同时接收灌溉水回流。回流不仅使抽出的含矿物质的局部地下水不断浓缩，同时也会流入部分化肥及农药。另外还有一个例子就是集中地下水开采导致的位于孟加拉国的浅层地下水砷含量的增加。

6.5.1 地下水污染

地下水质威胁主要来自污染危害。现存很多种污染，它们的来源、过程和物质成分不同(专栏 6.6)。这些威胁，一方面是地下水中已有的自然组分(盐、硝酸盐、铁、锰)超过了针对一定用途的可接受的环境标准，另一方面是其他外来物质的引入，这些物质(碳氢化合物、农药，或者有机污染物)即使是很小的剂量也能对地下水造成危害。随着新的化合物的不断引入以及水质标准的不断细化，这些人为污染物的清单种类繁多，而且在持续扩展。

专栏 6.6 地下水污染

地下水和地表水的污染一般在人为改变它们的化学成分或者其他特性(物理的，生物的)后发生，通常导致水质恶化。正如水质本身一样，水质退化也可以基于不同定义的水质标准来进行评估。污染这个概念在不同环境下的定义尺度不同，因为它可能会涉及不同用途和不同使用功能，它对水域生态系统居住条件所做的贡献也被包括在内。

作为来自人类活动直接带来或诱发的结果，污染不能和天然水质缺陷混为一谈，如盐分和多种溶质的超标(硫酸盐、氟化物、砷化物等，见第 4.3 节)。污染这个术语并不足够清晰明了，因为它会同时涉及处理过程(其间产生的威胁)和结果(可被观察到或预测到的水质退化)。

与地表水相比，地下水更少地被直接暴露，因此，地下水往往比地表水具有更强的阻挡污染物的能力。与地表水更短的周转时间相比，地下水承受污染的弹性更弱。这就意味着一旦污染物进入地下水中，它们将残存很长一段时间，尽管它们只需要短暂时间就能进入地下水中。一定程度的由微生物引起的自然衰减和衰退以及某些化学过程都将在某种程度上缓解地下水污染。

水质退化使地下水不适于某种有时甚至全部用途，除非水质经过处理。水质退化尤其会减少或者破坏地下水作为饮用水使用的能力。

虽然不是经常发生，一旦地表水污染，在水域生态系统依赖地下水的前提下，地下水污染对水域生态系统也会造成影响。

与地表水污染相比，地下水承受的污染风险会更大，因为地下水系统更脆弱并且对污染的弹性恢复能力更差。这些在第 4.8 节已经讨论过。显然，地下水污染的风险评估不同于清点出某处地下水质退化已造成的损害或是资源的损失,其评估难度远比前者更高。

根据处理过程和空间分布,可被观察到或预测到的水质退化通常被细分为以下两类。

(1)扩散污染

扩散污染涉及的区域范围相对较大。被广泛传播的例子就是在农业高度集中区域由肥料过剩及残余农药所引起的地下水污染，这一类导致最常见的结果是硝酸盐类和磷酸盐类的超标。使用仅经过部分处理的废水进行灌溉是扩散污染的另一来源。扩散污染也可以来源于由降水带来的大气污染,尤其是酸雨的沉降。更确切地说,当富含各种金属离子的酸雨(尤其在 pH 值小于 4.5 时)冲刷含水层时,或者在开采时金属管(铝、镉、铜、铅、锌)的腐蚀都将使得地下水呈现天然酸性,这一现象在很多国家包括加拿大、美国、瑞士都可以观察到。

(2)局部污染(包括点源污染和线源污染)

它有很多潜在来源,通常与附近的工厂、矿区、设备或定点装置发生故障或意外有关,因此这些存在危害风险的位置都应被标记并绘制出来。如一些未被隔离的废弃堆,像卫生填埋站和矿物废渣堆(如法国阿尔萨斯钾矿富集的盐堆导致莱茵河含水层盐化),还有一些危险物质的不适当存储(碳氢化合物)、工业事故、排污系统泄漏以及管道损失。局部污染源有时又可被细分为点源污染和线源污染。后者与线性污染源相关,如高速公路(散发由运输产生的污染物)、铁路(火车漏损和农药)和河道带来的污水(通常来自工业和城市废水)都将渗入下游地表冲积含水层。

6.5.2 由地下水抽取诱发的地下水质退化

最显著的诱发型地下水质退化来自海岸线附近的海水入侵或者盐水倒流，这一现象在 20 世纪以来在很多国家都被观察到,如在中国、沿地中海地区、北海地区以及在美国(大西洋海岸、佛罗里达和加利福尼亚)。通过降低地下水开采率,应用人工地下水补给(荷兰)或者通过泵壁垒(以色列、加利福尼亚州奥兰治县、巴塞罗那)可对这一现象进行有效控制。

诱发型地下水质退化也可能来源于粗糙的钻井作业、不当的新井建设和井管壁的腐蚀,它们都会造成不同水质含水层和地下水之间的液压捷径。

6.5.3 地下水水质威胁的认知水平

一个专设的联合国教科文组织——国际水文计划第五事务委员会(主题 3.1:地下水污染清单)统计了一份全面的关于现阶段识别和收录地下水污染潜在因素的综述。这一收录结果展示在特定的地图中:

- 经识别的潜在局部污染位置地图，如不同级别的居住和工业建筑物以及废物堆、矿物废渣堆、输油管道等。
- 与扩散污染相关的特定情况区域地图，尤其是来自农业，如一些输入硝酸盐和农药的区域(如在 1991 年由 RIVM/RIZA 绘制的欧洲市场地图)。

这些收录和绘制项目只在一部分国家实施，主要在工业化国家。结果通常与自身脆弱性地图一致(第 4.8 节)，同时它是基于不同的标准来精制的，因而对试图尝试根据这些收集的实例绘制出全球尺度的图示带来一定的困难。

只有将这些污染威胁地图和自身脆弱性地图结合起来，才能得到一份可信赖的地下水污染风险地图。这份地图的目的是启动和引导地下水保护工作，目前为止在极少数国家会优先考虑地下水污染。由于这些方法使用得很少，因此它们的效果也缺乏可比性。为了得到一份完整的涵盖了所有风险的全球范围地下水质概述，人类应该寻求世界范围内的共同合作。下一步，我们应该从收录地下水污染来源和风险转移到收录那些已经发生并存在的污染工作中去。

6.5.4　是否存在一幅清晰的全球当前地下水污染地图

笼统地说，地下水污染更多地被科研记者、环保人士、电影制片人片面展现，而不是被地下水专家在基于详尽收录资料的基础上做出鉴定和评估。与潜在污染源相比，地图形式的污染实例目录和它们展示的效果通常都缺乏系统性和标准化，它们也将渐渐得到更少的关注。这一点也反映在之前提到的联合国教科文组织的报告中(Zaporozec，2002)，尽管其标题主要涉及潜在污染源的收录名目和地下水污染的加工处理。

确实存在很多种类的污染(污染物种类、危害度和持续性各不相同)，这并不利于整理出一份统一的地下水污染地图来呈现调查结果。另外，对某种形式的扩散污染在评估过程中出现了一些阻碍，一些地区很久之前的天然本底浓度被人为改变，如何去定义天然本底浓度也是一个难题。另一个事实就是可观测到的地下水污染地图并不被广泛接受，因为这份地图更易于被认为是一个问责工具而不是潜在的污染源地图。但是毋庸置疑，现存地下水污染目录和地图的相对匮乏也归因于耗时较长的场地作业和昂贵的实验费用。

地下水质地图，通常受限于上层含水层和使用的标准化分类，地图常常包含了污染但未明确区分它与天然水质的差距。理想的污染地图应该刻画出在特定时刻水质被发现退化的地下水区域和“黑点”，并将其与其天然状态进行对比。

在一些国家，收集局部污染场地目录和与其相关联的危害都运用统计分析（通过起源、污染物类别和不同位置来进行分类)的手段来研究它们的空间分布。例如，1995—1996 年，有 674 起地下水污染实例在意大利被识别，结果对 594 处饮用水水源造成了影响

(Giuliano,1998)。在美国南卡罗来纳州,重复的地下水污染目录比意大利多了1/4,其被鉴定出的污染位置从1980年的60个增加到了2008年的4527个 (Horton 和 Devlin,2008)。大部分的污染位置都集中在人口和工业中心。表6.4展示了在这些位置的污染源和污染物类型的统计学数据。在荷兰,6500~7500个污染位置需要经过净化处理(Noordhoff,2010)。

表6.4 美国南加州4527个已探明的地下水污染场地的一些统计数据(Horton 和 Devlin,2008)

污染源	数量	污染类型	数量
地下储油罐	3766	石油产品	3941
溢出和泄漏	319	挥发性有机物	479
坑、池塘和潟湖	250	重金属	179
地表储油罐	135	地表中性和酸性挥发	33
垃圾填埋场	125	氮源污染	31
化粪池	20	农药和杀虫剂	22
未经许可的垃圾处置	15	放射性核素	18
喷洒灌溉	13	多氯联苯	10
小范围泄漏事件	6	酚类化合物	7
其他	66	其他	28
未知	119		

除了普遍认知的农业和城市污染源以及表6.4中所展示的实例,近几年对微型污染物(新兴污染物)的关注逐渐增加,尤其是医药类、个人护理产品(PPCPs)和那些内分泌干扰物质(EDCs)(Schmoll 等,2006;Musolff,2009;斯德哥尔摩世界水周,2010)。通过下水道、填埋和施肥等途径散播,这些物质以很低的浓度(皮克每升到纳克每升)出现在天然水中,它们不能被传统的污水处理厂除去。另外,这些物质普遍存在于人口稠密地区的地表水和浅层地下水中,近几年正在开展使用的分析方法可能会进一步揭示它们更广泛的分布,目前它们造成的影响仍然存在很多不确定性。

地图中所揭示的某单一参数的浓度能更加清晰地解释污染情况,但是这些信息只能呈现某单一方面的信息。典型的例子就是:欧盟建立了地下水中硝酸盐的浓度地图,如图6.11所示为例。它基本涉及的是扩散污染。与局部污染不同,这种污染能被局域监测网所鉴别。其他地图描绘了已经受到影响的含水层区域,并允许对这些含水层在总水平面积中的比例进行评估。例如,在20世纪90年代的中国华北地区,由集中地下水开采诱发的海水入侵区域超过1430km^2(王等,2000)。污染扩展或者海水入侵到地下水的另一指标使是污染井的数量(在中国华北地区有超过 5000 个污染井)。

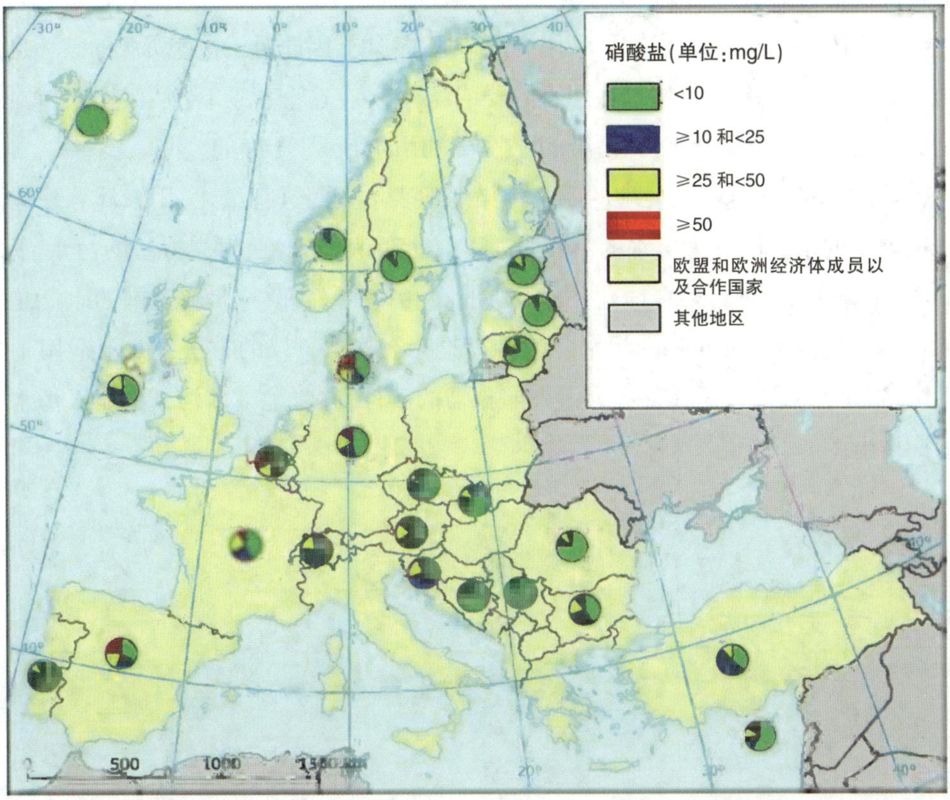

图 6.11　根据不同国家和污染等级绘制的地下水硝酸盐年平均含量分布图

来源:欧洲环境署,2010

避免在水质数据间存在差值问题，通常人们习惯于将地下水分析结果相对应的取样点的位置在地图上标示出来。这种方法有利于依据其与天然条件下的数据对特定的水质变量进行分类，或是与用水质量标准进行对比。得到不同分类的数据点数量将是统计学上有用的指标。例如,在 2002 年,在法国 1048 个监测井中,62%的监测井中的含氮量超过了10mg/L,接近水质恶化的门槛浓度。然而,在生成的报告中显示仅仅 10%的地下水样品需要进行处理措施以便人们使用(氮浓度为 50~100mg/L),其中的 1%(氮浓度超过 100mg/L)被认为不适宜作为饮用水水源(Blum,2004)。

这种基于取样的统计学指标,通常不能直观地转化成水资源退化程度。

6.5.5　地下水污染是否对地下水的稀缺造成影响

显然答案是肯定的，只是目前还不能具体地说明地下水污染到了何种程度以及在何种情况下发生。将水质退化转变为数量上的减少并非人们想象的那么容易。无论如何,我们不能简单地将纯净度和数量相提并论。污染更多地会导致地下水资源价值(额外处置费用或替换设备的费用)的下降,而不是数量上的减少。

综上所述,污染对可开发和可利用资源造成了影响,因此对于这些资源的破坏也需要得到评估。这部分工作应该同潜在用水需要结合起来:在这个背景下,污染应该被评估,而不是仅仅把地下水资源分类为"污染的"(假设无用的)或是"干净的"。

有时,人们尝试对被未处理的污水污染的地表水资源进行量化,用来计算理论上稀释作用需要的水流以及考虑水的"自净作用"。人们大概预测,每立方米的污水需要 8~10m^3 的干净的河水进行稀释净化(Shiklomanov,1990)。然而,全世界范围的水还是不足以稀释新产生的 1870km^3/a 的污水。这种理论存在相当争议的方法且并不适用于地下水系统,这是因为它们不具备成为污染储藏器的条件,并且地下水污染不能以污水水流的形式排出。

第7章

地下水资源管理

- 如何管理地下水资源:资料、目标、措施、流程和其他方面
- 世界不同地区地下水资源管理经验:如何实现地下水的高效利用,避免或减少过度开采,控制地下水质
- 跨界含水层
- 目前全球的状况

7.1 地下水资源管理要素

7.1.1 区域资料

进行地下水资源管理要有足够、可靠的管理区资料。首先,资源管理者应该对管理区的地下水资源状况,它们的作用和使用现状,与社会经济的关系以及与地表水、生态系统和环境之间的相互作用有正确且足够精确的了解。其次,应充分了解当前管理过程中可能出现的与地下水相关的问题,以便将来能解决这些问题,评估增加的(如果有的话)地下水资源使用量范围,预测特定地下水资源管理措施可能产生的影响。

如果缺乏充分又可靠的区域资料,地下水资源管理中首先要进行且至关重要的一步是地下水资源评价研究。地下水资源评价(几个相关例子见图7.1)包括水文、地质、地球物理、水文地质、水利用、社会经济、利益相关方意见、制度和其他方面的调查。这些调查结果大多数是描述性的,但是它们结合起来通常可以得出有意义的结论。空间管理单元通常是一个含水层系统或含水层系统的一部分(如果含水层非常大),评价区域应该与其相同。但是评价区域的划分也依赖于地下水资源管理机构管辖的区域边界。评价的要素应与地下水资源管理目标(见下文)相适应,因此不同区域的评价要素可能差别很大。

收集区域资料还包括判别地下水资源管理中潜在的影响因素。各类影响因素的作用应在管理初期就考虑在内。

部分区域资料是随时间变化的(如地下水质和水量、需水量、用水量、地下水收益、地

下水相关问题等），这些随时间变化的变量需要通过监测系统观测，为水资源管理体系提供反馈信息。

(a)智利高原上地震法勘探含水层

(b)蒂哈马第四系含水层系统的重力测量(也门)

(c)高原勘探钻孔(智利)

图 7.1　地下水评价例子(照片：Ronnie van Overmeeren)

7.1.2 目标

一般来说，地下水资源管理有多重目标。它追求满足用水需求、获得利润、保持资源可持续发展、利益公平分配及保护地下水环境和生态系统等目标，同时从地下水获得对人类最大的利益。部分目标相互冲突，因此，平衡各目标是依赖于政治和社会的主观活动。选择的结果依赖于地下水资源管理策略。

具体来说，地下水资源管理任务和目标如下：

- 保证水质水量供应安全，对供水不足时受到损害最严重的领域进行优先分配(饮用水供应、灌溉)，通过规范地下水开采和控制土地使用保护地下水质。
- 解决地下水使用中的矛盾并防止新矛盾发生。
- 防止或减少可再生地下水的过度开采。
- 保证按计划开采不可再生地下水，避免供水中断，为后代的需求考虑。
- 促进地下水的使用达到最大的经济价值和社会价值。
- 在开采地下水产生的负面效应最小的情况下调节地下水的使用量。
- 排除对水质和水量的威胁，保护地下水资源。
- 保护可形成保护性自然环境的常年河道和湿地，特别要注意对补给这些水体的地下水的保护，从而有助于保证水质和最小流量。

虽然地下水资源管理和地表水资源管理目标相似，但具体的目标会有所偏差或关联程度不同。例如，为了人类生存安全而防止灾害性洪水是地表水资源管理的一个主要目标，但不是地下水资源管理的目标。另一方面，局部地区疏放地下水以促进采矿和其他的地下资源利用是地下水资源管理专有的目标。寻找开采可持续时间和开采强度的最优平衡也是地下水资源管理的目标，就如同采矿工业一样。

7.1.3 措施

很多措施都可用于地下水资源管理，有些是技术性的和直接的，有些是旨在影响人们行为的间接措施，有些是为了满足策略、计划发展以及影响评价需要的措施。在地表水资源管理中发挥重要作用的大型技术工程和措施(如水坝和调水工程)在地下水资源管理中不常见且处于次要地位。一般而言，地下水资源管理主要依赖于间接管理措施，通过授权当局努力确保人们个人活动的最佳选择和服务于公众利益的管理目标相一致。这些间接管理措施具有规范性、经济性和教育性。

这些措施的主要种类可简述如下：

(1)技术性措施

最常见的这类措施有:

- 拦截或蓄积地下水的地下大坝。
- 渗渠(适宜和防止地下水浪费的预防措施配合使用)。
- 人工补给。一般是在需要提高生产率的地方进行地方性补给,而且常与抽水井相组合,但有时和美国加利福尼亚州洪水蔓延的情况一样,在较大的范围内分布以增大含水层的资源。人工补给经常用于补偿地下水的过度开采。除此之外,它可以通过更有效利用含水层调控能力增加地下水资源(第 7.2 节)。
- 改造土壤和地形促进雨水的入渗(雨水收集)。
- 钻井工程促进未开发含水层的使用。这些工程通常是为了地区经济的发展目标或者改善饮用水供应的目标。
- 污染场地修复技术。

(2)法律法规措施

个人、公司和组织必须根据国家与水相关的法律(专栏 7.1)遵守一定的规则,特别是进行新井建设和地下水开采。首先,为了统计的目的,这些法规要求地下水开采达到一定程度时须进行申报, 建设新井或废弃开采超过一定深度的地下水工程时要进行登记。其次,这些法律规定通常超过申报和注册的最高限值时,在建设新井或开采地下水前要获得许可证。有时需要更多的研究工作来对提出的地下水开采方案可能产生的负面效应进行评估,然后根据研究结果和当地具体情况确定是否发放许可证。许可证可能只在一定的期限内授予,并包含申请人附加义务(如支付一定保证金和监测地下水状况变化)。

地下水管理规范的一个具体目的是禁止建设新井以保护现有的地下水开采点。以传统自流输出系统(坎儿井)取水地区的保护区,比如阿曼,就是一个典型的例子。在需要稳定的地下潜水位来维持湿地和农业产量的地区有调节地下水开采的优先权, 如荷兰的大部分地区。有些规定是为了控制可能造成地下水补给减少或增加的行为。例如,在印度一些城市限制建筑区的密度(如新德里),而在其他地方(如印度尼西亚雅加达)有规定要求新房子具备“屋顶集水区”,从而通过拦截雨水增加本地地下水补给。其他法规通过在不同区域不同程度的限制土地利用和地下活动或在市民供水井附近区域建立保护区来控制地下水污染。这些法规的实施或检验可能需要“水警”或授权的水资源管理部门的权威来实现。

由于仍然缺乏普遍接受的地下水国际法(Burchi and Mechlem,2005),针对跨界含水层的特殊情况,共享资源的管理必须遵循以具体分析为基础达成的规定。这些规则是基于 2002—2008 年由联合国国际法委员会 (UNILC) 和联合国教科文组织的国际水文计划(UNESCO-IHP)联合制定并在 2008 年 12 月联合国大会通过 63/124 号决议的《跨界含水层法条款草案》中的内容(斯蒂芬,2009)。这些草案中包括的重要内容有合作和交流资料的义务、无害原则及保护、保存和管理地下水资源的目标。关于跨界含水层将在第 7.2 节的最后一部分做更多介绍。

专栏 7.1　　地下水水权和水法

地下水是地下的一部分,同时也是自然水循环的组成部分,这一事实体现在地下水水权与地下水水法上。地下水水法的依据是地下法规(尤其是采矿法)和一般水法(主要集中于可见的地表水)。很长一段时间,人们对地下水和地下的关系比地下水和地表水的关系了解更多,导致了地下水更多地被包括在地下法律中而不是专门的地下水水法章节中。

和一般水法一样,地下水水法的核心也存在所有制问题。罗马法律落后于多数现代法律,表现在 3 类水的法律地位。

- 私有水。这种水的所有权通常与土地相关联,只有土地所有者(个人或团体)有权使用,且不受任何限制。
- 共有水。在这种情况下,水没有所有者,任何人都可以随意使用。
- 国有水。这类水是国家公共财产,其使用需要政府主管部门批准。

世界不同地区已有了不同的法律。在地下水的所有权历来被认为是与土地所有权相联系(土地所有权包括对地下水的所有)的情况下,地下水被赋予和土地同等的法律地位:在私人土地下的水是私有的,在国有地区的属于国家。事实上,所有权被限定到可接近地下水的权利和开采出的地下水的所有权。

然而正如现在所了解的,将地下水和土地所有权相联系并用分割固体材料的方法处理地下水与土地下的物理事实并不相符。事实上,地下水的流动和延伸是穿越地块的。地下水作为公共财产或共有水更符合物理事实,并且与地下水和地表水之间的连续性一致。

由于所有权已被证明不适合于流体,目前地下水水法的趋势是所有权减弱而用户权利越来越重要。公共财产一般处于主导地位,用户的使用权限受严格的监管,这不仅仅发生在地下水集中开采并且占有主要甚至更多份额的可再生资源的国家。

总之,最初为保障土地所有者权益的地下水产权成为资源管理障碍,法律已介入保证监管管理工具或财政手段如征税的实施。

这里用的是广义概念上的"法律",包括正式的法律和习惯性法规。

(3)经济与财政手段

个人或公共经济活动主体可以通过合法的财政手段,使他们在能力范围内对地下水的利用或影响朝着地下水资源管理者所期望的方向发展。

这些可以从两个方面进行：

- 激励手段(财政支持)，如通过投资信贷、补贴、勘探或钻井保险免费、抽水能源供应免税和扶持减轻污染来鼓励地下水开发。然而，这种支持应以该地水资源状况为基础，避免鼓励在地下水被浪费和过度开采的地区抽水。
- 惩罚措施(税收或罚款)。一个典型的例子就是通过对超过一定抽水限值的开采进行征税从而限制或阻止地下水开采。这种限值根据地区、季节或用水类型而不同，同样受分配政策的引导。仿照一些国家采用"污染者付费"的原则，造成污染的活动也要征税。

在更加自由的意识形态下，世界的一些地区出现了水市场，不仅包括地表水还包括地下水。它们的出现或多或少是自发产生的，而且常常是非正式行为且缺乏管理。在大加那利和特内里费，主要针对地下水和小型水库的水市场已经运作数十年。在南亚，水市场在改善小型农户灌溉用水中起重要作用 (Shah，1993)。在美国西部各州和澳大利亚，水市场在以获得最高经济收益为目的的水利用中发挥首要作用，如加利福尼亚州的水银行。水市场同样也在智利运作，该国在通过了 1981 年的水法后，自由市场机制成为水资源管理的主要机制。甚至在个别情况下，对水市场有利与否的观点也有显著的不同。其中获得的一条经验是：对水市场进行一定程度的调控有利于防止其产生副作用，如垄断、地下水枯竭和外部环境改变。

(4)教育、信息和宣传手段

使利益相关者了解他们所在地区的地下水现状和问题、干预措施以及所采取措施的基本原理和预期会产生的影响，他们会更加主动地调整其行为，有助于管理措施的有效实施。

机构设置、可用的资金和负责水资源管理活动人员的专业能力在很大程度上影响上述各类措施的实施。这些措施大多是由不同部门负责的，且其领域并不总是一致，所以不利于相互协调。因此，最好将一个地区的技术措施、调节措施、财政措施与利益相关者共享信息的权利集中授权给一个地下水管理机关，且该管理机关应对相应的整个含水层系统(无论其大小或行政分布)有司法权。地下水管理措施的有效运行还需要别的机关和当局为可能与地下水相互影响的活动(如地表水管理、土地利用规划、农牧业、旅游业、采矿业等)负责。这需要更高行政级别的管理。

更加分散和分化的管理是当今的发展趋势。管理地下水资源的责任委托给了开发利用地下水的单位。这符合最低行政级处理事项的辅助性原则。例如，墨西哥自 1993 年以来的地下水用户或 COTAS(地下水用户社区)，或西班牙自 1975 年以来的地下水用户协会。另一个例子是法国(埃罗省)的 Astien 金沙含水层的管理，以 1997 年由用户签订的防止海水入侵和保持水压水量的含水层公约为基础，进行集约利用。

7.1.4　措施的规划、制定和实施

人们意识到地下水资源存在问题并已经知道如何解决之后地下水资源管理才出现。因此,大量的时间被消耗在集中开采地下水(或其他应力)和进行地下水资源管理之间。最初的干预措施通常在很大程度上是以技术措施为基础,并不限制当地利益相关者的活动,因而相对容易被接受或者得到支持。例如,在含水层范围内的钻井工程或人工回灌设施建设目前通常作为专案活动,还不是综合地下水资源管理的一部分。许多国家的政府也通过激励措施,如提供技术援助、资金支持或补贴鼓励私人开发利用地下水。提高对地下水存在的威胁或者面临的问题的认识可促进限制措施的实施,如通过许可证制度调节抽水、对大量抽取地下水征税或者对地下水污染处以罚款,还可以促进现有与水法或新的地下水相关法律的发展完善。

不同国家采用的方法不同。在很多国家,地下水资源的管理包括在选定区域甚至全国实施隔离措施,有时效果显著,有时收效甚微。在其他一些国家出现了更全面的地下水资源管理方法。这些方法往往朝着增大管理范围的方向发展,和意识、制度能力、社会经济条件和政治背景的发展一致。最典型的是首先将地下水、地表水、水量水质以及水的用途和功能整合到一个单一的水资源管理计划中,这意味着采用了水资源综合管理(IWRM)方法。虽然 IWRM 方法被广泛地应用,但是如专栏 7.2 所述,用合适的方式将水循环中地下水这一组成考虑在内并不容易。管理范围的进一步扩大是通过加入社会经济因素和与土地利用相互作用,并将生态系统作为与社会经济系统同样重要的元素包括在内来实现的(社会—生态系统方法)。这种发展促使曾经相互独立的各政府管理部门(水资源、环境、自然保护、空间规划等)之间的协调甚至一体化。

专栏 7.2　　水资源综合管理(IWRM):地下水适应吗?

水资源综合管理本身并不是目的,而是使水资源开发更加平衡的一种手段——在不影响生态系统可持续性的前提下以公平的方式使社会经济福利最大化。水资源综合管理的原理日益得到地下水专家的认可,并且这种方法可以和所谓的“适应性管理”(临时措施和决定都基于最佳科学证据)完全兼容。

然而,地下水系统和地表水系统有很多的不同,在某些情况下需要修改管理方法以适应地下水的管理。首先,河流系统以流动性为主,而地下水系统中大部分含水层的特点是储量大流量较小。因此,地下水的上下游并不是考虑的首要因素,而且由于地下水的缓冲性使其储量更

难确定。其次,流域是水资源综合管理的基本空间单元,但还要与适合地下水管理和保护地下水水体或含水层空间单元相协调。有时含水层系统完全在一个单一的流域,相互作用较复杂(如果边界不相关),有时相互作用又很微弱。大量干旱地区的深部含水层系统就是一个例子:流域的管理方法对地下水资源的管理不是很有用,因此最好以地下水系统作为中心。对于那些相对于其连通流域体积较小的含水层,基于水文条件的单独的地下水体管理计划较为可行。

还有很多因素可能使地下水资源综合管理的整合复杂化。其中一个因素是,许多高级水资源管理者对地下水均衡、动态和脆弱性了解很少,而大多数水文学家不了解社会经济驱动因素和体制框架。此外,人们可能会质疑水资源综合管理在现实中能否实现,因为很多地下水开采多集中在"非正规部门",以及许多小规模用户。

目前,还没有地下水加入水资源综合管理的计划图。由 GW-MATE 开发的一个跨学科的实用框架可能有助于构建发展地下水管理方法。

〔这个专栏概括了 Foster and Ait-Kadi (2012)发表的同名文章的内容〕

无论是综合全面的干预措施还是单一的干预措施,其共同点是必须做出决策并采取行动。如前所述,首先,需要有足够且可靠的信息:所研究的地下水系统及其背景信息、相关条件、存在问题、所要采取的管理措施的信息、这些措施的预期效果及其可行性的信息。其次,需要知道利益相关者对主要措施的观点和态度,并加以考虑。再次,需要确定和分析可能的策略和措施。数值模型是一种常用的决策辅助工具,用于研究可供选择策略的优劣,从而为最终的地下水资源管理战略和措施的选择提供参考。最后,要获得公众支持就要有有效的行动,因此,地下水资源管理机构行为透明并对其服务的用户负责很重要。利益相关者参与管理可为相同的目的服务。

相对于地表水资源管理,地下水资源管理在评估和规划阶段以及随后的措施实施过程中面临着更多困难:

- 划定含水层的边界比划定河流的流域边界要困难得多。不仅因为它们在地下不可见,还因为含水层的三维几何形状、其边界研究的复杂性和高成本(图 7.1)以及边界可能会由于天然的动态特点或对地下水开采的响应随时间而逐渐变化。浅层含水层通常分布在一个单独的流域,这有利于地表水和地下水的综合管理。深层含水层则不同,它们多数都位于两个或两个以上的流域之下。

- 地下水资源管理与地表水资源(有管理,可以预测作用结果的水利基础设施)不同,它主要依靠法规或奖惩手段改变人们的行为。这种非技术性的干预措施效果更加不确定。

- 以数值模拟模型为基础进行决策在当今很常见。然而，地下水系统常常比地表水系统更缺乏模型所需的数据和知识。此外，所采用的模拟模型往往把重点放在水动力和水质变化过程上，有时也包括所采取措施的经济评价，但地下水资源管理中最重要的因素——人类的行为却不包括在现有的模型中(专栏 7.3)。

专栏 7.3　地下水资源管理模型

计算机模型是模拟含水层流体动力学行为的最初的研究和耦合工具，其目的是验证监测到的数据与模拟输出数据之间的一致性，有助于优化收集到其他信息。它们随后被用于模拟含水层的行为，该技术可以预测管理方案——尤其是地下水开采方案对含水层系统产生的影响，为水资源管理做准备。它们的研究结果在可再生或不可再生的地下水中均适用，可用来确定管理措施的可行性，也可以比较不同的地下水开采方案的优劣。

模型模拟结果包括压力随时间的变化、天然地下水流出量、地下水盐度的估计值等。反过来，这些结果可以通过后续处理转化为对社会经济的影响(如地下水开采成本随地下水位的变化)或对生态系统或环境的影响。因此，这些模型是重要的决策辅助工具，虽然目前它们很常见，但是使用还不够普遍。

至关重要的是，这些模型要有足够的代表性，而且即使地下水系统长期处于非平衡状态，且变化范围超出校准数据的范围时，模型也能可靠地模拟出来。概念模型(特别是在多层系统的情况下)的有效性和所用水力模型参数的可靠性非常重要，因此有必要设定不确定性或适用区间，模拟过程中需要用现场数据对模型进行校准和检验(Anderson and Woessner，1992)。

一个地下水模拟模型，特别是如果该模型是作为优化模型设计的，也可以是经济管理模型的一部分，而且它通常会被整合到一个更复杂的流域管理模型的框架中。通过对地下水开采的影响的进一步了解，可以定期更正模型参数，这样便可以用来指导管理。

不同的研究者模拟了很多不同的集中开采的含水层系统，用以服务于地下水资源管理的主管部门。地下水模拟模型并不局限于流体力学，也可以处理水质，特别是污染物溶质的运移。然而，地下水水质模拟模型比水动力模拟模型更复杂，并且通常只适用于含水层中有限的部分。数值模型呈现的总是对真实情况高度简化的图景，所以即使模型已校准、检验和更新，也应谨慎使用其模拟结果。

- 监测地下水中管理目标的实现程度比其他情况下更加困难，这是因为没有像水文站这样的变量集中观测点，而且地下水系统的改变通常需要更长的时间。地下水变化的观测基于测压监测网、水质采样和监测井。监测密度、取样频率以及其他性能指标的监测频率有很大不同，但常常还有许多待改进之处。虽然许多国家在地下水监测方面进展良好，但所采用模型和方法不同,往往存在不足,而在一些情况下监测效果降低。

许多国家逐渐认识到当地利益相关者的重要性,从而使利益相关者以不同形式参与地下水资源管理,由被动的角色(被通知或被约谈)变为决策和措施实施的参与者。图 7.2 给出了一些例子。利益相关者的参与对其相互之间的合作发展具有决定性作用,对地下水资源管理的成功也具有决定性意义。与此相应,"地下水治理"这个术语越来越多地应用于地下水管理方法,这从多层面包含了参与者所扮演的角色、关系和职责:政府机构以及民间机构、专门机构和私人利益相关者。管理更注重决策的制定和执行过程,而不是做出的决定(Linton and Brooks,2011)。

最后,除了监测相关的物理变量外,还要监测地下水资源管理进程以及它们的影响,并定期进行评估。这需要定义合适的指标。定期考核提供的反馈信息,可为下一管理阶段实施计划的更新和调整提供参考。

(a)在坦桑尼亚,村民们在风化基岩上共同手动钻浅水井以供社区饮水

(b)在玻利维亚的普纳塔,农村代表们聚在一起,交换关于管理保护他们区域地下水资源的需要和选择的意见

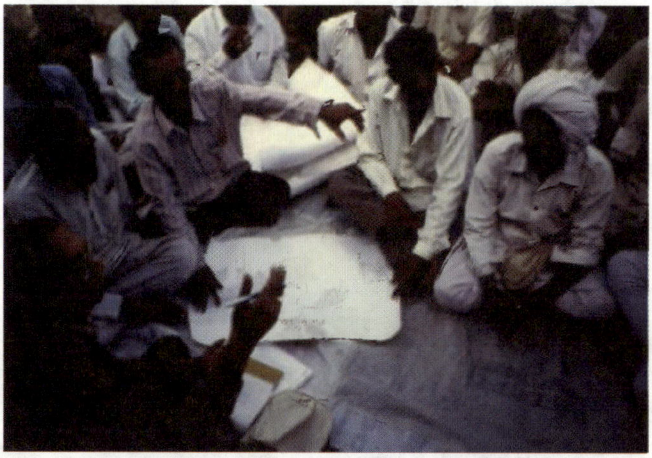

(c)在印度的古吉拉特邦，以村为单位计划地下水管理措施

图 7.2　利益相关者参与地下水开发与管理的多种形式中的一些实例(照片:Jac van der Gun)

7.2　地下水资源管理应用:实例与评论

以下的例子大多数是针对单一的地下水资源管理问题或干预措施而言的，但是我们应该明白，地下水资源管理仅仅是更复杂的流域或区域综合水资源管理规划中一个普通的组分。

7.2.1　区域地下水开发中的催化剂

地下水的开采和应用并非是由于个人行为而蓬勃发展起来的。在很多国家，政府或非政府组织有时由双边或多边合作项目的捐赠者所支持催化地下水的发展，常常有一些目的，如促进地区发展、实现在粮食生产中的自给自足、加强农业领域就业、缓解贫困或建立乡村饮用水供应设施。如在印度，自 20 世纪 60 年代以来，政府政策如补贴信贷和农村能源供应刺激了地下水资源的飞速发展(世界银行，1998)。20 世纪下半叶，在非洲、拉丁美洲和亚洲兴起了很多双边和多边合作项目来促进地下水的营利性开采，这些项目常常包括相当大的井建活动。最近，千年计划 7C(到 2015 年无法持续获得安全饮用水和基本卫生设施的人口比例减半)已成为区域地下水开发新的催化剂，尤其是在发展中国家的农村地区。1990—2008 年与此目标相关的进展如图 7.3 所示，但图中并没有指定哪部分所观察的进展可以归因于地下水。

7.2.2　加强地下水可调节性与含水层可调节容量的应用

在大部分含水层中，地下水资源开发即开采量，能超出截流部分或者全部自然流量。

地下水资源开发还包括有效利用由含水层提供的地下水的可调节性。地下水储量不仅仅能够在干湿季节之间进行调节,还能在干旱湿润年之间进行调节,并像地表水库一样补偿干旱时期的地表水短缺。只要地下水储量的暂时亏损之后是恢复时期,且能够追踪到长期的水动力平衡,就不应该将储量的这种有计划利用与超采相混淆。在实际中,这意味着储量丰富的含水层的开采不再依赖于不同排泄速率的泉和滤沟,而是依赖于设定排泄速率的抽水和地下水位的波动状况。

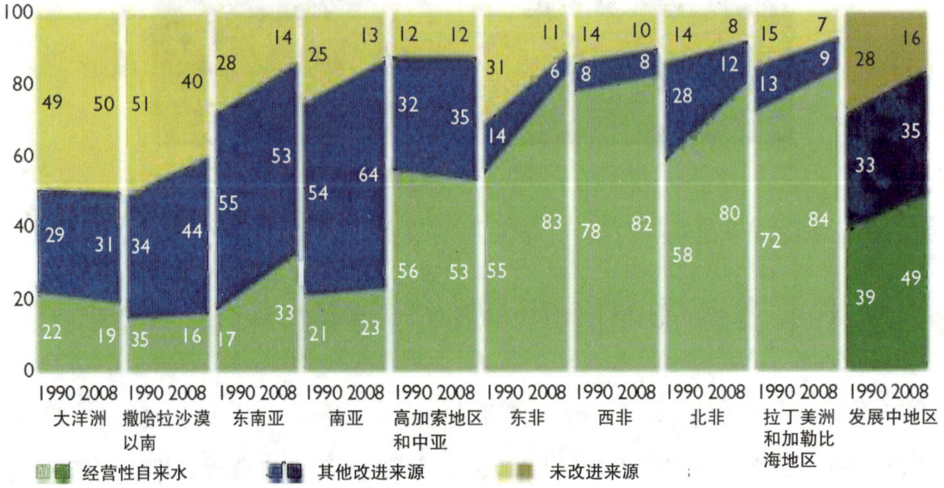

图 7.3 1990—2008 年使用不同水资源的人口比例(单位:%)

来源:联合国(2011)

地中海盆地的几个例子证明了这种管理实践的可行性(都是实施于很久之前并且如今仍在使用中):

- 自 20 世纪 50 年代以来,控制 Berzoug 泉为阿尔及利亚君士坦丁供水。
- 自 1950 年起,管理以色列的 Yarkon-Tanninim 含水层。
- 自 1982 年起,管理 Lez 泉来为法国蒙彼利埃供水。
- 自 20 世纪 70 年代以来,管理 El Algar 泉为西班牙国内和巴伦西亚地区农业灌溉供水。

人工回灌是加强含水层可调节容量利用的一种实践,它通过增加水资源来实现。含水层的可调节容量如同地表水库一样,通常是基于削减地表水的洪峰流量,有助于形成稳定流态,且与水库相比它需要的空间少、蒸发量小。人工回灌技术及其在全世界的应用在第 4.9 节中已经提到过。

为了评估未来对水循环的人为调节潜力,L'Vovich 早在 1974 年就断言加强对地下水可调节性的应用能够将全球地下水流量每年提高 5000km^3,即从每年大约 12000km^3 提高到每年 17000m^3 左右,并因此提高所有调节流量的份额。当时由蓄水坝每年管理

2000km^3 水资源，由其他的大坝管理其余的 3500km^3，这一数据是相当可观的(L'Vovich, 1974)。

毫无疑问，可通过加强对富含水层可调节容量的应用，来控制无规律的水资源状况，补充或代替地表水库。不久的将来，地下水可调节性对缓解由气候变化所造成的水资源短缺问题也将是非常有价值的。

7.2.3 与地下水枯竭开战

如前几章节所述(第 5.4、6.2、6.3 节)，在全球许多干旱、半干旱地区都存在地下水储量逐步衰减的现象。我们追求的目标是如何阻止甚至逆转储量枯竭，以保护地下水储量从而保证地下水的可持续开采。然而，这也是一个非常困难的任务。

首先以美国的高原地区为例，这里曾经很贫瘠，农业不发达，但自从 20 世纪 40 年代引进机械泵，使得下伏的大型奥加拉拉潜水含水层(覆盖面积大约 450000km^2)的地下水能够被大量抽出，这些高原地区变成了经济繁荣区。这是目前美国开采最为集中的含水层，这使得该地区成为世界最高产农业区之一。然而，开采地下水造成了平原上一些重要地区的地下水位稳定而显著下降，如图 7.4 所示。水位下降在空间上的差异在一定程度上是由于各个州采取的法律制度和管理办法的不同所造成的。虽然越来越多的人意识到保护水资源的重要性，但是减少地下水开采以达到一个可持续发展的水平将对当地经济产生很大的影响，许多个人利益相关者仍不会欣然接受，因为若减少地下水开采，他们可能会面临失业或是收入减少的风险。尽管不同的水资源管理区都做了各种努力，但是地下水位仍在下降，在中部和南部平原地区损耗控制似乎是唯一可行的方案(McGuire, 2009; Sophocleous, 2010)。

高原地区的情况是世界很多大大小小含水层过度开采的典型。其中如小得多的也门的萨那盆地和一些其他高原盆地，也都处于一个过度开采的严峻处境。在不同类别的水资源用户间建立有效的合作关系，就如何降低和分配地下水开采量达成一致，似乎是阻止在不久的将来灾难性水资源短缺的唯一途径。

然而邻国阿曼，由于将 32 个大型补给大坝结合增加地下水资源并通过许可制度规范钻井和地下水开采，对于地下水储量的控制管理尽管不完善，但收效甚好。阿曼现有的 3000 多个对地下水位下降十分敏感的坎儿井(当地称为"aflaj")，对当地利益相关者遵守政府规定起到了积极影响。

印度主要依赖于间接方法来控制地下水的超采，其主要方法是能源供应和农村信贷。对于地下水正在或者即将过度开采的地区，国家电力委员会会限制其每天高补贴电力的供应时间。同样，国家农业和农村发展银行不会为地下水严重紧张地区的新建井泵来提供农村信贷。提供保护性措施的参考标准是单独的行政单元空间(街区、坛城或乡)地下水开发的紧张程度,根据图 7.5 所示可分为以下等级:安全、次严重、严重和过度开采。对于全国这种分级的定期更新基于专门的“地下水评估方法”,且有助于维持地下水位监测网络的运行(Chatterjee 和 Purohit,2009)。除此之外,在印度还分散着许多小的地下水补给方案,由当地社区进行发展运行。

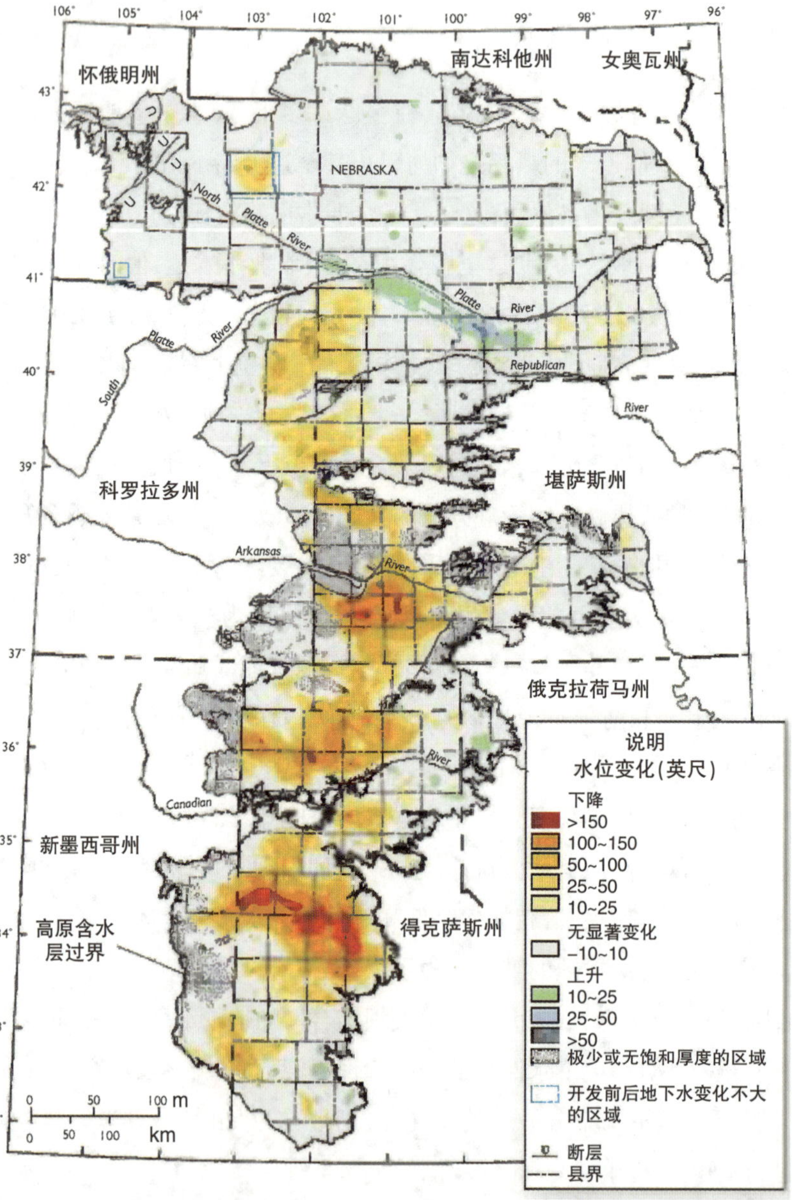

图 7.4 自前期开发到 2007 年,高原含水层地下水位变化

来源:McGuire(2009)

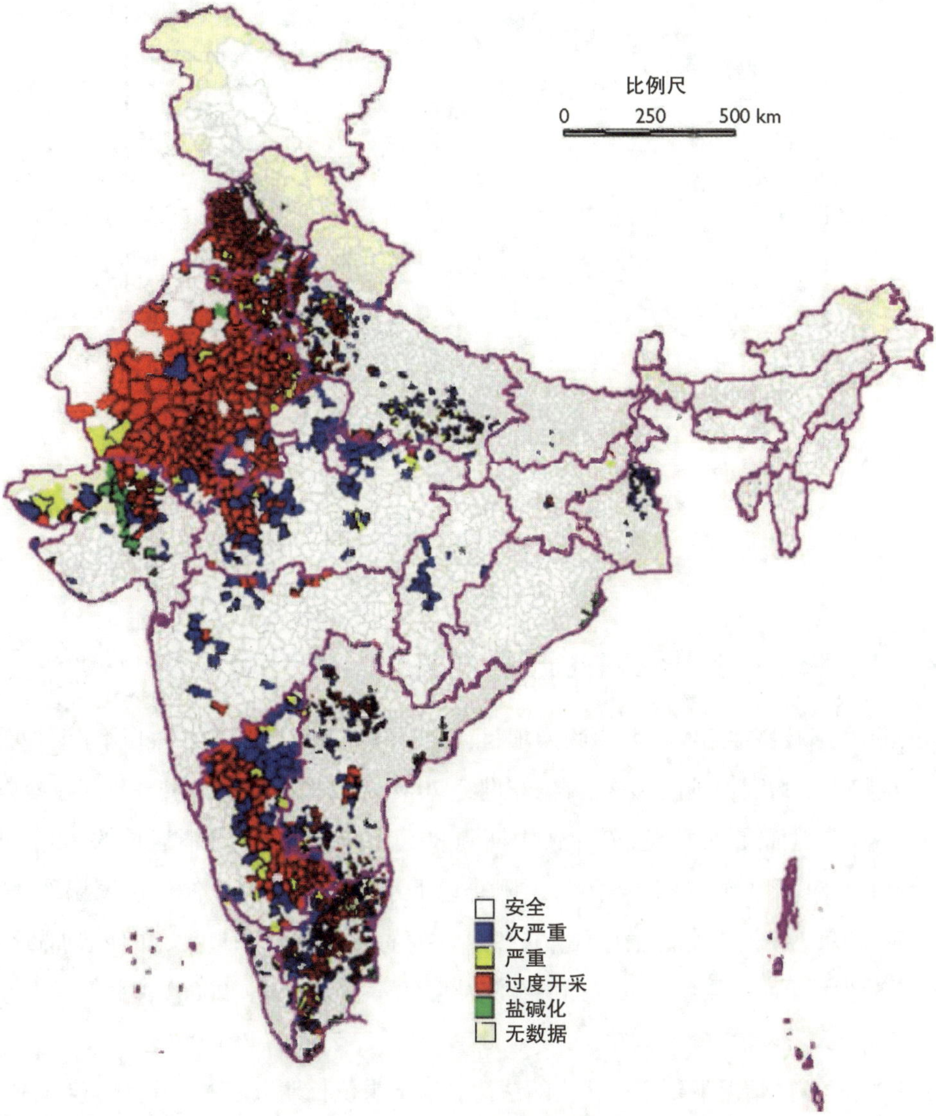

图 7.5　依据 2009 年地下水开发紧张程度的印度行政单元分级

来源:CGWB(2012)

澳大利亚的大自流盆地提供了一个完全不同的实例。自 19 世纪末以来,在这个含水层打了许多自流井,但由于承压水头的逐渐下降(图 7.6),尽管打井的数量在稳步增长,它们的总产量却自 1918 年就开始下降。然而,通过采取技术措施消除由于自流井水随意流出导致的巨大浪费和输水损失,能够显著缓解这种下降。尽管实施费用很高,但由于没有明确的利益冲突,这些措施没有任何异议。与之相应的项目“大自流盆地可持续发展倡议”自 21 世纪初开始实施,其目标是至 2014 年每年节省 2.11 亿 m^3 的水资源(Habermehl,2006;Sinclair Knight Mertz,2008;GABCC,2009)。

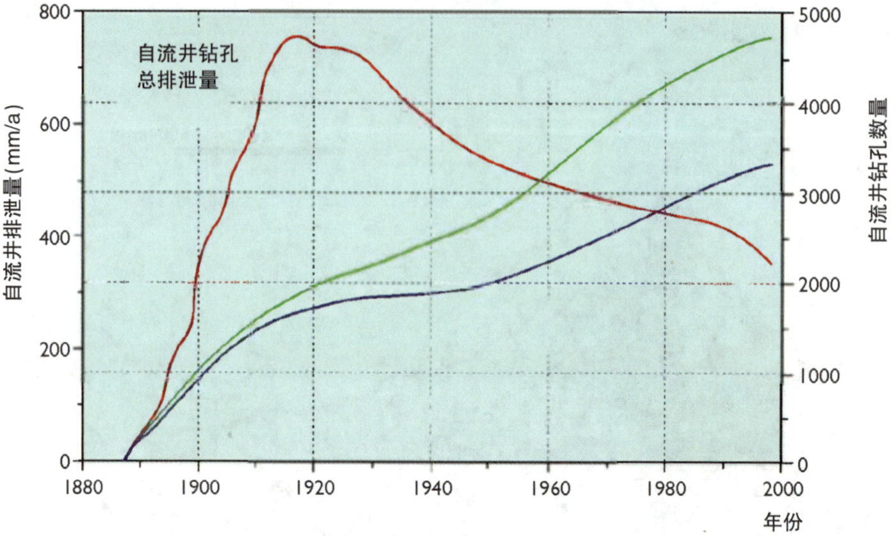

图 7.6 1880—2000 年大自流盆地地下承压水流出趋势

来源：Habermehl (2006)

7.2.4 控制地下水开采对生态系统及环境的影响

根据联合国教科文组织人与生物圈项目，西班牙的 Tablas de Daimiel 国家湿地公园自 1981 年归为生物圈保护区，该区自 20 世纪 70 年代以来一直享有来自西部拉曼查含水层的自溢流。然而在 20 世纪 70 年代中期到 80 年代末，随着新灌溉区域的建立，开采大量的地下水对湿地产生了影响。为了阻止地下水储量的消耗以保护国家湿地公园，当地政府于 1987 年推出水再生计划，在 1994 年宣称含水层开采过度，并且增加资金用来为自愿减少地下水开采量的农民提供经济补偿(Lopez Geta 等，2006)。目前，这些干预措施的结果令人看好。

在荷兰，类似的情况下要遵守严格的法律。地下水位长期以来一直由水委会控制，为农业和生态系统维持最佳的土壤水分条件，自 20 世纪中期开始，过度开采地下水会触犯相应的法律法规。如今开采地下水必须要申报，注册并申请许可证。若要进行大规模开采，申请人必须分包一个独立的研究以预测开采可能产生的副作用。只有当预测的副作用能满足当地地下水资源管理计划的目标时才能授予许可证，并且需要后续的监测来证实这些预测的正确性。对于一些非消耗性目的的地下水开采，如施工场地的临时排水或修复系统的抽出—处理，则规定必须重新注入抽出的地下水。

由于开采地下水造成的地面沉降在地球上的很多地方都出现过，尤其是沿海地区。威尼斯和上海是成功采取措施控制地面沉降的例子。

1950—1970 年，由于对威尼斯附近马尔盖腊港工业区地下水的集中开采，导致威尼斯历史中心的地面下降了将近10cm。尽管这个值相对较小,却对这座城市造成了真正的威胁,整个城市只比平均海平面高出0.7~1m,因此,极易遭受洪水影响。自从1970年停止工业开采地下水以缓解这个问题, 地面沉降停止了,1975年甚至测得威尼斯的地面回弹了2cm(Carbognin 等,1995)。然而海平面上升和地面自然沉降仍然威胁着这座城市的未来。

上海的地面沉降开始于1920年左右,20世纪50年代加速沉降,到1964年累计达到最大沉降值263cm。当时,人们采取了一系列的措施,以减少地下水开采量为主,并对从城市到其他地区厚300m的多层含水系统从浅层到深层进行地下水开采的再分配。另外,还进行人工回灌以稳定上层含水层的地下水位。这些措施有效阻止了地面沉降,但近年来,在这个飞速扩张的城市,由于高层建筑物建设的需要,大量施工场地的抽水导致地面以一个很低的速率又开始沉降(Chai 等,2004)。

在世界上很多其他地方,过度开采地下水从而导致地面沉降的速度仍在持续加快,如表6.3所示。有效控制的记载案例是很罕见的。我们应该牢记地下水开采对于生态系统和环境的影响不仅仅局限于水量超采的情况(表6.3)。

7.2.5 控制海水入侵和地下咸水升锥

海水入侵和地下咸水升锥对很多集中开采地下水的沿海含水层中的地下水水质造成了威胁。19世纪末,人们了解了水力机制,设计并实施了各种技术措施来阻止或减少咸水入侵淡水区域。其中第一类措施基于对当地环境的简单适应,包括控制开采量(保持相当低的量),将井迁至淡水厚度最大的地方,将井深减至最小值,堵住现存井较深的部位,并对地下水开采采取回收技术。法规可以有效地支持这些适应性方法的正确使用,数值模型模拟与监测可以对其进行指导。

技术更先进的一种措施是建立屏障来阻止咸水入侵。物理屏障只有在特定的条件下才可行,而这种条件现在是很少见的,因此在实际应用中更倾向于水动力屏障。在加利福尼亚的洛杉矶中西部海岸盆地,通过人工回灌成功建立了水动力屏障。20世纪上半叶,以饮用和农业灌溉为目的的地下水集中开采使这里的地下水位比平均海平面低了30多米,到20世纪50年代末,有超过7亿m^3的海水入侵。自1953年开始,洛杉矶防洪区分别于1964年和1969年实施了三个屏障项目,共计17km长,包括290个注水井和733个观测井(图7.7)。屏障的结构与复杂的地质情况决定的咸水入侵通道。自2008年以来,每年有3500万m^3的水注入含水层,深度达200m。这些屏障项目已经充分保护了中西部海岸盆地淡水含水层50多年(Johnson,2007;Barlow,Reichard,2010)。与之相似的一个注入处理过的废水的水动力屏障,最近已经在巴塞罗那建成了(Ortuno 等,2011)。

图 7.7 美国加利福尼亚州洛杉矶海岸地区 3 个保护地下水防止海水入侵的屏障

来源：Johnson(2007)

荷兰也采用人工回灌的方法来防止沿海地下水咸化，但是其指导理念是阻止咸水升锥和动用储存能力，而不是建立屏障防止咸水的侧向流入。北海海岸带的沙丘覆盖面积约 400km²，其中有薄的淡水透镜体覆盖于地下咸水之上，荷兰从 1854 年开始开采地下水为城市供水。为应对 20 世纪初发现的地下水咸化问题，自 1940 年起使用人工回灌技术，最开始只是利用开放的补给系统，如盆地、水池、运河（图 7.8），自 1990 年起也开始使用注水井。2008 年，该沙丘地区遍布了 10 个人工回灌点，共注入 1.8 亿 m^3 预处理地表水，这些地表水主要来自莱茵河和默兹河。这些回灌工作确保了目前从沙丘含水层抽取 1.9 亿 m^3 水而不引起地下水咸化问题，但这其中仅有一小部分（1000m^3）来自天然补给。由于人工回灌可能会影响海岸沙丘地带丰富的动植物群，供水公司也必须承担自然保护的责任。

图 7.8 荷兰沙丘地区开放性补给河道，由地表水运输管道供水(照片：PWN)

7.2.6 地下水污染控制

地下水污染控制涉及很多领域，除了通过提高人们的意识来形成一个有利环境、提出专门的政策、制定污染控制的法律和制度，还包括更多的操作方面，如评估污染风险、检测实际存在的污染物、研究污染物的行为和影响、设计潜在干预措施防止或缓解污染、优先考虑潜在的干预措施、计划开发和批准、实施方案、监测实施及其影响。这些方面都有很多有丰富的理论性和通用性文章可查，同时也有很多关于特定区域已确认的污染及其原因的报告和论文，并且常常会附带应对的建议。然而，在国际信息源中很少发现实施的干预措施及其影响的地区性或国家性的描述。以下是上述所提到的几个方面中的一些例子和评论。

污染防治从评估污染风险开始，基本包括潜在污染源的定期盘存，对含水层的污染脆弱性进行区划，评估一旦地下水受到污染其潜在危害(目前和将来受到威胁的地下淡水的功能价值)。这样的方法在一些工业化国家已经成了标准化做法，但在大多数发展中国家还没有得到广泛应用。

最早应用于控制地下水污染的方法之一，是在公共供水的井群附近建立地下水保护区,加强当地水源保护及相关井的卫生状况。这种方法的理念是保护水源而不是整个含水层的地下水。离公共供水水源越近,对土地利用和废物处理的限制越严苛。图 7.9 所示为这种方法是如何在 1963 年的发展控制分区政策基础上(Chilton 和 Alley,2006)在巴巴多斯的珊瑚灰岩岛屿上应用的。应用保护区的总体目标是减小污染物进入所开采地下水的可能性,减缓残留污染物的到达速度。绘制地下水保护区的方法各有不同,从非常简单(采用任意的固定半径)或简单(采用分析方法来定义平均运行时间)到复杂(水流和运移的数值模拟)。表 7.1 列举了一些国家的地下水保护区大小。

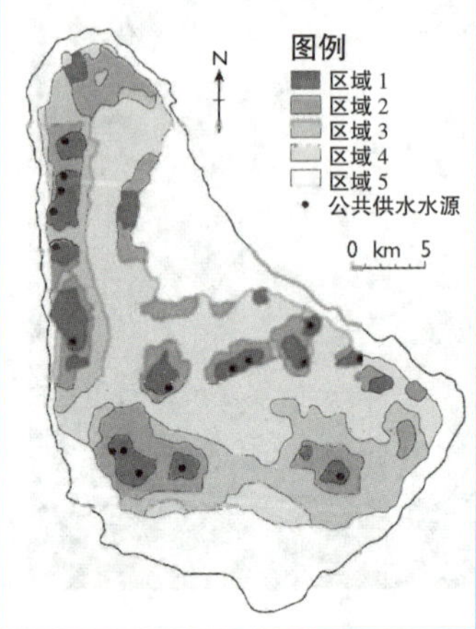

区域	边界界定	渗水坑最大深度	国内控制	工业控制
1	300 天传播时间	无渗水坑	无新房屋和水联系。除官方保护改善外不改变现有废水处理	无新工业发展。工业液体废物按有关规定处理。生活废水渗水坑深度最大
2	600 天传播时间	6.5m	设计化粪池。向渗水坑排水。卫生间排水和其他生活废水分开排放。雨水不进入污水渗水坑。无新的汽油和燃油储蓄池	
3	5~6 年传播时间	13m	生活废水处理如上。许可的汽油和燃油储蓄池也设计防漏	
4	所有高地	无限制	生活废水处理无限制。许可的汽油和燃油储蓄池也设计防漏	
5	海岸线	无限制	生活废水处理无限制。新燃料储蓄池的建设需相关批准	

图 7.9　巴巴多斯的地下水保护区

来源:Chilton,Schmoll 和 Appleyard(2006)

表 7.1　一些国家的地下水保护区大小举例

国家	传播时间和/或区域半径		
	井口防护区或内部区域	中间区域	外环区域
澳大利亚	50m	10 年	整个流域
奥地利	<10m	60 天	整个流域
丹麦	10m	60 天或 300m	10~20 年
德国	10~30m	50 天	整个流域
加纳	10~20m	50 天	整个流域
印度尼西亚	10~15m	50 天	整个流域
爱尔兰	100 天或 300m	50 天	整个流域或 1000m
阿曼	365 天	10 年	整个流域
瑞士	10m	单独定义	中间区域的 2 倍
英国	50 天或最小 50m	400 天	整个流域

来源:After Chave 等,2006。

图 7.10 展示了如何使公众参与地下水保护区的污染控制的例子。一块路标提醒人们即将进入一个地下水保护区,并要求他们报告发现的任何污染事故。这保证了行动的快速性,将意外污染所造成的危害降到最低。

图 7.10 路标指示地下水保护区的边界,拨打所示的电话号码可以报告所发现的任何污染情况

(照片:Jac van der Gun)

在将防治性的地下水污染控制转变为含水层范围或区域范围的行为时,要遵守三条主要的行动方针,它们是相辅相成的。

第一条是土地利用规划与管理。很多国家有控制土地利用的法律法规,这些可以防止在地下水最脆弱或敏感的地区发生危险性的活动。

第二条是基于区域、国家和国际水平上的立法、指令和协议,实施地下水污染控制或环境管理的总规则。国际上的相互交流表明,许多国家都采取相似的措施,如严禁某些有害物质(如 DDT)、强制性的环境影响评估、采用"污染者付费"原则等。在欧洲,欧盟扮演着一个重要的角色。例如,1980 年的《欧洲地下水指南》要求各成员国禁止向控制的水中直接排放危险物质,对于间接排放(即通过非饱和带)需要得到允许,并限制其他污染物的排放。与之相似,《欧盟水框架指南》的子指令,2006 年的新地下水指南强制要求成员国停止或逆转污染趋势并于 2015 年达到水"良好的化学状态"。

第三条包括行业法规和行为。例如,在农业领域,在主要补给季节禁止在农田上散布泥浆,禁止使用营养剂和农场级别上进行农药管理,其目的是使进入地下水区域的污染物降到最低。改进的卫生工程措施、关于填埋和废物处理的严厉规定、渗漏排水系统的替换、污水处理、化粪池的维护及埋藏的国内储油罐的移除等,都是国内行业干涉措施的例子。在工业和矿业,针对生产过程中的各个阶段,很多国家颁布了法律和严厉的规定,包括液体和固体废物的处理,以及充分的应急预案。很多国家鼓励工业在自愿的基础上积极采取环境友好行为,如遵守 ISO 14001 标准,或者完全回收利用处理后的废水。

若要在各个行业都实施这些措施,则需要公共机构有法律授权和足够的操作能力及资金。相比于大部分发展中国家,这些需求在工业化国家更容易实现,但即使在富裕国家也必须设置优先级,因为同时实施全方位的潜在有用的干预措施通常是不可行的。

地下水污染控制不仅仅局限于预防,也包括污染发生后的多种缓解或补救措施。如果存在一个持续的污染源,那么应优先使用源头控制(如改进填埋),否则地下水修复将不会很有效。“抽出—处理”方法自 20 世纪 80 年代开始应用于北美和欧洲地区,可能是应用最为广泛的地下水修复技术,主要是抽出被污染的地下水至地表,处理后再排放。在有利的水动力环境下,考虑污染物的类型,若污染羽的几何形状已知,且移除被污染的地下水是可行的,那么抽出—处理技术可以成功地应用于处理点污染情况。如果这些都满足的话,可能需要数十年甚至更久的时间来达到清理的目标。在美国国家首要工作清单网站上,美国环境保护局估计到 2003 年有超过 700 个抽出—处理系统运行,这需要一笔相当大的资金(OIG,2003)。Haest 等(2010)描述了安特卫普(比利时)附近汽油泄漏点的抽出—处理技术,它由一个以监测数据为基础而持续更新的物质运输模拟模型所指导。泄漏发生在 1989 年,在接近 600m 的逆梯度上自一个饮用水生产点泄漏(图 7.11)。修复开始于 1998 年,根据到 2010 年所观察到的进展,有望在 2015 年完全修复污染羽而不影响饮用水生产点。

修复通常是不可行的,尤其在更大区域污染扩散的情况下。应首选阻止污染水体继续迁移(抑制)。原则上这可以通过修建地下水防渗墙来实现,但是在实际中大多数情况下应用水动力隔离技术,即在污染水体周围创建水力梯度环境,从而使水体不能够移动。有时这样的情况可以很巧合地实现,如在圣克鲁兹的玻利维亚城(图 7.12),这里的浅层地下水被严重污染,尽管通过深层的公共供水钻孔抽取大量地下水,但在约 90m 处并没有出现污染现象。这可能是由于更浅层私人井的持续开采拦截并使一部分浅层污染水循环利用。从污染控制的角度来说,在这种情况下可以继续浅层地下水的开采(Chiltoon 和Alley,2006)。

最后,如果可用的地下水不完全满足预期用途的质量要求,那么治理仍然是一种技术解决方案。

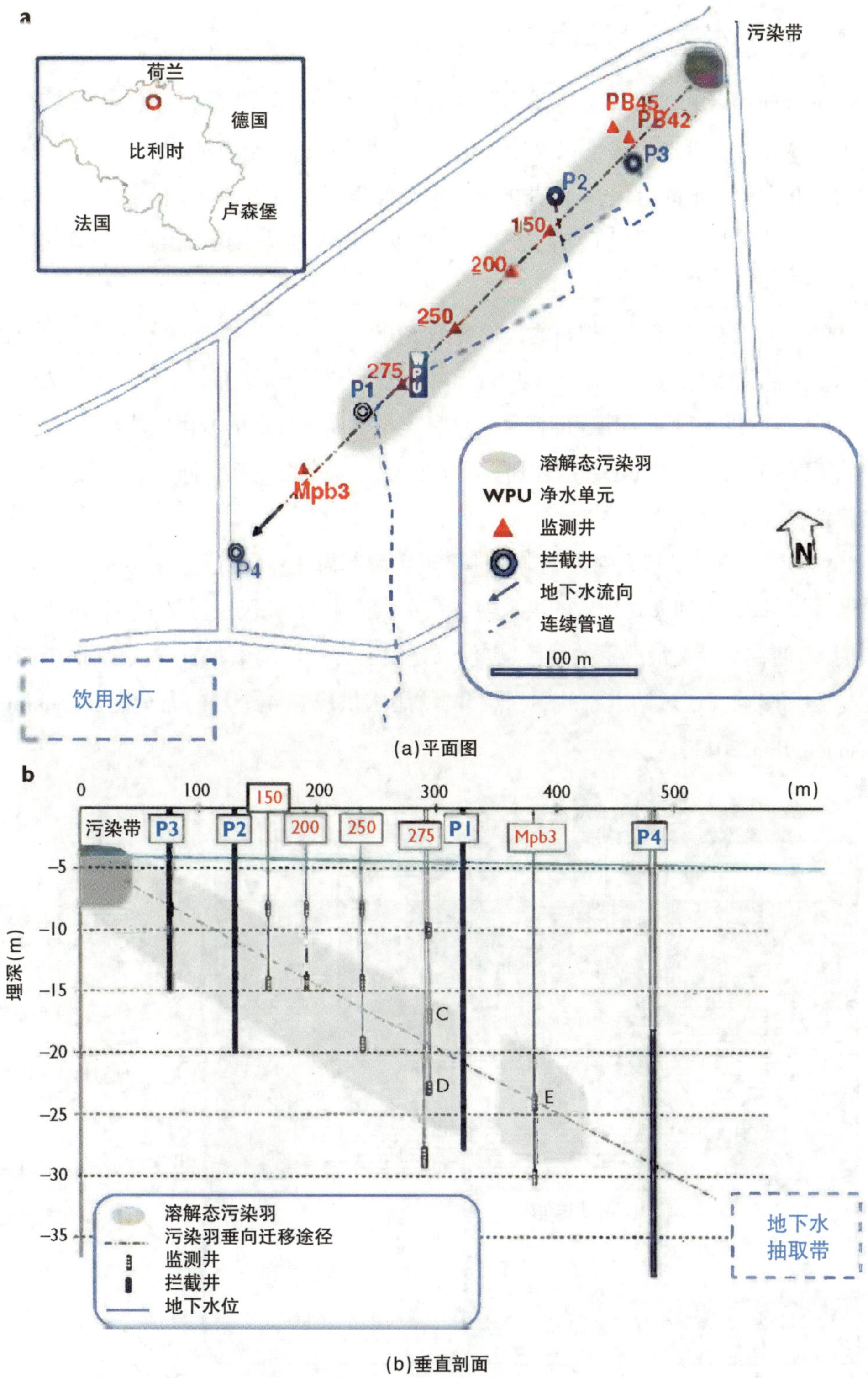

图 7.11　安特卫普附近抽出—治理修复地点的污染羽、拦截井、观测井

(来源:Haest 等,2010)

7.2.7　地下水管理与自然灾害

地下水使用者和管理者有可能会面临各种突发的自然灾害，如洪水、干旱、飓风、海啸、地震、滑坡等。这些灾害不仅仅造成生命财产的损失，还会造成饮用水的严重短缺及含水层和井中地下水的退化。从以往的灾难中我们学到如何建立应急供水，如何修复受影响的含水层及水井，更学到了如何通过灾害频发区居民准备来提前预防。下面是一些例子。

1995 年 1 月发生于日本神户的地震导致 6400 人死亡，并切断了超过 100 万家庭的饮用水。应急供水最开始依赖于瓶装水和供水车，但很快被遍布整个城市的私人井所取代，这使得市政供水得到了快速的恢复。这场灾难引发了合适的城市应急水井的注册，到 1998 年底有 517 口合适的水井被注册。日本其他的城市也发起了同样的注册体系，如东京和横滨(Tanaka，2011)。

1999 年 10 月一场超大飓风袭击了印度奥里萨邦海岸，导致重大人员伤亡和财产损失，同时海洋风暴潮和大雨导致的洪水使饮用水供应中断。飓风过后马上进行的水化学调查表明，即使在受影响最严重的地区，也仅仅是浅层含水层地下水发生咸化，而中深层含水层未受到影响。通过钻进新的中深层井，饮用水供应在 4 个月内完全恢复(Sukhija 和 Narasimha Rao，2011)。

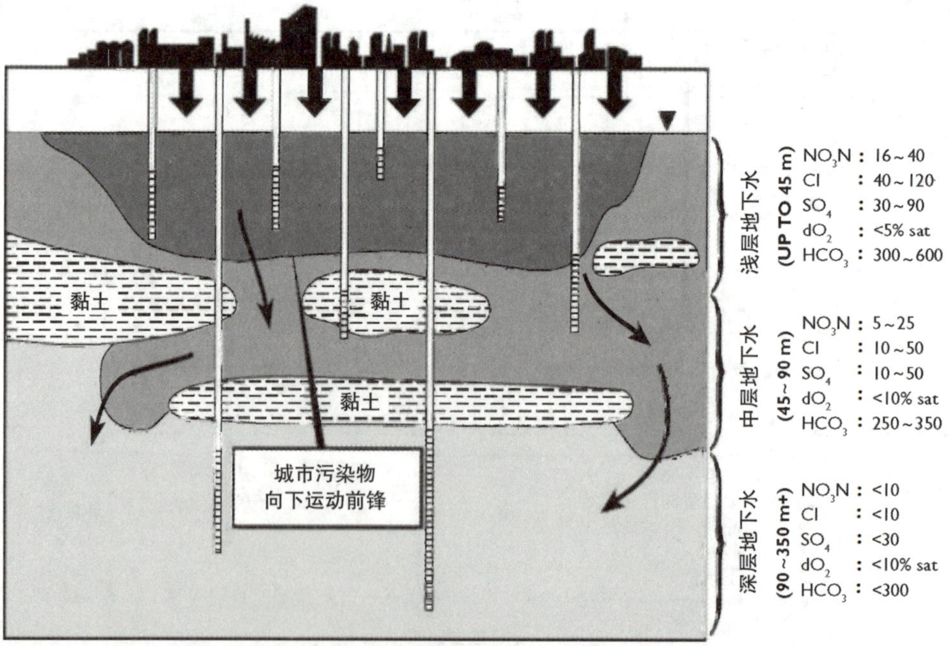

图 7.12　位于圣克鲁兹玻利维亚城之下的城市污染扩散分层

来源：Chilton，2006

2004年,海啸席卷了亚洲的众多海岸地带,甚至东非,导致许多井水咸化。一个重要的问题是如何恢复这些井:通过抽水还是自然冲洗与恢复过程?事实证明,对于斯里兰卡东部海岸的浅层潜水砂岩含水层,第二种方法是最有效的。早期在飓风之后马上进行的抽水使井水的咸度有所下降,但持续的抽水似乎破坏了自然修复。在当地的条件下,自然修复持续了大约一年半的时间,如图7.13所示(Villholth 等,2011)。

Vrba 和 Verhagem 提出了如何在紧急情况下处理地下水问题的指导方针(2011)。

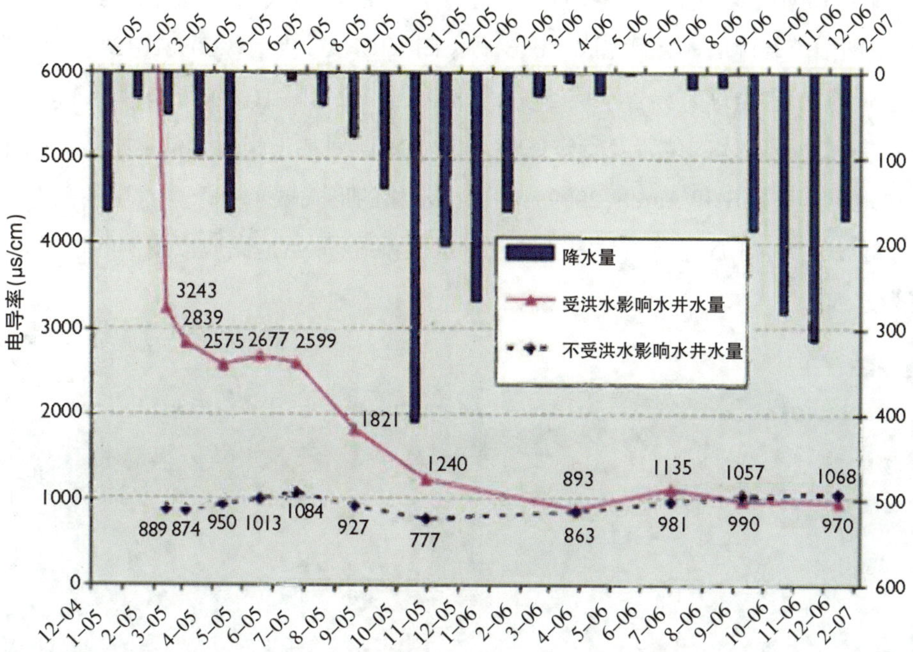

图7.13 2004年12月斯里兰卡东部拜蒂克洛地区海啸后平均井水咸度及月降水量

来源:Villholth 等(2011)

7.2.8 跨界地下水资源管理

如同河流流域一样,各种规模的含水层以一种不可见的方式被不同国家或同一国家的不同行政区域共同使用。跨界含水层的特性及功能与其他含水层并无区别,但是穿过它们的行政边界致使地下水资源的协调发展与管理更加复杂。由于这种复杂性,且对于跨界含水层的关注仅仅开始于几十年前,到目前为止所推出的有关跨界管理的行动都处于筹备阶段,真正实施的干预措施仍然相当少见。

跨界地下水资源管理必须解决三个实际问题:地下水流量、影响(尤其是压力及水位的变化)的传播以及溶质跨边界运移。尽管对于一些干旱国家(如埃及、以色列、约旦和叙利亚)地下水可能是水资源的主要外部来源,但相对于跨界地表水来说,跨界地下水流量一般来说是很少的。因此,控制影响的传播及溶质跨流域运移成了跨界地下水国际磋商与协议背后的主要原因,而不是对于地下水流量的分配。

自从 20 世纪末跨界地下水被提上国际日程,已取得了相当大的成就。在联合国欧洲经济委员会的庇护下,欧洲实施了跨界含水层系统的区域资源调查和登记(UNECE;1999,2011),在高加索、中亚和欧洲东南部也是同样的情况(UNECE,2007;INWEB,2011;UNECE,2011);在美洲(UNESCO,2007 和 2008)、非洲(UNESCO,2010a 和 2011)和亚洲(UNESCO,2010b)则是实施 ISARM 计划。基于区域活动的成果,第一张“跨界含水层系统”世界地图由 WHYMAP 绘制完成(2006),后来由 IGRAC 更新(2009,2012)。图 7.14 为缩小尺寸版的最新“全球跨界含水层”地图(IGRAC,2012),图中显示了全世界 448 个确定跨界含水层和地下水体的位置及特定属性。ISARM 计划基于相似的信息来源提出了“跨界含水层地图集”(Puri 和 Aureli,2009),并以指示物的形式展示每个含水层的部分信息。地图显示了 2012 年 3 月之前列举的已调查含水层系统(原始地图应以图例的形式来查询并且更为详细)。

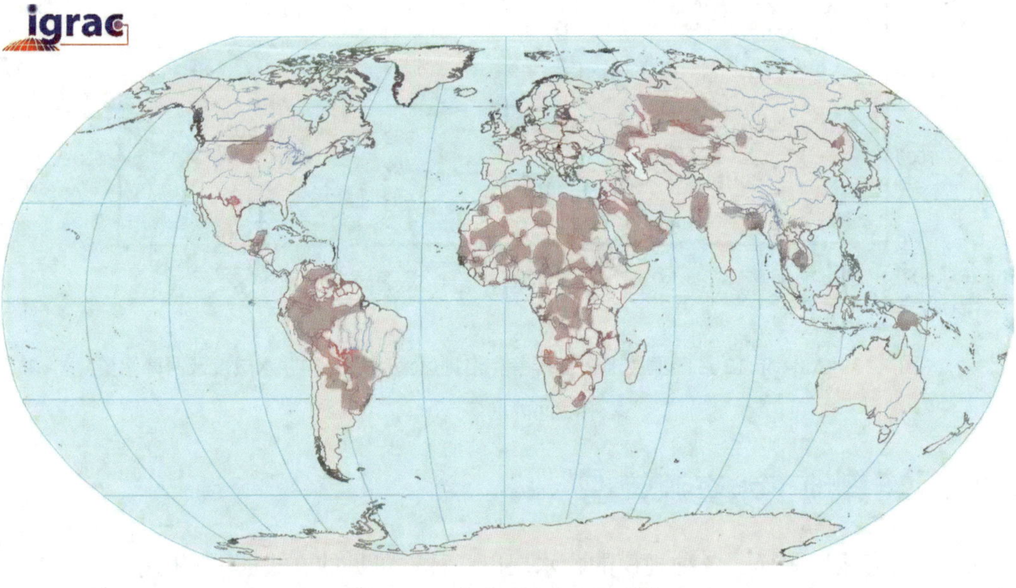

图 7.14　全球跨界含水层系统

来源:IGRAC(2012)

在独立含水层水平上,一些重要项目已经开展或仍在进行中,尤其在全球环境组织(GEF)的国际水域焦点地区的框架之下。其中,Guarani 含水层项目推进了南非 Guarani 跨界含水层系统的跨界含水层管理方法。此外,这个项目所涉及的 4 个国家的总统于 2010 年签署了一份关于此含水层系统的官方协议,这是迈向跨界含水层协调或共同管理的重要一步。另一个由 GEF 支持,有关撒哈拉西北含水层系统的项目加强了人们对于含水层系统的认识，以及探寻如何在仍存在天然地下水排泄（绿洲）的地区改变非再生地下水开采的空间布局，以达到最小的消极影响。

跨越法国和比利时（弗兰德斯和瓦隆地区）的石炭系灰岩含水层，提供了一个欧洲在单一跨界含水层级别合作的例子。含水层面积约 3000km² 且部分岩溶化，它对于国界两边的饮用水及工业用水供应都很重要。然而，过于集中开采地下水早已导致水文不平衡，致使地下水位显著下降，尤其是在承压含水层部分（图 7.15）。在比利时，这种现象促使弗兰德斯和瓦隆于 1997 年达成协议以减少地下水开采。由于这个及其他因素，如在法国的部分地区主要减少工业用水需求，在比利时的地区回收利用采石场的排水，使得地下水位在 21 世纪初达到稳定，之后甚至有所回升。管理这个含水层地下水资源的挑战不仅仅局限于保证可持续供水，还包括一些其他的问题，如防止落水洞产生（之前曾经发生过）、控制由地下水位上升引发的地下水水质恶化问题（如锰和硫酸盐）。这个含水层系统还没有被详细地研究，一些相关流程尚未完全确定，这需要额外的评估、分析与监测工作。根据《欧洲水资源框架名录》在这点上所提出的要求，近年来法国和比利时（弗兰德斯和瓦隆）为满足这些目标，在跨界合作上开展了许多活动。其中，BRGM 与让布卢大学关于这个主题建立了合作关系，国际斯凯尔特河委员会于 2006 年宣布这个含水层为“试点跨界含水层”，欧洲项目 ScaldWIN（2008—2015 年）以改进斯凯尔特河盆地水质为目的开展。越来越多的跨界合作有望使法国—比利时关于这个含水层的合作正规化，保证石炭系灰岩含水层的可持续共同开发（Crastes，2010；De Smedt，2010；BRGM，2011，Anonymous，2011）。

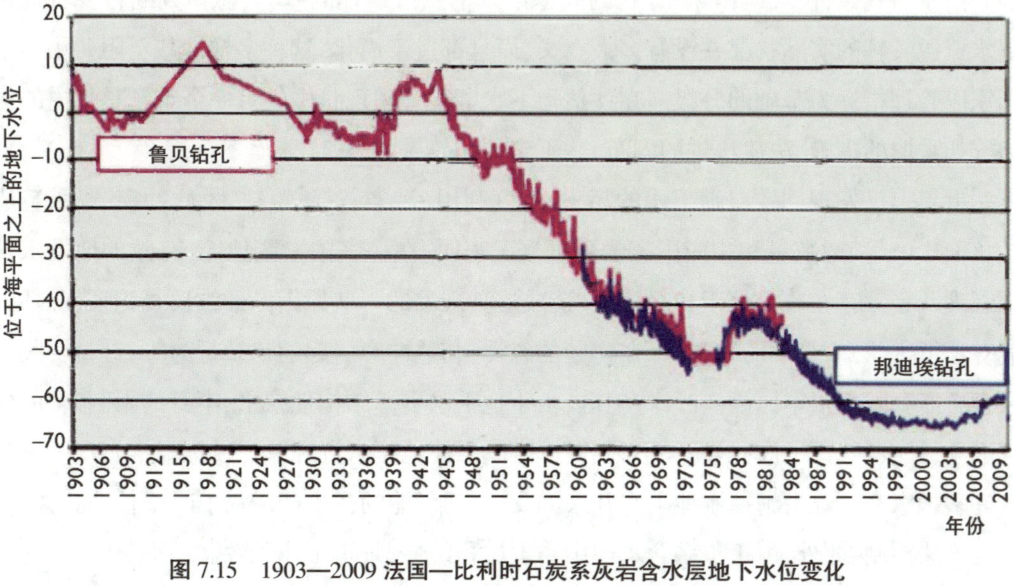

图 7.15 1903—2009 法国—比利时石炭系灰岩含水层地下水位变化

来源：After BRGM（2011）和 Crastes de Paulet（2010）

制度安排和法律文书是跨界含水层资源管理的重要部分。Burchi 和 Mechlem(2005)关于地下水国际法律的研究表明,到目前为止很少有涉及地下水的国际法律,到 2005 年仅有少数法律条款是专门为地下水设计的:针对日内瓦含水层、努比亚含水层和西北撒哈拉含水层系统。跨界含水层法律的条文草案有望在不久的将来推动这种方法的发展。如前所述,这些文章于 2002—2008 年由联合国国际法律委员会(UNILC)和联合国教科文组织的国际水文计划(IHP)共同整合,并于 2008 年 12 月被联合国安理会的 A/RES/63/124 决议所采用(Stephan,2009)。联合国安理会在 2011 年 12 月 9 日召开的第六十六次会议上再次重申跨界含水层及其相关章程草案的重要性。在一项新的决议中,进一步敦促国家之间对于管理跨界含水层做出适当的双边或多边安排,并鼓励 UNESCO-IHP 继续为相关国家提供科学和技术支持。可在 2011 年 9 月发行的国际水杂志中找到有关于跨界含水层管理法律和管理方面的意见(Eckstein,2011)。

将跨界含水层从潜在的问题转化为国际合作的机遇, 是所有正在进行的跨界含水层活动所产生的势头。

7.3 世界各地地下水资源管理现状

在简要地介绍了一些地下水资源管理的案例之后, 你可能想知道地下水资源管理措施在世界不同地区是如何广泛实施的以及预期目标的实现程度。

由于研究条件、影响因素、存在的问题以及信息可靠性的差异,总体判断世界各地地下水资源管理的实际状况并没有多大意义,而且都过于简化。这种多样性甚至阻碍了不同国家以管理指标为基础的分级。在评估地下水资源管理现状中的另一个难题是付出的努力 (如采取的措施、法律法规的颁布)达不到预期效果。

世界上已发现问题 (地下水的超采、过度利用、污染、资源短缺、矛盾冲突、开采造成的负面影响等)的数量和相应国家的数据概况表明:在许多国家或地区,有效的地下水资源管理几乎不存在或仍处于初级阶段。造成这种现象的一些原因已经被反复论证,包括人们对地下水认知、管理的缺乏,存在问题的忽视,利益冲突引起的自私行为等。但是,我们常常更需要发掘根本原因。在一些地区,由于地下水资源结构性缺水、本身的限制条件、外部因素、社会经济条件的落后和不利的政治环境,使地下水资源管理目标很难实现。尽管在许多国家有行政措施控制地下水开采,但有负面影响的集中开采仍不断增长,同时污染常常无法控制。此外,由于很多含水层中物理过程缓慢,管理工作见效需要很长时间,这容易使决策者失去耐心。

研究正面的地下水资源管理案例对于我们更有意义,而不是对存在明显缺失、不足或失败的案例进行盘点。在大多数情况下，地下水资源管理是被动的(改变不良趋势和情况)而不是主动的(预防)。在某一特定时间点，各类含水层过度开采已经成为问题，有效的管理政策能够促使地下水恢复均衡，至少朝着均衡恢复的趋势发展，或者减少或消除不利影响。这些政策通常是基于减少地下水开采量和实施人工补给来实现的。下面是一些实例：

- 在以色列，通过人工补给地下水(0.9 亿~1.35 亿 m^3/a)和减少地下水开采(约 1 亿 m^3/a，在 20 世纪 90 年代)，滨海含水层几乎恢复了水动态平衡。

- 在西班牙(略夫雷加特河下游，巴伦西亚平原)和伊朗(自 20 世纪 90 年代以来，1/3 的新建管网灌溉被禁止)的一些过度开采的含水层中，地下水开采量已经不再增加甚至减少。

- 美国加利福尼亚的中央山谷含水层系统，在经历了一段过度开采的时期之后(20 世纪 50 年代和 20 世纪 60 年代)，人们进行了几种人工补给工程，利用地表水代替部分开采了的地下水，辅以建立水权市场。通过这些努力，改善了地下水的均衡性，也使局部地区的地下水位上升并且停止了地面沉降。然而，GRACE(参见表 5.5)进行的评估已非常清楚地表明，总体形势仍然很不稳定。据加利福尼亚大学的沃克斯(2006 年)说，加利福尼亚的 431 个地下水流域中只有 19 个能够被“有效管理”，这意味着开采时应该存在一些限制条件。

- 在阿曼，通过建立大型补给水坝工程和制定钻井、开采地下水许可制度，一些地下水系统的动态平衡已经完全或几乎完全恢复。

- 在美国大部分高原地区，如南达科塔州以及东部地区，地下水计划消耗申请政策和可持续开采政策已被采用。这可能解释部分消耗差异。

- 在威尼斯和上海，通过有效的地下水管理干预措施后，地面沉降已经停止。

- 在荷兰西海岸沙丘地区，通过人工补给使上覆在陆地咸水的地下透镜体的损耗停止多年。

- 在荷兰，通过持续进行的严格的地表水位控制和地下水开采限制措施，依赖浅层地下水的农业和生态系统的破坏在数十年前几乎已经消除。

- 近年来，欧洲一些国家采用地下水保护措施和减少用水量，已经将地下水开采量增加的趋势扭转为小幅度减少。有时候，有了保护政策之后，生态系统保护和地下水灌溉农业保护才会被人们所了解。

管理不可再生地下水资源不同于管理可再生地下水资源。像开采矿藏或石油那样，人们必须保持地下水开采强度和持续时间的平衡，并且考虑开采的目的。虽然管理不可再生地下水资源的经验非常有限且相关概念需要进一步发展，但是一些国家已经取得了引人瞩目的成绩：

- 例如，沙特阿拉伯用于灌溉的不可再生水资源的开采在1990—2000年已经减少了7.38亿m^3/a，并且2002—2010年将降低38%（Abdurrahman，2002）。
- 如前所述，在地下水作为不可再生资源的澳大利亚大自流盆地，从19世纪末开始降低集中开采量，但自流井和水传输的损耗导致了水的大量浪费。从21世纪初开始实施可持续发展以来，大自流盆地已经减少了很大一部分地下水损失，并且预计到2014年将实现每年节约2.11亿m^3的目标（Habermehl，2006；Sinclair Knight Mertz，2008；GABCC，2009）。

在地下水污染控制下，大范围的地下水减少现象明显好转的例子很少见，但这并不意味着地下水污染控制是无效的。相反，耗费大量的精力来防止有价值的含水层、区域以及场地受到污染，其效果是明显的。毫无疑问，地下水水质问题会越来越多，至少在工业化国家是这样的，这些地区没有大量的保护措施、一般环境法规没有强制执行、农业和工业部门没有引进环境安全技术指令。几乎同样起作用的是无数环境修复行为，仍旧以工业国家为主，它们已经停止构建不适宜的垃圾填埋场或储油罐来防止污染地下水。在许多发展中国家，地下水污染控制仍处于较低水平，原因很多，如缺乏充足的资金。

我们可以看到，在许多国家，为了服务大众而改善地下水资源管理的需求在不断增加。这是为相应项目、地方性法规制定和专门单位建设做铺垫。例如，在许多国家开始立法来促进相关管理措施的实现。许多政府机构意识到，为实现某些地下水管理目标而改变人们的行为是至关重要的。因此，采取了相应的强制手段（如“污染者付费”原则）或开始采取参与式管理办法。

一些国际行动就像催化剂一样扮演着重要角色，如《欧盟水框架指令》（专栏7.4）、千禧年发展目标（联合国，2011）和国际共享含水层资源管理行动（ISARM）。然而，随着人口增长的压力、气候变化和其他全球变化，一些国家尤其是发展中国家面临地下水资源管理的巨大压力。传统的水资源管理也需要非正式的对策（包括水行业内部和外部的）来补充。这需要相关国家的全力保障和相当大的国际组织努力。

综上所述，目前地下水在不同地区以不同方式被人类广泛使用，并受到人类活动的影响。因此，在全球范围内进行地下水资源面临压力和影响的评估，并没有多大实际意义，在一个国家通过平均状况指标来评估也如此。这些指标可能会给出发展趋势和发生概率，但真正的判断应该考虑当地的情况。明智的做法是不要过于简单地用某些征兆来预示灾难的发生，通常媒体喜欢干这种事。

专栏 7.4　　欧洲保护地下水的规章制度

20 世纪 70 年代后期，欧盟委员会采用指令 80/68/EEC 建立了保护地下水不受污染的条例，这个指令禁止某些有害污染物(类别 1)的直接或间接排放，同时规定危害较小的污染物(类别 2)必须做环境影响评价才允许排放。20 世纪 90 年代早期，人们开始关注污染物的扩散和过度开采地下水的风险，这激发了欧洲环境署进行研究和报道，并促使欧盟委员会在 1996 年制定了行动方案。该方案旨在加强现有保护制度，该方案的建议在框架指令草案(2000/60/EC)中被采纳，并于 2000 年 12 月 22 日开始实行，这个指令建立了巨大的陆地和沿海水域的地下水和地表水监管框架。

在 2013 年新的指令出台代替了 80/68/EEC，新指令明确了通用地下水保护制度。《欧盟水框架指令》规定所有成员国都需在 2015 年达到地下水质量和数量处于“良好状态”的环境目标，各国根据各自情况确定具体办法。然而，该框架要求根据固定的时间表执行规定的步骤。这些步骤包括特别是对压力和影响的分析、水体“风险”的描述、经济分析、监测方案以及依照法律制定的措施大纲(如保护地下水免受来自农业、工业污染的行动方案，免受垃圾填埋有关的点源污染的行动方案以及平衡地下水开采与恢复的措施)。这些步骤促使流域管理规划的发展，第一个规划于 2009 年出版，预计在 2015 年达到指令设定的目标。这些为期 6 年的计划对公众咨询(参与途径)开放，也包含基于科学发展的技术附录的合理修正。

虽然《欧盟水框架指令》明确阐述了关于地下水体数量状态的规定，但是关于化学状态的标准(“环境质量目标”)不够明确。事实上，在《欧盟水框架指令》研讨会中，不同概念上的方法会导致制定详细法规时难以达成一致。所以，有必要向欧盟委员会提出发展指令“子体”的请求，制定地下水化学指标标准，以及鉴定和扭转地下水污染趋势。这个指令“子体”符合第 17 条《欧盟水框架指令》，是许多技术专家研讨的结果，这些专家有不同环境机构部门的专家、工厂代表、为欧盟服务的非政府组织的科学家等。经过欧洲议会和理事会之间长久的协商，“子体”指令在 2006 年 12 月开始实施。

保护地下水免受污染和恶化的新指令是在地下水体良好化学状态评估标准的基础上制定的。这个标准考虑人为因素和水文特征，以欧盟环境质量标准或阈值为依据制定或改进，并且达到成员国、地区的最适环境水平。为了识别和扭转环境污染的趋势，指令制定了附加标准(与水框架指令要求的监测措施有关)，包括防止和限制污染物引入的附加准则，就像指令 80/68/EEC(将于 2013 年撤销)中规定的一样，涉及了对水体化学状态的影响。

这个管理框架在欧盟落实，作用范围包括检查、监测、评估以及水质和水量为一体的综合性计划。它的实施是复杂的，面临巨大的挑战，需要协调整个范围内的法规(农业、工业和健康指令)。最开始，专家会对欧洲水体进行评估，然后通过互联网在欧洲水资源信息系统门户网站

(欧盟委员会、环境署和统计局联合倡议)公示。最后,随着科技的发展不断定期修订规定(在2012年进行第一次修订,之后每六年修订一次)。

这一系列法律法规、立法者的强有力保障以及各个部门的专家们所做的努力,为保护有价值资源提供了转折点,但是公众对此仍然不了解。

法律法规的更新情况和活动信息将定期在欧盟委员会网站上发布。

(来自 Philippe Quevauviller3)

在一些地区,人们对地下水知之甚少,利用不完善。例如,在印度,扩大地下水开采进行农业灌溉,可在短短几十年内改变这个国家的粮食产量,同时为减缓贫穷做出巨大贡献(Moench,2003)。可以想象类似的情况也可以在世界别的地方发生。在某些地区地下水可以在调节水资源变化上发挥更大的作用,尤其在由于全球变化(人口压力、气候变化)而导致水资源短缺的区域显得更为重要。相反,另一些区域地下水已过度开采,有时过度开采会导致地下水耗尽,造成经济损失或给生态系统和环境带来负面影响。在大多数地下水开采过度的地区,恢复均衡开采和可持续开采是非常重要甚至迫切需要的。在某种程度上,人们仍然无法控制一些对地下水水质和水量具有威胁的人类活动。

尽管不同国家在地下水的知识水平和监管条件上取得了重要进展,但主要还是短期控制而不是长期管理。无论在什么情况下,合适的长期管理应该防止过度开采,保证水资源数量、质量、可用性的可持续发展,保证剩余资源能满足后代使用。不过,世界上大部分区域地下水资源管理水平仍然落后,难以实现上述目标。

第8章

最后结论

- 由全球地下水信息和知识可以得出的结论,及未来努力的方向
- 地下水作为全球资源的作用、特征及其重要程度
- 一些地下水资源管理的结论。

8.1 全球地下水的知识和信息

8.1.1 丰富但又有限的地下水

前面章节表明,我们可以得到关于世界地下水的大量信息。汇总这些信息需要世界上几代专业人员持续不断的努力。而专业人员需要他们所在机构的支持,这些机构参与地下水研究及含水层系统的探索、观测、评估、监测以及分析,他们通过研究地下水的使用和管理已经获得了很多数据,同时发表了许多文章,并与国际组织一同分享这些成果。

除了这些学者对于新的特定地区的信息的研究,不同的国际研究单位也对地下水知识的增强及传播做出了重要的贡献。这方面做得较为突出的是联合国教科文组织的"国际水文计划"(UNESCO-IHP)和国际水文地质学家协会(IAH)的会议和出版物。其他做出贡献的国际组织有:联合国粮农组织(FAO)、联合国教科文组织的国际地下水资源评估中心(IGRAC)、联合国环境规划署(UNEP)、国际原子能机构(IAEA)、世界银行(IBRD)、全球环境基金(GEF)、世界气象组织(WMO)、国际水资源管理研究所(IWMI)、联合国经济和社会事务署(UNDESA);地区组织如欧盟(EU)、撒哈拉和萨赫勒观测所(OSS)、美洲国家组织(OAS)。这些组织通常建立地区性的或全球性的合作网络来贯彻他们的计划和方案。

全球地下水可用信息中只有一小部分适用于本书的研究范围并被采纳。但是即使这么保守的选择——没有很多空间细节而是集中于大的空间单元——仍然包含不少缺陷、不确定性以及不一致性。部分数据的不一致简单地说是由于某些变量的定义(如地下水的开采、地下水的补给)和概念(如不可再生地下水资源、过度开采)的不一致所导致的。现在关于地下水的大部分数据都是与它的物理性质方面相关,而不是社会经济或制度方面相

关。另一个限制条件是:局部地区的地下水特征和过程并不适用于大范围的宏观地区,而且这些特征和过程几乎都是看不见的。

8.1.2 向掌握更好更多的信息努力

不同地区的地下水质量和水平各不相同。一些组织,尤其是联合国教科文组织的“国际水文计划”和国际粮农组织的“全球水资源及农业的信息系统 AQUASTAT”,做出了许多努力来减小全球关于地下水的流量、储量、质量、开采后的地下水再生、地下水的社会经济和环境问题的不一致性。这些努力意义重大,包括调查、研究、咨询、数据总结,在该领域较落后的国家(并不等同于落后国家)优先发展。对不同地区、不同含水层地下水数据的对比具有重要意义,同时统一地下水资源评价方法、地下水开采量和使用量的评估及分类方法也同样重要,尤其是对于加强国际环境下的资源与使用的宏观对比。此外,扩展视野、把所有相关信息包含在内来改善管理条件也是有必要的。

8.1.3 向更好地了解努力

如果能有助于理解相关系统和过程,那么信息才是有用的,所以第一要务是认识地下水在水循环系统甚至整个环境和生物圈中的本质属性和作用。把“地下水”的概念简化到水的体积和流量的概念太简单化了,因为地下水的优势、局限性与缺陷性和与地表水、生态系统相互间的作用都是其不容忽视的特点。

我们应该认识到,自然资源对于个人和社会都是可用的,所以不能只是开采利用,还应该采用协调个人和公共利益、当代人和后代人利益,使其达到平衡的管理方式。制定有效可行的方案,了解人类的行为是至关重要的。

最后,人类为了评价和保护这些资源所做的努力,应该与它们的经济价值、社会服务价值以及原位功能价值成正比。

8.1.4 关注形势、机遇和问题的多样性

当深化对地下水认识时,一方面每个人都应该意识到对地下水行为和状态的研究不能过于统一、简化;另一方面,仅仅依靠局部描述和分析也是不明智的,因为那样并不包含所有相关的空间情况。所以最好不要限于对主要特征和主导趋势的研究。

地下水构成了一个连续变化的世界,无论是考虑到含水层系统的范围和复杂性、地下水储藏和更新的体积、地下水水质和脆弱性、地下水的开采方法和可利用性、开采规模还是未来的开采趋势等。

现在的世界各国面临各种各样的问题,但也提供了很多机遇。在各自环境背景和地质

环境下,许多目标得以实现和措施得到实施。只有对当地具体条件进行评估并且了解足够详细,才能正确地制定目标和措施。这些内容包括地下水系统的勘察、当地可利用地下水资源质量和数量的评估、污染风险的识别、可利用地下水的存储、相关指标和潜在因素的发展趋势的监测(开采量、水位、水质、环境影响)。利用这些特定地区的信息,可以对实际情况和水资源管理措施中相关问题进行可靠的诊断分析。

8.2 地下水的主要特点、作用和发展趋势

8.2.1 地下水的主要特点

就像前文所述,目前淡水的主要组成部分是地下水和地表水,并且是地球水循环的重要组成部分。与水循环中的其他水资源相比,地下水具有异常高的存储/流动比,因此体现出缓冲能力强、难污染、难恢复的特点。地下水另一个特点是空间幅度很大,不仅横向而且纵向存在,常常有数百或数千米深。

由于地下水的缓冲能力强,当补给不充足时仍可利用。每一个含水系统差别都很大。在小而浅的含水层系统,地下水可能有几个月甚至一年的干旱期,但是已经足够提供干旱、半干旱地区的用水量。然而,有的含水层经过较长时间的缓冲,会带来一些负面影响,但是短期内不会耗尽地下水。如第 3 章介绍和其他地方讨论的,最极端的例子是不可再生的巨型含水层。这些含水层即使数千年没有有效补给,仍旧可以作为巨型水源地。

地下水污染的脆弱性随深度而发生变化,但是主要根据当地水力条件和空间流动特点。浅层的地下水容易污染,尤其是当上覆的弱透水层消失时。地表污染物不易进入深层地下水,因为污染物要很久(数百到数千年)才能到达地下水,并且上覆的弱透水层能够几乎完全隔绝污染物。

凡事都有两面性,由于较低的存储/流动比,使得地下水更难恢复。一旦一个含水层中地下水耗尽,则需要很多年的严格控制来恢复到初始水平的存储量。被污染的地下水恢复更慢。在许多情况下,在人类时间尺度上含水层的污染是难以恢复的。

8.2.2 地下水的作用和重要性

地下水除了在各类自然进程和循环中的作用,对于人类也是非常重要的,直接可作为水源开采和使用,间接可支持生态系统和环境。作为可开采资源,地下水比其他水源有许多性能上的优势。地下水系统的缓冲性能在这方面起到突出的作用。在地球上一些地方,没有地下水人类就不能生存。地下水作为供水水源,在数量和质量方面可靠性很高,所以

每单位体积的地下水比地表水更有价值。因此，地下水的经济价值应该考虑附加价值而不只是根据供应体积来评估。如第5章所描述的，地下水在国内农业和工业供水上起到重要作用，对世界各国具有重要意义。

8.2.3 全球地下水处于过渡时期

世界各地地下水状况正在发生迅速变化。20世纪，几乎所有国家的地下水开采迅猛增长(参见第5章)，并且被称为“无声革命”(Llamas & Martinez-Santos，2005)。地下水开采给人类带来了巨大好处，但同时也有很多负面效应。

举几个例子：世界各地许多含水层的地下水储存量不断减小，地下水位下降，自流井和泉逐渐减少，并且在一些地区可能在几十年内消失，河流基流缩减，湿地退化以及在敏感地区发生地面沉降。

此外，现代生活方式和生产过程中产生的污染日益影响地下水水质——尤其在近地表含水层区域。

这些变化背后的驱动因子作用很大——尤其是人口和经济。因此，停止或扭转这些趋势是不现实的。此外，气候变化也可能导致世界范围内的水资源问题。

8.3 地下水资源管理

8.3.1 主要问题和一些特例

从第6章和第7章概述中可知，地下水资源管理的主要问题包括促进和加强地下水的有效使用，保护地下水资源质量、数量和避免地下水开采造成不利环境影响，并且已经有了解决这些问题的案例。虽然这些案例涉及多个方面，但少数特殊问题仍需要特别关注和努力解决。

8.3.1.1 开采和管理不可再生地下水资源

我们仍然缺乏开采和管理不可再生地下水资源的经验，不过，这是一些干旱地区国家水资源经济的主要问题。因此，对这个问题应该进行更详细的研究，从而形成系统、科学的研究方法，并且必须明确开采持续时间和开采强度，选择利益最大化开采，特别注意短期内享有的利益能平稳过渡到可以使用其他水资源或用水量的大量减少。

8.3.1.2　可持续性地下水资源管理不可行情况下的战略

尽管所有国家和水管理机构通常渴望确保地下水资源的可持续发展，但是在一些情况下，能够停止或甚至扭转地下水资源逐渐退化的愿望是不现实的。小而平坦的岛屿(如太平洋和印度洋的环状珊瑚岛屿)上的浅层地下淡水资源是第一种类型。在海边，如果海水位上升导致这些岛屿部分永久淹没，则淡水透镜体将会不可逆转地缩小。不可再生地下水(前文已经提到过)是第二种类型：它的开采必定使资源耗尽。第三种类型是在干旱、半干旱地区集中开采地下水，这些可再生地下水在理论上可以持续开采，但实际上常常是错误的观念，因为这些地方的地下水蕴含着巨大的经济价值，而且缺乏可供使用的其他水资源。第四种类型是城市化和工业化地区因暴露而受到严重污染的浅层地下水。以上例子中的地下水资源衰竭是一个“迟缓”的问题，这种问题在一段时间内是不明显的，但长时间运行可能产生危险情况。所以识别这些“迟缓”问题特别重要，为将来不依赖这些衰竭的地下水资源做准备。在这种情况下，我们与其考虑带来的灾难，不如计划和控制地下水使用量。这需要使有关地区的经济向更少依赖于地下水的方向转变。

8.3.1.3　预测气候变化

尽管目前气候预测有诸多不确定性，但我们相信在不久的将来，我们可以逐渐清晰地描述世界各地气候变化。我们要的不仅是更准确地预测或等待地面上将会发生什么，还是积极主动地去分析预测气候变化可能给每个国家的需水量和使用量带来什么影响。我们要优先确定最易受气候变化影响的地下水系统，同时设计并分析可能的管理措施。在可用水资源达到临界值的地区，要优先确定可能为适应性提供解决方案的地下水系统。适当的地下水缓冲能力，可以帮助我们度过持续的干旱期，或者为我们调整水资源可持续使用水平争取时间。

8.3.2　加强地下水资源管理

地下水资源管理应该更加深入地扎根于现实，树立更远大的目标，并更好地整合土地利用和水资源管理，以期在世界各国得以加强。

8.3.2.1　管理扎根于现实

许多国家的地下水资源管理已经过了理论阶段并或多或少地形成了正式的管理制度。但在相当多的情况下，人们的注意力更多地集中在管理措施的制定上而不是执行上。此外，这些措施的使用和执行通常需要更多的手段和意愿。只要地下水资源管理的提议和计划没有具体说明这些措施、指明和明确管理任务，那么这也只是"潜在"的管理。将来地下水的管理将会有更多切合实际的行为，以一种或多种方式使公众参与其中。这意味着地下水资源管理者们应该更清楚地认识到共同目标和优先目标，也意味着管理措施应该联系自然特征单元。地下水资源管理是本书的一个重要内容，这也是为什么在本章开始就提到许多国际机构携手探索地下水资源管理维度。

8.3.2.2 树立远大目标，更加积极管理

在很多情况下，地下水资源管理不仅仅是截流部分天然地下水，也包含对含水层储量优势的利用和影响含水层的补给，途径如下：

- 通过利用地下水的年间缓冲能力扩大地下水的开采。这是当枯水年地表水缺乏时的选择。因为气候变化，地表储水水库能力下降，这种现象在世界很多地方更加普遍、更加严重。在这种情况下，地下水既是地表水的补给来源又是旱季时的维持水源。
- 提高人工补给能力，通常与前文所述策略联合使用。
- 使用、维护或者改善某些含水层的自净能力，特别是废水的再利用。
- 在某些地区公开优质水的生产，特别是在土地有效管理和农业政策允许的地方。

8.3.2.3 更加完善管理，更加持续管理

地下水资源管理的目标与水资源管理目标一致，两者都是可开采资源和环境要素，不应该受地下水开采利益或直接使用者的限制。这些目标也应该应用于土地、地表下以及环境管理，在不同的政策领域可能会有不同的优先目标。把这些政策领域联系起来会形成一个涉及各自目标和利益的不同政体之间的对话，也会形成各个政体间的合作意向，尤其是考虑到长期利益、后代利益的情况下。

当供水被自然灾害或人为破坏的情况下，地下含水层战略储备意义显得更加明显。由联合国教科文组织在 2006 年启动的"应急地下水（GWES）"工程就考虑到了这种情况（Vrba and Verhagen，2011）。

8.3.3 地下水资源管理与可持续发展相联系

地下水资源管理不仅只是一个目的，也应该为社会共同目标而服务。尽管在地下水资源管理方面已经有了明显的进展，但仍然像一般水资源管理那样，是一个典型的水资源行业行动，对更高级的政治行动影响有限。《第三届世界水发展报告》(Bullock 等，2009)第一章中提道："水行业的人开始承认其他行业的人所做的决策，但其他行业被视作跨行业。水行业的人开始邀请社会经济行业的人参加综合水资源管理。但是决定水资源配置和管

理的社会、政治问题也需要考虑科技在水资源管理方面的作用。”如将来在地下水超采的地区发生的结构性缺水,或者与水资源、气候变化、能源、食物供应以及金融市场相关的问题,都不是单凭一个行业的人所能解决的(如“水专栏”),而是需要一个完整充分的方法去解决。本书中引用的文献作者们为水资源管理提出可持续发展战略,并声明政府领导人、私人个体、民间团体……必须认识到水资源在他们的计划目标中所扮演的角色。对于地下水专业人员和其他水部门专家,放开思想并接受在一个更广泛的平台来解决水资源问题是一个挑战。在不同国家把这种理想变为现实的机会各不相同。在国际上,过去没有得到注意的行业部门现在也开始参与到项目和会议中。我们可以看到一些很好的例子,比如地下环境综合管理(包括石油、天然气、地热、矿产资源、地下存储以及其他地下空间的利用)中的地下水整合、追求绿色经济的水—食物—能量产业链经济。像千年发展目标、地球可持续发展峰会以及世界水论坛或许会提供加强政治承诺和支持的有效机制。

参考文献

第 1 章

Kircher, A. Mundus subterraneus, Liber IV [M]. Joannes Janssonius & Elizeus Weyerstraten, Amsterdam, 1665.

Zektser, I.S., & L.G.Everett(eds).Groundwater resources of the world and their use[M].UNESCO, IHP-VI, Series on Groundwater No 6.Paris, UNESCO, 2004.

第 2 章

Abdurrahman, W.. Development and management of groundwater in Saudi Arabia [C]. GW-MATE/UNESCO Expert Group Meeting, Socially sustainable management of groundwater mining from aquifer storage. Paris, 2002.

Allègre, C. Écologie des villes, écologie des champs[M]. ePub Format, Paris, Fayard, 1993.

AQUASTAT. FAO's Global Information System on Water and Agriculture[R], 2011& 2012.

Baumgartner, A. & E. Reichel,. The world water balance[M]. Amsterdam, Elsevier, 1975.

Bond, R.G., & C.P. Straub(eds). Handbook Environmental Control[M]. CRC Press, Cleveland, Ohio, 1975.

BRGM,. Le compte des eaux continentals [C]. In: "Les comptes du patrimoine naturel". INSEE, Collection, 1986, No 535-536, Series D: 137-138.

BRGM/J. Margat.Contribution to chapter "Eaux continentales"[R]. In: Rapport sur l'Etat de l'Environnement en France, Institut Français de l'Environnement, 2001.

Bureau des Longitudes.La terre, les eaux, l'atmosphere[M]. Paris, Gauthier-Villars, 1984.

Diop, S., & Ph. Recacewicz. Atlas mondial de l'eau[M]. Paris, Autrement, 2003.

Dir. Hydraulique Maroc. D´eveloppement des ressources en eau du Maroc [C]. First World Water Forum, Marrakech, 20-26 March, 1997.

Döll, P., B. Lehner & F. Kaspar. Global modeling of groundwater recharge, Third International Conference on Water Resources and the Environment Research [C], Dresden, Technical University of Dresden, 2002, I: 27-31.

Döll, P., & M. Florke. Global-scale estimation of diffuse groundwater recharge [C]. Institute of Physical Geography, Frankfurt am Main, Frankfurt Hydrology 2005, Paper 03.

Döll, P., & K. Fiedler. Global-scale modelling of groundwater recharge [J]. Hydrol. Earth Syst. Sci., 2008, 12: 863–885.

Dzhamalov, R.G., & I.S. Zektser. World Map of Hydrogeological Conditions and Groundwater Flow [M]. Russian Academy of Science, 1999.

El Gheriani, A.. The Great Man Made River project [C]. Colloquium "Eau et Éiconomie", Soc. Hydrot. France, Paris, 2002.

FAO. Review of world water resources by country [R]. Water Report 23. Rome, FAO, 2003. Available from: ftp://ftp.fao.org/agl/aglw/docs/wr23e.pdf.

Habermehl, M.A.. The Great Artesian Basin, Australia [J]. BMR Journal of Australian Geology & Geophysics, 1980, 5: 9–38.

Habermehl, M.A., Hydrogeology and environmental geology of the Great A rtesian Basin, Anstralia, Charpter 11 in: V.A. Gostin (ed.). Gondwana to Greenhouse – Australian Environmental Science[M]. Geological Society of Australia Inc., Special Publication 21, 2001: 127–143, 344–346.

Khater, A.R.. Groundwater resources in Egypt: development and protection measures. CIHEAM[C], International Conference on Water, Land and Food Security in Arid and Semi– arid regions, M.A.I., Bari, 2005.

Korzun, V.I. (ed.), World water balance and water resources of the Earth [M]. Leningrad, Hydrometeoizdat, 1974.

L'Vovich, M.I.,. World water resources and their future [J]. Izv. AN SSSR, ser. Geogr. 1967, No 6 (in Russian).

L'Vovich, M.I.. World water resources and their future [M]. Mysl' P.H. Moscow. English translation A.G. U., Washington, 1979.

Margat, J., K. Frenken & J.–M. Faurès. Key water statistics in AQUASTAT [C]. IWG–Env. International Work Session on Water Stastistics, Vienna, June 20–22, 2005. Available from: ftp://ftp.fao.org/agl/aglw/docs/PaperVienna2005.pdf.

Mather, J.R.. Water resources: Distribution, use and management[M]. New York, Wiley, 1984.

MOPU. El Agua en España [M]. Ministerio de Obras Públicas y Urbanismo, Centro de Estu– dios Hidrograficos, Madrid, 1980.

Nace, R.L.. Water of the World[M]. in: Natural history, 1964.

Nace, R.L.. Water of the World[M]. US Department of the Interior, Geological Survey, July 1968.

National Council on Scientific Research of the USA[R]. Cited by I.A. Shiklomanov in Assessment of Water Resources and Water Availability in the World, published by the World Meteorological Organization and the Stockholm Environment Institute, in the series Comprehensive Assessment of the Freshwater Resources of the World, 2nd World Water Forum, The Hague, 1986.

Ozcan, A.D., 2000. Communication on the Plan Bleu. Source: Present Status of Water Resources Assessment in Turkey. Water and Statistics, State Institute of Statistics, Ankara.

Plan Bleu. Unpublished documentation[D], 2001.

Rebouças, A.. Groundwater in Brazil[J]. Episodes, 1988, 11(3): 209–214.

Shiklomanov, I.A.. Global water resources[J]. UNESCO, Nature and Resources, 1990, 26(3).

Shiklomanov, I.A.. World fresh water resources[M]. Oxford University Press, 1993.

Shiklomanov, I.A.. World water resources: a new appraisal and assessment for the 21st century [C]. UNESCO, Paris, 1998.

Shiklomanov, I.A., & J. Rodda. World water resources at the beginning of the twenty- first century[M]. Cambridge U.P./UNESCO, 2003.

Simmers, I. (ed.) Recharge of aquifers in (semi–)arid areas[J]. International Contributions to Hydrogeology, 1997, 19.

UNESCO. USSR Committee of UNESCO's International Hydrological Decade, 1974.

UNESCO. Map of the world distribution of arid regions[M]. UNESCO, Paris, France, 1984.

UNESCO. Zektser, I.S., & R.G. Dzhamalov, 1988.

UNESCO.Shiklomanov, I.A., 1990.

UNESCO, CGMW, IAH, IAEA & BGR. Groundwater Resources of the World [M], 1:25 M. WHYMAP. UNESCO & BGR, Paris, Hannover, 2008.

USGS/R. Nace. Are we running out of water? [J] US Geological Survey, 1967: 536.

USGS. Handbook Environmental Control[M], 1975.

USGS, USGS web page accessed in January 2012 [OL](http://ga.water.usgs.gov/edu/watercy- cle.html).

USSR Committee of UNESCO's International Hydrological Decade [R], 1974. World water balance and water resources of the Earth[R]. English translation UNESCO, 1978.

USWRC. The nation's water resources 1975–2000 [R]. Second water assessment. Washington DC, Water Resources Council, US Gov. Print Office, 1978.

Wada, Y., L. van Beek, C. van Kempen, J. Reckman, S. Vasak & M. Bierkens. Global depletion of groundwater resources[J]. Geophysical Research Letters, 2010, 37, L20402, available from: doi: 1029/2010GL044571.

Wang, R., H. Ren & Z. Ouyang. China Water Vision: the ecosphere of water, life, environment and development[M]. Beijing: China Meteorological Press, 2000.

WRI, 1991. World Resources 1990–1991[M]. World Resources Institute, Washington DC.

WHYMAP. Groundwater Resources of the World[M]. Map at scale 1:25 M. BGR & UNESCO, Hannover, Paris, 2008.

WWAP, 2006. World Water Development Report No 2[R].

Zaporozec, A.. Groundwater contamination inventory [M]. UNESCO–IHP VI, Series on Groundwater No 2, Paris, 2002.

Zektser, I.S., & R.G. Dzhamalov. Role of groundwater in the hydrological cycle and continental water balance[M]. UNESCO–IHP, Paris, 1988.

Zektser, I.S., & L.G. Everett (eds). Groundwater resources of the world and their use [M].UNESCO, IHP–VI, Series on Groundwater No 6, Paris, UNESCO, 2004.

Zektser, I.S. & H. Loaiciga. Groundwater fluxes in the global hydrologic cycle: Past, present, and future[J]. Journal of Hydrology, 1993, 144: 405–427.

第3章

Abdurrahman, W.,. Development and management of groundwater in Saudi Arabia[C]. GW–MATE/Unesco Expert Group Meeting, Socially sustainable management of groundwater mining from aquifer storage. Paris, 2002.

Anonymous, 2003. Water resources and use in Australia [OL]. Unpublished, accessed at www.farmweb.au.com by IGRAC [July 2005].

Araújo, L.M., A.B. França & P.E. Potter. Hydrogeology of the Mercosul aquifer system in the Parana and Chaco–Paraná basins, South America, and comparison with the Navajo– Nugget aquifer system, USA[J]. Hydrogeology Journal, 1999, 7(3): 317–336.

Arnold, G.E. & WJ. Willems. Aperçu général des aquifères européens [J]. Eur. Water Pollut. Control, 1996, 6(5): 11–18.

Avias, J.V.. Globotectonic control of perimediterranean karstic terranes main aquifers [M]. Karst hydrogeology. University of Alabama, Huntsville, USA, 1977: 57–72.

Bakalowicz, M.. Ressources en eau du kars, in Géosciences, 2, BRGM [C]. 2005.

Bakhbakhi, M., Hydrogeological framework of the Nubian Sandstone Aquifer System. GW–MATE/UNESCO Expert Group Meeting, Socially sustainable management of groundwater mining from aquifer storage. Paris, 2002.

Bear, J. Hydraulics of groundwater[M]. New York, McGraw–Hill International Book Company, 1979.

Bocanegra, E., M. Hernandez & E. Usunoff(eds). Groundwater and Human Development[M]. IAH Selected papers on Hydrogeology, Balkema Publishers, 2005(6).

Burger, A. & L. Dubertret(eds). Hydrogeology of karstic terrains[M]. IAH, Paris, 1975.

Burger, A. & L. Dubertret (eds). Hydrogeology of karstic terrains. Case Histories. International Contributions to Hydrogeology[M], IAH, UNESCO, IUGS, Heise, Hannover, 1984(1).

CBLT. Information supplied by Commission du Bassin du Lac Tchad (Lake Chad Basin Commission), 2002.

CEDARE/IFAD,. Regional Strategy for the Utilisation of the Nubian Sandstone Aquifer System[M]. CEDARE, Heliopolis Barhya Cairo, Egypt, 2002(Ⅱ).

Cvijic, J.. Das Karstphänomen[D]. PhD thesis Vienna University, Vienna, Austria, 1893.

Diagana, B.. Gestion des eaux internationales en Afrique Sub–Saharieenne[M]. Bilon diagnostic de la gestion integrée des eaux et des contraintes environnementales dans la vallée du fleuve Sénégal. A/PNUD/DASDG/RAF/94/01C–SAT1, 1997.

Dodo, A.. Etude des circulations profondes dans le grand bassin sédimentaire du Niger: identification des aquifères et comprehension de leurs fonctionnements[D]. PhD thesis, Univ. of Neuchâtel, Switzerland, 1992.

European Commission. Groundwater Protection in Europe[R]. The new groundwater directive – consolidating the EU regulatory framework, 2008.

FAO. Review of world water resources by country[R]. Water Report 23. Rome, FAO, 2003.

Ford, D. & P. Williams. Karst Hydrogeology and Geomorphology[M]. Wiley, 2007.

Foster, S.. Hard-rock aquifers in tropical regions: using science to inform development and management policy[J]. Hydrogeology Journal, 2012, 20: 659-672.

Foster, S. & H. Garduño,. Towards sustainable groundwater resource use for irrigated agriculture on the North China Plain[R]. GW-MATE Case Profile Collection Number 8, The World Bank, Washington, 2004.

Freeze, R.A. & J.A. Cherry. Groundwater[M]. Englewood Cliffs, N.J., Prentice-Hall, Inc., 1979.

Habermehl, M.. Groundwater development in the Great Artesian Basin, Australia[C]. GW-MATE UNESCO Expert Group meeting, Socially Sustainable Management of Groundwater Mining from Aquifer Storage, Paris, 2002.

ICID,. Irrigation and Drainage in the World [M]. Sudan., New Delhi, Third ed. 1993, 1983 (Ⅲ): 1262-1280.

ICID. Irrigation and drainage in the world[M]. Chapter Pakistan, New Delhi, 2000.

IGRAC. Map of Global Groundwater Regions [M](revised 29 April 2009, after the original version of 2004), 2009.

IME. Les aquiferes fossiles au sud de a Mediterranee [M]. Institut Méditerraneen de l'Eau, Marseille, France, 2008.

Lachassagne, P. & R. Wyns. Aquiferes de socle: nouveaux concepts[J]. Géosciences, 2005(2).

Lamarck, J-B.,. Hydrogéologie[M]. Paris, Agasse, Impr-Lib., 1802.

Lau, J.E., D.P. Commander & G. Jacobson. Hydrogeology of Australia [R]. Bureau of Mineral Resources, Geology and Geophysics, Bull. 227, Canberra, Australian Gov. Publ. Service, 1987.

Margat, J., K. Frenken & J-M. Faures. Key water resources statistics in AQUASTAT [C]. IWG-Env., Int. Work Session on Water Statistics, Vienna, June 20-22, 2005.

Meinzer, O.E.The Occurrence of Groundwater in the United States [R]. USGS Water Supply Paper 489, Washington DC, 1923.

Ndengu, S.. International shared aquifers in Namibia [C]. Proceedings of the International ISARM-Africa Workshop at Tripoli, Libya, 2-4 June 2002, UNESCO-IHP-VI, Series on Groundwater, 2004, 8: 117-122.

OSS. Système aquifère du Sahara septentrional[R]. Rapport de synthèse. Observatoire du Sahara et du Sahel, Tunis, 2003.

OSS. UNESCO/OSS, 2005.

Rebouças, A.. Le grand basin hydrogéologique du Maranhao, Brésil [J]. Perspectives sur l'exploitation. Memoires Xlth IAH Congress, Budapest, 1976: 448-458.

Rebouças, A.. Groundwater in Brazil[J]. Episodes, 1988, 11(3): 209-214.

Safar-Zitoun, M.. Notice explicative de la carte hydrogeologique international de l'Afrique [M], Feuille 3. Association Africaine de Cartographie, Alger, 1993a.

Safar-Zitoun, M.. Notice explicative de la carte hydrogéologique international de l'Afrique [M], Feuille 4. Association Africaine de Cartographie, Alger, 1993b.

Schneider, J.L., 2001. Carte de valorisation des eaux souterraines de la République du Tchad (à 1/1500000) et géology-archéologie-hydrologie de la République du Tchad[M]. Two volumes, 2001.

Shiklomanov, I.A.. World Water Resources at the Beginning of the Twenty-First Century [M]. Draft of a book planned to be published in 2001, UNESCO, Int. Hydrological Series, 1998.

Southwest Florida Water Management District, 2011. Sinkholes. WaterMatters [OL].Available from: http://www.swfwmd. state.fl.us /hydrology /sinkholes/ brochure.pdf.

Struckmeier, W.F. & J. Margat. Hydrogeological Maps: A Guide and Standard Legend[J]. IAH Intern. Contr. to Hydrogeology, 1995, 17.

Toth, J.. A theoretical analysis of flow in small drainage basins [J]. Journal of Geophysical Research, 1963, 68: 4795-4812.

UNESCO, CGMW, IAH, IAEA & BGR. Groundwater Resources of the World, 1:25 M (WHYMAP)[M]. UNESCO & BGR, Paris, Hannover, 2008.

UNESCO/OSS. Ressources en eau et gestion des aquiferes transfrontaliers de l'Afrique du Nord et du Sahel[M]. ISARM-Africa, UNESCO-IHP IV, Series on Groundwater , Paris, 2005(11).

UN. Groundwater in the Western hemisphere[M]. UN-DTCD, New York, Natural Resources Water Series, 1976(4).

UN. Groundwater in the Eastern Mediterranean and Western Asia [M]. UN-DTCD, New York, Natural Resources Water Series , 1982(9).

UN. Groundwater in the Pacific Region [M]. UN-DTCD, New York, Natural Resources Water Series, 1983(12).

UN. Groundwater in Continental Asia [M]. UN-DTCD, New York, Natural Resources Water Series, 1986(15).

UN. Groundwater in Africa[M]. UN-DTCD, New York, Natural Resources Water Series, 1987(18).

UN. Groundwater in Europe[M]. UN-DTCD, New York, Natural Resources Water Series, 1990(19).

USGS. Principal Aquifers [M]. National Atlas of the United States of America, scale 1:5 000 000. USGS, revised 2003 version, 2003.

USGS. Ground Water Atlas of the United States [OL]. Available from: http://pubs.usgs.gov/ha/ ha730/index.html, 2011.

Van der Gun, Jac, Slavek Vasak & Josef Reckman. Geography of the world's groundwater: a hierarchical approach to scale-dependent zoning[C]. Sustaining Groundwater Resources. Initiative of the International Year of Planet Earth. Dordrecht, Springer, 2011: 131-158.

Waltham, A.C. & P.G. Fookes. Engineering classification of karst ground conditions [J]. Quarterly Journal of Engineering Geology and Hydrogeology,2003,36:101–118.

Wang,R.,Ren,H. & Z. Ouyang. China Water Vision:the ecosphere of water,life,environment and development[M]. China Meteorological Press,2000.

WHYMAP. Groundwater Resources of the World[M]. Map at scale 1:25 M. BGR & UNESCO,Hannover,Paris,2008.

White,W.B.. Conceptual models for karstic aquifers [J]. Speleogenesis and Evolution of Karst Aquifers,2003,1(1):1–6.

Zektser,I.S. & L.G. Everett(eds). Groundwater resources of the world and their use[M]. UNESCO,IHP–VI,Series on Groundwater No 6. Paris,UNESCO,2004.

第 4 章

Arlosoroff,S.,G. Tschannerl,D. Grey,W. Journey,A. Karp,O. Langeneffer & R. Roche. Community water supply:The handpump option[M]. The World Bank,Washington,1987.

Attia,F.A.R.. Non–Renewable Groundwater and Sustainable Agriculture:Current Status and Future Perspectives [C]. Internat. Conf. Water,Land and Food Security in Arid and Semi– Arid Regions. CIHEAM,Valenzano–Bari,Italy,6–11 Sept.,Key–Note Paper,2005:127–141.

Bakhbakhi,M.. Hydrogeological framework of the Nubian Sandstone Aquifer System[C]. GW–MATE/UNESCO Expert Group Meeting,Socially sustainable management of groundwater mining from aquifer storage. Paris,2002.

Balland,D (eds). Les eaux cachees. Etudes géographiques sur les galeries drainantes souterraines[C]. Paris,Universite de Paris,Département de Géographie,1992.

Bank,D.,& O. Soldal.. Towards a policy for sustainable use of groundwater by nongovernmental organisations in Afghanistan[J]. Hydrogeology Journal,2002,10(3):377–392.

Bouwer H.. Artificial recharge of groundwater:hydrogeology and engineering [J]. Hydrogeology Journal,2002,10(1):121–142.

Bredehoeft,J.D.,S.S.Papadopoulos & H.H. Cooper Jr.,. The water budget myth [A]. Scientific Basis of Water Resources Management Studies in Geophysics [M],National Academy Press,Washington DC,USA,1982:51–57.

BRGM.. Carte de planification des ressources en eau souterraine des états members du CIEH de l ‘Afrique soudano–sahélienne. Note (118 p.) and three maps at scale 1:1 500 000[R],1976.

BRGM. Cartographie de la vulnerabilité intrinsique des eaux souterraines [OL]. Agence de l'Eau Seine–Normandie/Seine–Normandy Water Agency,2005. Available at:http://sigessn.brgm.fr/ spip.php? rubrique10.

Brunt,R.,L. Vasak & J. Griffioen. Arsenic in groundwater:Probability of occurrence of excessive concentration on global scale[R]. Report SP 2004–1,IGRAC,Utrecht,The Netherlands,2004.

Carlsson L.,E. Selaolo & M. Von Hoyer. Assessment of groundwater resources in Botswana – Experience from the National Water Master Plan Study[C]. Proc. Intl. Conf. Africa Needs Groundwater, Witwatersrand, Geological Society of South Africa, 1993.

Caponenco, N.. The Russian Water Vision[M]. World Water Council, 2000.

CBLT/OSS. ISARM–Africa: Ressources en eau et gestion des aquifères transfrontaliers de l'Afrique du Nord et du Sahel, IHP–IV, Series on groundwater[M].Paris, 2005(11).

CEDARE/IFAD. Regional Strategy for the Utilisation of the Nubian Sandstone Aquifer System, Volume II [M]. CEDARE, Heliopolis Bahry, Cairo, Egypt, 2002.

CGMW/UNESCO. Geological Map of the World at 1:25 million[R]. Commission for the Geological Map of the World, UNESCO, 2000 (second edition).

Commonwealth of Australia. Water resources and use in Australia[R]. Unpublished document, accessed at www.farmweb.au.com by IGRAC, 2003.

Custodio E.. Aquifer Intensive Exploitation and Over–Exploitation with respect to Sustainable Management, Environmental Pollution[J]. ICEP2, European Centre for Pollution Research, 1993: 509–516.

Custodio E.. The complex concept of overexploited aquifer[M]. Papeles, Proyecto Aguas Subterráneas, Series A2, Fundación Marcelino Botín, Santander, Spain, 2000.

Custodio E. Aquifer overexploitation–What does it mean[J]. Hydrogeology. J., 2002, 10, (2): 254–277.

Cutter, S.L., H.L. Renwick & W.H. Renwick. Exploitation, conservation, preservation: a geographic perspective on natural resources use. Second edition, New York, John Wiley & Sons.1991.

Deom, J.M., & R. Sala. Contribution to Urumqi Conference[C], 2006.

Detay, M.. La gestion active des aquifèrs [C]. IAHR, Proceedings of the Conference on Coping with Water Scarcity, Hurghada, Egypt, 1998.

Diagana, B.. ISARM–Africa: Ressources en eau et gestion des aquifères transfrontaliers de l'Afrique du Nord et du Sahel, OSS/UNESCO, IHP–IV, Series on groundwater [M].Paris, 2005(11).

Dodo, A.. Etude des circulations profondes dans le grand bassin sedimentaire du Niger: identification des aquifères et comprehension de leurs fonctionnements[D]. PhD thesis, Univ. of Neuchâtel, Switzerland, 1992.

El Gheriani, A.. The Great Man Made River project[M]. Colloque Eau et Éiconomie, Soc. Hydrot. France, Paris, 2002.

El–Hebil, A.. Foggara et khettara, un système millénaire de captage des eaux [M]. L'eau et le Maghreb. Un apergu sur le present, l'heritage et l'avenir, PNUD, New York, 1988.

Enrich, E.C.. Groundwater: A renewable resource? –Focus on Sahara and Sahel [R]. British Geological Survey. Wallingford, UK, for EC ENV4–CT97–0591, 2001.

EUROSTAT. Water in Europe. Part 1. Renewable water resources[M]. Office for Official Publication of the European Communities, Luxembourg, 1998.

FAO. Irrigation in Africa in figures[R]. FAO Water Reports 7, Rome, 1995.

FAO,. Irrigation in the Near East region in figures [R]. FAO Water Reports 9, Saudi Arabia 205212, Rome, 1997.

Feenstra, L., L. Vasak and J. Griffioen. Fluoride in groundwater: Overview and evaluation of removal methods[R]. IGRAC, Utrecht, The Netherlands, 2007.

Fernandez Escalante, E.. Posters of the ISMAR5 Conference[C], Berlin, Germany, 2005.

Foster, K.E.. Managing a finite groundwater supply in an arid area: the Santa Cruz basin example in Arizona[C]. Proceedings Conf on Alternative Strategies for Desert Development, Sacramento, California, 1977.

Foster, S.S.D., & P. Loucks(eds). Non-renewable Groundwater Resources. A guidebook on socially-sustainable management for water policy-makers[M]. Paris, UNESCO-IHP, 2006.

Freeze, R.A., & J.H. Lehr.. The fluoride wars: How a modest public health measure became America's longest-running poltical drama[M]. Hoboken, N.J, Wiley, 2009.

Garber, A., & E. Salameh (eds). Jordan's Water Resources and their Future Potential [A]. Proc. Symp. Water Resources[C], Amman, University of Jordan, 1992.

Ghurm Alghamdi, A.A.. Sustainable Management for Deep Aquifer Storage in the Kingdom of Saudi Arabia[C]. GW-MATE UNESCO Expert Group meeting, Socially Sustainable Management of Groundwater Mining from Aquifer Storage, Paris, 2002.

Gibert, J., D. Danielopol & J. Stanford(eds). Groundwater Ecology[M]. London, Academic Press, 1994.

Gibert, J., J. Mathieu & F. Fournier(eds). Groundwater/Surface Water Ecotones: Biological and Hydrological Interactions and Management Options[M]. Cambrige, Cambridge University Press, 1999.

Goblot, H.. Les qanats, une technique d'acquisition de l'eau[M]. Paris, Mouton, 1979.

Gonzalez Perez,. La sobre-explotacion de acuferos: Canarias[C]. Canarias Agua 2000, April 1987, Tenerife, Spain, 1987.

Griebler, C., & T. Lueders. Microbial diversity in groundwater ecosystems [J]. Freshwater Biology, 2009, 54: 649-677. Available from: doi: 10.1111/j.1365-2427.2008. 02013.x

GW-MATE,. Groundwater dependent ecosystems - the challenge of balanced assessment and adequate conservation[R]. Briefing Note Series, Note 15, GW-MATE/World Bank, Washington DC, 2006.

Habermehl, M.A.. The Great Artesian Basin, Australia [J]. BMR Journal of Australian Geology & Geophysics, 1980, 5: 9-38.

Gostin, V.A. . Gondwana to Greenhouse - Australian Environmental Science [M]. Geological Society of Australia Inc., Special Publication, 2001: 127-143, 344-346.

Habermehl, M.. Groundwater development in the Great Artesian Basin, Australia[C]. GW-MATE UNESCO Expert Group meeting, Socially Sustainable Management of Groundwater Mining from Aquifer Storage, Paris, 2002.

Hairy, I.,. Du Nil à Alexandrie, histories d'eau [M]. 2nd edition, revised and enlarged. Centre d'fitudes Alexandrines. Alexandria, Egypt, Sahara, 2011.

Hassanzadeh, Y.. Optimisation des ressources hydrauliques[J]. Soc. Hydrot de France: L'Avenir de l'eau, 22e journées de l'Hydraulique, Paris, 1992: 15-17.

ICID. Iran. ICID Jubilee Commemoration Volume[M], 1975: 240-245.

ICID, Irrigation and Drainage in the World[M]. Sudan. Third edition, New Delhi, 1983, III: 1262–1280.

ICID. Irrigation and Drainage in the World[M]. New Delhi, 2000.

ICQHS. An Introduction to International Center on Qanats and Historic Hydraulic Structures[M]. ICQHS, UNESCO, 2009.

IGRAC. Global inventory of artificial recharge[OL]. Available from: http://www.un–igrac. org/publications/155.

ISMAR5, Fifth International Symposium on Managed Aquifer Recharge [C]. Proceedings of ISMAR5 Conference, Berlin, Germany, 10–16 June 2005.

ISMAR6. Sixth International Symposium on Managed Aquifer Recharge[C]. Proceedings of ISMAR6 Conference, Phoenix, Arizona, 2007.

Issar, A.S., & R. Nativ. Water Beneath Deserts: Key to the Past, A resource for the present [J]. Episodes, 1998, 11(4): 256–262.

Kahlown, M.A., & A. Majeed. Water resources situation in Pakistan: challenges and future strategies[J]. Science Vision, 2002, 7(3): 33–45.

Khouri, J.. Arab Water Security – A Regional Strategy for Horizon 2030 [C]. International Seminar 'Stratégies de gestion des eaux dans les pays mediterranéens', Algiers, 1990. CCE/Gov.Algeria/CEFIGRE.

Li, Lierong,. Groundwater Exploitation in China [D]. Los Alamos National Laboratory, University of California, 2001.

MacGuinnes. The role of ground–water in the national water situation [R]. USGS Water Supply Paper 1800, Arizona, 1963: 138–163.

Mamou, A.. Charactéristiques et évaluation des ressources en eau du Sud–Tunesien[D]. Thesis, University of Paris XI, 1990.

Mamou, A.,. Gestion des ressources en eau du système aquifère du Sahara Septentrional [C]. Proceedings International Conference, Tripoli, Libya, UNESCO–IHP V, Technical Documents in Hydrology, No. 42, Paris, 1999.

Margat, J.. Les eaux souterraines dans le bassin Mediterraneen. Ressources et utilisations [R]. Plan Bleu and BRGM, Orleans, BRGM Documents, 1998.

Massoumi, A... Ground–water production in Iran[C]. Second Ground–water Seminar, Teheran. UN/ECAFE, UNESCO, Water Resources Series 33, 1967.

Meinzer, O.E.. Quantitative methods for estimating ground–water supplies [J]. Bull. Geol. Soc. Amer., 1920, 31: 329–338.

Mian, B.A. and M. Abdullah. Impact of groundwater development by tubewell technology on karez in Baluchistan, Pakistan[C]. Qanat, The First International Symposium, Yazd, Iran, 2000.

Ministry of Agriculture and Water of Saudi Arabia. Water, agriculture and soil studies of Saq and overlying aquifers, Final Report[R]. Report of BRGM and CNABRL, 1985.

Morris, B., A. Lawrence, J. Chilton, B. Adams, R. Calow & B. Klinck. Groundwater and its susceptibility to degradation[R]. UNEP, Early Warning and Assessment Report Series, RS 03-03, Nairobi, Kenya, 2003.

MRMWR. Aflaj Oman in the World Heritage List[M]. Ministry of Regional Municipalities and Water Resources, Muscat, Sultanate of Oman, 2008.

Nasier & Wang Xin. The present situation and future perspective of Xinjiang Karez [C]. The international colloquium on irrigation by karez, Urumqi, 1990

Neuland, H.. Foodstuff production target in arid zones: issues and prospects from the Arabian Peninsula [C]. Proceedings Sixth Congress IWRA/AIRE, Ottawa, 1988: 1150-1206.

OSS. Systeme aquifere du Shara septentrional [R]. Synthesis report, Observatoire du Sahara et du Sahel, Tunis, , 2003.

OSS/Himida, I.H.. Overview of the development and utilization of Nubian artesian basin, North East Africa [C]. Observatoire du Sahara et du Sahel, Project launch workshop 'Aquiferes des grands bassins', Cairo, 1992.

OSS/UNESCO. Ressources en eau et gestion des aquiferes transfrontaliers de l'Afrique du Nord et du Sahel[M]. OSS/UNESCO, ISARM-Africa, IHP-IV, Series on groundwater , Paris, 2005.

Pallas, Ph., & O. Salem. Water Resources Utilisation and Management of the Socialist People Arab Jamahiriya [C]. Proc. Int. Conf. Regional aquifer Systems - Managing Non-renewable Resources, Tripoli, UNESCO IHP-V Technical Documents in Hydrology , 1999.

Pascon, P., . Le Haouz de Marrakech[D]. PhD thesis., 1977.

Peters, J.. Artificial recharge of Groundwater[C].Proceedings of the Third International Symposium on Artificial Recharge of Groundwater, Amsterdam. Rotterdam, Balkema, , 1998.

Petry, B, J. van der Gun & P. Boeriu. Coping with water scarcety: a case study from Oman[C]. Proceedings of the Conference on Coping with Water Scarcity at Hurghada, Egypt. 1998.

Plan Bleu. L'eau des méditerranéens. Situation et perspectives [R]. PNUE/PAM, MAP Technical Reports Series No. 158, Athens, 2004.

Plan Hidrológico Insular de Tenerife. Avance: bases para el planeamento hidrogéologico [M]. Gobierno de Canarias, Dirección General de Aguas, 1989.

Ramsar. List of Wetlands of International Importance [OL], 2009. Available from: http://www.ramsar. org/cda/en/ramsar-about-sites/main/ramsar/1-36-55_4000_0 [accessed February 2012].

Semsar Yazdi, A.. An introduction to qanat and an analysis of its situation in the world[C]. Watarid2 Conference 2009, Yazd. Teheran, Hermann, 2011.

Semsar Yazdi, A., & M. Labbaf Khaneiki (eds). Qanat in its cradle. Situation of qanat (kariz, karez, falaj) in the world[M]. Volume 1. UNESCO, ICQHS, Yazd, Iran, 2012..

Shahin, M.. Review and Assessment of Water Resources in the Arab Region [C]. Water International, 1989, 14, IWRA: 206-219.

Smedley, P.L.. Sources and distribution of arsenic in groundwater[C].T. Appelo and J.P. Heederik, Arsenic in Groundwater - a world problem, Utrecht Seminar NNC-IAH, Utrecht, The Netherlands, 2008.

Terap, M.M., & B.W. Kaibana. Ressources en eau souterraine du Tchad [C]. Observatoire du Sahara et du

Sahel, Project launch workshop 'Aquiferes des grands bassins', Cairo, 22–25 Nov. 1992.

UN. Groundwater in Continental Asia [M]. UN-DTCD, New York, Natural Resources Water Series no. 15, 1986.

UN-ECE. Long-term perspectives for water resources use and water supply in the ECE region [M]. ECE/Water/26, New York, 1981.

UN-ESCAP. Study on assessment of water resources of member countries and demand by user sector[M]. Japan: Water resources and their use, 1993.

UNESCO. Managing non-renewable resources, Tripoli, Libya [C]. Proceedings of the International Conference on Regional aquifer systems in arid zones. Paris, UNESCO, 1999.

USWRC, 1983. See: USGS, 1985

USGS. Arizona Ground Water Resources [R]. National Water Summary 1984. USGS Water Supply Paper 2275, Washington, 1985: 135–140.

Van Weert, F., J. van der Gun & J. Reckman. Global overview of saline groundwater occurrence and genesis[R]. IGRAC, Utrecht, Report GP-2009-1, 2009..

Van Steenbergen, F., & A. Tuinhof. Managing the water buffer for development and climate change adaptation: Groundwater recharge, retention, reuse and rainwater storage[M]. BGR, CPWC and Netherlands Committee IHP-HWRP, 2010

Vasak, L., R. Brunt & J. Griffioen.. Mapping of hazardous substances in groundwater on a global scale[C]. T. Appelo and J.P. Heederik, Arsenic in Groundwater – a world problem, Utrecht NNC-IAH Seminar, November 2006, Utrecht, The Netherland, 2008.

Vrba, J., & A. Zaporozec, Guidebook on Mapping Groundwater Vulnerability[M]. IAH, International Contributions to Hydrogeology, Vol 16, Heise, 1994.

Wang, R., Ren, H., & Ouyang, Z.. China Water Vision. The ecosphere of water, life, environment and development[M]. Beijing, China Meteorological Press, 2000.

WHYMAP. Groundwater Resources of the World[M]. Map at scale 1:25 M. BGR & UNESCO, Hannover, Paris, 2008.

Winter, T.C., J.W. Harvey, O.L. Franke & W.M. Alley.. Groundwater and surface water: A single resource [R]. US Geological Survey Circular 1139, Washington DC, 1998.

Zaporozec, A.,. Groundwater and its susceptibility to degradation[R]. UNEP, 2003.

Zaporozec, A(ed.). Groundwater contamination inventory[M]. A methodological guide. UNESCO, IHP-VI, Series on Groundwater No. 2, 2002.

Zektser, I.S.. Groundwater resources of the world and their use. In: Water: a looming crisis? [C] Proceedings of the International Conference at the Beginning of the Twenty-first Century, Paris, 1998.

Zektser, I.S., & L.G. Everett(ed.). Groundwater resources of the world and their use[M]. UNESCO, IHP-VI, Series on Groundwater No. 6. Paris, UNESCO, 2004.

第5章

Abdurrahman, W. Development and management of groundwater in Saudi Arabia [C]. Paris: GW-MATE/ UNESCO Expert Group Meeting, Socially sustainable management of groundwater mining from aquifer storage, 2002.

Alcamo, J, P, Döll, Th. Global estimates of water withdrawals and availability under current and future "businessas- usual" conditions[J]. Hydrological Sciences Journal, 2003, 48(3): 339-348

AQUASTAT. FAO's Global Information System on Water and Agriculture [EB/OL]. http://www.fao.org/nr/water/aquastat/main/index.

Bakhbakhi, M. Hydrogeological framework of the Nubian Sandstone Aquifer System[C]. Paris: GW-MATE/ UNESCO Expert Group Meeting, Socially sustainable management of groundwater mining from aquifer storage, 2002. 6.

Bayer, D. La crisis del agua en Ica y cómo resolverla[EB/OL]. Unpublished article on Internet, 2009.

Bocanegra, E. Groundwater and Human Development[C]. Hannover: IAH selected papers on Hydrogeology 6, 2005: 278.

Burke, J, J. Groundwater for irrigation: Productivity gains and the need to manage hydro-environmental risk. In: Intensive use of groundwater[M]. Lisse (Allemagne): M.R. Llamas and E. Custodio, 2003: 59-92.

Cabezas, Calvo-Rubio, F. Las aguas subterráneas en la cuenca del Segura [R]. Madrid: Observatorio del Agua de la Fundación Botín, 2011.

Carruthers, I, &, R, Stoner. Economic Aspects and Policy issues in Groundwater Development [Z]. Washington DC: World Bank, 1981.

Chávez, Guillén, R. Disponibilidad de auga subterránea en Mexico [C]. Mexico: 4th World Water Forum, 2006.

Conf. Deuxième Conférence Méditerranéenne de l'Eau [C]. Rome: the Government of Italy and the ECE, 1992.

Deb, Roy, A, &, T, Shah, 2001. Socio-ecology of groundwater irrigation in India [C]. Netherlands: Llamas, M.R., & E. Custodio, 2001. 307-335.

DGRE. ESCWA Water Development Report 2: State of Water Resources in the ESCWARegion [M]. New York: United Nations, 1996.

EUROSTAT. The European Commission's information system providing statistics on EU and candidate EU countries[DB/OL]. http://epp.eurostat.ec.europa.eu/portal/page/portal/eurostat/home.

Famiglietti, J, S, Swenson, &, M, Rodell. Water storage changes in California's Sacramento and San Joaquin river basins, including groundwater depletion in the Central Valley[R]. California: American Geophysical Union Press Conference, 2009.

FAO. Irrigation in the Near East region in figures[R]. Rome: FAO, 1997.

FAO. Water resources in the former Soviet Union:a review[R]. FAO:Rome,1998.

FAO. Water Report:Irrigation in Asia in figures[R]. FAO:Rome,1999.

FAO. Water Report:Irrigation in Latin America in figures[R].FAO:Rome,2000.

FAO. La situation mondiale de l'alimentation et de l'agriculture[R]. FAO:Rome.2001

FAO. Water Report:Rethinking the Approach to Groundwater and Food Security[R]. FAO:Rome,2003.

FAO. Water Report:L'irrigation en Afrique en chiffres[R]. FAO:Rome,2005.

Foster,S,&,D,Loucks. Non-renewable groundwater resources[Z]. Paris:UNESCO-IHP,2006.

GEF. Draft Review and Synthesis Document (R&Sd)[R]. Paris:STAP/GEF Technical Review Workshop, 2004.

Giordano,M. Agricultural groundwater use and rural livelihoods in Sub-Saharan Africa:A first-cut assessment[J]. Hydrogeology Journal,2006,14(3):310-318.

GWA/Salem,O,M. The Great Manmade River Project [J]. Water Resources Development,1992,8(4):270-278

Habermehl,M,A. Development and management of groundwater in the Great Artesian Basin[Z]. Australia:Habermehl,M.A,2006.

Holm,A,L,Blodgett,D. Geothermal Energy:International Market Update[Z]. unknow:Geothermal Association,2010.

IGRAC. The International Groundwater Resources Assessment Centre's Global Groundwater Information information System (GGIS)[DB/OL]. Available at:http://www.un-igrac.org.

Indian Water Resources Society,1999. Cited in:Llamas,M.R.,& E. Custodio (eds),2003.

Jaubert,R,M,Al-Dbiyat,F,Debaine,&,F,Zwahlen. Exploitation des eaux souterraines en Syrie centrale: enjeux politiques et réalités locales[EB/OL]. http://ifpo.revues.org/1332.

Jones,J,A,A. Sustaining Groundwater Resources:Groundwater in peril [M]. Springer:J.A.J. Jones,2011. 1-19.

Konikow,L. Contribution of global groundwater depletion since 1900 to sea-level rise[J]. Paper and Auxiliary Materials,2011(1).

Liu,Ch,J,Yu,&,E,Kendy. Groundwater exploitation and its impact on the environment in the North China Plain[J]. Water International,2001,26(2):265-272.

Llamas. Eaux souterraines et agriculture en Espagne[J]. Vida Rural,1996(41).

Llamas,M,R. Groundwater use:equilibrium between social benefits and potential environmental costs[J]. Hydrogeology,1992,(2):3-14.

Llamas,M,R. Intensive use of groundwater:challenges and opportunities [M]. Balkema,Rotterdam,2003: 478.

Llamas,M,R,&,Martinez-Santos,P. Intensive groundwater use:Silent revolution and potential source of social conflicts[J]. Journal of Water Resources Planning and Management,2005(8):337-341.

Llamas,M,&,P,Martínez-Santos. Intensive groundwater use:a silent revolution that cannot be ignored[J].

International Water Association: Water Science and Technology Series, 2005, 5(18): 167-174.

Llamas, M, R, &, P, Martinez-Santos. Significance of the Silent Revolution of intensive groundwater use in world water policy[M]. Rotterdam and London: Rogers, 2006. 163-180.

Margat, J. Les eaux souterraines dans le monde[M]. UNESCO & BRGM: Margat, J, 2008: 187.

USGS Fact Sheet FS-078-03, Water-level changes in the High Plains aquifer[S].

Scientific Investigations Report 2009-2019, Water-level changes in the High Plains aquifer[S].

Motagh, M, T, Walter, M, Sahrifi, E, Fielding, A, Schenk, J, Anderssohn, &, J, Zschau. Land subsidence in Iran caused by widespread water reservoir overexploitation[J/OL]. doi: 10.1029/ 2008GL033814.

OSS. Système aquifère du Sahara septentrional. Rapport de synthèse[R]. Tunis: OSS, 2003: 129.

OSS. Ressources en eau et gestion des aquifers transfrontaliers de l'Afrique du Nord et du Sahel[R]. Paris: ISARM-Africa, UNESCO-IHP IV, 2005.

Plan Blue/J, Margat: L'eau des Méditerranéens. Situation et perspectives[M]. Paris: L'Harmattan, 2008.

National Hydrological Plan of the Government of Spain, as defined in 1993, Plan Hidrológico Nacional[S].

Rahmatian, M. Iran: Cost assessment of environmental degradation [R]. Caspian: UNDP and World Bank, 2005.

Rodell, M, I, Velicogna, &, J, Famiglietti. Satellite-based estimates of groundwater depletion in India[J/OL]. Nature, Vol 460, doi: 10.1038/nature08238.

Sahuquillo, A, J, Capilla, L, Martinez-Cortina, &, X, Sanchez-Vila. Challenges and Opportunities [C]. Valencia, Spain: Balkema, Dordrecht, 2004.

Shah. Groundwater and Human Development: Challenges and Opportunities in Livelihoods and Environment[R]. Stockholm: Water Science and Technology, 2004.

Shah, T, O, Singh, &, A, Mukherji. Some aspects of South Asia's groundwater irrigation economy: analyses from a survey in India, Pakistan, Nepal and Bangladesh[J]. Hydrogeology Journal, 2006, 14(3): 286-309.

Shah, T, J, Burke, &, K, Villholth. Groundwater: a global assessment of scale and significance [M]. Colombo, Earthscan, London: David Molden, 2007: 395-423.

Siebert, S, J, Burke, J, Faures, K, Frenken, J, Hoogeveen, P, Döll, &, T, Portmann. Groundwater use for irrigation-a global inventory[J]. Hydrol. Earth Syst. Sci, 2010(14): 1864-1880.

Tiwari, V, J, Wahr, &, S, Swenson. Tiwari, V., J. Wahr & S. Swenson[J/OL]. Geophysical Research Letters, Vol. 36, L18401. Availableat: doi: 10.1029/2009GL039401.2009.

USGS Circular 1344, 2009, Washington, Estimated Use of Water in the United States in 2005[S].

Villarroya, Gil, F. El acuífero 23 en el marco hidrológico de la cuenca alta del Guadiana. (Historia reciente de su evolución hídrica)[M]. Guadiana: Villarroya Gil, F, 2008.

Wada, Y, L, van, Beek, C, van, Kempen, J, Reckman, S, Vasak, &, M, Bierkens. Global depletion of groundwater resources [J/OL]. Geophysical Research Letters, Vol 37, L20402. Available from: doi: 1029/ 2010GL044571.

Wang, R, H, Ren. China Water Vision: The ecosphere of water, life, environment and development [M].

Beijing:Z. Ouyang,2000. 178.

WRI. World Water Resources 2000 - 2001[M]. Washington:UNEP,UNDP,World Bank,World Resources Institute,2000.

WRI. World Water Resources 2001 - 2002[M]. Washington:UNEP,UNDP,World Bank,World Resources Institute,2001.

Zubari,W,K. Spatial and temporal trends in groundwater resources in Bahrain,1992 - 2002.[J]. Emirates Journal for Engineering Research,2005,10(1):57–67.

第6章

Abdurrahman,W. Development and management of groundwater in Saudi Arabia [M]. Saudi Arabia:Abdurrahman,W,2002.

GW –MATE/UNESCO,Expert,Group,Meeting. Socially sustainable management of groundwater mining from aquifer storage[Z]. Paris:GW–MATE/UNESCO Expert Group Meeting,2000.

Abderrahman,W,A. Should intensive use of non–renewable groundwater resources always be rejected?[M]. Balkema,Lisse,The Netherlands:Abderrahman W.A,2003:191–203.

Al,Jamal,K. Gestion des ressources en eau dans la bande de Gaza [R]. Marseille:Conf. euro–méditeranéennesur la gestion de l'eau,1996.

Alley,W,A. Sustainability of groundwater resources [Z]. Reston–Virginia,USA:US Geological Survey Circular1186,1999.

Anonymous. Libro Blanco de las aguas subterráneas[M]. Madrid:Ministerios de Industria y Energía,Obras Públicas,Transportes y Medio Ambiente,1994:135.

Anonymous. Groundwater and Groundwater Monitoring [R]. Anonymous:WRD Technical Bulletin,2007:13.

AQUASTAT. FAO's Global Information System on Water and Agriculture [DB/OL]. retrieved data are 2009 updates.

Bakhbakhi,M. Hydrogeological framework of the Nubian Sandstone Aquifer System[C]. Paris:GW–MATE/UNESCO Expert Group Meeting,Socially sustainable management of groundwater mining from aquifer storage,2002.

Barlow,P,&,E,Reichard. Saltwater intrusion in coastal regions of North America [J]. Hydrogeology Journal,2010,18(1):247–260.

Bates,B,Z,Kundzewicz,S,Wu,&,J,Palutikof. Climate change and water [R]. WMO & UNEP:IPCC Technical Paper VI,2008.

Blum,A. L'état des eaux souterraines en France[R]. Orleans,France:Etudes et Traveaux,2004(43):38.

Bocanegra,E,G,Cardoso,da,Silva,E,Custodio,M,Manzano,&,S,Montenegro. State of knowledge of coastal aquifer management in South America[J]. Hydrogeology Journal,2010,18(1):261–268.

Bredehoeft, J. Safe yield and the water budget myth[J]. Ground Water, 1997(35): 929.

Bredehoeft, J. The water budget myth revisited: why hydrogeologists model [J]. Ground Water, 2002(40): 340–345.

BRGM. Données communiqués sur l'exploitation d'eau souterraine au Rajastan [Z]. BRGM: Centre Franco–Indien de Recherche sur les Eaux Souterraines., 2005.

Carbognin, L, L, Tosi, &, P, Teatini. Analysis of actual land subsidence in Venice and its hinterland (Italy) [R]. The Netherlands: Proceedings of the Fifth International Symposium on Land Subsidence, Balkema, Rotterdam, 1995: 129–138.

Chai, J, C, S, L, Shen, H, H, Zhu, &, X, L, Zhang. Land subsidence due to groundwater drawdown in Shanghai[J]. Géotechnique, 2004, 54(2): 143–147.

Church, J, A, &, N, J, White. A 20th century acceleration in global sea–level rise [J/OL]. Geophysical Research Letters, Vol. 33, LO1602. Available from: doi: 10.1029/2005GL025826, 4 pages.

Costantino, C, F, Falcitelli, A, Femia, &, A, Tudini. Integrated environmental and economic accounting in Italy [R]. Measuring Sustainable Development – Integrated economic, environmental and social frameworks: OECD, 2004: 209–225.

Custodio, E. Hydrogeological and hydrochemical aspects of aquifer overexploitation [C]. Tenerife, Spain: Puerto de la Cruz, 1992: 3–28.

Custodio. Aquifer overexploitation: what does it mean? [J]. Hydrogeology Journal, 2002, 10(2): 254–277.

Custodio, E. Coastal aquifers of Europe: an overview[J]. Hydrogeology Journal, 2010, 18(1): 269–280.

DGRE. Situation de l'exploitation des nappes phréatiques[R]. Tunis: Min. Agr, DGRE, 1995: 263.

DGRE. Annuaire d'exploitation des nappes profondes[R]. Tunis, : Min. Agr., DGRE, 2005: 459 .

Döll, P, &, Fiedler. Global–scale modelling of groundwater recharge [J]. Hydrol. Earth Syst, 2008, (12): 863–885.

Döll, P. Vulnerability to the impact of climate change on renewable groundwater resources: a global–scale assessment[J]. Environm. Res, 2009, (4): 12–12.

ESCWA. ESCWA Water Development Report 2: State of Water Resources in the ESCWA Region [M]. United Nations, New York: United Nations Publication, 2007.

European, Environmental, Agency. The European Environment, State and Outlook 2010 – Freshwater quality[R]. Copenhagen, Denmark: EEA, 2010.

Klem. Water resources and irrigation in Iran[R]. Iran: FAO, 1995.

FAO. L'irrigation en Afrique en chiffres[R]. Rome: AQUASTAT, 2005.

Feick, S, S, Siebert, &, P, Döll. A digital global map of artificially drained agricultural areas[C]. Germany: Frankfurt University, 2005.

Foppen, J, W. Evaluation of the effects of groundwater use on groundwater availability in the Sana'a basin [R]. Delft, The Netherlands: NWRA/Yemen & TNO, 1996.

World Bank Technical Paper 463. World Bank, Washington DC., Groundwater in rural development: facing the challenges of supply and resource sustainability[S].

Foster, S, &, M, Ait-Kadi. Integrated Water Resources Management (IWRM): How does groundwater fit in? [J]. Hydrogeology Journal, 2012, (20): 415–418.

Frans, R, P, D, Kalf, &, R, Woolley. Applicability and methodology of determining sustainable yield in groundwater systems[J]. Hydrogeol. Journal, 2005, (13): 295–312.

Galloway, D, L, &, T, J, Burbey. Review: Regional land subsidence accompanying groundwater extraction [J]. Hydrogeology Journal, 2011, 19(8): 1459–1486.

Gleeson, T, Y, Wada, M, Bierkens, &, L, Van, Beek. Water balance of global aquifers revealed by groundwater footprin[J]. Nature, 2012(488): 197–200.

Gordon, C, C, Cooper, C, A, Senior, H, Banks, J, M, Gregory, T, C, Johns, J, F, B, Mitchell, &, R, A, Wood. The simulation of SST, sea ice extents and ocean heat transports in a version of the Hadley centre coupled model without flux adjustments[J]. Clim, 2000(16): 147–168.

GRAPES. Προ′ γραμμα δρα′ στη? για του? ?υσικου′ ? πορου? των υπο′ γεων υδα′ των καιγ ποταμω′ ν σε Ευροπα?κη′ Κλίμακα. Ευροπα?κη′ Επιτροπη′[Z]. Action plan at European scale for the natural resources of groundwater and rivers: European Commission, 2000.

Gurdak, J, R, Hanson, &, T, Green. Effects of climate variability and change on groundwater resources in the United States[R]. USGS: Office of Global Change, Idaho Falls, Idaho, 2009.

GWA/Salem, O, M. The Great Manmade River Project[J]. Water Resources Development, 1992, 8(4).

Haest, P, J, R, Lookman, I, Van, Keer, J, Patyn, J, Bronders, M, Joris, J, Bellon, &, F, De, Smedt. Containment of groundwater pollution (methyl tertiary butyl ether and benzene) to protect a drinking-water production site in Belgium[J]. Hydrology Journal, 2010(18): 1917–1925.

Habermehl, M, A. The Great Artesian Basin, Australia [J]. BMR Journal of Australian Geology & Geophysics, 1980(5): 9–38.

Habermehl, M. Groundwater development in the Great Artesian Basin, Australia [C]. Paris: GW - MATE UNESCO Expert Group meeting, 2002: 35.

Hamdane, A. Gestion des eaux souterraines pour l'agriculture[M]. Tunesia: Min. of Agriculture, 2005.

Hernandez-Mora, N, M, R, Llamas, &, L, Martinez, Cortina. Misconceptions in aquifer over-exploitation. Implications for water policy in Southern Europe. In: C. Dosi (ed), Agricultural Use of Groundwater [M]. San Diego, Kluwer: C. Dosi (ed), 2001: 107–125.

Horton, J, &, R, Devlin. South Carolina Groundwater Contamination Inventory [R]. South Carolina: Bureau of Water, South Carolina Dep. of Health and Environmental Control, 2008.

Hu, Ruilin. Urban land subsidence in China[J]. IAEG, 2006(1): 786.

ICID. Irrigation and drainage in the world, Chapter Iran [M]. Iran: International Commission for Irrigation and Drainage., 2000.

INAG. Plano Nacional da água, Portugal [M]. Portugal: Ministério do Ambiente e do Ordenamento do Território, Instituto da água (INAG), 2001.

International, Energy, Agency. Key world energy statistic[M]. Paris: IEA, 2010.

IPCC. Climate Change 2001: Synthesis Report [M]. Cambridge University Press: Intergovernmental Panel on Climate Change, 2001.

IPCC. Climate Change 2007: Synthesis Report[R]. Valencia, Spain: IPCC, 2007.

Israel, Water, Commission. Water in Israel [R]. Israel: State of Israel, Ministry of National Infrastructures, Water Commission, Demand Management Division., 2002.

Israel, Water, Commission. Report on the water status in Israel[R]. Hebrew: The Israeli Parliament, 2002.

J ohnson, T. Battling Seawater Intrusion in the Central and West Coast Basins [R]. WRD Technical Bulletin Volume 13: ohnson, T, 2007.

Kahlown, M, A, &, A, Majeed. Water resources situation in Pakistan: challenges and future strategies[J]. Science Vision, 2002, 7(3): 33–45.

Kahlown, M, A, &, A, Majeed. Water-resources development and management [M]. Pakistan: Ministry of Science and Technology, Government of Pakistan, 2004.

Khater, A, R. Intensive groundwater use in the Middle-East and North Africa [M]. The Netherlands: Balkema Publishers, 2003: 355–386.

Kendy, E, D, J, Molden, T, S, Steenhuis, &, C, Liu. Policies drain the North China Plain: agricultural policy and groundwater depletion in Luancheng County, 1949 - 2000 [R]. Sri Lanka: International Water Management Institute (IWMI), 2003: 45.

Konikow, L, &, Kendy, L. Groundwater depletion: a global problem [J]. Hydrogeology Journal, 2005, (13): 317–320.

Konikow, L. Contribution of global groundwater depletion since 1900 to sea-level rise[J]. Geophysical Research Letters, 2011, (38).

López-Camacho, B, A, Sánchez-González, &, A, Battle. Over-exploitation problems in Spain[C]. Puerto de la Cruz, Tenerife: 23rd International Congress of the IAH, 1992. 363–371.

Margat, J. The overexploitation of aquifers[C]. Puerto de la Cruz: the 23th International Congress of the IAH, 1992. 29–40.

Marin, L, E. El agua en Mexico: retos y oportunidades [J]. Real Academia de Ciencias Exactas, Físicasy Naturales de España, 2006, 98(2).

McGuire, V. Water-level changes in the High Plains aquifer, predevelopment to 2007, 2005 - 06 and 2006 - 07[R]. Reston, Virginia: USGS, 2009.

Meddi, M, &, P, Hubert. Impact de la modification du régime pluviométrique sur lesressources en eau du Nord Ouest de l'Algérie[J]. Hydrology of the Mediterranean and Semiarid Regions, 2003(278): 229–235.

Mekonnen, M, M, &, A, Y, Hoekstra. National Water Footprint Accounts: The Green, Blue and Grey Footprint of Production and Consumption[R]. The Netherlands: UNESCO-IHE, Delf, 2011.

Miludi, H, &, O, M, Salem. Water policies in the Libyan Arab Jamahiriya[C]. Amman, Jordan: Proceedings of the WHO/UNEP First Regional Conference on Water Demand Management, Conservation and Pollution

Control,2011.

Ministerio,de,Medio,Ambiente,(MMA). El libro blanco del agua en España [M]. España:MMA,Secretaría de Estado de Aguas y Costas,Dirección General de Obras Hidráulicas y Calidadde las Aguas,2000: 637.

Min,NSRE. Secteur de l'eau – élements d'une stratégie sectorielle [R]. Algeria:Internal report of the Ministry of Water Resources,in cooperation with World Bank and FAO,2003.

Morris,B,A,Lawrence,J,Chilton,B,Adams,R,Calow,&,B,Klinck. Groundwater and its susceptibility to degradation[R]. Nairobi,Kenya:Early Warning and Assessment Report Series,RS 03 – 03,UNEP,2003.

Musolff,A. Micropollutants:challenges in hydrogeology[J]. Hydrogeology Journal,2009,17(4):763–769.

Noordhof. De Bosatlas van Nederland Waterland[M]. Nederland:Noordhof,2010:104.

OECD. L'état de l'environnement[R]. Paris:OECD,1991.

OSS/UNESC. Ressources en eau et gestion des aquifères transfrontaliers de l'Afrique du Nord et du Sahel [R]. Paris:OSS/UNESCO,ISARM–Africa,IHP–IV,Series on groundwater No 11,2005.

Oubalkace,M. Rapport final du Maroc à l'Atelier du Plan Bleu et de la Commission Méditerranéenne pour le developpemnt durable[R]. Saragoza,Spain:Oubalkace,M,2006.

Oude,Essink,G,H,P,E,S,van,Baaren,&,P,G,B,de,Louw. Effects of climate change on coastal groundwater systems:A modelling study in the Netherlands [J/OL]. Water Resources Research,Vol. 46. Avaiable from:doi:10.1029/2009 WR008719.

Pallas,Ph,&,O,Salem. Water Resources Utilisation and Management of the Socialist People Arab Jamahiriya. Intern[R]. Paris:UNESCO,1999:65.

National hydrological plan of the Government of Spain,as defined in 1993.,Plan Hidrológico Nacional[S].

Pulido–Bosch,A. The overexploitation of some karstic aquifers in the province of Alicante (Spain)[R]. Santa Cruz de Tenerife:XXIII Congress AIH Sobreexplotación de acuíferos,1991:557–561.

Riolo,A. Annual report 1998/99 of the Water Services Corporation Malta[R]. Malta:Riolo,A,1999.

Röckner,E,K,Arpe,L,Bengtsson,M,Christoph,M,Clausen,L,Dümenil,M,Esch,M,Giorgetta,U, Schlese,&,U,Schulzweida. The atmosphetic general circulation model ECHAM–4:model description and simulation of present day climate[R]. Hamburg:MPI für Meteorologie,1996:218.

Salem,O. Hydrogeology of the major groundwater basins of Libya[R]. Cairo:Aquifères des grands bassins, 1992:15.

Schmoll,O,G,Howard,J,Chilton,&,I,Chorus. Protecting groundwater for Health Managing the quality of drinking–water sources[R]. Geneva:World Health Organization,2006.

Shah,T,A,Deb,Roy,A,Qureshi,&,J,Wang. Sustaining Asia's Groundwater Boom:An Overview of Issues and Evidence[J]. Natural Resources Forum,2001(27):130–140.

Shahin,M. Groundwater resources in Egypt:potentials and limitations. IAHS,Proceed. Intern. Symp[J/OL]. Water for the Future,Rome,IAHS Publ. No 164,Hydrology in Perspective,Wallingford,pp. 179 – 192. Available from:http://www.iahs.info/redbooks/164.htm.

Shiklomanov,I,A. Global water resources[J]. Nature and Resources,1990(26):3.

Steyl, G, &, I, Dennis. Review of coastal-area aquifers in Africa [J]. Hydrogeology Journal, 2010, 18(1): 217-226.

Stockholm, World, Water, Week. The Malin Falkenmark Seminar: Emerging Pollutants in Water Resources-A New Challenge to Water Quality [EB/OL]. http://www.worldwaterweek.org/sa/node.asp? node = 750&sa_content_url=%2Fplugins%2FEventFinder%2Fevent%2Easp&id =3&event =239 [Accessed 4 March 2011].

Treidel, H, J, L, Martin-Bordes, &, J, J, Gurdak. Climate change effects on groundwater resources[M]. CRC Press/Balkema: IAH, International Contributions to Hydrogeology 27, 2012: 401.

UNDESA. World population statistics for 2010[DB/OL]. http://www.un.org/esa/population/.

United Nations Development Programme, One United Nations Plaza, New York, NY 10017, USA., The path to achieving the Millennium Development Goals: a synthesis of MDG evidence from around the world[S].

J.F. Poland, UNESCO - IHP, Paris., Guidebook to studies of land subsidence due to ground-water withdrawal[S].

UNESCO. Groundwater Resources Assessment under the pressure of Humanity and Climate changes[R]. Paris: UNESCO/IHP, 2006.

USGS, US National Water Summary 1984[S].

Vachaud, G. Evolution des ressources en eau souterraine en zone de culture irriguée du Bassin méditerranéen en cas de changements climatiques[C]. Montpellier-Agropolis: Séminaire international sur l'agriculture et le développement durable en Méditerranée, 1997.

Van, der, Gun. Climate change and alluvial aquifers in arid regions: examples fromYemen [M]. Earthscan, London: Ludwig, Kabatt, Van Schaik and Van der Valk, 2009: 159-176.

Van, der, Gun, J, A, M, &, A, A, Ahmed. The Water Resources of Yemen[R]. Yemen: WRAY-project, Delft and Sana'a, 1995: 108.

Van, der, Gun, J, &, Lipponen, A. Reconciling storage depletion due to groundwater pumping with sustainability[J/OL]. Sustainability, Special Issue Sustainability of Groundwater, November 2010. Available from: http://www.mdpi.com/2071-1050/2/11/3418.

Wang, R, H, Ren, &, Z, Ouyang. China Water Vision: The ecosphere of water, life, environment and development[M]. Beijing: China Meteorological Press, 2000: 178.

White, I, &, T, Falkland. Management of fresh-water lenses on small Pacific Islands [J]. Hydrogeology Journal, 2010, 18(1): 227-246.

World, Bank. India Water Resources Management Sector Review: Groundwater Regulation and Management Support [R]. India: the Central Ground Water Board, Ministry of Water Resources, Government of India, 1998.

WWAP. The United Nations World Water Development Report 2: Water, a shared responsibility [R]. The United Nations: WWAP, 2006.

Zhou, Y, L, Wang, J, Liu, &, C, Ye, 2012. Impacts of drought on groundwater depletion in the Beijing

Plain, China[M]. China: Treidel, Martin–Bordes and Gurdak, 2012.

IAH. International Contributions to Hydrogeology 27[M]. Press/Balkema: CRC, 2007: 281–303.

第7章

Abdurrahman, W. Development and management of groundwater in Saudi Arabia [C]. Paris: GW–MATE/UNESCO Expert Group Meeting, Socially sustainable management of groundwater mining from aquifer storage, 2002: 6.

Anderson, M, P, &, W, W, Woessner. Applied groundwater modeling: Simulation of flow and advective transport[M]. San Diego, California: Academic Press Inc, 1992: 381.

Anonymous. L'aquifère du Calcaire carbonifére: un enjeu transfrontalier franco–belg [Z]. franco–belge: Géologues, 2011.

Appelgren, B. ISARM Africa. Managing Shared Aquifer Resources in Africa [R]. Paris: UNESCO–IHP, 2004: 238.

Barlow, P, &, E, Reichard. Saltwater intrusion in coastal regions of North America [J]. Hydrogeology Journal, 2010, 18(1): 247–260.

BRGM. Vers une gestion concertée des Systèmes Aquifères Transfrontaliers[Z]. unknow: BRGM, 2011.

FAO Legislative study 86, Groundwater in international law[S].

Carbognin, L, L, Tosi, &, P, Teatini. Analysis of actual land subsidence in Venice and its hinterland (Italy)[M]. Rotterdam, The Netherlands: Balkema, 1995: 129–138.

CGWB. Ground Water Year Book–India, 2011–2012 [DB/OL]. http://cgwb.gov.in/documents/Ground%20Water%20Year%20Book%20–%202011–12.pdf.

Chai, J–C, S, L, Shen, H, H, Zhu, &, X, L, Zhang. Land subsidence due to groundwater drawdown in Shanghai[J]. echnical note, Géotechnique, 2004, 54(2): 143–147.

Chai, J–C, S, L, Shen, H, H, Zhu, &, X, L, Zhang. 1D analysis of land subsidence in Shanghai [J]. Lowland Technology International, 2005, 7(1): 33–41.

Chatterjee, R, &, R, R, Purohit. Estimation of replenishable groundwater resources of India and their status of utilisation[R]. Current Science: Chatterjee, 2009.

Chave, P, G, Howard, J, Schijven, S, Appleyard, F, Fladerer, &, W, Schimon. Groundwater protection zones [M]. London, UK: World Health Organisation and IWA Publishing, 2006: 465–492.

Chilton, J. Assessment of aquifer pollution vulnerability and susceptibility to the impacts of abstraction[M]. London, UK: World Health Organisation and IWA Publishing, 2006: 199–242.

Chilton, J, O, Schmoll, &, S, Appleyard. Assessment of groundwater pollution potential [M]. London, UK: World Health Organisation and IWA Publishing, 2006: 375–409.

Chilton, J, &, W, Alley. Hydrological management [M]. London, UK: World Health Organisation and IWA Publishing, 2006: 517–536.

Crastes, de, Paulet, F. Scaldwin Project, Sustainable aquifer management [C]. ISARM: ISARM 2010 Conference, 2010.

UNESCO-IAH-UNEP Conference, Paris, 6 - 8 December 2010, the criteria for the sustainable management of the Carboniferous Limestone Aquifer at the Belgium-France border[S].

Eckstein, G. Strengthening cooperation on transboundary groundwater resources[J]. Special issue of Water International, 2011, 36(5): 143-143.

FAO. Groundwater management, the search for practical approaches[R]. FAO: Rome, 2003: 39.

Foster, S, S, D, A, R, Lawrence, &, B, L, Morris. Groundwater in urban development: assessing management needs and formulating policy strategies [C]. World Bank Technical Paper 390: Washington DC, World Bank, 1997.

Foster, S, M, Nanni, K, Kemper, H, Garduño, &, A, Tuinhof. Utilization of non-renewable groundwater, a socially-sustainable approach to resource management[N]. World Bank, GW-MATE Briefing Note, 2003(11).

Foster, S, &, D, Loucks. Non-renewable groundwater resources[R]. Paris: UNESCO-IHP, IHPVI, 2006.

Foster, S, &, K, Kemper, (eds,). Sustainable Groundwater Management[N]. GW-MATE, Briefing Note Series, 2002(16).

Foster, S, &, M, Ait-Kadi. Integrated Water Resources Management (IWRM): How does groundwater fit in? [J]. Hydrogeology Journal, 2012(20): 415-418.

GABCC, Great Artesian Basin Strategic Management Plan: Progress and achievements to 2008[S].2009.

Galloway, D, L, &, T, J, Burbey. Review: Regional land subsidence accompanying groundwater extraction [J]. Hydrogeology Journal, 2011, 19(8): 1459-1486.

Habermehl, M. The Great Artesian Basin, Australia[J]. UNESCO-IHP, IHPVI, Series on Groundwate, 2006 (10): 82-88.

Haest, P, J, R, Lookman, I, Van, Keer, J, Patyn, J, Bronders, M, Joris, J, Bellon, &, F, De, Smedt. Containment of groundwater pollution (methyl tertiary butyl ether and benzene) toprotect a drinking-water production site in Belgium[J]. Hydrogeology Journal, 2010(18): 1917-1925.

IAH. Social and economic aspects of groundwater governance [J]. Special issue of Hydrogeology Journal, 2006, 14(3): 269-432.

IAH. Economics of groundwater management[J]. Special issue of Hydrogeology Journal, 2012, 20(5): 817-1006.

IGRAC. Transboundary Aquifers of the World, 1:50000000, update 2009 [Z]. Istanbul: Special Edition for the Fifth World Water Forum in Istanbul, 2009.

IGRAC. Transboundary Aquifers of the World, 1:50000000, update 2012[Z]. Marseille: Special Edition for the Sixth World Water Forum in Marseille, 2012.

INWEB. nventory of internationally shared aquifers [EB/OL]. http: www.inweb.gr/index. php? option = com_aquifers_db.

Johnson, T. Battling Seawater Intrusion in the Central and West Coast Basins [R]. WRD Technical Bulletin:Technical documents on Groundwater and Groundwater Monitoring,2007.

Linton,J,&,D,B,Brooks. Governance of transboundary aquifers:new challenges and new opportunities[J]. Special issue of Water International,2011,36(5):606–618.

UNESCO IHP–V Technical Documents in Hydrology No 42,UNESCO,Paris,pp. 467 – 480,Considerations on ethical issues in relation to groundwater development and/or mining[S].

Lloyd,J,W. An overview of Groundwater Management in Arid Climates [M]. Lancaster,USA:Technomic, 1999:9–52.

Lopez –Geta,J,A,J,M,Fornés,G,Ramos,&,F,Villaroya. Groundwate [M]. UNESCO and Fundación Marcelino Botín:IGME,2006:108.

L'Vovich,M,I. World Water Resources and their future[M]. Washington:MoscowEnglish translation A.G. U,1974.

Methodological guidebook (available in English and in French). Collection 'à Savoir' No 3,Agence Française de Développement,123 p,Toward a joint management of transboundary aquifer systems[S].

McGuire,V. Water–level changes in the High Plains aquifer,predevelopment to 2007,2005–2006 and 2006–2007[R]. Reston,Virginia:USGS,2009.

Moench,M. Approaches to groundwater management:To control or enable? [J]. Economic and Political Weekly,1994,(9):24.

Moench,M. Groundwater and poverty:exploring the connection [M]. Balkema,Rotterdam:Llamas and, Custodio (eds),2003:441–456.

Moench,M. Groundwater:the challenge of monitoring and management [M]. The World's Water 2004–2005:Moench,M,2004:79–100.

Morishima,A,&,S,Ohgaki. Groundwater management and policy:its future alternatives [J]. Special issue of International Review for Environmental Strategies,2006,6(2):274–274.

NGWA. Transboundary Ground Water[J]. Groundwater,2005,43(5):645–670.

Memorandum Report,Report no. 2003–P–000006,Office of Inspector General,US,EPA.,Improving nationwide effectiveness of pump–and–treat remedies requires sustained and focused action to realize benefits[S].

Ortuño,F,J,Molinera,I,Juarez,D,Arcos,J,Fraile,J,Niñerola,&,T,Garrido. Barrera hidráulica contra la intrusion marina en el acuífero principal del delta del Llobregat (Barcelona,España)[C]. Sao Paolo:I Congreso Internacional de Medio Ambiente Subterráneo,2011.

Planning,Commission,of,India. Groundwater Management and Ownership [R]. India:Report of the Expert Group,Government of Indi,2007.

Framework document. IHP–VI,Non Serial Documents in Hydrology. Paris,UNESCO,72 p,Internationally Shared Aquifer Resources Management[S].

Puri,S,&,A,Aureli. Atlas of transboundary aquifers[M]. Paris:UNESCO–IHP,ISARM Programme,2009: 328.

Shah,T. Groundwater markets and irrigation development:Political economy and practical policy[M]. Oxford,UK:Oxford University Press,1993:241.

Shah,T. Institution groundwater management in the United States:Lessons for South Asia and North China[J/OL]. Originally published in Kansas Journal of Law and Public Policy,2006:567-571. Available from http://nationalaglawcenter.org/assets/bibarticles/shah_institutional.pdf.

Sinclair,Knight,Merz. Great Artesian Basin sustainability initiative [R]. Australian Government:Environment and Water Resources,2008.

Sophocleus,M. Review:groundwater management practices,challenges and innovations in the High Plains aquifer,USA - lessons and recommended actions[J]. Hydrogeology Journal,2010(18):559-575.

The UNILC Draft Articles on the Law of Transboundary Aquifers. UNESCO-IHP,Paris,Transboundary aquifers:Managing a vital resource[S].

Sukhija,B,&,B,S,R,Narasimha,Rao. Impact of the October 1999 super cyclone on the groundwater system and identification of groundwater resources for providing safe drinking water in coastal Orissa,India[M]. Paris:Jaroslav Vrba and Balthazar Verhagen,2011.

Tanaka,T. Groundwater use in an emergency:impact of,and experience gained in the huge Hanshin-Awaji,Japan earthquake[M]. GWES:Jaroslav Vrba and Balthazar Verhagen,2011.

IHP-VII Series on Groundwater No. 3.,UNESCO-IHP,Paris[S].

UNECE. Inventory of Transboundary Groundwater,Volume 1 [M]. Lelystad,The Netherlands:UN-ECE Task Force on Monitoring and Assessment,RIZA,1999.

UNECE. Our waters:joining hands across borders[M]. New York & Geneva:United Nations,2007.

UNECE. Second assessment of transboundary rivers lakes and groundwaters[EB/OL]. UNECE,2011. Second assessment of transboundary rivers lakes and groundwaters. United Nations Economic Commission for Europe. New York & Geneva,430 p. Available from:http://www.unece.org/env/water/publications/pub/second_assessment.html.

UNESCO. Sistemas acuíferos transfronterizos en las Américas[M]. Montevideo/Washington:UNESCO-PHI & OEA,Series ISARM Americas,2007:178.

UNESCO. Marco legal e institucional en la gestión de los sistemas acuíferos transfronterizos en las Américas[M]. Montevideo/Washington:UNESCO-PHI & OEA,Series ISARM Americas,2008:110.

UNESCO. Managing shared aquifer resources in Africa[C]. Paris:UNESCO,2010.

IHP-VII Technical Document in Hydrology,UNESCO,Beijing & Jakarta,Transboundary aquifer in Asia [S].

UNESCO,&,World,Bank. Socially-sustainable management of Groundwater Mining for Aquifer Storage [C]. Paris:UNESCO Expert Group Meeting/GWMATE,World Bank Group,Global Water Partnership,2002.

Sales No. E.11.I.10,United Nations,New York.,Millennium Development Goals Report 2011[S].

Villholth,K,P,Jeyakumar,P,Amerasinghe,A,Manamperi,M,Vithanage,R,Goswami,&C,Panabokke. Tsunami impacts and rehabilitation of groundwater supply:lessons learned from Eastern Sri Lanka [M]. Pari:IHP-VII Series on Groundwater No 3,UNESCO-IHP,2011.

Vrba, J, &, B, Verhagen. Groundwater for Emergency Situations: a Methodological Guide [M]. Paris: IHP-VII Series on Groundwater No 3, GWES project, UNESCO-IHP, 2011.

Wei, Q. Land subsidence and water management in Shanghai [D]. The Netherlands: Technical University Delft, 2006: 79.

WHYMAP. Groundwater Resources of the World, Transboundary Aquifer Systems, 1:50000000 [C]. Paris: BGR, Hannover, and UNESCO, 2006.

Operational Hydrology Report No 28, World Meteorological Organization, Geneva, Switzerland, INFOHYDRO Manual, 2nd Edition[S].

World, Bank. India Water Resources Management Sector Review: Groundwater Regulation and Management Support[R]. India: Ministry of Water Resources, 1998.

第8章

Bullock, A, W, Cosgrove, W, Van, der, Hoek. Getting out of the box - linking water to decisions for sustainable development[M]. WWDR3: Bullock, 2009: 3-23.

Llamas, M, R, &, P, Martínez-Santos. Intensive groundwater use: a silent revolution that cannot be ignored [J]. Water Science and Technology Series, 2005, 51(8): 167-174.

Martin -Nagle, R, E, Howard, A, Wiltse, &, D, Duncan. The water, energy and food security nexus - Solutions for the Green Economy [C]. Germany: Federal Ministry for the Environment, Nature Conservation and Nuclear Safety (BMU) and Federal Ministry for Economic Cooperation and Development (BMZ), 2012: 28.

UNEP. Towards a Green Economy: Pathways to sustainable development and poverty eradication[EB/OL]. Available from: www.unep.org/greeneconomy.

IHP-VII Series on Groundwater No. 3, GWES project, UNESCO-IHP, Paris., Groundwater for Emergency Situations: a Methodological Guide[S].

附录 1

术 语

开采(Abstraction):1.永久或暂时从水源地取水的过程;2.开采过程中单位时间内获得水的体积(同义词:withdrawal,extraction)。

冲积(Alluvial):地质学术语,表明地表水流动的源头。例如,发现于距今年代不远水系中的冲积物或沉积物(通常由砾石、砂、粉砂或黏土组成)。

含水层(Aquifer):具有连续水力联系且渗透性好的松散多孔介质或含水裂隙岩,其中可以容纳一定体积的水体(同义词:water-bearing,formation)。

弱透水层(Aquitard):渗透性差,但能够以很低的流速透过水体的含水层。

隔水层(Aquiclude):渗透性差,难以或不能透过水体的含水层。

干旱区(Arid region):降水量小,严重缺乏可用水的地区,一定程度上制约或阻止了植物的正常生长发展。农业学上这个词用来描述极度干旱,没有灌溉就不能种植的地区。

自流(Artesian):地下水水头高于地表,当在该区打井时会使地下水上升到地面。换句话说,自流水层的测压水头高于地表。打在自流水层的井称为自流井。

基流(Baseflow):当降雨停止后,河流仍可长时间流动的稳定流量。主要由地下水排泄量提供,有时称做“最枯流量”。

基底(Basement):一个地区的最古老岩石,是变质岩和火成岩的混合体,年代通常在前寒武纪或古生代,位于所有沉积物之下。

基岩(Bedrock):不可破坏、难以变软的坚硬岩石(密度大,孔隙度低)。

黑水(Black water):含粪便或其他清洁产物的废水。

自然水(Blue water):天然地表水和地下水。

钻孔(Borehole):在土壤或地球表层打孔,直径通常很小,目的是为了地质勘查或者开采或注入液体(如水)。

苦咸水(Brackish water):溶解性固体浓度在 1000~10000 mg/L 的水体。

新生代(Cainozoic (Cenozoic)):地质年代,距今约 6600 万年,经常用做形容词来描述一些地质构造的年龄。

毛细带(Capillary fringe):地面以下、潜水面之上与饱水带有水力联系的地带,空隙间充满水,但是水压低于大气压(因为毛细力)。

碳循环(Carbon cycle):碳在生物圈、土壤圈、岩石圈、水圈和大气圈的地球生物化学循环。

碳酸岩(Carbonate rock):由碳酸盐组成的岩石,特别是石灰岩和白云岩。

石炭纪(Carboniferous):地质年代,属于古生代,经常用做形容词来描述一些地质构造的年龄。

流域(Catchment,catchment area):地表水共同排泄区的总面积(同义词:watershed, river basin)。

气候(Climate):当地天气的综合情况,由长时间(通常30年)的统计数据(平均值、方差、极值的概率等)得出。

气候变化(Climate change):气候的长期变化(由长期的气候统计数据得出,特别是平均值和/或方差)。

辐射井(Collector well):在水井径向方向上打的水井以增大它的有效半径。

承压含水层(Confined aquifer):被隔水层或弱透水层覆盖的完全饱和的含水层(每一点的水头均大于大气压)。隔水层阻止了承压水与大气和地表水的联系(除了地表水体与含水层相交)。

承压隔水层(Confining bed):覆盖在饱和含水层上的不透水层或弱透水层。

原生水(Connate water):在沉积岩形成时期被截留在岩石空隙中的水。

固结(Consolidated):1.地质学术语:岩石形成一个实体块,而不是松散物质如砾石、砂、粉砂、黏土的聚合体;2.土力学术语:在外部荷载或水头降低的情况下,土层的体积减少(主要是孔隙度减小)的现象。

耗水量(Consumptive use):生产过程中消耗的,不再返回含水层、河流或海洋,也不蒸发进入大气的水量。

白垩纪(Cretaceous):地质年代,术语中生代,经常用做形容词来描述一些地质构造的年龄。

达西定律(Darcy's law):地下水动力学的重要物理定律,在一定时间内通过介质断面的水量,与水力梯度和渗透系数成比例。

三角洲(Delta):河口的一种地貌,河流进入海洋、湖泊、水库或别的河流时形成的平坦干旱地区,大量的沉积物是由这条河流所携带的。

损耗(Depletion):含水层中地下水体积的减少(也表示水圈其他组成部分的水的体积减少)。

沉淀(Deposit):沉积的同义词。

生活用水(Domestic water use):饮用水或家庭、办公室、农业和工业用水之外的公共用水。生活用水可以通过市政给水提供,也可以使用者自己开采。

排水(Drainage):天然或人工的排除过量水体的措施。

水位降低(Drawdown):由于地下水开采引起的水位降低。

生态系统(Ecosystem):植物、动物和微生物与环境构成的功能单元,在这个整体内各要素之间相互作用形成动态平衡。

内流的(Endorheic):形容词,表明一个区域、含水层或河流的排泄水不进入开放的海洋,而是直接进入大气层。内流含水层排泄进入内流河或蒸发进入大气层。内流河湖流域通常称做"封闭盆地"。

蒸发岩(Evaporite):由蒸发作用沉淀的矿物形成的化学沉积岩。主要是岩盐和石膏。

蒸发(Evaporation):1.水蒸气扩散进入大气的物理过程;2.水的蒸发量(最大蒸发量,地表水蒸发量的最大值)。

蒸散(Evapotranspiration):1.水从地面、地表水和植物叶子中蒸发进入大气层;2.通过蒸发作用的水的损失量。

枯竭(Exhaustion):资源消耗到没有剩余的状态。

相(Facies):岩石的性质,表明它的特殊形成条件,在同一岩层中可以与别的相区分。在沉积岩中表现了它的沉积环境,变质岩中表现了压力和温度的变化。

断层(Fault):见断裂。

裂隙(Fissures):岩石形成以后产生的次生裂缝。

通量(Flux):通过给定表面的流量。

通量密度(Flux density):单位面积的流量。

褶皱山(Folded mountains):地表岩层受垂直或水平方向的构造作用力而形成岩层弯曲的褶皱构造山地。

化石水(Formation):年代久远时期(气候与地质条件与现在不同)进入岩石结构的地下水,在现今条件下并没有更新。

古地下水(Fossil groundwater):进入岩层很久并且在现代条件下不可更新的储存地下水(在气候和/或地质条件作用下与现代水不同)(同义词 non-renewable groundwater)。

断裂(Fractures):当压力超过临界值时(低于这个点时可能发生褶皱),岩体发生断裂。断裂可分为两类:节理和断层。节理是沿着裂缝没有发生位移的断裂。如果有相对位移那么称之为断层。

自由含水层(Free aquifer):潜水含水层。

淡水(Freshwater):溶解性固体浓度较低的水体(通常小于 1000mg/L)。

间歇泉(Geyser):向大气喷出热水和蒸汽的喷泉。热量可能来源于与岩浆接触的地下水。

地热(Geothermal):与地壳的热能相关。

地堑(Graben):地质学术语,表明地壳的下落地块,边界是平行的(众所周知的正断层)。

绿水(Green water):来源于降水,不发生径流或补给地下水,而是存储在表层土壤或植被中。最终这部分降水通过植物蒸发、蒸腾进入大气。

灰水(Grey water):除了卫生用水外其他途径产生的污水。

地下水(Groundwater):位于地下,水头大于或等于当地大气压的水。换句话说:位于潜水位以下的水。

地下水开采(Groundwater development,groundwater exploitation):人类开发利用地下水的活动。

地下水排泄(Groundwater discharge):水从地下水系统流出(1.现象,2.流量)。

地下水位(Groundwater level):地下水在测压井中上升的水位高度。随时间变化,点与点之间的水位各不相同,表明了地下水在该点的势能(同义词:piezometric level,piezometric head,hydraulic head,groundwater hydraulic potential)。

地下水开发(Groundwater mining):抽取不可再生地下水。

地下水补给、地下水再生、地下水更新(Groundwater recharge,groundwater renewal,groundwater replenishment):1.水流入地下水系统或含水层的过程;2.流入量。

地下水径流(Groundwater runoff):为河流提供部分补给的地下水(通过泉或扩散渗流进入河床)(近义词:baseflow)。

地下水位(Groundwater table):潜水水位(大气与非承压含水层的交界面)。

湿润地区(Humid region):降水量大于潜在蒸散量的地区。换句话说,不用灌溉,可用水资源足够维持植物的正常生长发展。

水力学(Hydraulics,hydraulic):研究管道、河道、多孔介质中水的流动机制的应用学科。

渗透性(Hydraulic conductivity):多孔介质传输水的能力(同义词:permeability)。

水力梯度(Hydraulic gradient):单位水平距离上测压水位的变化。

水位图(Hydrograph):水位—流量随时间的变化图。

水文循环(Hydrological cycle):地表或地表附近水体的循环(水体在大气、地表、包气带、地下水和海洋之间的运动)(同义词:Hydrologic cycle,water cycle,H_2O cycle)。

过量开采(Hydrological overabstraction):从可再生地下水资源开采水,开采量大于相应含水层中的含水量。开采密度太大而导致含水层无法形成动态平衡。

水文学(Hydrology):研究大陆上水圈的学科。

水圈(Hydrosphere)：地球上的水，区别于岩石圈、生物圈和大气圈。

火成岩(Igneous rock)：岩浆岩凝固形成的岩石。

不渗透的(Impermeable，impervious)：不能传输水。

渗透(Infiltration)：1.水进入多孔或裂隙构造；2.渗透进入的水的量或比例。

渗水廊道(Infiltration gallery)：用来开采地下水而不借助于外部能量的人工建筑(系统建立在重力流的基础上)(同义词：Foggara，qanat，karez，falaj，rhettara，ghail)。

地下水的集约开采(Intensive development of groundwater)：地下水开采程度较大，使得含水层或含水层系统中的自然流发生巨大改变(流态发生巨大改变)。

界面(Interface)：两个不同主体的接触面，如咸淡水界面。根据实际情况，咸淡水界面可能是一层厚的过渡区(在过渡区内咸淡水混合)。

空隙(Interstices (voids))：地下松散沉积物和岩石的开放空间(没有被固体颗粒占据的空间)，允许流体(空气、水、石油、天然气等)流动或存储。空隙可以分为原生(或基本)空隙和次生空隙，次生空隙是在岩石形成以后产生的。

灌溉(Irrigation)：人工将地表水或地下水应用于土地，通常是为了促进植物的生长。

节理(Joint)：见断裂。

岩溶(Karst)：发生在不规则地表的岩石溶蚀现象，主要是石灰岩。

岩石学(Land subsidence)：1.岩石类型；2.地球科学的分支，研究不同类型岩石的区别、岩性和物理性质。

海相的(Lithology)：地质术语，表明成因与海洋有关。

海退(Marine)：海陆边界线向海洋退去，持续一个重要的地质时期。

海进(Marine regression)：海陆边界线向陆地前进，持续一个重要的地质时期。

中生代(Marine transgression)：地质年代，距今 25000 万~6000 万年，经常用做形容词描述地质构造的年龄。

变质岩(Mesozoic)：由于温度、压力和化学成分的变化，岩石的原生矿物、质地或组成发生改变成为另一种岩石。

矿泉水(Metamorphic rock)：可溶解岩含量大于一定阈值的天然水，被认为有治疗功效。

采矿(Mining)：耗尽一种不可再生资源的储量。

监测(Monitoring)：系统地观察一个变量或现象。

自然资源(Natural resource)：在自然界发现的，对人类有作用的一些物质(或原材料)。典型的例子如太阳能(无限资源)、森林、水(可再生资源)、化石燃料和矿物(不可再生资源)。

不可再生地下水(Non-renewable groundwater):在现在的气候条件下不再或难以接受补给的地下水体或单元(同义词:fossil groundwater)。

超采(Overexploitation):过度集中开采。专家们对于地下水超采没有一致的解释,尤其是没有统一的标准来确定是否开采过量。在这里,超采的意思是开采的好处和负面影响之间的平衡被打破(另见 Hydrological overabstraction)。

古生代(Palaeozoic (Paleozoic)):地质年代,距今 59000 万~25000 万年,经常用做形容词,来表述地质构造的年龄。

可渗透(Permeable,pervious):可透过大量水体的能力(多孔介质的性质)。

渗透性(Permeability):多孔介质透过水的能力。

多年冻土(Permafrost):土层或岩层连续多年温度低于 0℃。

潜水含水层(Phreatic aquifer (water-table aquifer)):地下水水位形成一个与大气相接的表面的含水层。这种性质决定了含水层在水圈的活跃性(同义词:water-table aquifer,unconfined aquifer,free aquifer)。

潜水位(Phreatic level):水头等于大气压时的高程。等于观测井的水位。

深根植物(Phreatophytes):永久性或间歇性从毛细带吸取地下水的植物。

山麓(Piedmont):山脚或山的边缘地带,由侵蚀物形成。

测压计(Piezometer):放在水体中测定水的势能的设备。

测压水头(Piezometric level):测压计连接到含水层一个点位时,测压计水位能上升的高度(同义词:potentiometric level,piezometric head,hydraulic head)。

水压面(Piezometric surface):测压水位相同的点构成的面。

高原(Plateau):广阔而平坦的水平丘陵地区,通常高于四周区域,至少一条边界是陡坡(同义词:meseta,altiplano)(后者特指山间的高原)。

地台(Platform):广阔而平坦的水平区,通常高于四周区域。

(Pores,porous,porosity):见 Interstices。

(Potential evaporation,potential evapotranspiration):见 Evaporation 和 Evapotranspiration。

前寒武纪(Precambrian):地质历史时期,距今 400000 万~59000 万年,通常用做形容词,修饰地质构造的年龄。

降水(Precipitation):1.雨、雪、冰雹、露水以及别的液体或固体等水蒸气冷凝产物,从云层降落或从空气中凝结在地面。2.单位时间内在单位面积上的降水量。

第四纪(Quaternary):最近的地质历史年代,属于新生代。经常用做形容词,来描述地质构造的年龄(同义词:Anthropogen)。

补给区(Recharge area):含水层的大部分或全部接受补给的区域。

风化层(Regolith):基岩表面的任何固体物质,包括土壤、冲积物和岩屑等。

再生地下水(Renewable groundwater):在当前气候和地质条件下,地下水重新获得补充。

储量(Reserves):存储的体积。

恢复力(Resilience):系统从令人不满意的状态恢复原状的能力(特别是指保持或恢复动态平衡的能力)。

回流(Return flow):抽出的水返回河道或地下水储存空间。

流域(River basin):河流集水区。

径流(Runoff):降水的一部分以水流的方式流动。通常分成三个部分:①地表径流,降雨中或降雨后发生的地表流动;②入渗,通过土壤层的滞后流动;③地下水径流,地下水向河流流出(是基流必不可少的部分)。

径流系数(Runoff coefficient):径流体积占降雨体积的比例。

安全开采量(Safe yield):在不引起负面作用的情况下,可以从含水层开采的地下水量。

咸水(Saline water):可溶解固体浓度超过 10000mg/L 的水。

盐度(Salinity):水体中可溶性盐的浓度。

咸水入侵、海水入侵(Salt water intrusion,seawater intrusion):咸水(通常是海水)入侵进入淡水(地表水或地下水)的现象。

腐泥土(Saprolite):基岩含水层的分解带或风化带的一部分,在黏土矿物中富含。渗透性差但储水能力强于位于其下的可渗透的裂隙带。

饱和带(Saturated zone):地下水面以下,所有的孔隙都被水充满的地带。

比例尺(Scale):地图上的距离与实际距离之比(如 1:50000,1:1000000)。

次生地下水资源(Secondary groundwater resources):地下水除天然补给外的补给,比如灌溉渗漏、回灌以及人工补给。

沉积(Sediment):物质(通常是侵蚀产物)经天然作用沉淀在地球表面。

渗流(Seepage):1.水在多孔介质中的缓慢流动;2.水进入多孔介质(入渗)或沿着线或面从多孔介质流出(渗出)。

半干旱地区(Semi-arid region):一年中大多数时候降水量很低,季节性缺乏可用水的地区,一定程度上阻碍了植物的正常生存。用来描述无法进行土壤耕作或没有灌溉就不能种植的干旱地区。

半承压含水层(Semi-confined aquifer):当承压含水层的顶板或底板之一为弱透水

层时，承压水就成为半承压水。

弱透水层（Semi-permeable bed）：可透过一定体积水的岩层（同义词：aquitard）。

落水洞（Sinkhole）：喀斯特地貌的地表洼地，地表水在此消失进入地下。由于岩溶灰岩和白云岩的溶解，通常在地表表现为漏斗状（同义词：ponor，swallow hole）。

土壤水分（Soil moisture）：潜水面以上土壤空隙中的水分。

洞穴学（Speleology）：研究洞穴的学科。

泉（Spring）：地下水的集中排泄点。

存储量、存储体积（Storage，stored volume，stock）：水文地质单元组成部分中（如含水层、河流、湖泊、土壤）的含水体积。

水流（Stream）：沿着地表沟道流动的水体，通常包括河流、溪和其他水流。

地面沉降（Subsidence，land subsidence）：由于人类活动导致的地面下沉。当水压降低时，地下沉积物被压缩形成地面沉降，尤其是当过度开采地下水时。

地表水（Surface water）：位于地球表面的水体，如小溪、河流、湖泊。

可持续开采量（Sustainable yield）：在不带来负面影响的情况下，从含水层可开采地下水的量。

陆生（Terrestrial）：与大陆块相关（相对的是海洋和大气）。

第三纪（Tertiary）：地质年代，属于新生代。常用做形容词来描述地层年龄。

结构、岩石结构（Texture，rock texture）：岩石的物理性质，如大小、形状和矿物排列方式等。

跨界含水层（Transboundary aquifer）：含水层横跨两个或两个以上行政单位。

非承压水（Unconfined aquifer）：潜水。

松散沉积物（Unconsolidated sediments）：由一系列松散的、未胶结的颗粒组成的沉积物。

不饱和带（Unsaturated zone）：地表以下空隙被空气和水填充的地带。位于潜水面之上或承压含水层顶板之上，非饱和带水压低于大气压。

虚拟水（Virtual water）：生产商品和服务所需要的水资源数量（同义词 embedded water）。

水量均衡（Water budget）：对于给定水系统，在一定时间范围内，流入、流出的水量和存储量的变化之间的关系。大体上储量的变化等于流入流出量之差（同义词：water balance）。

水循环（Water cycle）：地表或地表附近水体的循环（水体在大气、地表、包气带、地下水和海洋之间的运动）（同义词：hydrologic cycle，hydrological cycle，H_2O cycle）。

水足迹(Water footprint)：个人、团体或企业在生产商品或服务过程中消耗的淡水总量。

井(Well)：人工建筑，通常是垂直圆柱形，通过井从地底开采地下水到地面。

湿地(Wetland)：地面上永久或季节性含水饱和的地区(沼泽、湿地、泥炭地、浅水湖)。

开采(Withdrawal)：1.永久或暂时从水源地取水的过程；2.提取的水的体积(通常用单位时间内的体积来表示)(同义词：abstraction)。

附录 2

关于可再生水资源的统计数据——按国家分类

序号	国家和地区	面积	内在水资源再生量(AQUASTAT,2009)				以 mm/yr 计(在总面积上取平均值)				内在补给总量占降水量的百分比(%)	人均水资源再生量(m^3/a)(参考2010年)
			内在水资源再生总量(km^3/a)	地表水内在产生量(km^3/a)	地下水内在产生量(km^3/a)	地表水和地下水重复计算量(km^3/a)	降水量(mm/a,国际地下水资源评估中心,2008年更新)	内在水资源再生总量(mm/a)	地下水内在产生量(mm/a)	天然地下水弥散补给(mm/a)		
1	阿富汗	647500	55				327	85		10	26	1751
2	阿尔巴尼亚	28748	26.9	23.05	6.2	2.35	1485	936	216	191	63	8396
3	阿尔及利亚	2381740	11.25	9.763	1.487	0	89	5	1	3	5	317
4	美属萨摩亚	199										
5	安道尔	468					800					
6	安哥拉	1246700	148	145	58	55	1010	119	47	105	12	7756
7	安圭拉	102										
8	南极洲											
9	安提瓜和巴布达	443	0.052				1030	117			11	584
10	阿根廷	2766890	276	276	128	128	591	100	46	53	17	6830
11	亚美尼亚	29800	6.859	3.948	4.311	1.4	562	230	145	26	41	2218
12	阿鲁巴	193										
13	澳大利亚	7686850	492	440	72	20	534	64	9	34	12	22094
14	奥地利	83858	55	55	6	6	1110	656	72	163	59	6552
15	阿塞拜疆	86600	8.115	5.955	6.51	4.35	447	94	75	33	21	883
16	巴哈马	13940	0.02				1292	1		130	0	58

续表

序号	国家和地区	面积	内在水资源再生量(AQUASTAT,2009)				以 mm/a 计(在总面积上取平均值)				内在补给总量占降水量的百分比(%)	人均水资源再生量(m^3/yr)(参考2010年)
			内在水资源再生总量(km^3/a)	地表水内在产生量(km^3/a)	地下水内在产生量(km^3/a)	地表水和地下水重复计算量(km^3/a)	降水量(mm/a,国际地下水资源评估中心,2008年更新)	内在水资源再生总量(mm/a)	地下水内在产生量(mm/a)	天然地下水弥散补给(mm/a)		
17	巴林	665	0.004	0.004	0	0	83	6	0		7	3
18	孟加拉国	144000	105	83.91	21.09	0	2666	729	146	245	27	706
19	巴巴多斯	431					1422					
20	白俄罗斯	207600	37.2	37.2	18	18	618	179	87	95	29	3877
21	比利时	30510	12	12	0.9	0.9	847	393	29	275	46	1120
22	伯利兹	22966	16				1705	697		327	41	51282
23	贝宁	112620	10.3	10	1.8	1.5	1039	91	16	86	9	1164
24	百慕大	53.3					1507					
25	不丹	47000	78				2200	1660		77	75	107438
26	玻利维亚	1098580	303.5	303.5	130.9	130.9	1146	276	119	146	24	30563
27	波黑	51129	35.5				1028	694		226	68	9441
28	博茨瓦纳	600370	2.4	0.8	1.7	0.1	416	4	3	19	1	1196
29	巴西	8511965	5418	5418	1874	1874	1783	637	220	326	36	27792
30	英属印度洋领地	153					1346					
31	文莱	5770	8.5	8.5	0.1	0.1	2722	1473	17		54	21303
32	保加利亚	110910	2	20.1	6.4	5.5	608	189	58	77	31	2802
33	布基纳法索	274200	12.5	8	9.5	5	748	46	35	39	6	759

续表

序号	国家和地区	面积	内在水资源再生量(AQUASTAT,2009)				以 mm/a 计(在总面积上取平均值)				内在补给总量占降水量的百分比(%)	人均水资源再生量(m³/yr)(参考 2010 年)
			内在水资源再生总量(km³/a)	地表水内在产生量(km³/a)	地下水内在产生量(km³/a)	地表水和地下水重复计算量(km³/a)	降水量(mm/a,国际地下水资源评估中心,2008 年更新)	内在水资源再生总量(mm/a)	地下水内在产生量(mm/a)	天然地下水弥散补给(mm/a)		
34	布隆迪	27830	10.06	10.06	7.47	7.47	1274	361	268	104	28	1200
35	柬埔寨	181040	120.6	116	17.6	13	1904	666	97	268	35	8530
36	喀麦隆	475440	273	268	100	95	1604	574	210	234	36	13958
37	加拿大	9976140	2850	2840	370	360	537	286	37	83	53	83782
38	佛得角	4033	0.3	0.181	0.124	0.005	228	74	31		33	605
39	开曼群岛	262					1260					
40	中非	622984	141	141	56	56	1343	226	90	148	17	32038
41	乍得	1284000	15	13.5	11.5	10	322	12	9	30	4	1336
42	海峡群岛	194					800					
43	智利	756950	884	884	140	140	1522	1168	185	81	77	51654
44	中国	9596960	2813	2712.1	828.8	727.9	627	293	86	69	47	2097
45	哥伦比亚	1138910	2112	2112	510	510	2612	1854	448	446	71	45620
46	科摩罗	2170	1.2	0.2	1	0	900	553	461		61	1633
47	刚果	342000	222	222	122	122	1646	649	357	349	39	54910
48	库克群岛	240					1750					
49	哥斯达黎加	51100	112.4	75.1	37.3	0	2926	2200	730	353	75	24125
50	科特迪瓦	322460	76.84	74	37.84	35	1348	238	117	136	18	3893

续表

序号	国家和地区	面积	内在水资源再生量(AQUASTAT,2009)				以 mm/a 计(在总面积上取平均值)				内在补给总量占降水量的百分比(%)	人均水资源再生量(m^3/yr)(参考2010年)
			内在水资源再生总量(km^3/a)	地表水内在产生量(km^3/a)	地下水内在产生量(km^3/a)	地表水和地下水重复计算量(km^3/a)	降水量(mm/a,国际地下水资源评估中心,2008年更新)	内在水资源再生总量(mm/a)	地下水内在产生量(mm/a)	天然地下水弥散补给(mm/a)		
51	克罗地亚	56542	37.7	27.2	11	0.5	1113	667	195	240	60	8562
52	古巴	110860	38.12	31.64	6.48	0	1335	344	58	111	26	3386
53	塞浦路斯	9250	0.78	0.56	0.41	0.19	498	84	44		17	707
54	捷克	78866	13.15	13.15	1.43	1.43	677	167	18	92	25	1253
55	朝鲜	120540	67	66	13	12	1054	556	108	99	53	2752
56	刚果民主共和国	2345410	900	899	421	420	1543	384	179	247	25	13643
57	丹麦	53094	6	3.7	4.3	2	703	139	100	363	20	1081
58	吉布提	23000	0.3	0.3	0.015	0.015	221	13	1	3	6	337
59	多米尼克	754					2083					
60	多米尼加	48730	21	21	11.7	11.7	1410	431	240	120	31	2115
61	厄瓜多尔	283560	432	432	134	134	2087	1523	473	297	73	29865
62	埃及	1001450	1.8	0.5	1.3	0	51	2	1	1	4	22
63	萨尔瓦多	21040	17.75	17.6	6.15	6	1724	844	292	230	49	2866
64	赤道几内亚	28051	26	25	10	9	2156	927	356	394	43	37143
65	厄立特里亚	121320	2.8	2.7	0.5	0.4	384	23	4	6	6	533
66	爱沙尼亚	45226	12.71	11.71	4	3	626	281	88	172	45	9478
67	埃塞俄比亚	1127127	122	120	20	18	848	8	18	39	13	1471

续表

序号	国家和地区	面积	内在水资源再生量（AQUASTAT，2009）				以 mm/a 计（在总面积上取平均值）				内在补给总量占降水量的百分比（%）	人均水资源再生量（m^3/yr）（参考 2010 年）
			内在水资源再生总量（km^3/a）	地表水内在产生量（km^3/a）	地下水内在产生量（km^3/a）	地表水和地下水重复计算量（km^3/a）	降水量（mm/a，国际地下水资源评估中心，2008 年更新）	内在水资源再生总量（mm/a）	地下水内在产生量（mm/a）	天然地下水弥散补给（mm/a）		
68	法罗群岛	1399					1250					
69	福克兰群岛	12173								226		
70	斐济	18270	28.55				2592	1563		289	60	33159
71	芬兰	337030	107	106.8	2.2	2	537	317	7	128	59	19944
72	法国	547030	200	198	120	118	867	366	219	200	42	3185
73	法属圭亚那	91000	134				2895	1473		270	51	3185
74	法属波利尼西亚	4167										
75	加蓬	267667	164	162	62	60	1831	613	232	323	33	108970
76	冈比亚	11300	3	3	0.5	0.5	836	265	44	101	32	1736
77	格鲁吉亚	69700	58.23	57	17.23	16	1026	835	247	137	81	13380
78	德国	357021	107	106.3	45.7	45	700	300	128	201	43	1300
79	加纳	239460	30.3	29	26.3	25	1187	127	110	105	11	1242
80	直布罗陀	6.5					800					
81	希腊	131940	58	55.5	10.3	7.8	652	440	78	91	67	5106
82	格陵兰	2166086					350					
83	格林纳达	344					2350					
84	瓜德罗普	1780					2470					

续表

序号	国家和地区	面积	内在水资源再生量(AQUASTAT,2009)				以 mm/a 计(在总面积上取平均值)				内在补给总量占降水量的百分比(%)	人均水资源再生量(m^3/yr)(参考2010年)
			内在水资源再生总量(km^3/a)	地表水内在产生量(km^3/a)	地下水内在产生量(km^3/a)	地表水和地下水重复计算量(km^3/a)	降水量(mm/a,国际地下水资源评估中心,2008年更新)	内在水资源再生总量(mm/a)	地下水内在产生量(mm/a)	天然地下水弥散补给(mm/a)		
85	关岛	549										
86	危地马拉	108890	109.2	100.7	33.7	25.2	1996	1003	309	296	50	7589
87	几内亚	245857	226	226	38	38	1651	919	155	212	56	22641
88	几内亚比绍	36120	16	12	14	10	1577	443	388	205	28	10561
89	圭亚那	214970	241	241	103	103	2387	1121	479	365	47	319629
90	海地	27750	13.01	10.853	2.157	0	1440	469	78	100	33	1302
91	梵蒂冈	0.44					800					
92	洪都拉斯	112090	95.93	86.92	39	29.99	1976	856	348	232	43	12621
93	香港	1092					1750					
94	匈牙利	93030	6	6	6	6	589	64	64	73	11	601
95	冰岛	103000	170	166	24	20	1940	1650	233	306	85	531250
96	印度	3287590	1446	1404	432	390	1083	440	131	93	41	1181
97	印度尼西亚	1919440	2019	1973.3	457.4	411.7	2702	1052	238	442	39	8417
98	伊朗	1648000	128.5	97.3	49.3	18.1	228	78	30	15	34	1737
99	伊拉克	437072	35.2	34	3.2	2	216	81	7	18	37	1111
100	爱尔兰	70280	49	48.2	10.8	10	1118	697	154	373	62	10962
101	英国属地曼岛	572					2631					

续表

序号	国家和地区	面积	内在水资源再生量(AQUASTAT,2009)				以 mm/a 计(在总面积上取平均值)				内在补给总量占降水量的百分比(%)	人均水资源再生量(m³/yr)(参考2010年)
			内在水资源再生总量(km³/a)	地表水内在产生量(km³/a)	地下水内在产生量(km³/a)	地表水和地下水重复计算量(km³/a)	降水量(mm/a,国际地下水资源评估中心,2008年更新)	内在水资源再生总量(mm/a)	地下水内在产生量(mm/a)	天然地下水弥散补给(mm/a)		
102	以色列	20770	0.75	0.25	0.5	0	435	36	24	42	8	101
103	意大利	301230	182.5	170.5	43	31	832	606	143	147	73	3014
104	牙买加	10991	9.404	5.512	3.892	0	2051	856	354	137	42	3431
105	日本	377835	430	420	27	17	1668	1138	71	279	68	3398
106	约旦	92300	0.682	0.485	0.45	0.253	111	7	5	12	7	110
107	哈萨克斯坦	2717300	75.42	69.32	6.1	0	250	28	2	10	11	4706
108	肯尼亚	582650	20.7	20.2	3.5	3	630	36	6	24	6	511
109	基里巴斯	811										
110	科威特	17820	0	0	0	0	121	0	0	1	0	0
111	吉尔吉斯斯坦	198500	48.95	46.46	13.69	11.2	533	247	69	11	46	9177
112	老挝	236800	190.4	190.4	37.9	37.9	1834	804	160	236	44	30705
113	拉脱维亚	64589	16.74	16.54	2.2	2	641	259	34	159	40	7433
114	黎巴嫩	10400	4.8	4.1	3.2	2.5	661	462	308	100	70	1135
115	莱索托	30355	5.23	5.23	0.5	0.5	788	172	16	16	22	2409
116	利比里亚	111370	200	200	45	45	2391	1796	404	419	75	50075
117	利比亚	1759540	0.6	0.2	0.5	0.1	56	0	0	2	1	94
118	列支敦士登	160					1250					

续表

序号	国家和地区	面积	内在水资源再生量(AQUASTAT,2009)				以 mm/a 计(在总面积上取平均值)				内在补给总量占降水量的百分比(%)	人均水资源再生量(m^3/yr)(参考 2010 年)
			内在水资源再生总量(km^3/a)	地表水内在产生量(km^3/a)	地下水内在产生量(km^3/a)	地表水和地下水重复计算量(km^3/a)	降水量(mm/a,国际地下水资源评估中心,2008 年更新)	内在水资源再生总量(mm/a)	地下水内在产生量(mm/a)	天然地下水弥散补给(mm/a)		
119	立陶宛	65200	15.56	15.36	1.2	1	656	239	18	153	36	4681
120	卢森堡	2586	1	1	0.08	0.08	934	387	31		41	1972
121	澳门	25.4						1750				
122	马达加斯加	587040	337	332	55	50	1513	574	94	216	38	16269
123	马拉维	118480	16.14	16.14	2.5	2.5	1181	136	21	164	12	1083
124	马来西亚	329750	580	566	64	50	2875	1759	194	481	61	20422
125	马尔代夫	300	0.03	0	0.03	0	1972	100	100		5	95
126	马丽	1240000	60	50	20	10	282	48	16	22	17	3904
127	马耳他	316	0.0505	0.0005	0.05	0	560	160	158		29	121
128	马绍尔群岛	181.3					92					
129	马提尼克	1100					2041					
130	毛里塔尼亚	1030700	0.4	0.1	0.3	0	92	0	0	4	0	116
131	毛里求斯	2040	2.751	2.358	0.893	0.5	2041	1349	438		66	2118
132	马约特	374					1750					
133	墨西哥	1972550	409	361	139	91	752	207	70	51	28	3606
134	密克罗尼西亚联邦	702										
135	摩纳哥	1.95					800					

续表

序号	国家和地区	面积	内在水资源再生量(AQUASTAT,2009)				以 mm/a 计(在总面积上取平均值)				内在补给总量占降水量的百分比(%)	人均水资源再生量(m^3/yr)(参考2010年)
			内在水资源再生总量(km^3/a)	地表水内在产生量(km^3/a)	地下水内在产生量(km^3/a)	地表水和地下水重复计算量(km^3/a)	降水量(mm/a,国际地下水资源评估中心,2008年更新)	内在水资源再生总量(mm/a)	地下水内在产生量(mm/a)	天然地下水弥散补给(mm/a)		
136	蒙古	1565000	34.8	32.7	6.1	4	241	22	4	2	9	12627
137	黑山	14026								118		
138	蒙特塞拉特	102										
139	摩洛哥	446550	29	22	10	3	346	65	22	17	19	908
140	莫桑比克	801590	100.3	97.3	17	14	1032	125	21	104	12	4288
141	缅甸	678500	1003	922.3	453.7	443	2092	1478	669	226	71	20912
142	纳米比亚	825418	6.16	4.1	2.1	0.04	284	7	3	10	3	2698
143	瑙鲁	21					2126					
144	尼泊尔	140800	198.2	198.2	20	20	1500	1408	142	135	94	6616
145	荷兰	41526	11	11	4.5	4.5	778	265	108	355	34	662
146	荷属安地列斯	960								146		
147	新喀里多尼亚	19060										
148	新西兰	268680	327					1732	1217	334	70	74863
149	尼加拉瓜	12494	189.7	185.7	59	55	2391	1465	456	337	61	32775
150	尼日尔	1267000	3.5	1	2.5	0	151	3	2	12	2	226
151	尼日利亚	923768	221	214	87	80	1150	239	94	163	21	1395
152	纽埃	260					2041					

续表

序号	国家和地区	面积	内在水资源再生量(AQUASTAT,2009)				以 mm/a 计(在总面积上取平均值)				内在补给总量占降水量的百分比(%)	人均水资源再生量(m³/yr)(参考2010年)
			内在水资源再生总量(km³/a)	地表水内在产生量(km³/a)	地下水内在产生量(km³/a)	地表水和地下水重复计算量(km³/a)	降水量(mm/a,国际地下水资源评估中心,2008年更新)	内在水资源再生总量(mm/a)	地下水内在产生量(mm/a)	天然地下水弥散补给(mm/a)		
153	诺福克岛	34.6										
154	北马里亚纳	477										
155	挪威	324220	382	376	96	90	1414	1178	296	215	83	78231
156	巴勒斯坦	6220	0.812	0.072	0.74	0		131	119			201
157	阿曼	212460	1.4	1.05	1.3	0.95	125	7	6	3	5	503
158	巴基斯坦	803940	55	47.4	55	47.4	494	68	68	12	14	317
159	帕劳	458										
160	巴拿马	78200	147.4	144.09	21	17.69	2692	1885	269	325	70	41911
161	巴布亚新几内亚	462840	801				3142	1731		458	55	116798
162	巴拉圭	406750	94	94	41	41	1130	231	101	113	20	14562
163	秘鲁	1285220	1616	1616	303	303	1738	1257	236	280	72	55577
164	菲律宾	300000	479	444	180	145	2348	1597	600	263	68	5136
165	皮特凯恩	47										
166	波兰	312685	53.6	53.1	12.5	12	600	171	40	144	29	1400
167	葡萄牙	92391	38	38	4	4	855	411	43	142	48	3559
168	波多黎各	9104	7.1				2054	780			38	1894
169	卡塔尔	11437	0.056	0	0.056	0	75	5	5	1	7	32

续表

序号	国家和地区	面积	内在水资源再生量(AQUASTAT,2009)				以 mm/a 计(在总面积上取平均值)				内在补给总量占降水量的百分比(%)	人均水资源再生量(m^3/yr)(参考2010年)
			内在水资源再生总量(km^3/a)	地表水内在产生量(km^3/a)	地下水内在产生量(km^3/a)	地表水和地下水重复计算量(km^3/a)	降水量(mm/a,国际地下水资源评估中心,2008年更新)	内在水资源再生总量(mm/a)	地下水内在产生量(mm/a)	天然地下水弥散补给(mm/a)		
170	韩国	98480	64.85	62.25	13.31	10.7	1274	659	135		52	1346
171	摩尔多瓦	33843	1	1	0.4	0.4	450	30	12	42	7	280
172	留尼汪	2517					3000					
173	罗马尼亚	237500	42.3	42	8.3	8	637	178	35	93	28	1969
174	俄罗斯	17075200	4313	4037	788	512	460	253	46	54	55	30164
175	卢旺达	26338	9.5	9.5	7	7	1212	361	266	68	30	894
176	圣赫勒拿	410					763					
177	圣基茨和尼维斯	261	0.024	0.004	0.02	0	1427	92	77		6	462
178	圣卢西亚	616					2301					
179	圣皮埃尔和密克隆	242										
180	圣文森特和格林纳丁斯	389					1583					
181	萨摩亚	2944					3072					
182	圣马力诺	61.2					800					
183	圣多美和普林西比	1001	2.18				3200	2178			68	13212
184	沙特阿拉伯	1960.582	2.4	2.2	2.2	2	59	1	1	1	2	87
185	塞内加尔	196190	25.8	23.8	3.5	1.5	687	132	18	63	19	2075
186	塞尔维亚	77474					795					

续表

序号	国家和地区	面积	内在水资源再生量(AQUASTAT,2009)				以 mm/a 计(在总面积上取平均值)				内在补给总量占降水量的百分比(%)	人均水资源再生量(m³/yr)(参考2010年)
			内在水资源再生总量(km³/a)	地表水内在产生量(km³/a)	地下水内在产生量(km³/a)	地表水和地下水重复计算量(km³/a)	降水量(mm/a,国际地下水资源评估中心,2008年更新)	内在水资源再生总量(mm/a)	地下水内在产生量(mm/a)	天然地下水弥散补给(mm/a)		
187	塞舌尔	455					2330					
188	塞拉利昂	71740	160	150	25	15	2526	2230	348	394	88	27267
189	新加坡	692.7	0.6				2497	866			35	118
190	斯洛伐克	48845	12.6	12.6	1.73	1.73	824	258	35	116	31	2307
191	斯洛文尼亚	20273	18.67	18.52	13.5	13.35	1162	921	666	272	79	9197
192	所罗门群岛	28450	44.7				3028	1571		419	52	83086
193	索马里	637657	6	5.7	3.3	3	282	9	5	10	3	643
194	南非	1219912	44.8	43	4.8	3	495	37	4	14	7	894
195	西班牙	505988	111.2	109.5	29.9	28.2	636	220	59	70	35	2413
196	斯里兰卡	65610	52.8	52	7.8	7	1712	805	119	165	47	2531
197	苏丹和南苏丹	2505810	30	28	7	5	416	12	3	22	3	689
198	苏里南	163270	88	88	80	80	2331	539	490	290	23	167619
199	斯瓦尔巴岛和扬马延岛	62422										
200	斯威士兰	17363	2.64	2.64	0.66	0.66	788	152	38	38	19	2226
201	瑞典	449964	171	170	20	19	624	380	44	142	61	18230
202	瑞士	41290	40.4	40.4	2.5	2.5	1537	978	61	228	64	5271

续表

序号	国家和地区	面积	内在水资源再生量(AQUASTAT,2009)				以 mm/a 计(在总面积上取平均值)				内在补给总量占降水量的百分比(%)	人均水资源再生量(m³/yr)(参考2010年)
			内在水资源再生总量(km³/a)	地表水内在产生量(km³/a)	地下水内在产生量(km³/a)	地表水和地下水重复计算量(km³/a)	降水量(mm/a,国际地下水资源评估中心,2008年更新)	内在水资源再生总量(mm/a)	地下水内在产生量(mm/a)	天然地下水弥散补给(mm/a)		
203	叙利亚	185180	7.132	4.288	4.844	2	252	39	26	31	15	349
204	中国台湾	35980					2515					
205	塔吉克斯坦	143100	66.3	63.3	6	3	691	463	42	35	67	9638
206	泰国	514000	224.5	213.29	41.9	30.69	1622	437	82	178	27	3248
207	马其顿	25333	5.4				619	213		62	34	2620
208	东帝汶	15007	8.215	8.129	0.886	0.8		547	59	93		7309
209	多哥	56785	11.5	10.8	5.7	5	1168	203	100	131	17	1908
210	托克劳	10										
211	汤加	748					1966					
212	特立尼达和多巴哥	5128	3.84				2200	749			34	2864
213	托尼斯	163610	4.195				207	26		18	12	400
214	土耳其	780580	227	186	69	28	593	291	88	56	49	3120
215	土库曼斯坦	488100	1.36	1	0.36	0	161	3	1	2	2	270
216	特克斯和凯科斯群岛	430										
217	图瓦卢	26					3000					
218	乌干达	236040	39	39	29	29	1180	165	123	95	14	1167

续表

序号	国家和地区	面积	内在水资源再生量(AQUASTAT,2009)				以 mm/a 计(在总面积上取平均值)				内在补给总量占降水量的百分比(%)	人均水资源再生量(m^3/yr)(参考2010年)
			内在水资源再生总量(km^3/a)	地表水内在产生量(km^3/a)	地下水内在产生量(km^3/a)	地表水和地下水重复计算量(km^3/a)	降水量(mm/a,国际地下水资源评估中心,2008年更新)	内在水资源再生总量(mm/a)	地下水内在产生量(mm/a)	天然地下水弥散补给(mm/a)		
219	乌克兰	603700	53.1	50.1	20	17	565	88	33	50	16	1168
220	阿联酋	945087	84	80	30	26	1071	89	32	93	8	1873
221	英国	244820	145	144.2	9.8	9	1220	592	40	339	49	2337
222	坦桑尼亚	945087	84	80	30	26	1071	89	32	93	8	1873
223	美国	9629091	2818	2662	1383	1227	715	293	144	88	41	9079
224	美属维克京群岛	352										
225	乌拉圭	176220	59	59	23	23	1265	335	131	175	26	17513
226	乌兹别克斯坦	447400	16.34	9.54	8.8	2	206	37	20	8	18	595
227	瓦努阿图	12200										
228	委内瑞拉	912050	722.4	700.1	227	204.7	1875	792	249	282	42	24928
229	越南	329560	359.4	322.98	71.42	35	1821	1091	217	186	60	4091
230	瓦利斯和富图纳群岛	274					2500					
231	西撒哈拉	266000										
232	也门	527970	2.1	2	1.5	1.4	167	4	3	3	2	87
233	赞比亚	752614	80.2	80.2	47	47	1020	107	62	108	10	6127
234	津巴布韦	390580	12.26	11.26	6	5	657	31	15	32	5	975

信息来源说明

列	变量	来源
3	面积	工程地质数据库，国际地下水资源评估中心，2008年更新
4~7	内部水资源再生量	联合国粮农组织AQUASTAT数据库，2009年更新
8	降水量	工程地质数据库，国际地下水资源评估中心，2008年更新
9	内部水资源再生总量，以mm计	第4列的值除以第3列，再乘以1000000得到
10	地下水再生量，以mm计	第6列的值除以第3列，再乘以1000000得到
11	弥散补给	参考文献：Global-scale modelling of groundwater recharge. Hydrol. Earth Syst. Sci, Vol.12, pp. 863-885.
12	水资源再生总量占降水量的百分比	第9列的值除以第8列得到
13	人均水资源再生量	第4列的值除以总人口，见附录5

注：所有估算流量采用多年平均值。

附录 3

世界上的一些大型含水层系统（地理位置见第 3 章图 3.5）

序号	名称	国家	范围（$\times10^3km^2$）	水文地质参数，P：最大厚度	理论储量（$\times10^3km^3$）	年均补给率（km^3/a）	参考文献
1	努比亚含水层系统(包括努比亚砂岩含水层系统和后努比亚含水层系统)	埃及，利比亚，苏丹，乍得	2199(其中淡水 1800)	寒武—奥陶纪到渐新世多重地层序列，向北倾斜，主要由砂岩构成；P=3500m	淡水 542	~1	Bakhbakhi，2002；UNESCO/OSS，2005；CEDARE/IFAD，2002；IME，2008
2	西北撒哈拉含水层系统	阿尔及利亚，利比亚，突尼斯	1019	寒武—奥陶纪到中新世多重地层序列；Continental Intercalaire 和 Complexe Terminal 的叠加，P=1600m	60	~1	OSS，2003；UNESCO/OSS，2005；IME，2008
3	迈尔祖格—贾多流域	利比亚，阿尔及利亚，尼日尔	450	寒武—奥陶纪到白垩纪多重地层序列，主要砂岩，两个叠加的含水层单元；P=2500m	利比亚 4.8	~0.15	UNESCO/OSS，2005；IME，2008
4	陶德尼—塔奈兹鲁夫特盆地	阿尔及利亚，毛里塔尼亚，马里	2000	早寒武纪到第三纪多重地层；P=4000m	马里和毛里塔尼亚 0.018	马里 0.3	UNESCO/OSS，2005；IME，2008
5	塞内加尔—毛里塔尼亚流域	毛里塔尼亚，塞内加尔，冈比亚，几内亚比索	300	多层含水层系统：主要单元是马斯里奇特阶砂岩和渐新世—中新世沉积物，P=500m	1.5	~9	Diagana，1997；UNESCO/OSS，2005；IME，2008
6	伊莱梅登含水层系统	尼日尔，阿尔及利亚，马里，尼日利亚	635	多层系统，寒武—奥陶纪到始新世砂岩和砂，在三个次级盆地中；P=1500m	10~15		Dodo，1992；UNESCO/OSS，2005

续表

编号	名称	国家	范围 (×10³km²)	水文地质参数，P：最大厚度	理论储量 (×10³km³)	年均补给率 (km³/a)	参考文献
7	乍得湖盆流域	尼日尔，尼日利亚，乍得，喀麦隆，中非	1917	多层含水层系统，包含 Continental Intercalaire，Complex Terminal，以及第四纪沉积物，封闭的盆地；P=7000m	尼日尔 0.6，乍得可开采 0.4	尼日尔 3.6	UNESCO/OSS，2005；Schneider，2001
8	苏丹盆地—Umm Ruwaba 含水层	苏丹，埃塞俄比亚	365	新近纪—第四纪多层含水层系统，P=3000m	0.11	0.34	ICID，1983；UN，1987；Safar Zitoun，1993a
9	欧加登流域	埃塞俄比亚，索马里，肯尼亚	~1000	多层潜水和承压水含水层，P=12000m		~10	UN，1987
10	刚果流域	刚果(金)，刚果，安哥拉，中非，加蓬	750	多层含水层，岩性为中生代砂岩(卡鲁)，上覆冲积物，P=3500m		~100	Zektser & Everett，2004；Safar Zitoun，1993b
11	Cuvelai - Upper Zambezi 流域(卡拉哈里沙漠上部)	安哥拉，博茨瓦纳，纳米比亚，赞比亚，津巴布韦	~700	多层含水层，白垩纪到新近纪、石炭纪含水层		~30~60	Ndengu，2004；Zektser，2004
12	斯坦普里特—卡拉哈里	南非，博茨瓦纳，纳米比亚	~350	多层含水层，中生代砂岩，上覆新近纪卡拉哈里砂		~1~2	Ndengu，2004；Zektser，2004
13	卡鲁流域	南非，博茨瓦纳，纳米比亚	600	多层含水层，由寒武纪到早石炭纪的前卡鲁含水层和晚石炭纪到侏罗纪的硬化卡鲁组成，P=7000m	3~5	16~37	Safar Zitoun，1993b；Zektser，2004
14	北部大平原含水层	加拿大，美国	~2000	向斜盆地中的多层含水层，主要由古生代碳酸盐和白垩纪到始新世砂岩组成			UN，1976；USGS，2003，2011
15	寒武—奥陶含水层系统(中心地区)	美国	250	多层寒武—奥陶地层，主要是海相砂岩和碳酸岩			USGS，2003，2011

续表

编号	名称	国家	范围 ($\times10^3km^2$)	水文地质参数，P：最大厚度	理论储量 ($\times10^3km^3$)	年均补给率 (km^3/a)	参考文献
16	中央山谷，加利福尼亚州	美国	80	第四纪冲积多层含水层，包含潜水和承压水	1.13	~7	USGS;2003，2011
17	高地平原含水层(奥加拉拉含水层)	美国	450	主要含水层是第三纪松散冲积物	~15	6~8	USGS;2003，2011
18	大西洋和墨西哥湾含水层	美国，墨西哥	1150	古生代到第三纪多层含水层，P=12000m			USGS;2003，2011
19	亚马孙流域	巴西，哥伦比亚，秘鲁，玻利维亚	1500	古生代到新生代多层沉积序列，新生代地层构成主要含水层，P=7000m	32.5		Rebouças，1988
20	马拉尼昂流域	巴西	700	奥陶纪到白垩纪多层含水层，向中心倾斜，P=8000m	17.5	4	Rebouças，1976，1988
21	瓜拉尼含水层系统(也叫南美共同含水层系统或巴拉那沉积盆地)	巴西，阿根廷，巴拉圭，乌拉圭	1195	多层含水层，志留纪到白垩纪沉积物，向克拉通内盆地倾斜，主要是三叠—侏罗承压含水层，P=800m	57	234	Rebouças，1976，1988；Araújo 等，1999
	阿拉伯台地含水层系统	沙特阿拉伯，约旦，科威特，巴林，卡塔尔	沙特阿拉伯 1485	多层寒武纪到新近纪沉积物复合体，倾向北东方向，P=6500m	沙特阿拉伯 2185	1.2	UN，1982；Abderrahman，2002
23	印度河流域	巴基斯坦	~320	承压和非承压冲积含水层，P=300m		66(潜在可用)	ICID，2000
24	印度河—恒河—雅鲁藏布江流域	印度，尼泊尔，孟加拉国	~600	承压和非承压冲积含水层，P=300m			
25	西西伯利亚流域	俄罗斯	3200	古生代到白垩纪多层沉积物，部分多年冻土，P=6000m，地下水包括淡水和咸水	1000		UN，1986；Zektser & Everett，2004
26	通古斯流域	俄罗斯	1000	寒武纪到三叠纪多层含水层，多年冻土，P=4000m，地下水包括淡水和咸水			UN，1986；Zektser & Everett，2004

续表

编号	名称	国家	范围 (×10³km²)	水文地质参数，P：最大厚度	理论储量 (×10³km³)	年均补给率 (km³/a)	参考文献
27	安哥拉河—勒拿河流域	俄罗斯	600	寒武纪到侏罗纪多层沉积物复合体，P=3000m，地下水包括淡水和咸水		12.6	UN，1986；Zektser & Everett，2004
28	雅库特流域	俄罗斯	320	晚寒武纪到白垩纪多层沉积物复合体，多年冻土，P=12000m，地下水包括淡水和咸水		18	UN，1986；Zektser & Everett，2004
29	华北平原含水层系统（黄淮海平原）	中国	320	第四纪多层冲积物，承压和非承压，包含自流区，P=1000m	0.018	49.2（其中可开发48.1）	Wang 等，2000；Zektser & Everett，2004；Foster & Garduço，2004
30	松辽平原	中国	311	第四纪多层冲积物，承压和非承压，包含自流区，P=300m		33.4（其中可开采23.8）	Zektser & Everett，2004
31	塔里木盆地	中国	520	第四纪多层冲积物，承压和非承压，内流盆地，P=1200m			
32	巴黎盆地	法国	190	三叠纪到新近纪多层沉积含水层，向盆地中心倾斜，P=3200m	0.5~1	20~30	UN，1990
33	俄罗斯地台盆地	俄罗斯	~3100	早寒武纪到第四纪多层含水层，有一些自流水次级盆地，P=20000m，北部有多年冻土			UN，1990
34	北高加索盆地	俄罗斯	230	石炭纪到新近纪多层含水层，P=10000m			UN，1990
35	伯朝拉河流域	俄罗斯	350	奥陶纪到第三纪多层含水层，P=3000m			UN，1990
36	大自流盆地	澳大利亚	1700	三叠纪到白垩纪多层含水层，P=3000m	8.7	1.1	Habermehl，2002；Anonymous，2003
37	坎宁盆地	澳大利亚	430	泥盆纪到白垩纪多层含水层，P=1000m			Lau 等，1987；Zektser & Everett，2004

注：关于这些大含水层系统的其他文献见附录 6.3。

附录 4

全球地下水区域简介

2004 年,国际地下水评估中心第一次对全球地下水区域进行了定义,主要目的是为了帮助理解和记忆全球范围内的水文地质参数特征。2005 年经过一些改动之后,36 个地下水研究区被分成若干个小区,这 217 个分区见下面的地图。研究区划分的基本原则是具有联系的相邻水文地质单元。为了与当地行政与实际相联系,描述地下水时也会采用已有的名词(如美国、澳大利亚、南美)。在通常情况下,地下水区域大概分为四个类型:基底区(B),沉积盆地(S),高山褶皱区 (M) 和火山区(V) 。下面的描述基于国际地下水评估中心的研究总结。

4.1 北美、中美洲和加勒比地区

4.1.1 全球地下水分布区 1:北美和中美的西部高山区(M)

该区位于美洲的最西部,包含高海拔地区的褶皱区,属于太平洋—科迪勒拉带,主要由沉积岩和变质岩构成,以被火山岩覆盖的大量微变形盆地为主。这里气候变化很大:山地降水高于平均值,干旱带降水较少,北方有多年冻土,南部有热带高温。

该区域分成以下几个地下水分区:

1.01 阿拉斯加

1.02 加拿大科迪勒拉造山带

1.03 太平洋山地

1.04 哥伦比亚高原

1.05 盆地和山脉

1.06 科罗拉多高原

1.07 洛基山脉

1.08 中美范围(包括墨西哥寒拉斯)

本区域地下水资源是可变的。在山区,它们与断层槽中的冲积含水层(如加利福尼亚州的中央山谷含水层)或山间盆地具有密切联系。在中美洲的火山岩区有丰富的含水层。滨海含水层存在于由海相沉积物和冲积物组成的构造盆地中。

4.1.2 全球地下水分布区 2:北美和中美的中央大平原

该区域位于北美中心地带,地势平坦,除了北部边缘地带,其余与海相连。在海洋环境、冲积环境、冰冻环境和风成环境下，积累了非常丰富的沉积序列，覆盖在前寒武纪基底上，形成一个巨大的箱体。该区气候干旱，北方有永久冻土。

这个区域分成以下几个地下水区：

2.01 加拿大内陆地台

2.02 美国内陆平原

2.03 内陆高原地区

2.04 东马德雷山脉

这里地下水资源丰富，在孔隙或裂隙沉积相和大范围的冲积平原有大面积的含水层，如高地平原含水层和北部大平原含水层。在北方的冻土和冲积物中含有许多含水层。

4.1.3 全球地下水分布区 3：加拿大地盾(B)

这个区域包括加拿大地盾的中低海拔地区。该地形的形成主要是冰川作用。前寒武纪结晶岩覆盖大部分地区。该地区发现沉积物覆盖(主要是石灰石)。降水量适中，主要是降雪。连续多年冻土存在于该地区的北半部。北美、中美洲和加勒比地区的地下水区见图 A4.1。

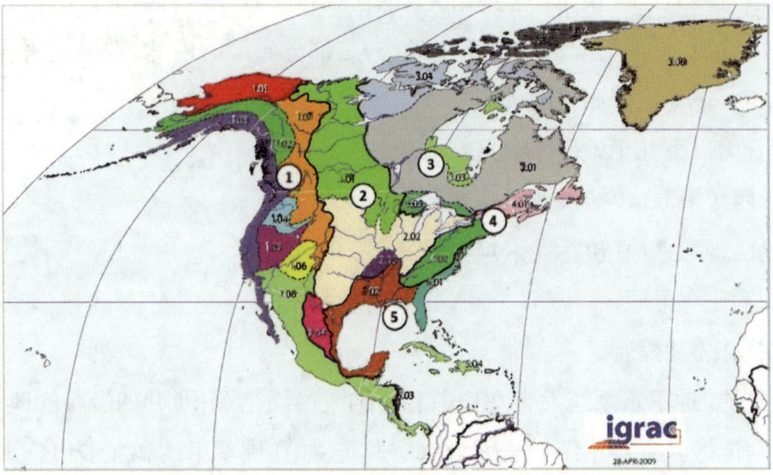

图 A4.1 北美、中美洲和加勒比地区的地下水区

该区域分为以下地下水分区：

3.01 加拿大地盾的 7 个地质单元

3.02 因纽伊特造山带

3.03 哈得逊湾低地

3.04 北极地台

3.05 圣劳伦斯地台(包括美国的劳伦斯地台)

本地区地下水资源有限。可开发利用的地下水局限于风化带或破裂带，以及由河流沉积物和冰川沉积物组成的浅层含水层。

4.1.4 全球地下水分布区 4：阿巴拉契亚高地（M）

这个区域包括阿巴拉契亚造山带的北美高海拔区的东部。存在变质岩和火山岩，造山带之后是变形盆地，主要是微变形盆地，上覆沉积岩。本地区气候潮湿。

该区域分为以下地下水分区：

4.01 加拿大阿巴拉契亚造山带

4.02 美国阿巴拉契亚高地

本地区地下水资源是动态变化的。主要含水层是碳酸盐层和砂岩层（山谷和山脊含水层）。高海拔地区地下水资源有限，浅层含水层系统位于砂卵砾石沉积物中，是冰川和冲积作用的起点。

4.1.5 全球地下水分布区 5：加勒比群岛，北美和中美洲沿海平原（S）

这个区域包括沿大西洋海岸和墨西哥湾地势低洼，平坦区域，与沃希托构造有关。沿海平原是松散沉积岩巨大楔子，楔子由厚重的连续石灰石和砂岩组成。沉积物是河流、三角洲和浅海的起源。加勒比岛弧（几千个岛屿）是部分淹没的山脉，被大量火成岩、沉积物和火山岩覆盖。该地区降雨量充沛。

该地区分为以下几个地下水分区：

5.01 大西洋平原（包括佛罗里达半岛）

5.02 墨西哥湾平原（包括尤卡坦半岛）

5.03 加勒比海平原

5.04 加勒比海群岛弧

降雨量充沛。地下水系统发育在松散和固结或半固结沉积物（如沿海低地含水层系统和密西西比河流域含水层系统）。岩溶含水层遍布，如在佛罗里达和尤卡坦含水层系统。大岛屿已经与松散（冲积）、碳酸盐和火山含水层连成一体。海水入侵是一个重大问题，如在比斯坎含水层（佛罗里达州）和一些岛屿上发现浅淡水透镜体。

4.2 南美洲

4.2.1 全球地下水分布区 6：安第斯带（M）

此区域包括南美属于安第斯活动带的高海拔地区。它包括构造和河流侵蚀形成的许多宽山谷。该区域有不同种类的岩石。在通常情况下，花岗岩和变质岩被褶皱、断裂的沉积岩(海相灰岩和大陆砾砂岩)所围绕或部分覆盖。在许多地方,火山岩(火山碎屑物质和熔岩)已经喷出或已流出。该地区气候差异大,表现在高山地区高于平均值的降雨量和南部高原以及沿海平原气候干旱的明显对比。

该地区被分为以下地下水分区:

6.01 安第斯山脉

6.02 高原

6.03 沿海区

地下水资源各地各不相同。地下水往往与山中断陷槽或高山盆地有密切联系。火山区包含着珍贵的地下水资源。高浓度氟在这些区域中是常见的。滨海构造盆地中有含水层,充满了海相沉积物和冲积,易遭到海水入侵。

4.2.2 全球地下水分布区 7:南美低地(S)

这个区域包括低中海拔、地势平缓的南美沉积盆地,相对不受构造运动的影响。它包含固结的(主要砾岩和砂岩)和来自周边地势较高地区的冲积物,湖相沉积和风成松散沉积物构成了厚厚的沉积层序。区域降水分布不一致,南部(巴塔哥尼亚)低到中等降雨量,而亚马孙热带雨林则降雨量非常高。

该区域被划分为以下地下水分区:

7.01 奥里诺科河盆地(北拉诺斯盆地)

7.02 亚马孙河流域

7.03 潘塔纳尔和大查科

7.04 潘帕斯与拉普拉塔河口

7.05 巴拉那盆地

7.06 巴塔哥尼亚平原

该区地下水资源丰富。主要河流的松散沉积物(如亚马孙河流域的含水层和阿根廷普埃尔切斯的含水层)、砂岩(如瓜拉尼含水层系统)和火山岩(塞拉含水层)形成很重要的含水层。地下咸水,高浓度的砷在阿根廷查科平原的含水层广泛存在。南美地下水分布见图 A4.2。

4.2.3 全球地下水分布区 8:圭亚那地盾(B)

这个区域包括大陆东北部中度海拔、平顶型圭亚那地盾。结晶岩几乎覆盖了整个地区。该地区气候温暖湿润。年降雨量在 1000~3000mm 的范围内。由于地质条件的限制,地下水资源有限,只有相对狭窄的沿海沉积区有地下水。基于这些不同的水文地质条件,该区域被分成两个地下水分区:

图 A4.2　南美地下水分布图

8.01　圭亚那地盾分区:主要是处于低地势的早寒武纪火成岩和变质岩存储和传送地下水。

8.02　圭亚那沿海分区:沿海低地的三角洲多层砂质含水层系统。它们是该区域的主要含水层。

4.2.4　全球地下水分布区 9:巴西地盾以及相关流域(B)

这个区域包括低中等海拔,地势平坦且与年轻沉积盆地相关联的巴西地盾。巴西地盾主要由结晶岩构成。其他相关的盆地由砂岩、火山岩和松散沉积物构成。除了东北部,降水在该地区较高。该地区被分为以下地下水分区:

9.01　巴西地盾(北部,中部,东部,南部)

9.02　巴纳伊巴盆地

9.03　圣弗朗西斯科盆地

9.04　巴西沿海区

地下水资源各地各不相同。在地盾区,地下水被限制在当地的风化破碎带的结晶岩,或者沉积物浅层。在沉积盆地,无论是砂岩还是松散沉积物都可形成大的含水层,如乌拉尼昂盆地含水层系统。火山地区(主要是玄武岩)地下水资源有限。

4.3 欧洲

4.3.1 全球地下水分布区 10:波罗的海和凯尔特地盾(B)

这个区域包括波罗的海地盾和爱尔兰,苏格兰地台的低中等海拔的主要平坦区域。当中包括地势较高的挪威加里东造山带、冰岛和阿摩力克运动地块，都带有更明显的缓冲区。波罗的海地盾、苏格兰地台和阿摩力克运动地块主要由结晶岩组成。爱尔兰地台由沉积岩构成,而冰岛几乎全部由年轻的火山岩构成,主要是玄武岩。该地区的年降水量东部低,西部高。

该地区被分为以下地下水分区:

10.01 波罗的海地盾

10.02 挪威加里东造山带

10.03 冰岛

10.04 爱尔兰,苏格兰地台

10.05 阿摩力克运动地块

地下水资源是有限的,地下水在结晶岩中仅限于风化或断裂的坚硬岩石。唯一渗透性较好的广泛分布的含水层是由第四纪沉积物(河湖相沉积)形成。当地岩溶含水层出现在爱尔兰(如沃尔索特含水层)。最近形成的火山碎屑是高度可渗透的,并能形成冰岛的含水层。欧洲地下水分布见图 A4.3。

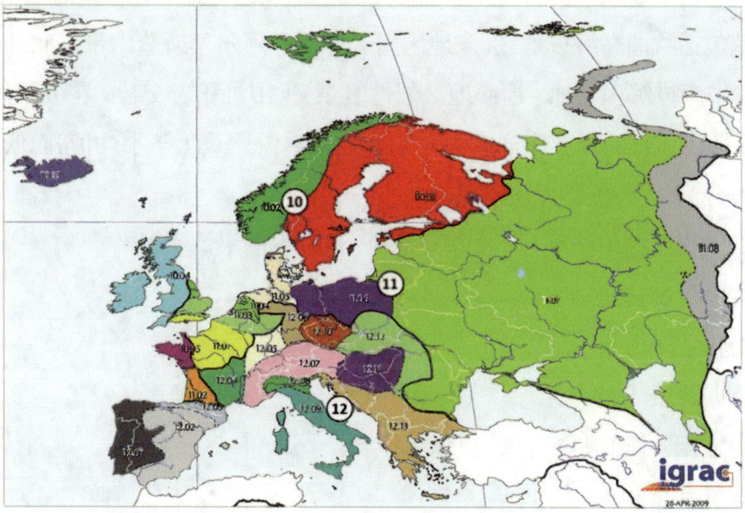

图 A4.3 欧洲地下水分布图

4.3.2 全球地下水分布区 11:欧洲低地(S)

这个区域包括欧洲沉积盆的低洼、平坦区域。海拔较高的乌拉尔造山带属于这个地区,并且还是欧洲和亚洲之间的行政边界。该区域包含海洋沉积、风积和冲积形成的固结和松散沉积物组成的厚厚的沉积层序。降水量东南低、西部中等。

该地区被分为以下地下水分区:

11.01 盎格鲁—巴黎盆地

11.02 阿基坦盆地

11.03 伦敦和布拉班特地台

11.04 荷兰盆地

11.05 西北德国盆地

11.06 德波盆地

11.07 俄罗斯地台

11.08 乌拉尔山脉

地下水资源丰富。松散沉积物形成的主要河流的三角洲是最重要的含水层,如在荷兰。大巴黎盆地含水层系统由多层的沉积层序组成。这个序列外围伴有非承压的一直延续到更深的中心位置的承压露头。冰川作用和风成作用形成的含水层是该地区北半部的重要含水层。在南部、西部和北部盆地,石灰岩含水层被发现,如英国白垩含水层。该地区的中部和东部地区也有大量的砂岩含水层。乌拉尔山脉由结晶岩构成,具有有限的地下水资源。所有的沿海含水层很容易被海水入侵。

4.3.3 全球地下水分布区 12:中欧和南欧山脉(M)

这个区域包括欧洲高海拔地区,该地区属于海西和阿尔卑斯造山带。此外,还包括与大地构造有关的中海拔沉积盆地。褶皱地区岩性复杂,火山沉积岩交替。在沉积盆地中可以找到石炭系或松散沉积物的厚层序列。气候变化大,山区降雨量大于平均值,而低地较为干燥。

该地区被分为以下地下水分区:

12.01 伊比利亚的山峰地(如西方人地块)和毗邻的沿海平原

12.02 伊比利亚盆地

12.03 比利牛斯山

12.04 中央高原

12.05 汝拉,孚日和阿登

12.06 德国南部盆地

12.07 阿尔卑斯山

12.08　波河盆地

12.09　亚平宁

12.10　波希米亚地块

12.11　潘诺尼亚平原

12.12　喀尔巴阡山脉

12.13　迪纳拉阿尔卑斯山

地下水资源储量各不相同。结晶岩中的地下水仅存在于风化或破碎的岩石裂隙中。冲积物和堆积物在平坦地区形成含水层。在沉积盆地,石灰岩、砂岩和松散沉积物可形成大型互连含水层系统,如波河平原含水层和匈牙利平原含水层。在巴尔干的迪纳拉阿尔卑斯包含重要的岩溶含水层系统。

4.4　非洲

4.4.1　全球地下水分布区 13:阿特拉斯山脉(M)

这个区域包括阿特拉斯山脉的高架地区,形成于西北非洲的高山造山运动。北部是由褶皱沉积岩(主要是石灰石)组成的。在南部,结晶基底层覆盖浅的一层海洋沉积物。

降水在时间和空间上变化较大。南部地区受沙漠影响。

该地区被分为以下地下水分区:

13.01　北方阿特拉斯山脉

13.02　El-Shatout 洼地

13.03　南部撒哈拉阿特拉斯山脉

地下水资源仅存在于高山冲积物区、北部的岩溶含水层和北部、西北部的浅层含水层。

非洲地下水分布见图 A4.4。

4.4.2　全球地下水分布区 14:撒哈拉盆地(S)

这个区域包括北非克拉通。基底是前寒武系,上覆厚层陆相和海相沉积物(包括在碳酸盐碎屑沉积物),不整合接触。在中低海拔地区构建成若干平坦盆地,这些盆地被较高海拔区分开。平坦的区域都覆盖风成砂岩和冲积物。该地区为干旱气候,并细分为以下地下水分区:

14.01　Tindoef 盆地

14.02　大尔格/艾哈迈德盆地

14.03　三叠纪/ Ghadamedes 盆地

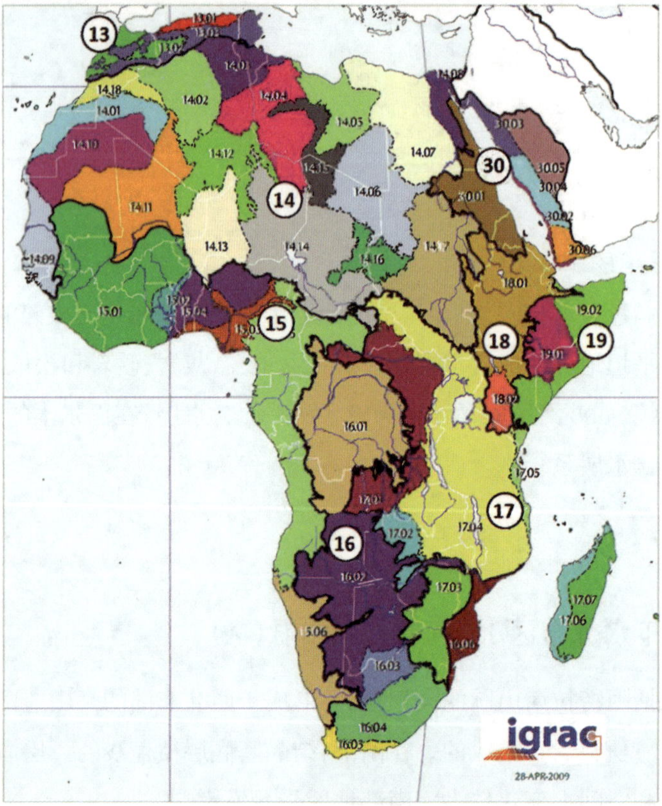

图 A4.4　非洲地下水分布图

14.04　哈姆拉盆地

14.05　苏尔特盆地

14.06　Erdis /库夫拉盆地(努比亚砂岩)

14.07　达赫拉盆地(努比亚砂岩)

14.08　尼罗河谷和三角洲

14.09　塞内加尔,毛里塔尼亚盆地

14.10　Regubiat 高地

14.11　陶德尼盆地

14.12　霍加尔高地

14.12　伊莱梅登盆地

14.13　乍得湖盆地

14.14　提贝斯提(Quadai)山

14.16　恩内迪,达尔富尔隆起

14.17 苏丹内陆盆地(努比亚砂岩)

14.18 Ougarta 隆起

地下水资源各个地方不相同。结晶岩中的地下水仅存在于风化或破碎的岩石裂隙中或河流冲积物形成的浅层含水层中。沉积盆地中厚层砂岩和石灰岩由 8 个补给量很小的大含水层系统组成：努比亚含水层系统，西北撒哈拉含水层系统，在迈尔祖格盆地，Taoudeni–Tanezrouft 盆地，伊莱梅登盆地，乍得湖盆地和萨德盆地。大的可再生地下水冲积含水层沿着尼罗河分布。

4.4.3 全球地下水分布区 15：西非基底(B)

这个区域包括西非地盾的中低海拔平坦地区和大河相沉积盆地，也包括含有松散沉积物形成的一条狭窄的沿海地带。地盾区主要由出露的结晶基岩构成。该地区的北部沿着撒哈拉沙漠和南方地区气候干燥，而其他地方气候潮湿。

该地区被分为以下地下水分区：

15.01 Eburneen 地块

15.02 沃尔特河流域

15.03 尼日尔三角洲

15.04 尼日利亚地块

15.05 刚果西部前寒武纪带

15.06 Damer 带

在一般情况下，地下水形成条件比较差，唯一的例外是大江河附近，如沃尔和尼日尔河。

4.4.4 全球地下水分布区 16：撒哈拉以南盆地(S)

这个区域包括非洲中部、南部基底中的内陆洼地，被各种成因的沉积物填充。该沉积区地势平坦，中等海拔。分割南部盆地的高地形区也包含在这个区域内。该地区的气候北方潮湿南方干燥。地下水资源丰富。

该地区被分为以下地下水分区：

16.01 刚果盆地

16.02 卡拉哈里—Ethosha 盆地

16.03 卡拉哈里前寒武纪带

16.04 卡鲁盆地

16.05 开普褶皱带

16.06 莫桑比克沿海盆地

在松散沉积物(如刚果盆地)和裂隙砂岩(如卡鲁含水层系统)中发现大型含水层。石灰石和白云石层形成局部地下含水层,但页岩和结晶岩难形成含水层。一些含水层同期接受补给有限。

4.4.5 全球地下水分布区 17:东非基底和马达加斯加(B)

这个区域包括中等高度的东非地盾的平坦区域,受到东部大裂谷的影响。该区域以出露结晶基岩为主,火山岩和沉积岩局部地方出现。气候北方潮湿南方干旱。地下水资源有限。

该地区被分为以下地下水分区:

17.01 刚果东部前寒武纪带

17.02 Luffilian 拱起(加丹加系统)

17.03 卡拉哈里东部前寒武纪带

17.04 东非基底(包括裂陷区)

17.05 马达加斯加

17.06 坦桑尼亚海岸盆地沉积物

地下水资源是有限的。基底区的地下水仅存在于风化或破碎的结晶岩石裂隙中和浅层含水层中。滨海沉积物(如卡鲁砂岩坦桑尼亚)具有良好的地下水形成条件。高浓度的氟出现在本地。

4.4.6 全球地下水分布区 18:东非的火山岩(V)

这个区域包括中高海拔的东非克拉通的一部分,受到裂谷和火山活动影响。在裂谷带,大断层悬崖和火山陡崖占主导地位。干旱、半干旱气候盛行,高海拔区气候湿润。地下水资源处于动态变化状态。

该地区被分为以下地下水分区:

18.01 阿姆哈拉高原

18.02 东非大裂谷东区分支

在火山地区,地下水出现在断裂带和连续岩浆岩("老的大陆表面")夹层中的沉积带。地下水可能含有高浓度的氟化物,通常比较热,苦咸水分布在东非大裂谷。

4.4.7 全球地下水分布区 19:非洲之角盆地(S)

这个区域包括大型凹陷基底已经充满各种来源的沉积物。南部和中部地区地势平坦,中等海拔,而北部地区有较明显起伏。干旱、半干旱气候盛行,高海拔地区气候湿润。该地区被分为以下地下水分区:

19.01　欧加登盆地

19.02 索马里沿海盆地

地下水资源是变化的，大部分含水层被认为是庞大而复杂的欧加登—朱巴盆地含水层系统。虽然水位埋深大,但是砂岩和灰岩裂隙可渗透较多地下水。互层淤泥和黏土形成地下水隔水层。含水量最丰富的含水层主要出现在河流的冲积平原,由第四纪冲积物组成。在某些沉积层发生蒸发作用导致地下水盐度增加。

4.5　亚洲

4.5.1　全球地下水分布区 20:西西伯利亚地台(S)

该地区在乌拉尔东部,包括低中等高度的平坦的西伯利亚克拉通地区,该区域克拉通已经断裂并被厚厚的沉积层序填充。这些序列的上半部分主要由湖相沉积组成。气候寒冷干燥,该地区北部有一个多年冻土带。

该地区被分为以下地下水分区：

20.01　叶尼塞河流域盆地

20.02　西西伯利亚盆地

20.03　图尔盖洼地(盆地)

地下水资源丰富。松散沉积物在粒径上有较大的差异。主要含水层与冲积物的粗粒物质有关。断裂的砂岩构成主要含水层。西西伯利亚盆地可以认为是一个既大且复杂的含水层系统。

中亚和北亚地下水分布见图 A4.5。

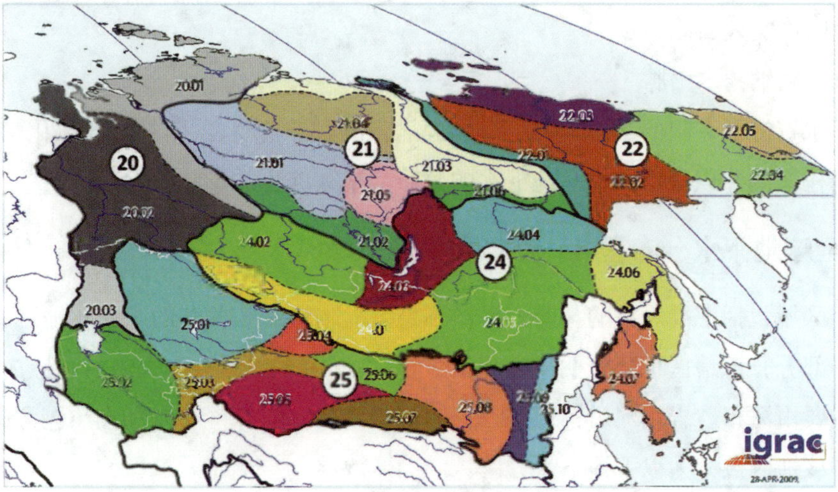

图 A4.5　中亚和北亚地下水分布图

4.5.2 全球地下水分布区21:西伯利亚高原(B)

这个区域包括西伯利亚克拉通的中海拔地区，包括被隆起的高点和结晶岩拱起分开的大盆地。众多河流进一步减缓该地区的地势。气候寒冷干燥，北部地区存在多年冻土带。

该地区被分为以下地下水分区：

21.01 通古斯盆地

21.02 顺萨彦盆地

21.03 勒拿河—维柳伊河盆地

21.04 阿纳巴尔—奥列尼奥克高地

21.05 Nepa-Botuoaba拱起

21.06 阿尔丹隆起

地下水资源适中。大的河流(勒拿河)裂隙石灰岩和砂岩相关的冲积物形成潜在含水层。结晶岩存储地下水的潜力较差。地下水的使用受多年冻土的影响。

4.5.3 全球地下水分布区22:东西伯利亚高原(M)

这个区域包括了中高海拔的东西伯利亚克拉通地区。该地区克拉通被厚厚的陆相、海相沉积覆盖。地区的地形与背斜构造有关。在东部地区，褶皱构造上有结晶岩出露。气候寒冷干燥。几乎整个区域属于永久冻土带。

该地区被分为以下地下水分区：

22.01 维尔霍扬斯克山脉

22.02 Cherskii山脉

22.03 科雷马河平原

22.04 埃文人高原

22.05 阿纳德尔山脉

地下水资源是有限的。地下水赋存在结晶岩和固结沉积物的断裂带或风化带。局部可能存在于松散的冲积含水层中。地下水的分布受永久冻土的影响很大。

4.5.4 全球地下水分布区23:西北太平洋边缘(V)

这个区域包括中高海拔的与西太平洋不稳定岛屿拱起相关联的东北亚地区（环太平洋带的一部分)。该地区地势有明显的起伏，这是由于沉积岩抬升和火山活动造成的。在沉积地层主要由海相砂岩和泥岩，有石灰石和花岗岩侵入体。寒冷干燥和炎热潮湿的气候都有体现。该地区被分为以下地下水分区：

23.01 堪察加半岛

23.02 千岛群岛

23.03 日本

24.04 菲律宾

地下水出现在砂岩和石灰岩的裂隙。多孔火山岩和局部的厚松散沉积物也构成含水层(如东京组含水层系统)。与火山活动有关的高温区,影响地下水的形成。

4.5.5 全球地下水分布区 24:中亚和东亚地区的高山带(M)

这个区域包括与古生代活动带相关联的中亚和东亚的上升地区。由于褶皱密集,该地区地势起伏明显。该地区北半部分表层主要是结晶岩。在南半部分,结晶岩、火山岩和沉积物相间。

该地区被分为以下地下水分区:

24.01 阿尔泰—萨彦褶皱地区(西伯利亚中部蒙边境)

24.02 蒙古—鄂霍茨克褶皱区

24.03 贝加尔—佩顿褶皱区域(贝加尔湖周边)

24.04 阿尔丹盾东西伯利亚

24.05 雅布罗诺维岭和小兴安岭隆起(雅布罗诺维岭和兴安山脉)

24.06 锡霍特山脉褶皱区域(东南西伯利亚)

24.07 朝鲜半岛

地下水资源有限或适中。当地含水层出现在山间冲积系统、破碎的火山岩和喀斯特碳酸盐中。结晶岩受风化带厚度的影响,地下水水位较低。高原降水量小且蒸发量高,沿海地区气候潮湿。

4.5.6 全球地下水分布区 25:中亚盆地(S)

这个区域包括中高海拔的西亚和中亚相对平坦的区域。西部地势较低的地区与一个大的向斜构造有关,与咸海相连构成内流系统,并成为咸海的排泄区。在东部地区,沉积盆地被上升的结晶岩分割。松散冲积物和风积物覆盖大部分地区,为干旱、半干旱气候。

该地区被分为以下地下水分区:

25.01 哈萨克斯坦中部褶皱区域

25.02 锡尔河流域

25.03 天山褶皱带

25.04 准噶尔盆地

25.05 塔里木盆地

25.06 Altushan 褶皱带

25.07 金冠—民乐—武威盆地

25.08 鄂尔多斯盆地

25.09 山西高原

25.10 太行山—燕山褶皱带

地下水资源是可变的。最大的含水层系统在塔里木盆地，是由第四纪沉积物组成的一个巨大的多层含水层系统。局部含水层出现在断裂的砂岩、石灰岩（如鄂尔多斯盆地含水层）和冲积物中。黄土沉积物中的地下水资源是由于存在渗透性良好的古土壤，是该区重要的水资源。地下水补给量有限。

4.5.7 全球地下水分布区 26：西亚高山带（M）

这个区域包括西亚的高山地区，属于阿尔卑斯—喜马拉雅活动带（托罗斯山脉，安那托利亚高原，高加索，中亚，伊朗盆地，厄尔布尔士山脉和扎格罗斯褶皱带和冲断带）。此外，还包括与地质构造有关的中海拔沉积盆地。褶皱地区岩性复杂，结晶岩、火山沉积岩交互出现。沉积洼地主要包含海洋沉积物（石炭岩和砂岩）。盆地局部覆盖着松散的厚层沉积物。气候干燥，部分高海拔地区气候湿润。中亚和南亚地下水分布见图 A4.6。

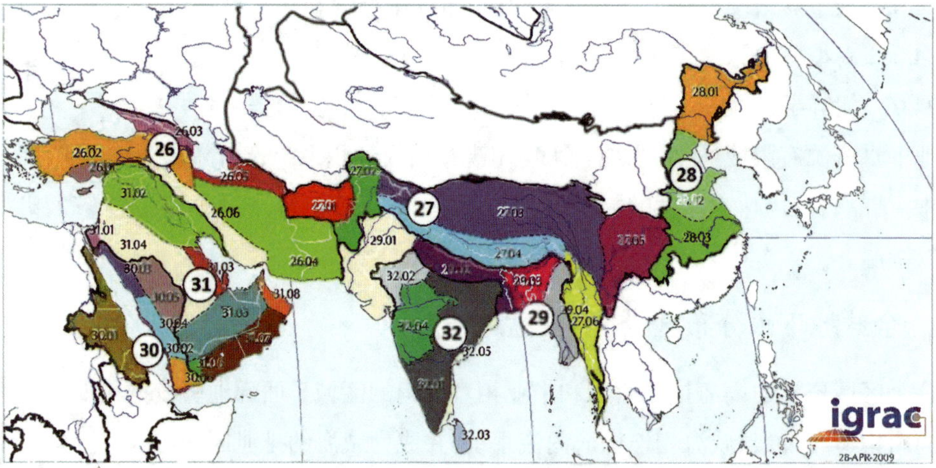

图 A4.6 中亚和南亚地下水分布图

该地区被分为以下地下水分区：

26.01 托罗斯山脉

26.02 安纳托利亚高原

26.03 高加索

26.04 伊朗中部盆地

26.05 厄尔布尔士山脉

26.06 扎格罗斯褶皱带和冲断区(扎格罗斯山脉)

地下水资源有限或适中。山区相对平坦的地方,由冲积层和堆积层形成局部含水层。在沉积盆地,喀斯特石灰岩(如米迪亚特含水层,土耳其)形成主要含水层。裂隙砂岩和松散沉积物可形成相互关联的含水层系统。与河床相连的松散冲积物中的地下水可用性好。

4.5.8 全球地下水分布区 27:喜马拉雅山脉和相关高地(M)

这个区域包括中亚高海拔区域,属于喜马拉雅活动带。该区是中亚东亚高山带(区24)在西亚部分的向东延续带。褶皱地区岩性复杂,结晶岩、火山沉积岩交替出现。气候温暖湿润和寒冷干燥都存在。覆盖大面积的冰川覆盖和季节性积雪。

该地区被分为以下地下水分区:

27.01 兴都库什

27.02 帕米尔高原

27.03 青藏高原

27.04 喜马拉雅山

27.05 掸邦高原

27.06 丹那沙林山

地下水资源有限。在山区相对平坦的地方填充着冲积物和堆积物,有时形成丰富的含水层(如加德满都谷地)。局部含水层也出现在喀斯特石灰岩和断裂砂岩中。

4.5.9 全球地下水分布区 28:中国东部平原(S)

这个区域包括了中国东部大平原的中低海拔地区。沉积盆地填充着厚厚的冲积物和风积物。地区的年降水量适中,从北到南依次增加。

该地区被分为以下地下水分区:

28.01 东北平原

28.02 华北平原

28.03 长江中下游平原

地下水资源丰富。大型冲积含水层中储存大量的地下水,如黄海—黄淮海平原(华北平原)和松辽平原含水层系统。该地区也有非常高的人口密度:大多数东亚的人口居住在这一地区。

4.5.10 全球地下水分布区 29:印度河—恒河—雅鲁藏布江平原(S)

这个区域包括源自喜马拉雅山水系的边界区。厚层沉淀物堆积在前端,成为恒河平原及周边平原的形成基础。气候干旱或湿润,年平均降雨量从西到东增加。

该地区被分为以下地下水分区：

29.01 印度河流域

29.02 恒河流域

29.03 雅鲁藏布江流域

29.04 伊洛瓦底江流域

地下水资源丰富。该区有广阔的冲积含水层系统，形成条件与喜马拉雅的主要河流相关，是世界上最大的地下水库之一。

4.5.11 全球地下水分布区 30：努比亚和阿拉伯地盾(B)

这个区域包括努比亚和阿拉伯地盾的中高海拔地区，以及沿着红海的地势低洼的沿海平原和高海拔的山区。

该地区被分为以下地下水分区：

30.01 非洲红海山

30.02 红海的沿海平原(如蒂哈马平原)

30.03 西北断崖山(Midian & Hiraz)

30.04 阿西尔山

30.05 阿拉伯地盾(如内志高原)

30.06 也门高地

地下水资源是可变的。结晶岩区地下水资源有限，存在于局部风化带中。大型含水层的形成与沿海平原的松散沉积物和红海的河流三角洲有关。在也门高原(如萨那盆地)砂岩，断裂石灰岩和火山岩石形成小而重要的含水层。

4.5.12 全球地下水分布区 31：黎凡特地区和阿拉伯地台(S)

这个区域包括中低海拔的黎凡特地区和阿拉伯半岛的东部平坦区域。一些更高的区域，如阿曼山脉也包括在内。大裂谷盆地充满了不同成因的沉积物。大部分地区的气候干燥，但沿地中海每年的降雨量适中。

该地区被分为以下地下水分区：

31.01 西奈半岛

31.02 幼发拉底河—底格里斯河流域

31.03 阿尔哈萨平原(沙特阿拉伯)

31.04 Tuwaig 山的中央拱起

31.05 Rub-al-Khali 盆地

31.06 也门的马里卜和舍卜沃盆地

31.07 Masila-Jeza 盆地(哈达拉毛河)

31.08 阿曼地区的高山和平原

地下水资源储量丰富,但补给十分有限。大型含水层系统存在于砂岩(如穆卡拉含水层系统)和碳酸盐(如 Umm-Er-Rhaduma 含水层系统)中。大部分地区的寒武纪到新近纪沉积层非常厚,有时被认为是一个巨大的不可再生的地下水系统(阿拉伯含水层系统)。地中海沿岸的石灰岩复合体和沿干河床分布的松散冲积物可以形成局部的可再生地下水系统。

4.5.13 全球地下水分布区 32:印度半岛和斯里兰卡(B)

这个区域包括中低海拔的印度克拉通地区。该地区主要由结晶岩组成。火山岩(玄武岩)覆盖大面积的印度半岛西部地区。含水沉积岩出现(主要是砂岩)在沿海地区,这些岩石被松散沉积物覆盖,特别是在大型河流三角洲。气候炎热,干旱、潮湿均有体现。

该地区被分为以下地下水分区:

32.01 印度南部和东部的前寒武纪基底区

32.02 拉贾斯坦的阿拉瓦利岭前寒武纪基底区

32.03 前寒武纪基底区和斯里兰卡沉积区

32.04 德干封闭圈

32.05 滨海沉积区

4.5.14 全球地下水分布区 33:东南亚岛屿及半岛

这个区域包括中低海拔的东南亚岛屿及半岛,与环太平洋带相连,构造运动使得该地形成复杂的地质条件。出露老结晶岩,具有深的沉积盆地和现代火山喷出物,这是该区的特点。气候炎热潮湿。

该区被分为以下地下水分区(图 A4.7):

33.01 华南褶皱带

33.02 安南山褶皱带

33.03 泰国盆地

33.04 呵叻盆地

33.05 Tonle Sap-Phnom Penh 盆地

33.06 马来半岛

33.07 苏门答腊岛/爪哇岩浆带

33.08 苏门答腊盆地

33.09 Sunda 盆地

33.10 巴里托—库泰盆地

33.11 苏拉威西岛岩浆弧

33.12 伊里安盆地

33.13 新几内亚活动带

地下水资源可变，存在于结晶岩和火山岩的断裂带或风化带，松散沉积物（如雅加达地下水盆地）和断裂沉积岩（越南岩溶区）形成局部含水层。

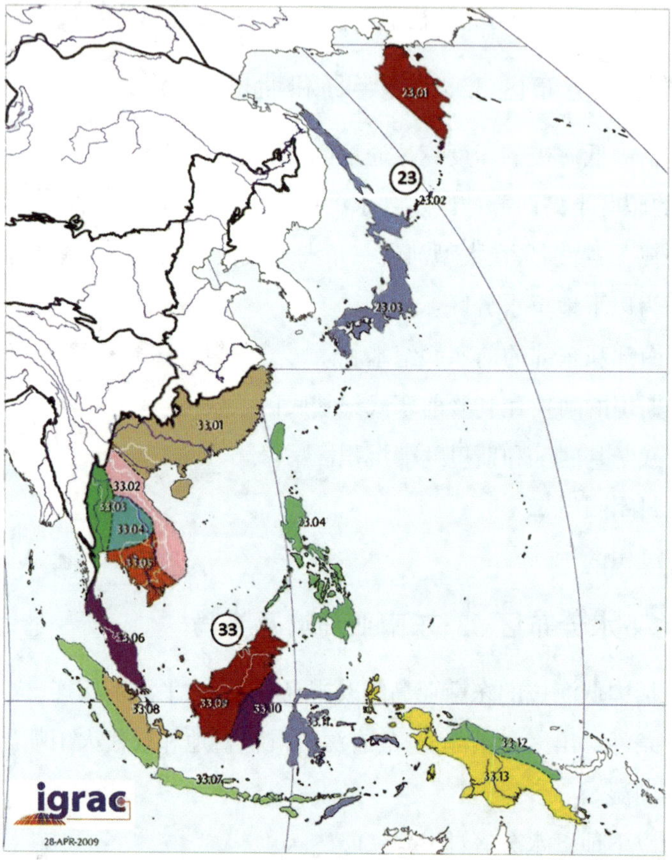

图 A4.7　东亚和东南亚地下水分区

4.6 澳洲和太平洋

4.6.1 全球地下水分布区 34：西澳大利亚

这个区域主要包括澳洲克拉通的平坦基底区，中低海拔，被沉积盆地分割。沉积盆地包含厚层砂岩和石灰岩，以及局部地区的冲积物。该区气候大部分干旱、半干旱，但是北部气候炎热潮湿。

该区被分成以下几个地下水分区（图 A4.8）：

34.01 皮尔布拉地块

34.02 伊尔冈基底地块

34.03 Carnavon 盆地

34.04 坎宁盆地

34.05 Officer 盆地

34.06 尤克拉盆地

34.07 金伯利基底地块

34.08 马斯格雷夫基底地块

34.09 麦克阿瑟盆地

34.10 维速和乔治娜盆地

地下水资源有限或中等。结晶岩中地下水存在于断裂带或风化带,或浅层含水层中。大块断裂砂岩(坎宁盆地)和石灰岩(尤克拉盆地)形成大型含水层。地下水的更新量相对于储量来说很有限。尽管古河道沙层的地下水盐度大,但是有可能形成局部含水层。

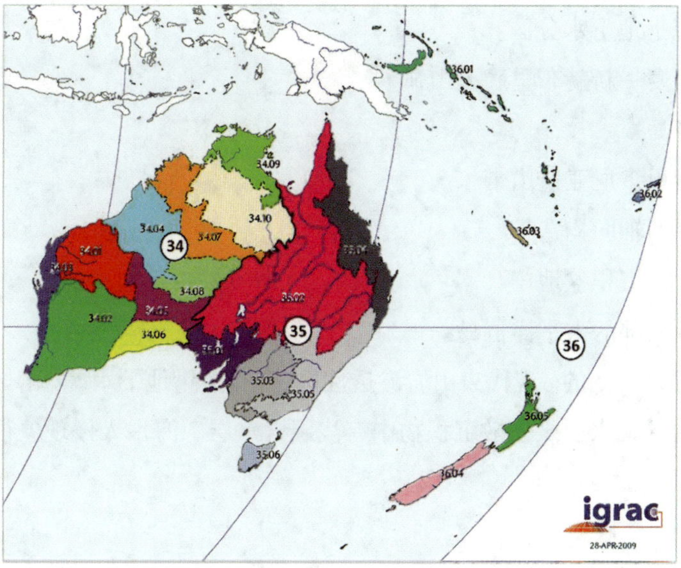

图 A4.8　澳洲和太平洋地下水分区

4.6.2　全球地下水分布区 35:东澳大利亚

该区包括东澳大利亚的中低海拔平坦区域。老的沉积物经常被冲积扇覆盖。东部边缘的抬升区域,属于塔斯曼活动带,也包含在这一分区内。该区内陆地区气候干旱、半干旱,但是沿海岸 100km 内气候相当潮湿。

该区被分成以下地下水分区:

35.01 高勒山脉

35.02 大自流盆地

35.03 墨累盆地

35.04 大分水岭

35.05 澳大利亚山脉

35.06 塔斯马尼亚岛

地下水资源含量中等到丰富。厚层砂岩形成了世界上最大的含水层之一:大自流盆地含水层系统。断裂石灰岩也形成含水层(如墨累含水层)。大型冲积含水层,是重要的浅层地下水含水层。抬升区只在破裂岩存在局部含水层。

4.6.3 全球地下水分布区36:太平洋岛屿

这个区域包括太平洋东南部的许多小岛和新泽西,属于环太平洋带。美洲西部的太平洋岛群也包括在内。该区地形高程变化较大。北部发现火山岩。南部地区(新泽西)包括造山运动抬升的结晶岩和厚层沉积岩地层。气候潮湿。

该区分成以下地下水分区:

36.01 俾斯麦—新赫布里底火山弧

36.02 斐济岛

36.03 新喀里多尼亚造山带

36.04 新泽西轴向构造带

36.05 新泽西沉积盆地

36.06 美洲西部的太平洋群岛

地下水资源是可变的。现代火山岩渗透性好,含有大量地下水。岩溶区的石灰岩和含钙物质也是重要的含水层。松散沉积物中有浅层含水层。海水入侵现象很常见。

附录 5

地下水开采量估算

序号	国家和地区	2010 年人口（千）	地下水开采量				地下水资源占淡水总量的比例					再生地下水发展压力（%）	人均地下水补给量（m^3/a）
				组成部分			（不考虑储量损失）				指标		
			2010 年地下水预测开采量（km^3/a）	灌溉用地下水开采量（%）	饮用地下水开采量（%）	工业地下水开采量（%）	所有用水部分（%）	灌溉用水（%）	饮用水（%）	工业用水（%）	地下水发展压力（%）		
1	阿富汗	31412	7.12	94	6	0	23	22	71		110	110	206
2	阿尔巴尼亚	3204	0.9	61	33	6	53	52	67	25	16	16	1716
3	阿尔及利亚	35468	2.87	65	32	2	42	43	66	7	46	19	175
4	美属萨摩亚	68	0.01	25	60	15					6	6	
5	安道尔	85	0.01										
6	安哥拉	19082	0.41				6				0	0	6840
7	安圭拉	15											
8	南极洲	0											
9	安提瓜和巴布达	89	0	20	60	20	60						
10	阿根廷	40412	6.66	79	12	9	14				5	5	3642
11	亚美尼亚	3092	0.69	56	34	10	22	19	25	52	90	90	248
12	阿鲁巴	107	0.01										
13	澳大利亚	22268	4.96	52	47	1	21	14	66	2	2	2	11771
14	奥地利	8394	1.12	5	52	43	30				8	8	1632
15	阿塞拜疆	9188	0.86	95	5	0	6	8	8	0	30	30	314
16	巴哈马	343	0.01								1	1	5263

续表

序号	国家和地区	2010年人口（单位：千）	地下水开采量				地下水资源占淡水总量的比例（不考虑储量损失）					再生地下水发展压力（%）	人均地下水补给量（m³/a）
				组成部分							指标		
			2010年地下水预测开采量（km³/a）	灌溉用地下水开采量（%）	饮用地下水开采量（%）	工业地下水开采量（%）	所有用水部分（%）	灌溉用水（%）	饮用水（%）	工业用水（%）	地下水发展压力（%）		
17	巴林	1262	0.31	60	35	5	100	90	100	100	>1000	>1000	
18	孟加拉国	148692	30.21	86	13	1	79				86	86	237
19	巴巴多斯	273	0.09	20	80	0	100				124	124	
20	白俄罗斯	9595	1.2	28	52	20	28				6	6	2058
21	比利时	10712	0.65	4	55	41	10		65*		8	8	784
22	伯利兹	312	0.03	5	90	5	2				0	0	24070
23	贝宁		8850	0.17			32				2	2	1098
24	百慕大	65											
25	不丹	726	0.04				0				1	1	4959
26	玻利维亚	9930	0.88	10	60	30	40				1	1	16152
27	波黑	3760	0.3	33	67	0	32	17	87	0	3	3	3077
28	博茨瓦纳	2007	0.14	16	61	23	66	25	100	86	1	1	5534
29	巴西	194946	10.06	38	38	24	14				0	0	14225
30	英属印度洋领地	23											
31	文莱	399	0.02										
32	保加利亚	7494	0.58				10				7	7	1135
33	布基纳法索	16469	0.39	84	14	2	45	43	48	100	4	4	648

续表

序号	国家和地区	2010年人口（单位：千）	地下水开采量				地下水资源占淡水总量的比例					再生地下水发展压力（%）	人均地下水补给量（m³/a）
				组成部分			（不考虑储量损失）				指标		
			2010年地下水预测开采量（km³/a）	灌溉用地下水开采量（%）	饮用地下水开采量（%）	工业地下水开采量（%）	所有用水部分（%）	灌溉用水（%）	饮用水（%）	工业用水（%）	地下水发展压力（%）		
34	布隆迪	8383	0.16								5	5	346
35	柬埔寨	14138	0.76								2	2	3428
36	喀麦隆	19559	0.37								0	0	5693
37	加拿大	34017	1.87	43	43	14	4			1*	0	0	24459
38	佛得角	496	0.01								9	9	
39	开曼群岛	56											
40	中非	4401	0.08								0	0	20964
41	乍得	11227	0.45	81	19	0	32	28	98		1	1	3454
42	海峡群岛	153											
43	智利	17114	0.98	73	20	7	5				2	2	3561
44	中国	1341335	111.995	54	20	26	18	15	29	20	17	17	3561
45	哥伦比亚	46295	1.75	33	34	33					0	0	10960
46	科摩罗	735	0.01								1	1	
47	刚果	4043	0.03	10	76	14	52				0	0	29522
48	库克群岛	20	0								1	1	
49	哥斯达黎加	4659	0.8	12	71	17	26				4	4	3876
50	科特迪瓦	19738	0.37										

续表

序号	国家和地区	2010年人口（单位：千）	地下水开采量				地下水资源占淡水总量的比例（不考虑储量损失）				指标	再生地下水发展压力（%）	人均地下水补给量（m^3/a）
			2010年地下水预测开采量（km^3/a）	组成部分：灌溉用地下水开采量（%）	饮用地下水开采量（%）	工业地下水开采量（%）	所有用水部分（%）	灌溉用水（%）	饮用水（%）	工业用水（%）	地下水发展压力（%）		
51	克罗地亚	4403	1.16	0	86	14	97		100	100	9	9	3076
52	古巴	11258	5.38				50				44	44	1093
53	塞浦路斯	1104	0.15	87	13	0	62		60		35	35	
54	捷克	10493	0.38				19				5	5	692
55	朝鲜	24346	1.56								13	13	491
56	刚果民主共和国	65966	1.22								0	0	8786
57	丹麦	5550	0.65	38	40	22	98				4	4	2815
58	吉布提	889	0.02	1	89	0	95	67	100		26	26	85
59	多米尼克	68	0.01										
60	多米尼加	9927	1.23								21	21	590
61	厄瓜多尔	14465	0.44	10	60	30	3				1	1	5818
62	埃及	81121	7.78	41	59	0	4	2	27	0	>1000	>1000	7
63	萨尔瓦多	6193	0.58								12	12	781
64	赤道几内亚	700	0.01								0	0	15797
65	厄立特里亚	5254	0.09	74	26	0	14	11	68	0	12	12	136
66	爱沙尼亚	1341	0.33	0	20	80	18				4	4	5814
67	埃塞俄比亚	82950	1.49				24				3	3	531

续表

序号	国家和地区	2010 年人口（单位：千）	地下水开采量				地下水资源占淡水总量的比例					再生地下水发展压力（%）	人均地下水补给量（m^3/a）
				组成部分			（不考虑储量损失）				指标		
			2010 年地下水预测开采量（km^3/a）	灌溉用地下水开采量（%）	饮用地下水开采量（%）	工业地下水开采量（%）	所有用水部分（%）	灌溉用水（%）	饮用水（%）	工业用水（%）	地下水发展压力（%）		
68	法罗群岛	49	0								0	0	915410
69	福克兰群岛	3	0										
70	斐济	861	0.08								1	1	6124
71	芬兰	5365	0.28	24	65	11	17				1	1	8010
72	法国	62787	5.71	14	63	23	18	20	63	41	5	5	1738
73	法属圭亚那	231	0.01								0	0	106245
74	法属波利尼西亚	271	0.03										
75	加蓬	1505	0.03	0	100	0					0	0	57357
76	冈比亚	1728	0.03								3	3	662
77	格鲁吉亚	4352	0.64	16	66	18	34	9	100	48	7	7	2188
78	德国	82302	5.83	4	48	48	18		87*		8	8	871
79	加纳	24392	0.51				11				2	2	1033
80	直布罗陀	29											
81	希腊	11359	3.65	86	14	0	39	41	33	0	31	31	1051
82	格陵兰	57	0								0	0	247010
83	格林纳达	104	0.01										
84	瓜德罗普	461	0.04										

续表

序号	国家和地区	2010年人口（单位：千）	地下水开采量				地下水资源占淡水总量的比例					再生地下水发展压力（%）	人均地下水补给量（m^3/a）
				组成部分			（不考虑储量损失）				指标		
			2010年地下水预测开采量（km^3/a）	灌溉用地下水开采量（%）	饮用地下水开采量（%）	工业地下水开采量（%）	所有用水部分（%）	灌溉用水（%）	饮用水（%）	工业用水（%）	地下水发展压力（%）		
85	关岛	180	0.02										
86	危地马拉	14389	1.52								5	5	2238
87	几内亚	9982	0.09				5				0	0	5226
88	几内亚比绍	1515	0.03				18				0	0	4878
89	圭亚那	754	0.03								0	0	104035
90	海地	9993	0.95				6				34	34	276
91	梵蒂冈	0	0										
92	洪都拉斯	7601	0.73								3	3	3417
93	香港	7053	0.39										
94	匈牙利	9984	0.37	18	35	47	7				5	5	679
95	冰岛	320	0.16				97				1	1	98590
96	印度	1224614	251	89	9	2	33		64	27	82	82	250
97	印度尼西亚	239871	14.93	2	93	5	11				2	2	3535
98	伊朗	73974	63.4	87	11	2	57	53	97	100	255	255	336
99	伊拉克	31672	2.69	50	5	45	3	2	2	9	34	34	247
100	爱尔兰	4470	0.21	29	35	36	27		16		1	1	5857
101	英国属地曼岛	83											

续表

序号	国家和地区	2010年人口（单位：千）	地下水开采量				地下水资源占淡水总量的比例					再生地下水发展压力（%）	人均地下水补给量（m^3/a）
				组成部分			（不考虑储量损失）				指标		
			2010年地下水预测开采量（km^3/a）	灌溉用地下水开采量（%）	饮用地下水开采量（%）	工业地下水开采量（%）	所有用水部分（%）	灌溉用水（%）	饮用水（%）	工业用水（%）	地下水发展压力（%）		
102	以色列	7418	1.25	71	26	3	71	66	52	27	144	138	117
103	意大利	60551	10.4	67	23	10	25	35	30	13	23	23	733
104	牙买加	2741	0.51	80	10	10					34	34	549
105	日本	125536	10.94	23	29	48				40	10	10	832
106	约旦	6187	0.64	42	51	7	65	38	100	100	57	39	182
107	哈萨克斯坦	16026	3.23	71	21	8	7	6	85	3	11	11	1763
108	肯尼亚	40513	0.62	3	79	18					2	2	662
109	基里巴斯	100	0.01										
110	科威特	2737	0.62	79	8	14	6	100	8	14	>1000	980	8
111	吉尔吉斯斯坦	5334	0.96	25	50	25					43	43	417
112	老挝	6201	0.34								1	1	9020
113	拉脱维亚	2252	0.11				26				1	1	4563
114	黎巴嫩	4228	0.81	66	28	6	64	59	61	27	78	78	247
115	莱索托	2171	0.02				30				3	3	218
116	利比里亚	3994	0.07								0	0	11692
117	利比亚	6355	4.71	83	14	3	98	97	100	100	134	55	554
118	列支敦士登	36	0										

续表

序号	国家和地区	2010年人口（单位：千）	地下水开采量				地下水资源占淡水总量的比例（不考虑储量损失）				指标	再生地下水发展压力（%）	人均地下水补给量（m³/a）
			2010年地下水预测开采量（km³/a）	组成部分：灌溉用地下水开采量（%）	饮用地下水开采量（%）	工业地下水开采量（%）	所有用水部分（%）	灌溉用水（%）	饮用水（%）	工业用水（%）	地下水发展压力（%）		
119	立陶宛	3324	0.17				7				2	2	2995
120	卢森堡	507	0.02				40				30	30	
121	澳门	554											
122	马达加斯加	20714	0.38				0				0	0	6124
123	马拉维	14901	0.28								1	1	1303
124	马来西亚	28401	0.59	5	62	33	3				0	0	5582
125	马尔代夫	316	0.02	0	98	2	54				57	57	
126	马丽	15370	0.34	85	15	0	5	4	8	0	1	1	1751
127	马耳他	417	0.03	75	16	9	100	100	100	100	62	62	
128	马绍尔群岛	54											
129	马提尼克	406	0.04										
130	毛里塔尼亚	3460	0.76	73	20	7	41	33	95	100	21	18	1072
131	毛里求斯	1299	0.16	40	48	12					18	18	
132	马约特	204											
133	墨西哥	113423	29.45	72	22	6	35	33	44	37	30	30	878
134	密克罗尼西亚联邦	111	0.01										
135	摩纳哥	35	0										

续表

序号	国家和地区	2010年人口（单位：千）	地下水开采量	组成部分			地下水资源占淡水总量的比例（不考虑储量损失）				指标	再生地下水发展压力（%）	人均地下水补给量（m^3/a）
			2010年地下水预测开采量（km^3/a）	灌溉用地下水开采量（%）	饮用地下水开采量（%）	工业地下水开采量（%）	所有用水部分（%）	灌溉用水（%）	饮用水（%）	工业用水（%）	地下水发展压力（%）		
136	蒙古	2756	0.48	48	22	30	91	83	100	100	17	17	1022
137	黑山	631	0.05	0	100	0	100		100		3	3	2625
138	蒙特塞拉特	6											
139	摩洛哥	31951	3.06	83	14	3	34	28	47	63	40	40	242
140	莫桑比克	23391	0.44				5				1	1	3554
141	缅甸	47963	4.02				9				3	3	3190
142	纳米比亚	2283	0.15	34	55	11	45	21	100	100	2	2	3724
143	瑙鲁	10	0								0	0	1000
144	尼泊尔	29959	2.91										
145	荷兰	16613	0.97	23	32	45	9		65*		7	7	887
146	荷属安地列斯	201											
147	新喀里多尼亚	251	0.07								3	3	11094
148	新西兰	4368	0.8	60	30	10	17				1	1	20532
149	尼加拉瓜	5788	1.17								3	3	7531
150	尼日尔	15512	0.14	38	58	4	6	2	83	50	1	1	1013
151	尼日利亚	158423	3.44								2	2	951
152	纽埃	1	0	10	85	5							

续表

序号	国家和地区	2010年人口（单位：千）	地下水开采量				地下水资源占淡水总量的比例					再生地下水发展压力（%）	人均地下水补给量（m³/a）
				组成部分			（不考虑储量损失）				指标		
			2010年地下水预测开采量（km³/a）	灌溉用地下水开采量（%）	饮用地下水开采量（%）	工业地下水开采量（%）	所有用水部分（%）	灌溉用水（%）	饮用水（%）	工业用水（%）	地下水发展压力（%）		
153	诺福克岛	0											
154	北马里亚纳	610.01											
155	挪威	4883	0.41	0	27	73	14				1	1	14289
156	巴勒斯坦	4039	0.23	52	48	0	100	61	69		124	124	
157	阿曼	2782	0.84	96	2	2	100	97	100	100	152	152	199
158	巴基斯坦	173593	64.82	94	6	0	32	32	100	0	661	661	57
159	帕劳	20	0										
160	巴拿马	3517	0.32								1	1	7217
161	巴布亚新几内亚	6858	0.61	0	90	10					0	0	30890
162	巴拉圭	6455	0.25	20	50	30					1	1	7146
163	秘鲁	29077	2.89	60	25	15	10				1	1	12372
164	菲律宾	93261	3.3	0	36	64	4				4	4	847
165	皮特凯恩	0											
166	波兰	38277	2.59	0	70	30	22		66*		6	6	1174
167	葡萄牙	10676	6.29	89	7	4	74				48	48	1225
168	波多黎各	3749	0.21	29	46	25	20						
169	卡塔尔	1759	0.26	99	1	0	100	84	100	0	>1000	654	8

续表

序号	国家和地区	2010年人口（单位：千）	地下水开采量				地下水资源占淡水总量的比例					再生地下水发展压力（%）	人均地下水补给量（m^3/a）
				组成部分			（不考虑储量损失）				指标		
			2010年地下水预测开采量（km^3/a）	灌溉用地下水开采量（%）	饮用地下水开采量（%）	工业地下水开采量（%）	所有用水部分（%）	灌溉用水（%）	饮用水（%）	工业用水（%）	地下水发展压力（%）		
170	韩国	48148	4.31	17	83	0	14				32	32	
171	摩尔多瓦	3573	0.6				31				42	42	398
172	留尼汪	846	0.02								1	1	
173	罗马尼亚	21486	0.63	1	61	38	9				3	3	1032
174	俄罗斯联邦	142985	11.62	3	79	18	18		79*	<15*	1	1	6461
175	卢旺达	10624	0.2								11	11	168
176	圣赫勒拿	4	0.2										
177	圣基茨和尼维斯	52	0				0				24	24	
178	圣卢西亚	174	0.02										
179	圣皮埃尔和密克隆	6	0										
180	圣文森特和格林纳丁斯	109	0.01										
181	萨摩亚	183	0.02										
182	圣马力诺	32	0										
183	圣多美和普林西比	165	0										
184	沙特阿拉伯	27448	24.24	92	5	3	95	94	100	100	>1000	238	64
185	塞内加尔	12434	0.74	90	7	3	31	30	51	34	6	4	999

续表

序号	国家和地区	2010年人口（单位：千）	地下水开采量				地下水资源占淡水总量的比例（不考虑储量损失）					再生地下水发展压力（%）	人均地下水补给量（m^3/a）
			组成部分								指标		
			2010年地下水预测开采量（km^3/a）	灌溉用地下水开采量（%）	饮用地下水开采量（%）	工业地下水开采量（%）	所有用水部分（%）	灌溉用水（%）	饮用水（%）	工业用水（%）	地下水发展压力（%）		
186	塞尔维亚	9856	0.53								6	6	928
187	塞舌尔	87	0										
188	塞拉利昂	5868	0.11								0	0	4817
189	新加坡	5086	0.28										
190	斯洛伐克	5462	0.36	3	84	13	52				6	6	1034
191	斯洛文尼亚	2030	0.19	1	83	16	15		61	28	3	3	2712
192	所罗门群岛	538	0.05								0	0	22157
193	索马里	9331	0.28	97	3	0	0		80	0	5	5	649
194	南非	50133	3.14	84	10	6	23				18	18	348
195	西班牙	46077	5.7	72	23	5	18	19	27	25	16	16	768
196	斯里兰卡	20860	1.17										
197	苏丹和南苏丹	43552	0.59	94	4	2	1	1	2	4	1	1	1260
198	苏里南	525	0.02								0	0	90156
199	斯瓦尔巴岛和扬马延岛	0											
200	斯威士兰	1186	0.04	96	2	2	4				7	7	550
201	瑞典	9380	0.35	0	92	8	14				1	1	6831

续表

序号	国家和地区	2010年人口（单位：千）	地下水开采量				地下水资源占淡水总量的比例					再生地下水发展压力（%）	人均地下水补给量（m^3/a）
				组成部分			（不考虑储量损失）				指标		
			2010年地下水预测开采量（km^3/a）	灌溉用地下水开采量（%）	饮用地下水开采量（%）	工业地下水开采量（%）	所有用水部分（%）	灌溉用水（%）	饮用水（%）	工业用水（%）	地下水发展压力（%）		
202	瑞士	7664	0.79	0	72	28	30		80*		8	8	1229
203	叙利亚	20411	11.29	90	5	5	65	56	30	84	194	194	285
204	台湾	23216	9.54								239	239	
205	塔吉克斯坦	6879	3.63	39	31	30	19				73	73	720
206	泰国	69122	10.74	14	60	26	17				12	12	1327
207	马其顿	2061	0.16				16				10	10	757
208	东帝汶	1124	0.06								4	4	1239
209	多哥	6028	0.11								2	2	1232
210	托克劳	1											
211	汤加	104	0.01										
212	特立尼达和多巴哥	1341	0.09				39						
213	托尼斯	10481	2.02	74	19	7	78	73	92	100	67	45	286
214	土耳其	72752	13.22	60	32	8	16	13	32	28	30	30	604
215	土库曼斯坦	5042	0.54	38	53	9	2	1	50	19	65	65	165
216	特克斯和凯科斯群岛	38											
217	图瓦卢	10	0										

续表

序号	国家和地区	2010年人口(单位:千)	地下水开采量				地下水资源占淡水总量的比例					再生地下水发展压力(%)	人均地下水补给量(m^3/a)
				组成部分			(不考虑储量损失)				指标		
			2010年地下水预测开采量(km^3/a)	灌溉用地下水开采量(%)	饮用地下水开采量(%)	工业地下水开采量(%)	所有用水部分(%)	灌溉用水(%)	饮用水(%)	工业用水(%)	地下水发展压力(%)		
218	乌干达	33425	0.62								3	3	669
219	乌克兰	45448	4.02	52	30	18	10				13	13	667
220	阿联酋	7512	3.53	100	0	0	100	84	0	0	>1000	790	33
221	英国	62036	2.16	9	77	14	17		35*		3	3	1338
222	坦桑尼亚	44841	0.98				2				1	1	1962
223	美国	310384	111.7	71	23	6	23	41	38	21	13	13	2739
224	美属维克京群岛	109	0.01										
225	乌拉圭	3369	0.15	30	60	10	4				1	1	9169
226	乌兹别克斯坦	27445	9.94	57	32	11	13	8	87	67	285	285	127
227	瓦努阿图	240	0.02								0	0	18239
228	委内瑞拉	28980	1.55	10	60	30	15				1	1	8869
229	越南	87848	1.63				2				3	3	698
230	瓦利斯和富图纳群岛	14											
231	西撒哈拉	531											200
232	也门	24053	3.22	86	11	3	71	68	100	100	235	235	57
233	赞比亚	13089	0.3				4				0	0	6233
234	津巴布韦	12571	0.43				10				3	3	991

附录 6

阅读建议

6.1 提高地下水写作和意识的相关材料

6.1.1 互联网材料[①]

英国地下水论坛

地下水基础:http://www.groundwateruk.org/Groundwater-Basics.aspx

地下水深度:http://www.groundwateruk.org/Groundwater-in-depth.aspx

美国地质调查局

水基础:http://ga.water.usgs.gov/edu/mwater.html

地下水:http://pubs.usgs.gov/gip/gw/

地下水是什么? http://pubs.usgs.gov/of/1993/ofr93-643/

水科学院校:http://ga.water.usgs.gov/edu/index.html

加拿大环境署:http://www.ec.gc.ca/eau-water/default.asp? lang=En&n=A6A15B0B-1

地下水——大自然的宝藏:http://www.ec.gc.ca/eau-water/default.asp?lang=En&n=3F93145A-1

地下水基金会

学习基础知识/地下水的威胁/保护工作/了解更多。http://www.groundwater.org/gi/gi.html

国际水文地质学家协会

关于地下水:http://www.iah.org/groundwater_about.asp

6.1.2 地下水引文

Baldwin, H.L., &C.L McGuinness, 1963. A Primer on Groundwater. Washington, USGS, 26 p.

Davis, S.N., &R.J.M. De Wiest, 1966. Hydrogeology. New York, John Wiley &Sons, 463 p.

Downing, R.A., 1998. Groundwater: our hidden asset. British Geological Survey, UK Ground water Forum, NERC.

① 这本书中所有引用的互联网门户网站在 2011 年或 2012 年期间访问过。然而,它们中的一些在未来可能会无法访问。

Fetter, C.W., 2001. Applied hydrogeology. Fourth edition, Upper Saddle River, New Jersey, Prentice Hall, 598 p.

Fits, C.R., 2002. Groundwater Science. Amsterdam, Academic Press, 450 p.

Heath, R.C., 1984. Basic Groundwater Hydrology. USGS Water-Supply Paper 2220, 84 p.

Lopez-Geta, J., J. Fornés Azcoiti, G. Ramos González &F. Villaroya Gil, 2006. Groundwater. A natural underground resource. IGME, UNESCO and Fundación Marcelino Botín, 108 p.

Nonner, J.C., 2010. Introduction to Hydrogeology. Second edition, Leiden, Taylor and Francis/ CRC Press/ Balkema, 248 p.

Price, M., 1996. Introducing groundwater. London, Chapman and Hall, 278 p.

6.1.3 补充文献

ADEME, BRGM &IFP, 2005. La capture et le stockage géologique du CO2 Coll. Les enjeux des géosciences Paris, 44 p.

Anonymous, 2005. L'eau souterraine. In: Géosciences, No 2. BRGM, Orléans, 94 p.

Anonymous, 2006a. Les eaux souterraines. In: Géochronique, No 97. BRGM, Orleans &Société de Géologie Française, Paris.

Anonymous, 2006b. Proceedings. European Groundwater Conference 2006. Vienna, 22-23 June 2006, Umweltbundesamt of the Austrian Federal Environment Agency.

Bear, J., 1979. Hydraulics of groundwater. New York, McGraw-Hill Inc., 567 p.

Burke, J.J., &M. Moench, 2000. Groundwater and society, resources, tensions and opportuni ties. Themes in groundwater management for the 21st century. New York, United Nations, 170 p.

Chapelle, F.H., 2000. The Hidden Sea: Groundwater, Springs, and Wells.National Ground Water Association, Westerville, OH.

Clarke R., A.R. Lawrence &S.D.D. Foster, 1996. Groundwater - a threatened resource. UNEP Environment Library, No 15.

Collin, J.-J., 2004.Les eaux souterraines. Connaissance et gestion. Orléans/Paris, BRGM/ Hermann, 169 p.

Collin, J.-J., J. Dubuisson, J. Margat, G. Rampon &J.-C. Roux., 1991. Eau souterraine. Quantité et sécheresse, qualité et pollution. Géochronique, No 37, pp. 10-13.

Cosgrove, W.J., &F. Rijsberman, 2000. World Water Vision, Making water everybody's business. Marseille, World Water Council, EARTHSCAN.

Custodio, E., &Llamas, M.R., 1976/1983. Hidrología subterranea. Barcelona, Ediciones Omega, 2 volumes, 1950 p.

Detay, M., 1997. La gestion active des aquiferes. Masson, Paris, 416 p.

European Union, 2006. Mediterranean Groundwater Report. EU Water initiative, Mediterranean Groundwater Working Group, 113 p.

FCIHS, 2009. Hidrogeologia. Fundación Centro Internacional de Hidrología Subterránea Barcelona, 768 p.

Fetter, C.W., 1993. Contaminant hydrogeology. Upper Saddle River, New Jersey, Prentice Hall, 458 p.

Foster, S., &D. Loucks, 2006. Non-renewable groundwater resources. UNESCO-IHP, IHP-VI, Series on Groundwater No. 10, 104 p.

Foster, S., A. Tuinhof, K. Kemper, H. Garduño &M. Nanni, 2003. Characterization of Groundwater Systems: key concepts and frequent misconceptions. G-MATE Briefing Note Series No 2, G-MATE, The World Bank, Washington, 6 p.

Foster, S., A. Tuinhof, K. Kemper, H. Garduño &M. Nanni, 2003. Groundwater Management Strategies: facets of the integrated approach. G-MATE Briefing Note Series No 3, G-MATE, The World Bank, Washington, 6 p.

Freeze, R.A., &J.A. Cherry, 1979. Groundwater. Englewood Cliffs, N.J., Prentice-Hall Inc., 604 p.

Giordano, M., 2009. Global groundwater? Issues and solutions. Annual Review of Environment and Resources, 34, 153-178.

Giordano, M. &K. Villholth (ed.), 2007. The Agricultural Groundwater Revolution, CABI, Wallingford, UK., 420 p.

Guillemin, C., &J.-C. Roux, 1994. Mystères et réalités des eaux souterraines. La Vie des Sciences, C.R.T. 11, No 2, pp. 87-114.

Jones, J.A.A. (ed.), 2011. Sustaining groundwater resources. A critical element in the global water crisis. Series International Year of Planet Earth, Dordrecht, Springer, 228 p.

Kounine, W.N., 1964. Eaux souterraines, tresor méconnu. In: Courrier de l, UNESCO, July- August 1964, 'L'eau et la vie'.

Lerner, D.N., A. Issar, &I. Simmers (eds), 1990. Groundwater Recharge. A Guide to Under⊖standing and Estimating Natural Recharge. International Contributions to Hydrogeology, Vol. 8, Heise, Hannover, 345 p.

Llamas, M.R., 1974. Motivaciones extraeconomicas en la utilitizacion de las aguas subterra- neas: la hidroesquizofrenia. Agua, No 82, Jan-Feb 1974, Madrid, pp. 29-36.

Margat, J., &K. Saad, 1985. Les mines d'eau fossile. In: Courrier de l, UNESC○, 1985, pp. 14-16.

Margat, J., 1991. Les eaux souterraines dans le monde. Similitudes et différences. Soc. Hydrol. Fr., Journées Hydraul., Sophia-Antipolis, Conf. No 1.

Margat, J., 1993. Leau souterraine: une ressource fragile. Paris, Almanach Jules Verne.

Margat, J., 1993. Les réserves secrètes. In: Courrier de l'UNESCO, 1993, pp. 15-18.

Morris, B., A. Lawrence, J. Chilton, B. Adams, R. Calow &B. Klinck, 2003. Groundwater and its susceptibility to degradation. Early Warning and Assessment Report Series, RS 03-03, UNEP, Nairobi, Kenya, 126 p.

Mukherji, A., 2006. Is intensive use of groundwater a solution to the world's water crisis? In: Water Crisis. Myth or reality? Balkema, Rotterdam/London, Balkema/Taylor &Francis, London, pp. 181-193.

Narasimhan, T.N., 2009. Groundwater: from mystery to management. Environmental Research Letters, Vol.

4,035002 Available from:doi:10.1088/1748-9326/4/3/035002.

Planet Earth,2005. Groundwater Reservoir for a thirsty planet? Leiden/Paris,Planet Earth/ IUGS/UNESCO,14 p.

Postel,S.,1999. Pillar of Sand:Can the Irrigation Miracle Last? New York,Norton.

Price,M.,1991. Water from the ground. In:New Scientist,No 42,4 p.

Puri,S.,&A. Aureli,2010. Atlas of Transboundary Aquifers,UNESCO-IHP,ISARM Programme.

Schmoll,O.,G. Howard,J. Chilton &I. Chorus,2006. Protecting groundwater for Health -Managing the quality of drinking-water sources. WHO Drinking-water Quality Series,World Health Organization,Geneva.

Shah,T.,D. Molden,R. Sakthivadivel &D. Seckler,2000. The global groundwater situation:Overview of opportunities and challenges. International Water Management Institute,Colombo,Sri Lanka,19 p.

Treidel,H.,J.L.Martin-Bordes &J.J. Gurdak (eds),2012. Climate change effects on ground⊖ water resources. A Global synthesis of findings and recommendations. IAH,International Contributions to Hydrogeology 27,CRC Press/Balkema,401 p.

Tuinhof,A.,C. Dumars,S. Foster,K. Kemper,H. Garduno &M. Nanni,2002. Groundwater Resource Management:an introduction to its scope and practice. G-MATE Briefing Note Series No 1,G-MATE,The World Bank,Washington,6 p.

UNESCO,1992. Ground Water. Environment and Development Briefs No 2,16 p.

UNICEF. Groundwater:the invisible and endangered resource. Geneva,UNICEF.

Van Dam,J.C. (ed.),1997. Seawater Intrusion in Coastal Aquifers. Guidelines for study,monitoring and control. Water Reports No 11,FAO,Rome,152 p.

Van der Gun,J.,2012. Groundwater and global change:trends,opportunities and challenges. United Nations World Water Assessment Programme,WWDR4 Side Publication Series No 01,UNESCO,Paris,38 p. Available from:http://unesdoc.unesco.org/ images/0021/002154/215496e.pdf.

WWAP,2003. The World Water Assessment Report. Water for People,Water forLife. UNESCO-WWAP,576 p. Available from:http://www.unesco.org/new/en/natural -sciences/environment/water/wwap/wwdr/wwdr1 -2003/

WWAP,2006. The World Water Assessment Report 2. Water:a shared responsibility. UNESCO- WWAP,584 p. Available from:http://www.unesco.org/new/en/natural sciences/environment /water/wwap/ wwdr/wwdr2-2006/

WWAP,2009. The World Water Assessment Report 3. Water in a changing world. UNESCO- WWAP,318 p. Available from:http://www.unesco.org/new/en/natural -sciences/environment/water/wwap/wwdr/wwdr3 -2009/

WWAP,2012. The World Water Assessment Report 4. Facing the Challenges. UNESCO- WWAP,3 volumes,866 p. Available from:http://www.unesco.org/new/en/natural sciences/environment/water/wwap/ wwdr/wwdr4-2012/#c219661

6.1.4 地下水相关网站

拉丁美洲发展地下水文协会：http://www.alhsud.com/

关于水和农业的联合国粮食与农业组织全球信息系统：http://www.fao.org/nr/water/aquastat/main/index.stm

美国地质调查局——地下水：http://www.fao.org/nr/water/aquastat/main/index.stm

德国地质调查局——地下水：http://www.bgr.bund.de/EN/Themen/Wasser/wasser_node_en.html

（http://www.bgr.bund.de/DE/Themen/Wasser/grundwasser_node.html）

法国地质研究与矿产局：http://www.brgm.fr/brgm/EN/expert_int_eau.htm（http://www.brgm.fr/brgm/eau.htm）

印度中央地下水：http://www.cgwb.gov.in/

荷兰国际水文学和水资源：http:www.hydrology.nl

美国环境保护署：http://www.epa.gov/

欧洲地质调查的协会：http://www.eurogeosurveys.org/

欧洲环境署：http://www.eea.europa.eu/

欧盟统计局：http://epp.eurostat.ec.europa.eu/portal/page/portal/eurostat/home/

美国地下水基金会：http://www.groundwater.org/

美国地下水保护委员会：http://www.gwpc.org/

旱地水及其开发信息——全球网站：http://www.gwadi.org

水力学(法语;主要以地表水为主,还有一些值得关注的地下水信息)：http://www.hydrologie.com

国际水文地质学家协会：http://www.iah.org/

西班牙地质调查局：http://www.igme.es/internet/default.asp

国际地下水资源评估中心：http://www.un-igrac.org/

国际坎儿井和历史性的水工建筑物：http://www.icqhs.org/English/Default.aspx

巴尔干水环境中心国际网络：http://www.inweb.gr

国际水资源法计划：http://www.internationalwaterlaw.org/

国际含水层共享资源管理：http://www.isarm.org/

国际水域学习交流研究网：http://iwlearn.net/

国际水资源管理中心：http://www.iwmi.cgiar.org/

澳大利亚国家地下水研究和培训中心：http://www.groundwater.com.au/research.php

国家地下水协会：http://www.ngwa.org/Pages/default.aspx

关于水行业知识的地中海信息系统：http://www.semide.org/;http://www.siagua.org/

水通道：http://www.thewaterchannel.tv/

联合国教科文组织——国际水文方案：http://www.unesco.org/new/en/natural sciences/environment/water/ihp/

美国地质调查局——水:http://www.usgs.gov/water/

水历史:http://www.waterhistory.org/

6.2 关于全球地下水的一些著作、论文和报告

作者只阅读和见过下面所列出的部分文献。列出其余文献的原因是它们有可能描述了相应国家的全部地下水状况。一些文献研究范围较广,既包含地下水,也包含其他部分,只是对地下水的研究较多。

R. Dijon 按国家对地下水状况进行了总结，联合国技术合作发展部出版了该文献（见第 3 章参考文献:UN;1976,1982,1983,1986,1987,1993)。其他大陆或地区组织也出版了汇编,如联合国环境规划署的《非洲水集》和欧洲环境署的《欧洲地下水水质和水量》。最后,还有许多地区的地下水门户网站,它们在网站上共享了它们国家的地下水信息。

阿富汗

Uhl,V.W.,and M.Q. Tahiri,2004 （?). Afghanistan – an overview of groundwater resources and challenges. Uhl,Baron,Rana Associates,Inc.,Washington Crossing,PA,USA.,60 p. Available from:http://www.vuawater.com/pages/Afghanistan_GW_Study.pdf.

阿尔及利亚

Kettab,A.,2001. Water in Algeria:stakes,strategies,prospects and vision. Hydrotop 2001,Scientific and Technical Conference,24–26 April 2001,Marseille,France.

阿根廷

World Bank,2000. Argentina Water Resources Management. Policy elements for Sustainable Development in the XXI Century,Main Report.

亚美尼亚

ERMC/AUA (no date). State of the Environment Armenia:Groundwater/Hydrogeological map. Available from:http://enrin.grida.no/htmls/armenia/soe_armenia/english/water/grwater.htm.

澳大利亚

Jacobson,G.,M.A. Habermehl &J.E. Lau,1983. Australia´s groundwater resources. Depart Θ ment of Water Resources and Energy,Australia,WATER 2000,Consultants Report 2,65 p. Lau,J.E.,D.P. Commander &G. Jacobson,1987. Hydrogeology of Australia. Bureau of Mineral Resources,Australia,Bulletin 227,21 p.

Planet Water – O_2H_2O(no date). Water resources use in Australia:Groundwater resources and use. Available from:http://www.ozh2o.com/h2use3.html.

巴哈马

US Army Corps of Engineers,2004. Water resources assessment of the Bahamas,114 p. Avail Θ able from:http://www.sam.usace.army.mil/en/wra/Bahamas/Bahamas.html.

巴林

Basheer,A.,Z. Al Hashimi,A. Al Aradi,B. Altal,M. Al Noaim &M. Al Ansari,2001. Development of water resources in Bahrain. In:Proceedings of the WHO/UNEP First Re gional Conference on Water Demand

Management, Conservation and Pollution Control, Amman, Jordan, 7–10 Oct. 2011.

白俄罗斯

Shirokov, V.M., V.N. Pluznikov, 1995. Water resources of Belarus, their use and protection (Vodnye resursy Belarusii, ich ispol'zovanie i okhrana). Vodnye Resursy (Water Resources), No 1, pp. 115–125, Moscow, Russian Academy of Sciences, Nauka. (in Russian)

Cherepansky, M.M., L. Konopelko &R. Oborotova, 1999. Water resources of the Republic of Belarus: development and problems. In: Natural Resources, 1999, No 1, Nat. Academy of Sciences of Belarus &Ministry of Natural Resources and Environmental Protection, Minsk, pp. 102–110.

Kudelsky, A.V., S. Gudak, V. Pashkevich, M. Kapora, V. Korkin, M. Fadeyeva &L. Shapoval, 1999. Underground waters of Belarus (resources, quality, utilization). In: Natural Resources, 1999, No 1, Nat. Academy of Sciences of Belarus &Ministry of Natural Resources and Environmental Protection, Minsk, pp. 48–58.

比利时

M. Gulinck, 1966. Atlas de Belgique: Hydrogéologie. Comité National de Géographie, Royaume de Belgique, 68 p. + 2 maps.

Derycke, F., 1982. Bilan des ressources en eau soutenainc de la Belgique. Commission of the European Communities, ECSC/EEC/EAEC, Brussels and Luxembourg. Schäfer GmbH, Hannover, 267 p.

玻利维亚

Montes de Oca, I., 1997. Geografiá y recursos naturales de Bolivia. 3ra Edición, La Paz, Bolivia, Edobol, 615 p.

Secretaría de Medio Ambiente, 1996. Situación de los recursos htdricos en Bolivia. Informe Final. Secretariá Nacional de Recursos Naturales y Medio Ambiente. Ministerio de Desarrollo Sostenible y Medio Ambiente, La Paz.

US Army Corps of Engineers, 2004. Water resources assessment of Bolivia, 118 p. Available from: http://www.sam.usace.army.mil/en/wra/Bolivia/Bolivia.html.

博茨瓦纳

Carlsson L., Selaolo E. and Von Hoyer M., 1993. Assessment of Groundwater Resources in Botswana. Experience from Botswana National Water Master Plan Study – 'Africa Needs Ground Water'. In: Univ. of Witwatersrand: Convention Papers, Geol. Soc. of South Africa, 11 p.

巴西

Rebouças, A.C., 1988. Groundwater in Brazil. Episodes, Vol. 11, No 3, pp. 209–219.

Ministério do Meio Ambiente, dos Recursos Hídricos e da Amazônia Legal, Secretaria de Recursos Hídricos. 1998. Water Resources of Brazil. Brasilia.

Ministry of Environment, Secretariat of Water Resources, Brazilia, 2006. Plano Nacional de Recursos Htdricos, Cap.10: Situaçao Atual das Águas do Brazil.

保加利亚

Galabov, M., 1994. Water resources of Bulgaria. National Water Council.

加拿大

Rivera, A., 2005. How well do we understand groundwater in Canada? Geological Survey of Canada. Available from: http://ess.nrcan.gc.ca/2002_2006/gwp/index_e.php [Accessed in October 2008].

中非共和国

Plesinger, V., 1990. Les eaux souterraines de la RCA et leur exploitation. UNDP, Report prepared for the project PNUD/DCTD/CAF/86/004.

乍得

Schneider, J.L., 1989. Géologic et Hydrogéologie de la République du Tchad. PhD thesis, University of Avignon, 3 vols.

Schneider, J.L., 2001. Géologie, Archéologie, Hydrogéologie, République du Tchad. Ministry of Water and the Environment, N'Djamena, Chad, Two volumes, 1100p.

Terap, M.M. and B.W. Kaibana, 1992. Ressources en eau sowte raine du Tchad. Observatoire du Sahara et du Sahel, Project launch workshop 'Aquiferes des grands bassins', Cairo, 22–25 Nov. 1992.

中国

Chen, M., 1985. Groundwater resources and development in China. 18th Congress, Intern. Assoc. of Hydrogeologists, 8–13 Sept. 1985, Cambridge (United Kingdom), 14 p.

Chen, M., 1987. Groundwater resources and development in China. Environmental Geology, Vol. 10, No 3, pp. 141–147. Available from: doi: 10.1007/BF02580469.

Li, Jinchang, G. Zhengang, Z. Zhaoxiu, H. Xianjie, K. Fanwan &F. Dedi, 1990. Accounting for groundwater resource in China. In: Natural Resource Accounting for Sustainable Development, China Environmental Sciences Press, pp. 133–153.

Zhaoxin, W. (ed.), 1992. Groundwater resources development and use in China.Hohhot Neirnenggu People Publishing House.

刚果

Moukolo, N., 1992. Éitat des connaissances actuelles sur l'hydrogéologie du Congo Brazzaville.

Hydrogéologie, 1992, No 1–2, pp. 47–58.

哥斯达黎加

US Army Corps of Engineers, 1996. Water resources assessment of Costa Rica. Available from: http://www.sam.usace.army.mil/en/wra/CostaRica/CostaRica.html.

刚果民主共和国

UNEP, 2011. Water issues in the Democratic Republic of the Congo. Challenges and opportunities. Technical Report, UNEP, Nairobi, Kenya, 98 p.

丹麦

Kelstrup, N., A. Baekgaard and L. Andersen, 1982. Grundvandsressourcer i Danmark. Commission of the European Communities, ECSC/EEC/EAEC, Brussels and Luxembourg, Schafer GmbH, Hannover, 557 p.

Henriksen, H.J., and B. Madsen, 1997. Water resources in Denmark. In: Geologi – Nyt fra GEUS 2/97, pp. 5–15.

吉布提

Muller, W., 1982. Les ressources en eau de la République de Djibouti, possibilités et limites du développement régional.

多米尼加岛、安提瓜岛、圣基茨岛和尼维斯

US Army Corps of Engineers, 2004. Water resources assessment of Dominica, Antigua, Barbuda, St Kitts and Nevis, 140 p. Available from: http://www.sam.usace.army.mil/en/wra/ N_Caribbean7N_Caribbean.html)

多米尼加共和国

US Army Corps of Engineers, 2002. Water resources assessment of the Dominican Republic, 143 p. Available from: http://www.sam.usace.army.mil/en/wra/DominicanRepublic/Domin– icanRepublic.html.

厄瓜多尔

US Army Corps of Engineers, 1998. Water resources assessment of Ecuador, 83 p. Available from: http://www.sam.usace.army.mil/en/wra/Ecuador/Ecuador.html.

埃及

Shahin, M., 1991. Assessment of Groundwater Resources in Egypt. IHE Rep. Ser. 23, Delft, 71 p.

Ground Water Research Institute, 2001. The groundwater sector plan, national level. National Water Research Center, Cairo, Egypt.

Khater, A.R., 2005. Groundwater Resources in Egypt: Development and Protection Measures. In: CIHEAM, Internat. Conf. on Water, Land and Food Security in Arid and Semi–Arid Regions, Valenzano–Bari, Italy, 6–11 Sept 2005.

萨尔瓦多

US Army Corps of Engineers, 1998. Water resources assessment of El Salvador, 71 p. Available from: http://www.sam.usace.army.mil/en/wra/ElSalvador/ElSalvador.html.

厄立特里亚

Zerai, H., 1996. Groundwater and geothermal resources of Eritrea, with emphasis on their chemical quality. Journal of African Earth Sciences, Vol. 22, No 4.

爱沙尼亚

Andresmaa, E., 2001. Groundwater management a–nd protection in Estonia. Presentation (20 p) and Abstract (2p), Workshop on the protection of waters uses as a source of drinking water supply, Budapest, November 2001.

埃塞俄比亚

Alemayehu, T., 2006. Groundwater occurrence in Ethiopia. Addis Ababa University, UNESCO, 106 p.

Aytenffisu, M. 1981. Groundwater in Ethiopia.

法国

Bodelle, J., &J. Margat, 1980. LEau souterraine en France. Paris, Masson, 208 p.

Blum, A., 2004. L´etat des eaux souterraines en France. Aspects quantitatifs et qualitatifs. Orléans, IFEN, Etudes et travaux No. 43, 34 p.

Defosssez, M., J. Mouton &B. Chapignac, 1982. Bilan des ressources en eau soutenainc de la France. Commission of the European Communities, ECSC/EEC/EAEC, Brussels and Luxembourg. Schafer GmbH, Hannover, 557 p.

Ministère de l'Environnement, 1998. Leau souterraine, une richesse à partager et à protéger. Ministry of the Environment, France.

Roux, J.C. (ed.), 2006. Aquiferes et eaux souterraines en France. Orleans, BRGM, 1000 p.

冈比亚

Fernandopulle, 1983. Groundwater resources of the Gambia. Preliminary Report Rural Water Supply Project, Min. Wat. Res. &Envir., Dep. Water Res., UNDP.

加纳

Agyekum, W., 2004. Groundwater resources of Ghana with focus on international shared aquifer boundaries. In: B. Appelgren (ed.), 2004, Managing Shared Aquifer Resources in Africa. Proceedings of the International ISARM-Africa Workshop at Tripoli, Libya, 2-4 June 2002. UNESCO-IHP-VI Series on Groundwater No. 8, pp. 77-85.

Water Resources Management (WARM), 1998. Ghana´s water resources: management, challenges and opportunities. WARM study, Ministry of Works and Housing, Accra, Ghana.

德国

Bannick, C., E. Engelmann, R. Fendler, J. Frauenstein, H. Ginzky, C. Hornemann, O. Ilvonen, B. Kirschbaum, G. Penn -Bressel, J. Rechenberg, S. Richter, L. Roy and R. Wolter, 2008. Grundwasser in Deutschland, MBU, 72 p.

Buro Dr Pickel, 1982. Grundwasserbilanz der Bundesrepublik Deutschland. Commission of the European Communities, ECSC/EEC/EAEC, Brussels and Luxembourg. Schafer GmbH, Hannover, 557 p.

Matthess, G., 1979. Die Grundwasserbilanz der Bundesrepublik Deutschland. Umschl. Wis. u Technik, B. 79, p. 144-149.

希腊

Anonymous, no date (2007 or later). Groundwater in the Southern Member States of the European Union: an assessment of current knowledge and future prospects. Country report for Greece. European Academies Science Advisory Council, 37 p. Available from: http://www.easac.eu/fileadmin/PDF_s/reports_statements/

Greece_Groundwater_country_ report.pdf

危地马拉

US Army Corps of Engineers, 2000. Water resources assessment of Guatemala, 90 p. Available from: http://www.sam.usace.army.mil/en/wra/Guatemala/Guatemala.html.

圭亚那

Negrel P., and E. Petelet -Giraud, 2001. Les eaux souterraines de la Guyane: caractéristiques hydrogéochimiques et isotopiques. BRGM/RP-50306-FR, 80 p.

US Army Corps of Engineers, 1998. Water resources assessment of Guyana, 67 p. Available from: http://www.sam.usace.army.mil/en/wra/Guyana/Guyana.html.

海地

US Army Corps of Engineers, 1999. Water resources assessment of Haiti, 93 p. Available from: http://www.sam.usace.army.mil/en/wra/Haiti/Haiti.html.

匈牙利

Altreder, A., 1984. Experience and main results of groundwater resources assessment in improvement of general scheme for water management in Hungary. In: Development of methods for optimal use and artificial groundwater recharge. CMEA Symposium, Estergom, p. 16-23.

VITUKI, 2006. Groundwaters in Hungary, Guide II. Prepared for the Ministry for Environ Θ ment and Water, 76 p. Available from: http://www.kvvm.hu/szakmai/karmentes/kiadvan- yok/fav2/fav2_eng.pdf.

印度

Anonymous, 1995. Ground Water Resources of India. Faridabad, Central Ground Water Board, Ministry of Water Resources, 150 p.

CGWB, 1996. Groundwater statistics (1996), Central Groundwater Board, New Delhi.

CGWB, 2011. Dynamic Ground Water Resources of India (as on 31 March 2009). Faridabad, Central Groundwater Board, Ministry of Water Resources, Government of India, 243 p. Avail Θ able from: http://cgwb.gov.in/documents/Dynamic%20GW%20Resources%20-2009.pdf.

CGWB, 2012. Ground Water Year Book - India, 2011-2012. Faridabad, Central Groundwater Board, Ministry of Water Resources, Government of India, 63 p. Available from: http:// cgwb.gov.in/documents/Ground%20 Water%20Year%20Book%20-%202011-12.pdf.

Shah, T., 2009. India's ground water irrigation economy: the challenge of balancing livelihoods and environment. Paper presented at the 5th Asian Regional Conference of INCID, Vigyan Bhawan, New Delhi, 9-11 December 2009. Available from: http://cgwb.gov.in/documents/ papers/incidpapers/Paper%203-%20Tushaar%20Shah.pdf.

Water Management Directorate, 2005. National water resources at a glance. CWC/MWR, India.

印尼

Soetrisno, S., 1998. Groundwater resources of Indonesia and their management.

Suprapto, A., 2002. Land and water resources development in Asia. In: Investment in land and water, RAP Publication 2002/09, FAO Regional Office for Asia and The Pacific, Bangkok.

爱尔兰

Wright, G, C. Aldwell, D. Daly &E. Daly, 1982. Groundwater resources of the Republic of Ireland. Commission of the European Communities, ECSC/EEC/EAEC, Brussels and Lux Θ embourg, Schafer GmbH, Hannover, 140 p.

Aldwell, C., 1991. A review of groundwater and its development in Ireland. Dublin, Geological Survey of Ireland, 13 p.

以色列

Shamir, U., 1993. Development and management of groundwater resources: General principles and the case of Israel. Paper presented at the Seminar on Groundwater, Inst. Techn. Geom- inero de ESpaña, Madrid, 1 April 1993, 15 p.

MAE, 2005. L, Eau en Israel. Ministry of Foreign Affairs (Ministère des Affaires Etrangères-MAE), France.

意大利

Mouton, J., &F. Mangano, 1982. Studio sulle risorse in acque sotteranee dellItalia. Commission of the European Communities, ECSC/EEC/EAEC, Brussels and Luxembourg. Schafer GmbH, Hannover, 193 p. + annexes

Civita, M., A. Massarutto &G. Seminara, no date (2008 or later). Groundwater in Italy: a review. Contribution to the EASAG Report on Groundwater in South European Mediterranean countries. European Academies Science Advisory Council, 48 p.

象牙海岸

Jourda, J.P.R., 2004. Les ressources en eau souterraine de la Côte Ivoire et le cas des aquiferes transfrontaliers entre la Côte Ivoire et le Ghana. In: B. Appelgren (ed.), 2004, Managing Shared

Aquifer Resources in Africa. Proceedings of the International ISARM-Africa Workshop at Tripoli, Libya, 2-4 June 2002, UNESCO-IHP-VI, Series on Groundwater No 8, p. 87-92.

牙买加

US Army Corps of Engineers, 2001. Water resources assessment of Jamaica, 118 p. Available from: http://www.sam.usace.army.mil/en/wra/Jamaica/Jamaica.html.

日本

National Land Agency, Government of Japan, 1995. Water resources in Japan. White paper.

约旦

Salameh, H. 1991. Jordan's water resources and their future potential. Proceedings of the Symposium 27-28 October 1991. Published by Friedrich Ebert Stiftung, 1992, Amman, Jordan.

El Naser, H., &Z. Elias, 1993. Jordan′s water sector. Country paper presented at the regional symposium on water use and conservation, organized by ESCWA and CEHA.

肯尼亚

Ministry of Water Development. No date. Ground water resources of Kenya (Reconnaissance study). Master planning section.

Mwango, F.K., Muhangù, C.O. Juma &I.T. Githae, 2004, Groundwater resources in Kenya. In: Appelgren, B. (ed), 2004. Managing Shared Aquifer Resources in Africa, Proceedings of the International ISARM-Africa Workshop at Tripoli, Libya, 2-4 June 2002, UNESCO IHP-VI Series on Groundwater No 8, p. 93-100.

科威特

Senay, Y., 1981. Geohydrology. In: Geology and groundwater hydrology of the State of Kuwait. Ministry of Electricity and Water.

拉脱维亚

UNECE, 1999. Environmental Performance Reviews - Latvia. Chapter 7: Water management. UN, New York and Geneva.

黎巴嫩

Jaber, B., 1995. The water resources in Lebanon. Conference on the environmental management for sustainable development in Lebanon. UNEP/LNCSR, Beirut.

Maksoud, S.W., 1998. Towards a sustainable groundwater development in Lebanon. International Conf. 'Water and Sustainable Development'.

利比亚

Pallas, Ph., 1980. Water resources of the Socialist People's Libyan Arab Jamahiriya. In: The Geology of Libya, II, Part 4: Hydrogeology. 2nd Sympos. Geol. Libya, Tripoli, September 1978. Tripoli, Al Fateh University. London, Acad. Press Inc., p. 539-594.

Pallas, Ph., &O. Salem, 1999. Water Resources Utilisation and Management of the Socialist People Arab Jamahiriya. Intern. Conf. 'Regional Aquifer Systems in Arid zones - Managing Non-Renewable Resources', Tripoli, Nov. 1999. Paris, UNESCO, 65 p.

Salem, O., 1992. Hydrogeology of the major groundwater basins of Libya. Observatoire du Sahara et du Sahel, Proiect launch wrkshop 'Aquiferes des grands bassins', Cairo, 22-25 Nov. 1992, 15 p.

Miludi, H. &O.M. Salem, 2001. Water policies in the Libyan Arab Jamahiriya. In: Proceedings of the WHO/UNEP First Regional Conference on Water Demand Management, Conserva⊖tion and Pollution Control, Amman, Jordan, 7-10 Oct. 2001.

立陶宛

UNECE, 1999. Environmental Performance Reviews - Lithuania. Chapter 7: Water management. UN, New York and Geneva.

卢森堡

Bintz, J, 1982. Bilan des ressources en eau soutenainc du Grand-Duche de Luxembourg. Commission of the European Communities, ECSC/EEC/EAEC, Brussels and Luxembourg. Schafer GmbH, Hannover, 52 p.

马拉维

Mkandawire, O.P., 2004. Groundwater resources of Malawi. In: Appelgren, B.(ed), 2004. Managing Shared Aquifer Resources in Africa, Proceedings of the International ISARM- Africa Workshop at Tripoli, Libya, 2–4 June 2002, UNESCO IHP–VI Series on Groundwater No 8, p. 101–104.

马里

Alhousseini, M., 2004. fitat de la connaissance des eaux souterraines au Mali. In: Appelgren, B. (ed), 2004. Managing Shared Aquifer Resources in Africa, Proceedings of the International ISARM–Africa Workshop at Tripoli, Libya, 2–4 June 2002, UNESCO IHP–VI Series on Groundwater No 8, p. 105–107.

PNUD, 1990. Synthese hydrogeologique du Mali. Republique du Mali/PNUD–DCTD, Project report, MLI/84/005.

马耳他

Guttierez, A., 1994. Evaluation des ressources en eau souterraine de l'le de Malte. PhD thesis, Paris, University of Paris, 326 p. + annexes.

Spiteri Stains, E., 1987. Aspects of water problems in the Maltese Islands. Brochure distributed at IAH Symposium Barcelona, October 1987, 16 p.

毛里塔尼亚

Mochar ould Mohamaden Fall, M., 1992. Les basins sedimentaires de la Mauritanie. D, un apergu hydrogeologique aux difficultes de lévaluation de leur reserve en eau. Observatoire du Sahara et du Sahel, project launch workshop ‘Aquiferes des grands bassins’, Cairo, 22–25 Nov. 1992.

PNUD, 1990. Les eaux souterraines de Mauritanie. Projet PNUD/DCT/MAU/87/008.

毛里求斯

Ministry of Public Utilities, 2003. Water Resources of Mauritius. Ministry of Public Utilities.

墨西哥

Comision Naciónal del Agua, 1998. Inventario de Obras en México. Mexico.

Conagua, 2010. Atlas digital del agua, Mexico 2010. Available from: http://www.conagua.gob.mx/atlas/.

摩洛哥

Anonymous, 1971–1977. Ressources en eau du Maroc. Direction Hydraulique, Notes Mém. Serv. Géol. Maroc, 3 volumes, Rabat, Morocco.

Nadifi, K., & Wahabi, R., 1993. Water resources in Morocco: The state of art and the future prospects. Presented at the ‘Symposium régional sur l’utilisation et la conservation des ressources en eau’.

Mokhtar Bzioui, 2004. Rapport National 2004 sur les Ressources en Eau au Maroc, UN Water- Africa, Nov. 2004.

莫桑比克

Carmo Vaz, A. 1999. Recursos hidricos de Moçambique, potencial, problemas politicos. Associaçao

Mo^ambicana de Ciencias e Tecnologia. Maputo. In:Tauacale,2002 (see below).

Direcçao Nacional de Agues (DNA). 1999. Water resources of Mozambique. In:Tauacale,2002 (see below).

Tauacale,F. 2002. Water Resources of Mozambique and the situation of the shared rivers.

纳米比亚

Christelis,G.,&W. Struckmeier, (eds),2001. Groundwater in Namibia:an explanation to the Hydrogeological Map.

荷兰

Van den Berg,C.,S. Jelgersma,C. Meinardi,J. van der Gun &M. Damoiseaux,1982. Grondwater in Nederland:Behoeften en beschikbare hoeveelheden. Commission of the European Communities,ECSC/EEC/EAEC, Brussels and Luxembourg. Schafer GmbH,Hannover,65 p.

NHV,1998. Water in The Netherlands. Netherlands Hydrological Society and Netherlands National Committee of the IASH,NHV-special 3,Delft,The Netherlands,186 p.

Dufour,F.C.,1998. Grondwater in Nederland. Onzichtbaar water waarop wij lopen. Geologie van Nederland,deel 3 (in Dutch). NITG-TNO,Delft,The Netherlands,265 p.

Dufour,F.C.,2000. Groundwater in The Netherlands. Facts and figures. NITG-TNO,Delft/ Utrecht,The Netherlands,90 p.

新西兰

Brown,R.J.,1992. Environmental hydrogeology and sustainable groundwater withdrawal. In:Proc. Internat. Workshop "Groundwater and the Environment",Beijing,1992. China National Committee for the IAH and China Institute of Hydrogeology and Engineering Geology,Seismological Press,Beijing,China,p. 55-67.

Brown,R.J.,and R.C. Gregg,1994. Groundwater in New Zealand. New Zealand Mining,Vol. 14,p. 11-14.

尼加拉瓜

US Army Corps of Engineers,2001. Water resources assessment of Nicaragua,90 p. Available from:http://www.sam.usace.army.mil/en/wra/Nicaragua/Nicaragua.html.

尼日尔

CNEDD,OSS,Ce.S.I.A. 2000. Exploitation et état des ressources naturelles au Niger.

Ousmane,B.,2004. La gestion et l'exploitation des eaux souterraines au Niger. In:Appelgren,B. (ed.), 2004. Managing Shared Aquifer Resources in Africa,Proceedings of the International ISARM-Africa Workshop at Tripoli,Libya,2-4 June 2002,UNESCO-IHP-VI,Series on Groundwater No. 8,p. 129-133.

阿曼

Ministry of Water Resources,1995. Water resources of the Sultanate of Oman:an introductory guide. MWR,Muscat,78 p.

巴基斯坦

Amin,M.,no date (2002 or later). Pakistan's groundwater reservoir and its sustainability. WAPDA,Lahore, Pakistan. Available from: http://www.watertech.cn/english/amin.pdf.

Kahlown, M.A., &A. Majeed, 2001. Water resources situation in Pakistan: challenges and future strategies. In: Science Vision, Vol. 7, No 3, Islamabad, Pakistan, p. 33–45.

Kahlown, M.A., &A. Majeed, 2004. Water-resources situation in Pakistan: challenges and future strategies. Pakistan Council of Research in Water Resources.

巴布亚新几内亚

Carter, J.A., 1979. Groundwater in Papua New Guinea. Geological Survey of Papua New Guinea, Report 79/129.

秘鲁

Dirección General de Aguas y Suelos (DGSA). 1992. Estudio Básico Situacional de los Recursos Hídricos del Perú. Ministerio de Agricultura, Lima, 335 p.

US Army Corps of Engineers, 2004. Water resources assessment of Peru, 118 p.

葡萄牙

INAG, 2001. Plano Nacional da Agua, Portugal. Ministério do Ambiente e do Ordenamento do Território, Instituto da Água (INAG).

Ribeiro, L., &L. Veiga da Cunha, no date (2006 or later). Portuguese Groundwater Report – EASAG WG on the role of groundwater in the water resources policy of Southern EU member states. European Academies Science Advisory Council.

俄罗斯

Tcherneyev, A.M. ed al. 1992. Water resources and water management in Russia (Vodnyye resursy i vodnoye khozaystvo Rosii). Drainage and Water Management (Melioratsia i Vodnoye Khozaystvo), No 9–12, pp. 2–5, Agropromizdat/Ministry of Agriculture, Moscow. (in Russian).

Yazvin, L.S. and Zektser, I.S., 1996. Fresh groundwater resources in Russia: modern state, perspectives of use and tasks for future investigations. Water Resources, Vol. 23, No 1, pp. 24–30.

沙特阿拉伯

Anonymous, 1987. Groundwater Resources Evaluation in Saudi Arabia and Long Term Strategic Plan for Fresh Groundwater Use. King Fahd University of Petroleum and Minerals, Dahran.

塞内加尔

PNUD, 1993. Synthese des ressources en eau de la République de Sénégal, cartography des systems aquiferes (piézometrie–géometrie, salinité). PNUD/DAD/SG.

索马里

Anonymous, 1986. Comprehensive Groundwater Development project, End of Project Report, Draft Copy, Vol 3: Hydrogeology, Somalia. LBI/MMWR/WDA, Mogadishu, Somalia.

南非

Vegter, J.R., 1995. Groundwater resources of South Africa – an explanation of a set of national groundwater maps. Water Research Commission Technical Report TT74/95. Pretoria.

Woodford, A., P. Rosewarne &J. Girman, no date (2005 or later). How much groundwater does South Africa have? Department of Water Affairs and Forestry, 6 p.

西班牙

Anonymous, 1990. Unidades hidrogeológicas de la España peninsular e Islas Baleares. Madrid, MOPU, Serv. Geologico No 52 (text + map at 1/1 000 000), 32 p.

Anonymous, 1994. Libro Blanco de las aguas subterráneas. Madrid, Ministerios de Industria y Energía, Obras Publicas, Transportes y Medio Ambiente, 135 p.

De Stefano L., &M.R. Llamas, 2012. Water and food security and care of nature in Spain. Taylor and Francis.

Dumont, A., L. De Stefano &E. López-Gunn, 2011. El agua subterránea en España según la Directiva Marco del Agua: una visión de conjunto. VII Congreso Ibérico sobre Gestion y Planificación del Agua, 16-19 Feb 2011, Talavera de la Reina, 8 p.

Garrido, A., &M.R. Llamas, 2009. Water policy in Spain. CRC Press, 234 p.

ITGE, 1993. Las aguas subterráneas en Espana. Estudio de sitntesis. Second edition. Madrid, Instituto Tecnológico Geominero de Espana, 591 p. + 12 maps.

Ministerio de Medio Ambiente, 2000. Libro Blanco del agua en España. Madrid, Ministerio de Medio Ambiente, 637 p.

斯里兰卡

WRB (Water Resources Board), 2005. Groundwater resources of Sri Lanka. Available from: http://tsunami.obeysekera.net.

苏丹和南苏丹

Ibrahim, M.E. and Salih, M.K., 1996. Groundwater resources of Sudan: development potential. Fourth Nile 2002 Conference, Kampala, Uganda.

苏里南

US Army Corps of Engineers, 1998. Water resources assessment of Suriname, 111 p. Available from: http://www.sam.usace.army.mil/en/wra/Suriname/Suriname.html.

瑞典

Johansson, S., no date. Groundwater in Sweden. IAHS, Enquete, Rapport 10, Commissiondes Eaux Souterraines, 5 p. Available from: http://iahs.info/redbooks/a026/Sout_Q0_R10.pdf.

Pousette, J.B., 1994. Shallow groundwater in Sweden - a vulnerable resource. In: Water Down Under 94: Groundwater papers, preprints of papers. National conference publication, Institution of Engineers, Australia, 1994, p. 723-726. Available from: http://search.informit.com.a

塔克吉斯坦

Tahirov, I.G., and Kupayi, G.D. 1994. Water resources of the Republic of Tajikistan (in Russian).

Dushanbe, Vol. 1:181 p., Vol. 2:119 p.

突尼斯

Ennabli, M., 2000. Analyse des stratégies et prospective de l, eau en Tunisie.

Hamdane, A., 1994. La gestion de l'eau en Tunisie, Rapport de synthese. DG Agricultural Engineering, Min. Agric., Tunis, Tunisia, 24 p.

乌干达

Kitakarugire, J.A., 2004. Managing shared aquifer resources in Africa - Uganda case. In: Appelgren, B. (ed), 2004. Managing Shared Aquifer Resources in Africa, Proceedings of the International ISARM-Africa Workshop at Tripoli, Libya, 2-4 June 2002, UNESCO IHP-VI Series on Groundwater No 8, p. 171-174.

阿联酋

Brook, M.C., H. Al Houqani, T. Darawsha, M. Al Alawneh &S. Achary, 2006. Groundwater resources: development and management in the Emirate of Abu Dhabi, United Arab Emirates.

英国

Monkhouse, R.A. &H.J. Richards, 1982. Groundwater resources of the United Kingdom. Commission of the European Communities, ECSC/EEC/EAEC, Brussels and Luxembourg. Schafer GmbH, Hannover, 252 p.

UK Groundwater Forum, no date. Groundwater: a valuable resource. Briefing Note. Available from: http://www.groundwateruk.org/downloads/groundwater_valuable_resource.pdf.

美国

Miller, J.A. ed., 2000. Ground Water Atlas of the United States. US Geological Survey, 404 p. On-line version available from: http://pubs.usgs.gov/ha/ha730/gwa.html.

乌拉圭

Montano, X., Gagliardi, J., S. and M. Montaño, 2006. Recursos hídricos subterráneas del Uruguay. In: IGME, Espana: Boletin Geológico y Minero, Vol. 117, No 1.

也门

TS/HWC-UNDP/UNDESA. 1995. Final reports. Volume IV: Groundwater resources.

Van der Gun, J.A.M., &A.A.Ahmed, 1995. The water resources of Yemen - A summary and digest of available information. Report WRAY-35. MOMR, Sana'a and TNO, Delft, 228 p. Available from: http://www.un-igrac.org/dynamics/modules/SFIL0100/view. php? fil_Id=122.

Rybakov, V., R. Tkachencko, N. Mikhailin, N. Gamal, M. G. Ali, M. Danikh, A. Al Khouri &

Al Thary, 1995. Republic of Yemen: Groundwater resources available for development. GCC/IASNSR, Moscow, and MOMR, Sana'a.

6.3 世界大型地下含水层编译信息

6.3.1 非洲

努比亚含水层系统

Bakhbakhi, M., 2002. Nubian Sandstone Aquifer System Resource Evaluation. Paris, CEDARE/UNESCO.

Bakhbakhi, M., 2004. Hydrogeological framework of the Nubian Sandstone Aquifer System.In: Appelgren, B. (ed), 2004. Managing Shared Aquifer Resources in Africa, Proceedings of the International ISARM-Africa Workshop at Tripoli, Libya, 2 - 4 June 2002, UNESCOIHP-VI Series on Groundwater No 8, p. 177 - 201.

Bakhbahki, M., 2006. Nubian Sandstone Aquifer System. In: Foster, S., & D. Loucks, 2006.Non-renewable groundwater resources. UNESCO-IHP, IHP-VI Series on Groundwater No 10, p. 75 - 81.

CEDARE/IFAD, 2002. Regional Strategy for the Utilisation of the Nubian Sandstone Aquifer System, Volume II. CEDARE, Heliopolis Bahry, Cairo, Egypt.

IME, 2008. Les aquifères fossiles au sud de la Méditerranée. Institut Méditerranéen de l'Eau, Marseille, France, 30 p.

Thorweihe, U., & M. Heinl, 1996. Groundwater Resources of the Nubian Aquifer System.Berlin, OSS/Technical University of Berlin, 95 p.

UNESCO/OSS, 2005. Ressources en eau et gestion des aquifères transfrontaliers de l'Afrique du Nord et du Sahel. ISARM-Africa, UNESCO IHP-IV Series on Groundwater No 11, Paris.

北西撒哈拉含水层系统

Besbes, M., M.Babasy, S. Kadri, D. Latrech, A. Mamou. P. Pallas & M. Zammouri., 2004. Conceptual-framework of the North Western Sahara Aquifer System. In: Appelgren, B. (ed), 2004. Managing Shared Aquifer Resources in Africa, Proceedings of the International ISARM-Africa Workshop at Tripoli, Libya, 2 - 4 June 2002, UNESCO IHP-VI Series on Groundwater No 8, p. 163 - 169.

IME, 2008. Les aquifères fossiles au sud de la Méditerranée. Institut Méditerranéen de l'Eau, Marseille, France, 30 p.

Mamou, A., M. Besbes, B. Abdous, D. Latrech & C. Fezzani, 2006. North Western Sahara Aquifer System. In: Foster, S., & D. Loucks, 2006. Non-renewable groundwater resources.UNESCO-IHP, IHP-VI Series on Groundwater No 10, p. 68 - 74.

OSS, 2003. Système aquifère du Sahara septentrional: Gestion commune d'un basin transfrontière.Synthesis Report. Observatoire du Sahara et du Sahel, Tunis, 147 p.

OSS, 2008a. Système aquifère du Sahara septentrional: Gestion concertée d'un basin transfrontalier.Collection Synthèse No 1. Tunis, Observatoire du Sahara et du Sahel, 56 p. Available from: http://www.ossonline.org/pdf/synth-sass_Fr.pdf.

OSS, 2008b. The North-Western Sahara Aquifer System: Concerted management of a transboundary water basin. Synthesis Collection No 1. Tunis, Observatoire du Sahara et du

Sahel, 56 p. Available from: http://www.ossonline.org/pdf/synthsass_En.pdf.

UNESCO/OSS, 2005. Ressources en eau et gestion des aquifères transfrontaliers de l'Afrique du Nord et du Sahel. ISARM-Africa, UNESCO IHP-IV Series on Groundwater No 11, Paris.

尔祖格—贾多流域

IME, 2008. Les aquifères fossiles au sud de a Méditerranée. Institut Méditerranéen de l'Eau, Marseille, France, 30 p.

Sola, M.A., & D. Worsley (ed.), 2000. Geological Exploration in Murzuq Basin. Amsterdam, Elsevier, 519 p.

UNESCO/OSS, 2005. Ressources en eau et gestion des aquifères transfrontaliers de l'Afrique duNord et du Sahel. ISARM-Africa, UNESCO IHP-IV, Series on Groundwater No 11, Paris.

Taoudéni - Tanezrouft 盆地

Dakoure, D., 2010. Multi-disciplinary approach to improve the knowledge of southeastern border of Taoudeni sedimentary basin. International Conference ISARM 2010.

Derouane, J., & D. Daukoure, 2007. Hydrogeological structure of the aquifer system in the Taoudenni sedimentary basin, Burkina Faso. In: L. Chéry & G. De Marsily (eds), Aquifer Systems Management: Darcy's legacy in a world of impending water shortage. IAH Selected

Papers, Vol 10, Taylor & Francis/Balkema, Leiden, The Netherlands, p. 137 - 148.

Derouane, J., and D. Daukoure, 2008. Etude hydrogéologique et modélisation mathémathique du système aquifère du basin sedimentaire de Taoudeni au Burkina Faso. In: International Symposium Darcy 2006 - Aquifer Systems Management, Darcy-45, IAH and BRGM, May -

June 2006, Dijon, France.

IME, 2008. Les aquifères fossiles au sud del a Méditerranée. Institut Méditerranéen de l'Eau, Marseille, France, 30 p.

UNESCO/OSS, 2005. Ressources en eau et gestion des aquifères transfrontaliers de l'Afrique du Nord et du Sahel. ISARM-Africa, UNESCO IHP-IV Series on Groundwater No 11, Paris.

塞内加尔—毛里塔尼亚流域

Diagana, B., 1997. Gestion des eaux internationales en Afrique Sub-Saharienne. Bilan diagnosticde la gestion integrée des eaux et des contraintes environnementales dans la vallée du fleuve Sénégal. Rapport No A/PNUD/DASDG/RAF/94/01C-SAT1.

Diagana, B., & S. Thieye, 2010. Gestión intégrée des ressources en eau dans les bassins transfrontaliers - Bassin côtier sénégalo-mauritanien-Comportement du champ captant d'Idinipour l'alimentation en eau potable de la ville de Nouakchott, Mauritanie. In: Proceedings Third Intern. Conference 'Managing Shared Resources in Africa', Tripoli, 25 - 27 May 2008, UNESCO, Paris, p. 163 - 179.

IME, 2008. Les aquifères fossiles au sud de la Méditerranée. Institut Méditerranéen de l'Eau, Marseille,

France, 30 p.

SGPRE, 1999/2000. Étude hydrogéologique de la nappe profonde du Maestrichtien.

UNESCO/OSS, 2005. Ressources en eau et gestion des aquifères transfrontaliers de l'Afriquedu Nord et du Sahel. ISARM-Africa, UNESCO IHP-IV Series on Groundwater No 11, Paris.

依莱梅登—伊腊泽尔盆地

Dodo, A., 1992. Etude des circulations profondes dans le grand bassin sédimentaire du Niger: identification des aquifères et compréhension de leurs fonctionnements. PhD thesis, Univ. of Neuchatel, Switzerland.

Dodo, A., 2004. Caractérisation des systèmes aquifères transfrontaliers du Niger. In: Appelgren, B. (ed.), 2004. Managing Shared Aquifer Resources in Africa, Proceedings of the International ISARM-Africa Workshop at Tripoli, Libya, 2 - 4 June 2002, UNESCO IHP-VI Series on Groundwater No 8, p. 123 - 128.

Dodo, A.K., M. O. Baba Sy & A. Mamou, 2010. La gestion concertée des ressources en eau partagées du Système Aquifère saharo-sahélien d'Iullemeden (Afrique de l'Ouest). In: ProceedingsThird Intern. Conference 'Managing Shared Resources in Africa', Tripoli, 25 - 27May 2008, UNESCO, Paris, p. 266 - 272.

Maduabuchi, C.M., 2004. Case studies on transboundary aquifers in Nigeria. In: Appelgren, B. (ed), 2004. Managing Shared Aquifer Resources in Africa, Proceedings of the International ISARM-Africa Workshop at Tripoli, Libya, 2 - 4 June 2002, UNESCO IHP-VI Series on

Groundwater No 8, p. 135 - 141.

OSS, 2007. Gestion des Risques Hydrogéologiques dans le Système Aquifère d'Iullemeden (SAI): Analyse diagnostique transfrontalière. OSS/GEF, March 2007, 108 p.

OSS, 2008. Management of the Hydrogeological Risks of the Iullemeden Aquifer System (IAS): Scientific Report. OSS/GEF, March 2008, 17 p.

UNESCO/OSS, 2005. Ressources en eau et gestion des aquifères transfrontaliers de l'Afrique du Nord et du Sahel. ISARM-Africa, UNESCO IHP-IV Series on Groundwater No 11, Paris.

查德湖流域

Dodo, A., 2004. Caractérisation des systèmes aquifères transfrontaliers du Niger. In: Appelgren, B. (ed.), 2004. Managing Shared Aquifer Resources in Africa, Proceedings of the International ISARM-Africa Workshop at Tripoli, Libya, 2 - 4 June 2002, UNESCO IHP-VI Series on Groundwater No. 8, p. 123 - 128.

Eberschweiler, C., 1992. Suivi et gestion des ressources en eaux souterraines dans le basin du lac Tchad. Prémodélisation des systèmes aquifères, évaluation des ressources et simulation d'exploitation. Unpublished report, BRGM, 106 p.

Maduabuchi, C.M., 2004. Case studies on transboundary aquifers in Nigeria. In: Appelgren, B. (ed), 2004. Managing Shared Aquifer Resources in Africa, Proceedings of the International ISARM-Africa Workshop at Tripoli, Libya, 2 - 4 June 2002, UNESCO IHP-VI Series on

Groundwater No. 8, p. 135 - 141.

Massuel, S., 2001. Modélisation hydrodynamique de la nappe phréatique quaternaire du basin du lac

Tchad. Thesis, University of Montpellier II and University of Avignon.

Ngatcha, B.N., B. Laignel, J. Mudry and P. Genthon, 2010. Gestion des eaux souterraines dans une région sous contraintes naturelles et anthropiques sévères: le bassin du lac Tchad. In: Proceedings Third Intern. Conference 'Managing Shared Resources in Africa', Tripoli,

25 - 27 May 2008, UNESCO, Paris, p. 180 - 185.

Oguntola, J.A., 2004. Management of transboundary aquifer systems in Africa. A case study of the Lake Chad Basin Commission. In: Appelgren, B. (ed), 2004. Managing Shared Aquifer Resources in Africa, Proceedings of the International ISARM-Africa Workshop at Tripoli,

Libya, 2 - 4 June 2002, UNESCO IHP-VI Series on Groundwater No. 8, p. 203 - 208.

Schneider, J.L., 2001. Carte de valorisation des eaux souterraines de la République du Tchad (à 1/1500000) et géologie-archéologie-hydrologie de la République du Tchad. Two volumes, 1100 p.

UNESCO/OSS, 2005. Ressources en eau et gestion des aquifères transfrontaliers de l'Afrique du Nord et du Sahel. ISARM-Africa, UNESCO IHP-IV Series on Groundwater No 11, Paris.

苏德湿地

ICID, 1983. Irrigation and Drainage in the World. Vol. III, Sudan. Third ed. 1983, New Delhi, p. 1262 - 1280.

Safar-Zitoun, M., 1993. Notice explicative de la carte hydrogéologique international de l'Afrique, Feuille 3. Association Africaine de Cartographie, Algiers, Algeria.

UN, 1987. Groundwater in Africa. UN-DTCD, New York, Natural Resources Water Series No 18.

Yousif, M.A. & S.H. Abdallah, 2010. Transboundary aquifers, Sudan Country Paper. ISARM for IGAD Region Meeting, 23 - 25 February 2010, Addis Ababa, Ethiopia, 24 p.

奥加登—朱巴河流域

UN, 1987. Groundwater in Africa. UN-DTCD, New York, Natural Resources Water Series No 18.

刚果盆地

Moukolo, N., 1992. état des connaissances actuelles sur l'hydrogéologie du Congo Brazzaville. Hydrogéologie, No 1 - 2, 1992, p. 47 - 58.

Safar-Zitoun, M., 1993. Notice explicative de la carte hydrogéologique international de l'Afrique, Feuille 4. Association Africaine de Cartographie, Algiers, Algeria.

Seguin, J.J., 2005. Projet Réseau SIG-Afrique, Carte hydrogéologique de l'Afrique á l'échelledu 1/10 M. BRGM/RP-54404-FR.

Snel, M.J., 1957. Contribution à l'étude hydrogéologique du Congo Belge. Congo Belge, 4e Direction Générale, Service Géologique, 36 p.

Zektser, I.S., & L.G. Everett (eds), 2004. Groundwater resources of the world and their use. UNESCO IHP-VI Series on Groundwater No 6, Paris, UNESCO.

赞比西河流域

Ndengu, S., 2004. International shared aquifers in Namibia. In: Appelgren, B. (ed), 2004. Managing-Shared Aquifer Resources in Africa, Proceedings of the International ISARM-Africa Workshop at Tripoli, Libya, 2 - 4 June 2002, UNESCO IHP-VI Series on Groundwater No 8, p. 117 - 122.

Kalahari - Stampriet 盆地

Ndengu, S., 2004. International shared aquifers in Namibia. In: Appelgren, B. (ed), 2004. Managing-Shared Aquifer Resources in Africa, Proceedings of the International ISARM-Africa Workshop at Tripoli, Libya, 2 - 4 June 2002, UNESCO IHP-VI Series on Groundwater No 8, p. 117 - 122.

Peck, H., 2000. The preliminary study of the Stampriet Transboundary aquifer in the South East Kalahari/Karoo Basin. MSc Thesis, University of the Western Cape, Cape Town, 93 p.

卡鲁盆地

Safar-Zitoun, M., 1993. Notice explicative de la carte hydrogéologique international de l'Afrique, Feuille 4. Association Africaine de Cartographie, Algiers, Algeria.

Zektser, I.S. and Everett, L.G. (eds), 2004. Groundwater resources of the world and their use. UNESCO IHP-VI Series on Groundwater No 6. Paris, UNESCO, p. 230 - 232.

6.3.2 北美洲

北部大平原含水层

UN, 1976. Groundwater in the Western hemisphere. UN-DTCD, New York, Natural ResourcesWater Series No 4.

USGS, 2003. Principal Aquifers. In: National Atlas of the United States of America, scale 1:5000000. USGS (revised in 2003).

USGS, 2005. Ground Water Atlas of the United States - Montana, North Dakota, South Dakota, Wyoming: Regional Aquifer Systems. Available from: http://pubs.usgs.gov/ha/ha730/ch_i/I-text2.html.

Vogelsberg, A., 2007. Northern Great Plains Aquifer System. Available from: http://academic.emporia.edu/schulmem/hydro/TERM%20PROJECTS/2007/Vogelsberg/Beryl_to_Aquifer.htm

寒武—奥陶系含水层系统

Grundl, T., & L. Schmidt, 2002. Delineation of high-salinity conditions in the Cambro-Ordovician aquifer of Eastern Wisconsin. University of Wisconsin-Madison, Department of Natural Resources, 55 p.

USGS, 2003. Principal Aquifers. In: National Atlas of the United States of America, scale 1:5000000. USGS (revised in 2003).

Young, H.L. and D.I. Siegel, 1992. Hydrogeology of the Cambrian-Ordovician Aquifer System in the Northern Midwest, United States. USGS Professional Paper 1405-B, USGS, Denver, 99 p.

加州中央谷地含水层系统

Famiglietti, J., S. Swenson & M. Rodell, 2009. Water storage changes in California's Sacramento and San

Joaquin river basins, including groundwater depletion in the Central Valley. Power Point presentation, American Geophysical Union Press Conference, 14 December

2009, CSR, GFZ, DLR and JPL.

Famiglietti, J. S, M. Lo, S.L. Ho, J. Bethune, K.J. Anderson, T.H. Syed, S. C. Swenson, C.R. de Linage & M. Rodell, 2011. Satellite measure recent rates of groundwater depletionin California's Central valley. Geoph. Res. Letters, Vol. 38, L03403, 4 p. Available from: https://webfiles.uci.edu/jfamigli/blog/CentralValleyGW.pdf.

Ireland, R.H., J.F. Poland & F.S. Riley, 1984. Land subsidence in the San Joaquin Valley, California, as of 1980. USGS Professional Paper 437 - 1.

USGS, 2003. Principal Aquifers. In: National Atlas of the United States of America, scale 1:5000000. USGS (revised in 2003).

Willamson, A.K., D.E. Prudic and L.A. Swain, 1989. Ground-water flow in the Central Valley, California. USGS Professional Paper 1401-D.

加拉拉地下含水层(高平原)

McGuire, V., 2003. Water-level changes in the High Plains aquifer, predevelopment to 2001, 1999 to 2000, and 2000 to 2001. USGS Fact Sheet FS-078 - 03, 4p, USGS, Reston, Virginia.

McGuire, V., 2009. Water-level changes in the High Plains aquifer, predevelopment to 2007, 2005 - 2006 and 2006 - 2007. Scientific Investigations Report 2009 - 5019, USGS, Reston, Virginia.

Sophocleus, M., 2010. Review: groundwater management practices, challenges and innovations

in the High Plains aquifer, USA - lessons and recommended actions. HydrogeologyJournal, Vol. 18, p. 559 - 575.

USGS, 2003. Principal Aquifers. In: National Atlas of the United States of America, scale 1:5000000. USGS (revised in 2003).

大西洋和墨西哥湾沿海平原含水层

Sonenshein, R.S., 1997. Delineation and extent of saltwater intrusion in the Biscayne aquifer, Eastern Dade county, Florida, 1995. USGS Water Resources Investigations Report 96 - 4285.

USGS, 1990. Ground Water Atlas of the United States-Alabama, Florida, Georgia, South Carolina: Biscayne Aquifer. Available from: http://pubs.usgs.gov/ha/ha730/ch_g/G-text4.html.

USGS, 1990. Ground Water Atlas of the United States-Alabama, Florida, Georgia, South Carolina: Floridan Aquifer. Available from: http://pubs.usgs.gov/ha/ha730/ch_g/G-text6.html.

USGS, 1990. Ground Water Atlas of the United States-Alabama, Florida, Georgia, South Carolina: Southesater-n.coastal plain Aquiter system. A vailuble from: http://pubs.usgs.gov/ha/ha730/ch_g/G-text7.html.

USGS, 1996. Ground Water Atlas of the United States-Oklahoma, Texas: Coastal Lowlands Aquifer System. Available from: http://pubs.usgs.gov/ha/ha730/ch_e/E-text6.html.

USGS, 1998. Ground Water Atlas of the United States-Arkansas, Louisiana, Mississippi: Coastal Lowlands Aquifer System. Available from: http://pubs.usgs.gov/ha/ha730/ch_f/F-text3.html.

USGS,1998. Ground Water Atlas of the United States-Arkansas,Louisiana,Mississippi:Missisippi Embayment Aquifer System. Available from:http://pubs.usgs.gov/ha/ha730/ch_f/F-text4.html.

USGS,2003. Principal Aquifers. In:National Atlas of the United States of America,scale 1:5000000. USGS (revised in 2003).

6.3.3 南美洲

亚马孙流域

Da Franca,N.,M. Miletto,M. Donoso,A. Aureli,S. Puri,J. van der Gun,O. Tujchneider & A. Rivera, 2007. Sistemas acuíferos transfronterizos en las Américas. Evaluación preliminar.PHI-VI Serie ISARM Américas No 1,UNESCO-IHP,Montevideo and OEA Washington,p. 124-125.

Miotto,K.,2010. En el subsuelo de la Amazonia,el mayor acuífero del mundo? Available from:http://www.oecoamazonia.com/es/reportajes/brasil/61-no-subsolo-da-amazonia-eiso-maior-aquifero-no-mundo.

Rebouças,A.,1988. Groundwater in Brazil. Episodes,Vol 11,No 3,p. 209 - 214.

Ferreira do Rosario,F.,2011. O sistema aquifer cretáceo multicamada Tikuna,subunidade do Sistema Aquífero Amazonas. Federal University of Rio de Janeiro,224 p.

马拉尼昂盆地

Araújo dos Santos,L.C.,2010. Reflex?es sobre água subterranea do Estado de Maranhço. XVI Congresso Brasileiro de Águas Subterrâneas e XVII Encontro Nacional de Perfuradores de Poços,17 p.

Rebouças,A.,1976. Le grand basin hydrogéologique du Maranhço,Brésil. Perspectives surl'exploitation. In:Proceedings XIth IAH Congress,Budapest,p. 448 - 458.

Rebouças,A.,1988. Groundwater in Brazil. Episodes,Vol 11,No 3,p. 209 - 214.

瓜拉尼含水层系统

Araújo,L.M.,.A. B. França & P.E. Potter,1999. Hydrogeology of the Mercosul aquifer system in the Paraná and Chaco-Paraná basins,South America,and comparison with the Navajo-Nugget aquifer system, USA. Hydrogeology Journal,Vol. 7,No 3,p. 317 - 336.

Da Franca,N.,M. Miletto,M. Donoso,A. Aureli,S. Puri,J. van der Gun,O. Tujchneider &A. Rivera, 2007. Sistemas acuíferos transfronterizos en las Américas. Evaluación preliminar.PHI-VI Serie ISARM Américas No 1,UNESCO-IHP,Montevideo and OEA Washington,p. 140 - 141.

Fili,M.,E. Rosa Filho,N. Auge & J. Xavier,1998. El acuífero Guaraní. Un recurso compartidopor Argentina,Brasil,Paraguay y Uruguay (América del Sur). Hidrología Subterránea.Bol. Géol. y Minero,Madrid, Vol. 109,No 4,p. 389 - 394,

GEF,2007. Project for the Environmental Protection and Sustainable Development of the Guaraní System: Transboundary Diagnosyic Analyis (TDA). Montevideo,115 p.

Geodatos SRL,2008. Sistema Acuífero Guaraní:Informe final geológico-geofísico. GeodatosSRL,Buenos Aires,Argentina,166 p.

Perez, M., 2006.The Guarani aquifer system. State-of-the-art in Argentina. In: International Symposium Darcy 2006 – Aquifer Systems Management, Darcy-58, IAH and BRGM, May – June 2006, Dijon, France.

Rebouças, A., 1988. Groundwater in Brazil. Episodes, Vol 11, No 3, p. 209 – 214.

Rebouças, A.C., 1994. Sistema agüífero Botucatu no Brasil. Anais 8o Congr. Bras. Águas Subterraneas – ABAS, Recife, p. 500 – 509.

6.3.4 亚洲

阿拉伯含水层系统

Abdurrahman, W., 2002. Development and management of groundwater in Saudi Arabia. GWMATE/UNESCO Expert Group Meeting, Socially sustainable management of groundwatermining from aquifer storage, Paris, 6 p.

Abderrahman, W.A., 2006. Saudi Arabia Aquifers. In: Foster, S., & D. Loucks, 2006. Nonrenewable-groundwater resources. UNESCO IHP-VI Series on Groundwater No 10, p.63 – 67.

Bakiewicz, W., D.M. Milne & M. Noori, 1982. Hydrogeology of the Umm Er Radhuma aquifer, Saudi Arabia, with reference to fossil gradients. Q.J. Eng. Geol., 15, p. 105 – 126.

UN, 1982. Groundwater in the Eastern Mediterranean and Western Asia. UN-DTCD, New York, Natural Resources Water Series No. 9.

印度河流域

Archer, D.R., N. Forsythe, H.J. Fowler & S.M. Shah, 2010. Sustainability of water resourcesmanagement in the Indus Basin under changing climatic and socio economic conditions.Hydrol. Earth Syst. Sci. Discuss., Vol. 7, p 1883 – 1912. Available from: http://www.hydrolearth-

syst-sci-discuss.net/7/1883/2010/hessd-7 – 1883 – 2010.pdf.

ICID, 2000. Irrigation and drainage in the world. Chapter Pakistan, 12 p., New Delhi.

Kahlown, M.A., & M. Azam, 2004. Groundwater development and management in Indus Basin: issues and challenges. In: Proceedings Int. Conf. 'Research basins and hydrologicalplanning', Heifei/Anhui, China, 22 – 31 March 2004, Tailor & Francis 2004, p. 193 – 200.Available from: doi: 10. 1201/9781439833858.ch27.

Khan, S., T. Rana, F. Gabriel, & M.K. Ullah, 2008. Hydrogeological assessment of escalating groundwater exploitation in the Indus Basin, Pakistan. Hydrogeology Journal, Vol. 16, No. 8, p. 1635 – 1654. Available from: doi: 10.1007/s10040-008-0336-8.

Qureshi, A.S., P.G. McCornick, M. Qadir and Z. Aslam, 2008. Managing salinity and waterlogging in the Indus Basin of Pakistan. Agricultural Water Management, Vol. 95, p. 1 – 10.Available from: http://www.icarda.org/docrep/Articles/Managing_salinity.pdf.

Qureshi, A.S., P.G. McCornick, A. Sarwar & B.R. Sharma, 2010. Challenges and prospects of sustainable groundwater management in the Indus Basin, Pakistan. Water resources Management, Vol. 24, No 8, p. 1551 – 1569. Available from: doi: 10.1007/s11269-009-9513-3.

Rodell, M., I. Velicogna & J. Famiglietti, 2009. Satellite based estimates of groundwater depletion in India. Nature, Vol. 460. Available from: doi: 10.1038/nature08238.

Tiwari, V., J. Wahr & S. Swenson, 2009. Dwindling groundwater resources in northern India, from satellite gravity observations. Geophysical Research Letters, Vol. 36.

印度—恒河—布拉马普特拉河流域

IWMI, no date (2009 or later). Water resources of Indus-Gangetic Basin: Continuing threats and emerging challenges. CPWF-IWMI Basin Focal Project for Indus Gangetic Basin.Research Brief-Series 1, IWMI, CGIAR, 4 p.

Rodell, M., I. Velicogna & J. Famiglietti, 2009. Satellite-based estimates of groundwater depletionin India. Nature, Vol. 460. Available from: doi: 10.1038/nature08238.

Scott, C.A., & B. Sharma, 2009. Energy surplus and the expansion of groundwater irrigation in the Indus-Ganges Basin. Intl. J. River Basin Management, Vol. 7, No 1, pp. 1 - 6.Sharma, B.R., & G. Ambili, 2009. Water resources and hydrogeology of the Indus-Gangetic basin: Comparative analysis of issues and opportunities, Review Paper, Annals of Arid Zone (India), 41 p.

Tiwari, V., J. Wahr & S. Swenson, 2009. Dwindling groundwater resources in northern India, from satellite gravity observations. Geophysical Research Letters, Vol. 36.

西西伯利亚盆地

UN, 1986.Groundwater in Continental Asia. UN-DTCD, New York, Natural Resources Water Series No 15.

Vsevolozhsky, V.A., 1973. Groundwater resources of the southern part of the West Siberian Lowland. Moscow, Nauka.

Zektser, I.S., & L.G. Everett (eds), 2004. Groundwater resources of the world and their use.UNESCO IHP-VI Series on Groundwater No 6. Paris, UNESCO, 342 p. Available from:

http://unesdoc.unesco.org/images/0013/001344/134433e.pdf.

通古斯盆地

UN, 1986.Groundwater in Continental Asia. UN-DTCD, New York, Natural Resources Water Series No 15.

Zektser, I.S., & L.G. Everett (eds), 2004. Groundwater resources of the world and their use.UNESCO IHP-VI Series on Groundwater No 6. Paris, UNESCO, 342 p. Available from:

http://unesdoc.unesco.org/images/0013/001344/134433e.pdf.

安加拉河—勒拿河流域

UN, 1986.Groundwater in Continental Asia. UN-DTCD, New York, Natural Resources Water Series No 15.

Zektser, I.S., & L.G. Everett (eds), 2004. Groundwater resources of the world and their use. UNESCO IHP-VI Series on Groundwater No 6. Paris, UNESCO, 342 p. Available from:

http://unesdoc.unesco.org/images/0013/001344/134433e.pdf.

雅库特盆地

UN,1986. Groundwater in Continental Asia.UN-DTCD,New York,Natural Resources Water Series No 15.

Zektser,I.S.,& L.G. Everett (eds),2004. Groundwater resources of the world and their use.UNESCO IHP-VI Series on Groundwater No 6. Paris,UNESCO,342 p. Available from:

http://unesdoc.unesco.org/images/0013/001344/134433e.pdf.

中国北方含水层系统

Jia,Y.,& J. You,2010. Sustainable groundwater management in the North China Plain:mainissues,practices and foresights. Extended abstracts XXXVIIIth IAH Congress,Krakow,12 - 17Sept 2010,No. 517,p 855-862.

Foster,S.,& H. Garduño,2004. Towards sustainable groundwater resource use for irrigated agriculture on the North China Plain. GW.MATE Case Profile Collection Number 8,The World Bank,Washington,16 p.

Foster,S.,H. Garduño,R. Evans,D. Olson,Y. Tian,W. Zhang & Z. Han,2004. Quaternary Aquifer of the North China Plain - assessing and achieving groundwater resource sustainability.Hydrogeology Journal,Vol. 12,No 1,pp. 81 - 93.

Kendy,L.,Y. Zhang,Ch. Liu,J. Wang & T. Steenhuis,2004. Groundwater recharge from irrigated cropland in the North China Plain:case study of Luancheng County,Hebei Province,1949 - 2000. Hydrol. Process. Vol. 18,pp. 2289 - 2302.

Liu,Ch.,J. Yu & E. Kendy,2001. Groundwater exploitation and its impact on the environment in the North China Plain. Water International,Vol. 26,No 2,pp. 265 - 272.

Wang,R. H. Ren & Z. Ouyang (eds),2000. China Water Vision,2000. The ecosphere of water,life,environment and development. Beijing,China Meteorological Press,178 p.

Zaicheng,H.,2002. Artificial recharge of groundwater in North China Plain. In:Managementof Aquifer Recharge for Sustainability,Swets & Zeitlinger BV,Lisse,The Netherlands.

Zaicheng,H.,2006. Alluvial aquifers in North China Plain. In:International Symposium Darcy 2006 - Aquifer Systems Management,Darcy-01,IAH and BRGM,May - June 2006,Dijon,France.

Zektser,I.S.,& L.G. Everett (eds),2004. Groundwater resources of the world and their use.UNESCO IHP-VI Series on Groundwater No 6. Paris,UNESCO,342 p. Available from:

http://unesdoc.unesco.org/images/0013/001344/134433e.pdf.

松辽平原

Chen,M.,1987. Groundwater resources and development in China. Environmental Geology,Vol 10,No 3,p. 141 - 147. Available from:doi:10.1007/BF02580469.

Zektser,I.S.,& L.G. Everett (eds),2004. Groundwater resources of the world and their use.UNESCO IHP-VI Series on Groundwater No 6. Paris,UNESCO,342 p. Available from:

http://unesdoc.unesco.org/images/0013/001344/134433c.pdf.

塔里木盆地

Cui, Y., & J. Shao, 2005. The role of ground water in arid/semiarid ecosystems, Northwest China. Ground Water, Vol. 43, No. 4 (2005), p 471 – 477.

Ma, J., & J. Li, 2001. The groundwater resources and its sustainable development in the southedge of the Tarim Basin. Chinese Geographical Science, Vol. 11, No 1 (2001), p. 57 – 62.Available from: doi: 10.1007/s11769 – 001 – 0008 – 2.

Ma, L., T. Lowenstein, J.Li, P.Jiang, C. Liu, J. Zhong, J. Sheng, H. Qiu & H. Wu, 2010. Hydrochemicalcharacteristics and brine evolution paths of Lop Nor Nasin, Xinjiang Province, Western China. Applied Geochemistry, Vol. 25, p. 1770 – 1782.

Sun, H., 2008. The characteristics of Tarim Basin's groundwater resources and its sustainable utilization. Ground Water, 2008 – 04, Bimonthly CNKI Journal, China.

Wang, Z., T. Chen, D. Yu & F. Song, 2004. Division of groundwater system of Tarim Basin.Xinjiang Geology, 2004 – 3.

6.3.5 欧洲

巴黎盆地

Goncalves, J., 2006. 3D modelling of the permafrost development in the Paris basin to ascertain its hydrogeological impact. In: International Symposium Darcy 2006 – Aquifer Systems Management, Darcy 104, IAH and BRGM, May – June 2006, Dijon, France.

Jost, A., 2006. Are large-scale aquifer systems in equilibrium with their environmental conditions? Amodelling approach on the example of the Paris basin. In: International Symposium Darcy 2006 – Aquifer Systems Management, Darcy-55, IAH and BRGM, May – June 2006, Dijon, France.

UN, 1990. Groundwater in Europe. UN-DTCD, New York, Natural Resources Water Series No 19.

俄罗斯台地盆地

Juodcasis & A.Klimas, 1991. The change of groundwater quality in the Baltic artesian basin.Vilnius, 39 p.

Lebedeva, N.A., 1972.Natural groundwater resources of the Moscow artesian basin. Moscow, Nedra, 148 p.

UN, 1990. Groundwater in Europe. UN-DTCD, New York, Natural Resources Water Series No 19.

北高加索地区盆地

UN, 1990. Groundwater in Europe. UN-DTCD, New York, Natural Resources Water Series No 19.

伯朝拉河流域

UN, 1990. Groundwater in Europe. UN-DTCD, New York, Natural Resources Water Series No 19.

6.3.6 澳洲

大自流盆地

GABCC,2009. Great Artesian Basin Strategic Management Plan:Progress and achievementsto 2008. GABCC Secretariat,Manuka,Australia.

Habermehl,M.A.,1980. The Great Artesian Basin,Australia,in BMR Journal of Australian Geology & Geophysics,5,p 9 - 38.

Habermehl,M.A.,1982. Springs in the Great Artesian Basin,Australia, - their origin and nature. Bureau of Mineral Resources,Australia,Report 235.

Habermehl,M.,2002. Groundwater development in the Great Artesian Basin,Australia. GWMATE-UNESCO Expert Group meeting,Socially Sustainable Management of Groundwater Mining from Aquifer Storage,35 p.,Paris.

Habermehl,M.,2006. The Great Artesian Basin,Australia. In:Foster,S.,& D. Loucks,2006.Non-renewable groundwater resources. UNESCO-IHP,IHPVI,Series on Groundwater No. 10,p82 - 88.

Herczeg,A.,& A. Love,2007. Review of recharge mechanisms for the Great Artesian Basin.Report to the Great Artesian Basin Coordinating Committee,CSIRO,Australia.

Queensland Government,2012. Great Artesian Basin. Internet portal. Available from:http://www.derm.qld.gov.au/water/gab/ [Accessed in 2012].

Sinclair Knight Merz,2008. Great Artesian Basin sustainability initiative. Mid-term review of Phase 2. Report prepared for Australian Government,Department of the Environment and Water Resources.

Welsh,W.,2006. Great Artesian Basin transient groundwater model. Australian Government,Bureau of Rural Sciences,Canberra.

坎宁盆地

Bestow,T.T.,1991. The geothermal energy development potential of large basins in Western Australia. Proc. Int. Conf. 'Groundwater in large sedimentary basins',Perth,1990. AWRC,Conference Series,20,p 319-328.

Ghassemi,F.,H. Ethminan and J. Ferguson,1992. A reconnaissance investigation of the major Palaeozoic aquifers in the Canning Basin,Western Australia,in relation to Zn-Pb mineralisation.BMR Journal of Australian Geology and Geophysics,Vol. 13,p. 37-54.

Laws,A.T.,1991. Outline of the groundwater resource potential of the Canning Basin,Western Australia. In:Proceedings Int. Conf. 'Groundwater in large sedimentary basins',Perth,1990. AWRC,Conference Series No 20,p. 47-58.

Lau,J.E.,D.P. Commander & G. Jacobson,1987. Hydrogeology of Australia. Bureau of Mineral Resources,Geology and Geophysics,Bull. 227,Canberra,Australian Gov. Publ. Service.

Leech,R.E.J.,1979. Geology and groundwater resources of the southwestern Canning Basin,Western Australia. In: Annual Report 1978 of the Geological Survey of Western Australia, p. 66–74.

Zektser, I.S., & L.G. Everett (eds), 2004. Groundwater resources of the world and their use. UNESCO IHP-VI Series on Groundwater No 6. Paris, UNESCO, 342 p. Available from:

http://unesdoc.unesco.org/images/0013/001344/134433e.pdf.

6.4 部分国家和地区的水文地质图

全球

Dzhamalov, D.G., &I.S. Zektser (eds), 1999. World Map of Hydrogeological Conditions and Groundwater Flow, scale 1:10 M. Water Problems Institute, Russian Academy of Sciences, under UNESCO supervision.

IGRAC, 2009. Transboundary aquifers of the world, 1:50 M, update. IGRAC, UNESCO and WMO, Special edition for the 5th World Water Forum, Istanbul.

IGRAC, 2012. Transboundary aquifers of the world, 1:50 M, update. IGRAC, UNESCO and WMO, Special edition for the 6th World Water Forum, Marseille.

UNESCO, CGMW, IAH, IAEA &BGR, 2004. Groundwater Resources of the World, 1:50 M. WHYMAP, Special edition for the International Geological Congress, Florence, Italy, August 2004. UNESCO &BGR, Paris, Hannover.

UNESCO, CGMW, IAH, IAEA &BGR, 2006. Groundwater Resources of the World–Trans boundary Aquifer Systems, 1:50 M. WHYMAP, Special edition for the Fourth World Water Forum, Mexico, March 2006. UNESCO &BGR, Paris, Hannover.

UNESCO, CGMW, IAH, IAEA &BGR, 2008a. Groundwater Resources of the World, 1:25 M. WHYMAP. UNESCO &BGR, Paris, Hannover.

UNESCO, CGMW, IAH, IAEA &BGR, 2008b. Groundwater Resources of the World, 1:25 M. WHYMAP, Special edition reduced to the scale 1:40 M. UNESCO &BGR, Paris, Hannover.

UNESCO, CGMW, IAH, IAEA &BGR, 2012. River and Groundwater Basins of the World, 1:50 M. WHYMAP, Special edition for the 6th World Water Forum, Marseille, March 2012. UNESCO &BGR, Paris, Hannover.

美洲

Heath, R.C., 1988. Hydrogeological Map of North America – Showing the Major Units that Comprise the Surficial Layer. 1:13.3 M. The Geological Society of America, Inc.

Heath, R.C., 1988. Hydrogeological Map of North America – Showing the Major Rock Units that Underlie the Surficial Layer. 1:13.3 M. The Geological Society of America, Inc.

Da Franca R dos Anjos, N., A. Mente, A.A. Frota Mont'Alverne, G. Ruy Derze &E. Godoy, 1996. Mapa Hidrogeologico de America del Sur, escala 1:5 M. UNESCO-PHI, Departa- mento Nacional de Producao Mineral (DNPM) and Servicio Geologico de Brasil (CPRM).

欧洲

Planet Earth, 2008. International Hydrogeological Map of Europe, reduced to the scale of 1:50 M. Special map mosaic printed on the occasion of the International Year of Planet Earth 2008, for the International Geological Congress in Oslo (2008), EuroGeoSurveys, UNESCO-IHP, IAH, CGMW and BGR.

UNESCO and BGR, 1960 - present. Hydrogeological Map of Europe 1:1.5 M. In production since 1960, UNESCO, Paris, and BGR, Hannover.

非洲

Margat, J., 1987. Ressources en eaux souterraines 1:20 M. BRGM and United Nations.

Safar Zitoun, M., &A.C. Nouiouat, 1992. International Hydrogeological Map of Africa 1:5 M. Organization of African Unity (OAU) and Organisation Africaine de Cartographie et Teledetection (OACT), Algiers.

MacDonald, A.M., H.C. Bonsor, B.E.O. Dochartaigh &R.G. Taylor, 2012. Quantitative maps of groundwater resources in Africa. Envir. Res. Lett. 7 (2012), 024009, 7 p. Available from: doi: 10.1088/1748-9326/7/2/024009.

Seguin, J.J., 2005. Carte hydrogeologique de 'Afrique: une maquette a l'echelle du 1:10 M. (Hydr⊖o-geological Map of Africa: a prototype at 1:10 M scale). SIGAfrique, BRGM, Orleans.

亚洲

Anonymous, 1987. International Hydrogeological Map of South and East Asia 1:5 M.

Nanzhang, T., T. Huijing &J. Xiaoqing, 1997. Hydrogeological Map of Asia 1:8 M. Compiled by the Institute of Hydrogeology and Engineering Geology, Chinese Academy of Geological Sciences, China.

澳洲

D'Addario, G.W. (ed.), G. Jacobson &J.E. Lau (comp.), 1987. Hydrogeology of Australia 1:5 M. Bureau of Mineral Resources, Geology and Geophysics, Department of Resources and Energy, in association with the Australian Water Resources Council, Canberra, Australia.

阿拉伯地区

UNESCO/ACSAD, 1988. Hydrogeological Map of the Arab Region and Adjacent Areas 1:5 M. Damascus.

苏联

Anonymous, 1963. Hydrogeological Map of the USSR 1:5 M. Leningrad, USSR.

GUGK, 1975. Map of groundwater runoff of the USSR, Scale 1:2.5M. GUGK, Moscow, USSR.

Kudelin, B.I., &O.V. Popov (eds), 1964. Map of the USSR Ground Water Discharge, Scale 1:5 M. The RSFSR Ministry of Higher and Special Secondary Education, and the Moscow State University, USSR.

Marinov, N.A. (ed.), 1962, 1969. Hydrogeological Map of the USSR 1:2.5 M. Moscow, USSR.

Saizev, I.K. et al, 1966. Gidrogeologiczeskaja Karta SSST. Ministerswa Geologii USSR& Geo- logiczeski Institut, Moscow.